"十二五"职业教育规划教材

应用化工类专业教材系列

精细化工生产技术

吴雨龙　魏　来　主编

科学出版社

北京

内 容 简 介

本书对精细化学品的范畴、特点进行了扼要的阐述，并对与人们日常生活联系紧密的表面活性剂、香精和香料、化妆品、工业与民用洗涤剂、食品添加剂、染料、涂料、黏合剂、合成材料加工用助剂等九大类精细化学品进行了分类论述，重点讲述了各类精细化学品的含义、分类以及它们的性能、用途、化学结构和配方设计原理，对某些重要产品的生产原料、生产方法、典型的合成工艺技术等也做了详细介绍。

本书可作为高职高专精细化工专业和应用化工专业的规划教材，也可作为相关化工专业的教学参考书，亦可供从事精细化工生产的人员或专业技术人员参考使用。

图书在版编目（CIP）数据

精细化工生产技术 / 吴雨龙，魏来主编. —北京：科学出版社，2015.1
"十二五"职业教育规划教材. 应用化工类专业教材系列
ISBN 978-7-03-042704-5

Ⅰ.①精… Ⅱ.①吴… ②魏… Ⅲ.①化工工业 - 精细加工 - 高等职业教育 - 教材 Ⅳ. TQ

中国版本图书馆 CIP 数据核字（2014）第 287158 号

责任编辑：沈力匀 / 责任校对：马英菊
责任印制：吕春珉 / 封面设计：耕者设计工作室

科 学 出 版 社 出版
北京东黄城根北街 16 号
邮政编码：100717
http://www.sciencep.com

铭浩彩色印装有限公司 印刷
科学出版社发行 各地新华书店经销

＊

2015 年 2 月第 一 版 开本：787×1092 1/16
2019 年 1 月第二次印刷 印张：20 1/4
字数：520 400

定价：47.00 元
（如有印装质量问题，我社负责调换〈骏杰〉）
销售部电话 010-62136131 编辑部电话 010-62137026（VP04）

前　言

  由于精细化学品的种类很多，限于教材篇幅和教学中学时的有限性，本书在章节的选取上主要考虑应用较广的精细化学品和能满足大多数化工类高职高专毕业生在精细化工领域就业，以"必需、够用"为原则。在具体的内容编排中强调知识点的可提炼性、配方的实用性、技术的可操作性，并尽可能做到"易学、易懂"，引导学生进入精细化工的各个领域，为学生进一步探究精细化工各个领域做好基础知识和技能的铺垫。书中的每一个配方实例均可以通过实验或实训做出合格产品，可参考性强。同时列举了部分产品的生产流程以满足学生建立工程思想的需要。

  本书由武汉工程大学王存文教授主审，由武汉软件工程职业学院吴雨龙、魏来主编。参加教材编写的有：武汉软件工程职业学院吴雨龙第一、七、九章；武汉软件工程职业学院洪亮第二章；广东食品药品职业学院傅中第三、四章；昆明冶金高等专科学校张润虎第五章；茂名职业技术学院王春晓第六章；武汉软件工程职业学院余磊第八章；武汉软件工程职业学院魏来第十章，全书由魏来老师统稿。

  本书在编写过程中得到教育部轻工类精细化工行业指导委员会及科学出版社的大力支持和帮助，谨此表示衷心感谢。

  由于我们的水平有限，书中出现的错误和不妥之处难免，敬请专家和广大读者批评指正。

目　录

第一章 绪 论

知识点和技能点

1. 精细化学品的定义、特点、范畴。
2. 精细化工产品开发的基本程序。
3. 精细化学品生产的新技术。

学习目标

1. 明确精细化工及精细化学品的概念。
2. 掌握精细化学品的范畴，了解精细化工的分类情况。
3. 掌握精细化学品的特点，重点理解精细化工产品的功能性及高技术密集性与其他特性之间的关系。
4. 熟悉精细化工新产品的开发过程及方法。
5. 了解国内外精细化工的发展趋势及其在国民经济中的重要地位。

第一节 精细化工概述

一、精细化工

精细化工是在传统的染料、医药、香料等工业基础上建立和发展起来的一个化学工业的重要分支。20 世纪中叶，随着石油化工的兴起，利用石油、天然气、煤和生物物质为原料，采用化学和物理方法生产出大量的基本化工产品，再将这些基本化工产品进一步深加工，便可合成出系列高分子化学物质，并制备出种类繁多的、具有特定功能的化学品，如洗涤剂、黏合剂、涂料、表面活性剂以及能赋予合成材料各种特性的稳定剂、增塑剂等添加剂。因此对基本的化工原材料进行深加工或特定功能的物质的生产称之为精细化学工业，简称精细化工。

近年来，随着社会生产水平和生活水平的提高，化学工业产品结构的变化以及高新技术的要求，精细化工产品越来越受到重视，它的产值比重逐年上升。精细化工产品在化学工业中产值所占的比重大小已被认为是一个国家化学工业发达程度的标志之一，并已有把生产精细化工产品的工业单独作为一个部门从化学工业中独立出来的倾势。

二、精细化学品

国内外许多学者对精细化工产品的定义提出过许多不同的看法，目前尚无精确的学科上的定义以及独立的学科理论体系。日本是最早提出精细化学品概念的国家，并将它作为本国化工发展的重点，其定义为：凡是具有专门功能，研究开发、制造及应用技术密集度高，配方技术左右着产品性能，附加值高、收益大、生产批量小、品种多的化工产品称为精细化学品。欧美则将化工产品分为通用化学品、半通用化学品、精细化学品和专用化学品。其中对精细化学品和专用化学品之间的差别表述为以下六点：

（1）精细化学品多为单一化合物，可以用化学式表示其成分，而专用化学品很少是单一化合物，常常是若干化学品组成的复合物，通常不能用化学式表示其组成。

（2）精细化学品一般为非最终使用性产品，用途广泛，而专用化学品的加工度更高，为最终使用产品，用途较窄。

（3）精细化学品大体是用一种方法或类似方法制造的，不同厂家的产品基本上没有差别，而专用化学品的制备各厂家互不相同，产品有差别，甚至可完全不同。

（4）精细化学品是按其所含的化学成分来销售的，而专用化学品是按其功能销售的。

（5）精细化学品的生命周期相对较长，而专用化学品的生命周期短，产品更新很快。

（6）专用化学品的附加价值率更高，利润率更高，技术秘密性更高，更需要依靠专利保护或对技术诀窍严加保密。

我国对精细化学品的定义是：凡能增进或赋予一种（类）产品以功能，或自身就具有某种特定功能的小批量、高纯度、深加工、附加价值和利润率较高的化学品称为精细化学品。

总之，精细化学品是相对于基本化工产品（或称为通用化学品）而言的。

三、精细化学品的范畴和分类

精细化学品门类繁杂、品种众多，分类方法不尽相同。一般是按产品的功能和用途分类。1986年，我国原化学工业部暂定的11类精细化学品有：农药；染料；涂料（含油漆和油墨）；颜料；试剂和高纯物；信息用化学品（包括感光材料、磁性材料等能接收电磁波的化学品）；食品和饲料添加剂；黏合剂；催化剂和各种助剂；化学原药和日用化学品；功能高分子材料（包括功能膜、偏光材料等）。

其中，催化剂和各种助剂分类如下：

（1）催化剂：分为炼油用、石油化工用、有机合成用、合成氨用、硫酸用、环保及其他用途的催化剂。

（2）印染助剂：包括柔软剂、匀染剂、分散剂、抗静电剂、纤维用阻燃剂等。

（3）塑料助剂：包括增塑剂、稳定剂、发泡剂、阻燃剂等。

（4）橡胶助剂：包括促进剂、防老剂、塑解剂、活化剂等。

（5）水处理剂：包括水质稳定剂、缓蚀剂、软水剂、杀菌灭藻剂、絮凝剂等。

（6）纤维抽丝助剂：包括涤纶长丝用、涤纶短丝用、锦纶用、腈纶用、丙纶用及玻璃丝用的油剂等。

（7）有机抽提剂：包括吡咯烷酮系列、脂肪烃系列、乙腈系列、糠醛系列。

（8）高分子聚合添加剂：包括引发剂、阻聚剂、终止剂、调节剂、活化剂等。

（9）表面活性剂：除家用洗涤剂外的各种类型的表面活性剂。

（10）皮革助剂：包括鞣剂、加脂剂、涂饰剂、光亮剂、软皮剂等。

（11）农药用助剂：包括乳化剂、增效剂等。

（12）油田用化学品：包括油田用破乳剂、钻井防塌剂、泥浆用助剂、防蜡的降黏剂等。

（13）混凝土用添加剂：包括减水剂、防水剂、脱模剂、泡沫剂（加气混凝土用）、嵌缝油膏等。

（14）机械、冶金用助剂：包括防锈剂、清洁剂、电镀用助剂、各种焊接用助剂、渗炭剂及汽车等机动车用防冻剂等。

（15）油品用添加剂：包括防水、增黏、耐高温等种类，汽油抗震、液压传动、变压器油及刹车油添加剂等。

（16）炭黑：包括（橡胶制品的补强剂）高耐磨炭黑、半补强炭黑、色素炭黑、乙炔炭黑等。

（17）吸附剂：包括稀土分子筛系列、氧化铝系列、二氧化硅系列、活性白土系列。

（18）电子工业专用化学品（不包括光刻胶、掺杂物、MOS 试剂等高纯物和高纯气体）：包括显像管用碳酸钾、氟化剂、助焊剂、石墨乳等。

（19）纸张用添加剂：增白剂、补强剂、防水剂、填充剂等。

（20）其他助剂：玻璃防霉剂、乳胶凝固剂等。

这种分类方法实际上还是未能体现精细化工本身的特点，特别是第九类催化剂和各种助剂所包含的品种约 20 种不同类型的产品，几乎覆盖了我国绝大多数工业，因此，国内有关人士提出了将精细化工产品分为下列 18 类，它们是：医药和兽药；农药；黏合剂；涂料；染料和颜料；表面活性剂和合成洗涤剂；塑料、合成纤维和橡胶助剂；香料；感光材料；试剂和高纯物；食品和饲料添加剂；石油用化学品；造纸用化学品；功能高分子材料；化妆品；催化剂；生化酶；无机精细化学品。

这种分类方法基本体现了我国精细化工目前的发展水平和发展方向，同时也比较简洁、实用。

四、精细化学品的特点

精细化学品的特点和定义密切相关，虽然国内外对精细化学品的定义有着不同的见解，但是可以说大家在这样几个方面基本达到了共识，即精细化学品具有 4 个特点。

1. 具有特定的功能

特定功能应该是精细化学品最重要的特性。它是精细化学品与其他通用化学品最本质的区别，这种特定功能性主要表现在两个方面：

（1）产品本身具有特定功能。例如，化妆品中香波用于洗头，面膜用于表面皮肤的美容，而医药中的某药只能在某一病例上有效。例如，利血平只能用于降低血压，敌鼠钠盐只用于灭鼠而不能做他用。

（2）能赋予产品特定的功能，并且在某产品中只需要加入极少量就能改善或提高产品质量的效果，充分显示其功能性。如表面活性剂中某些具有特定功能的物质——发泡剂，能使洗衣粉、香波泡沫丰富，且又不引起对皮肤的刺激；也可用于浮选矿物时作发泡剂。匀染剂可使染料在染色时色泽均匀。精细化学品的特定功能也使得产品使用对象比较狭窄，专用性强，而通用性弱，这种较强的专用性可根据不同用户的特殊要求及时调整产品配方、改进工艺技术来实现，从而提高产品在市场上的竞争能力。

2. 小批量、多品种

精细化学品的特定功能也决定了其产品多数具有小批量、多品种的特点。因为精细化学品直接作为商品的使用量或在赋予某一产品特定功能时的用量一般都很小，如在食品中添加色素，只需要 10^{-3} 级，就能有效地改善食物的外观，以增进食欲，促进产品的销售。由于各种商品性能要求不一样，因而其品种也就众多。例如，在非食品中使用的色素与食品中使用的色素要求不一样。同是色素，有的要求耐酸，有的要求耐碱；或在水中溶解，或在油中溶解；或耐光、耐热等。又如表面活性剂，使用对象不一样，品种性能的要求也不一样，有时甚至性能完全相反，如在食品中的表面活性剂应为无毒无害品种，而在杀虫剂中则要求表面活性剂具有一定的杀虫能力。有的表面活性剂可作为起泡剂、乳化剂，而另一些表面活性剂则是消泡剂和破乳剂。目前，国外表面活性剂的品种达 5000 多种，在法国，仅发用化妆品就达到 2000 多种牌号；德国拜尔公司一个厂生产的染料就有 1600 多个牌号。因此，精细化学品品种的多少已是衡量一个国家精细化工发展水平的重要标志。

3. 高技术密集型

在寻找用量少、功能性强的产品过程中，必须从几十个甚至几千个化学结构的化合物中筛选，其原因在于目前对于千变万化的应用性能要求还缺乏完整的结构与性能关系方面的理论指导，这不仅需要动员大量的人力和物力，而且寻找筛选成功的可能性也很小。据报道，在染料的专利开发中，成功率常在 0.1%～0.2%，美国、日本等在医药开发的成功率为万分之一左右。而开发一个项目投资可达到 2 千万美元左右。一般精细化学品的投资也要占年销售额的 6%～7%。在生产上，精细化工产品工艺流程长，单元反应多，中间过程检测要求严格也是技术集中的又一体现，这更导致了新产品开发的难度，同时在产品分离提纯方面也需要大量采用先进的仪器和设备。

人们将各种工业技术密集度做了比较，认为化学工业是高技术密集指数工业，而精细化工又是化学工业中的高技术密集指数工业。若以机械制造业技术密集指数为 100，则化学工业为 248，精细化工中医药、油质和涂料分别为 340 和 279。

4. 技术和市场垄断性强

精细化工高技术密集性以及较高的投入使其开发研制显得特别重要，而一旦开发成功所带来的经济效益也是可观的。同时，这也决定了其商品技术垄断和市场垄断的特性，各国对精细化工产品的开发研制、生产过程、工艺配方均实行严格保密，并通过专利使自己的垄断地位得以巩固。

在上述精细化学品四个特点中，最重要的特点是精细化工产品的特定功能和高技术密集性，因为这两个特点可以决定其他特点，它是区别一般化工产品与精细化工产品的重要标志。在生产过程中采用多用途、多功能的生产装置，生产的产品多品种、小批量，在生产和销售过程中的技术垄断和市场垄断等一系列的商品性能都是这两个特性的具体表现。

第二节 精细化工产品的开发

精细化工产品的开发，包括生产过程的开发和精细化学品的开发。

一、精细化工生产过程的开发

1. 原料路线

原料是生产的物质基础，没有稳定的原料供应，就不可能组织正常生产。选择何种起始原料实现工业化生产，具有十分重要的意义。原料路线的选择，应充分考虑原料的利用率、价格和供应等因素，对于拟选用原料路线，应根据实验室研究结果，列出原辅材料名称、规格、单价，计算各种原辅材料的单耗、成本和总成本，比较技术经济的可靠性和合理性。若对原料来源和供应考虑不充分，实验室的研究成果则很难实现工业化。

2. 工艺流程

原料路线和生产方法确定之后，需要进一步研究工艺流程。工艺流程是产品生产的操作程序、物料流向以及各种化工单元设备的有机组合。工艺流程的研究开发以优质、高产、低效、低成本、安全等为目标，充分考虑工业化实施的可行性、可靠性和先进性。

3. 操作方式

操作方式有间歇式、半间歇式、连续式和联合操作。采用何种操作方式，应结合实际，因地制宜。

（1）间歇操作。物料一次性加入设备，反应过程中既不投入也不排出物料，待达到生产（反应）要求后放出全部物料，清洗设备后进行下一批次操作。间歇操作的温度、压力和组成等工艺参数随时间变化，其操作包括投料、卸料、加热（或加压）、清洗等。

间歇操作开工、停工比较容易，生产批量的伸缩余地较大，品种切换灵活，适合于批量小、品种变化快、工艺步骤多、后处理复杂的产品生产。

（2）半间歇操作是一种物料一次性加入，另一种物料连续加入的操作过程。

（3）连续操作。工艺参数不随时间变化，产品质量稳定，单位设备生产能力大，易于实现自动控制。对于生产批量大的产品，只要技术上可能，应首先考虑连续化操作。

联合操作是以中间贮罐为缓冲，将间歇过程和连续过程相衔接，适用少数步骤为连续操作、多数步骤为间歇操作的过程。

4. 精细化工过程的中试放大试验

精细化学品从实验室的制备到工业化生产，存在着放大效应。所谓放大效应是指实验室研究结果放大到工业装置而产生的效率下降、结果不能重复、甚至无法正常操作的现象。成功放大的基本条件有以下几个：

（1）具有足够的基础数据。

（2）对工艺过程的基本规律有深入的认识。

（3）可靠的设计计算方法。

在放大试验中，放大方法是很重要的，通常采用的放大试验方法如下：

（1）经验放大法。凭借实验和生产实践经验，对类似装置或产品生产过程建立的逐级放大的方法。因为经验的局限性，此法放大比例较小。

（2）相似放大法。对于某些化工过程，依据装置的几何相似和化学过程相似原理，进行放大的方法。该法难以同时满足过程的物理、化学相似要求，难以解决化学反应过程的放大问题。

（3）数学模拟放大法。在对过程的深刻认识和模型合理简化的基础上，根据对放大过程的理解和认识，采用数学语言描述各种因素及变量间的关系，并建立符合放大过程实际、合理简化的数学模型，借助计算机进行模拟实验、设计的方法。

中试放大试验是由实验室成果向工业化生产过渡的关键阶段，需要检验和确定系统连续运转的条件及可靠性；全面提供工程设计的数据；考察设备的结构、材质和材料的性能；考察杂质对反应的影响；提供一定数量的产品及副产品，供应用研究和市场开发；研究和解决生产过程中的"三废"问题；研究工业生产控制方法，确定经济消耗指标，制定（修订）生产工艺规程；或提供建立数学模型的数据，以修正和检验其数学模型。

中试放大试验达到预期目标后，可进入工业化生产的设计施工阶段。

上述工作完成后，可进行工业化生产试验或正常生产。

二、精细化工产品的开发

精细化工产品的开发即新产品的研制，是指在一定范围内（世界、国家、地区）第一次生产或销售的产品，这种产品的开发是前人没有实现过的具有完全的新原理、新结构、新技术及新的物理化学特征和新的使用特征；也可能是基本原理不变，部分地采用新技术、新分子结构，从而使其产品的功能或经济指标明显提高的新产品；还可以是对老产品进行技术改造后使其在各个方面有一定的提高。

下面以寻找适合于儿童使用的对眼睛无刺激作用的洗发香波为例，说明精细化工产品的开发过程。

1. 新产品开发的组织准备阶段

这个阶段包括新产品开发的设想、市场调查和预测、技术调查和预测。

新产品开发的设想主要来自于用户、企业管理销售人员以及专业人员的科研和掌握的技术动态及发展方向。例如，通过调查和使用了解到洗发香波对眼睛的刺激作用较大，儿童使用时又往往容易浸入眼中，因此一般洗发香波不适宜儿童洗头之用，那么能否研制开发出一种对眼睛无刺激作用的洗发香波呢？有了开发新产品的设想，还必须做市场调查和预测，弄清楚市场上是否有这类产品，这类产品的销路如何，如果已有这类产品，那么它们实际效果如何？同时对产品价格、数量进行了解。若经过市场调查发现市场上尚无适合儿童使用的对眼睛无刺激作用的产品（或有少量产品，但效果并不明显），认为有开发的价值，则需要做技术方面的调查。通过了解洗发香波对眼睛的刺激作用是由于其主要成分十二烷基苯磺酸钠所引起，该表面活性剂在产品中主要起着去污、起泡作用，这时技术调查的重点是寻找能取代十二烷基苯磺酸钠的物质，可通过查阅国内外文献与专利等，从中减去许多不必要的重复劳动，并避免在低水平上重复劳动。

通过调查得知某些仿天然表面活性剂对皮肤刺激作用较小，并了解到月桂基肌氨酸钠代替十二烷基苯磺酸钠会有比较好的效果，对眼睛的刺激作用很小。这时技术调查的重点转向对月桂基肌氨酸钠资料的收集，包括该物质原料情况、来源、合成工艺、产品配方等。经过收集整理，则可进入拟定出新产品的开发方案。

2. 拟定产品的开发方案阶段

这阶段的重点是对月桂基肌氨酸钠及配制的儿童洗发香波在技术、经济上的可行性进行论证，拟定产品原料、合成工艺及配方的选择方案。

3. 新产品研制试验阶段

新产品研制要经过小试、中试和正式生产这三个过程。

（1）小试。小试宜采用纯度高的试剂（如化学纯）和适当的用量以保证在试验过程中的成功率和产品回收率，得到最佳值的实验效果。若经过小试成功地合成了所需产品，还需对产品做毒性试验及化学质量分析，以确定产品是否无毒，产品是否符合质量要求，是否与国外报道的相同。

（2）中试。中试即中间厂试验，要使小试成功的产品应用到实际生产中，一般必须进行中试，它是过渡到实际生产中不可缺少的重要阶段。每一级放大都伴随有技术和质量上的差异，甚至一些参数也得另做调整。一般中试规模为实际生产的1/50～1/10，在某些特定情况下可为1/200～1/100，并且各个化工单元的放大倍数也不一样。

4. 新产品的应用和鉴定

新产品的应用是通过用户对产品质量、性能进行鉴定的有效方法。也可以通过用户的使用，不断提高完善产品的性能，从而进一步向社会推广。

鉴定是对新产品进行技术、经济、效益的评价。通过鉴定就可以得到社会的公认，并可以通过市场正式销售。

新产品的鉴定过程包括资料的准备、鉴定会的筹备及鉴定会，其中关键是对鉴定会资料的准备。这些资料通常包括小试报告、中试报告、应用报告、环保监测站和防疫站对"三废"治理验收报告及毒性报告。

5. 新产品的推广应用

新产品推广应用是产品得到社会承认，达到其经济效益不可忽略的重要一步，在推广应用中主要抓住三个环节，即：

（1）销售前的宣传和广告工作。

（2）确实做好销售服务工作。

（3）认真对待售后服务工作。

第三节　精细化工的重要地位及发展趋势

一、精细化工在国民经济中的重要地位

精细化工是当今化学工业中最具活力的新兴领域之一，是新材料的重要组成部分。精细化工产品种类多、附加值高、用途广、产业关联度大，直接服务于国民经济的诸多行业和高新技术产业的各个领域。大力发展精细化工已成为世界各国调整化学工业结构、提升化学工业产业能级和扩大经济效益的战略重点。精细化工率（精细化工产值占化工总产值的比例）的高低已经成为衡量一个国家或地区化学工业发达程度和化工科技水平高低的重要标志。美国、西欧和日本等化学工业发达国家，其精细化工也最为发达，代表了当今世界精细化工的发展水平。目前，这些国家的精细化率已达到60%～70%。经过近20多年的努力，我国精细化工率（精细化工产值占化工总产值的比例）已从1985年的23.1%提高到2014年的45%。2014年，世界精细化学品品种已超过10万多种，销售额达到4500亿美元，其中美国精细化学品年销售额约为1250亿美元，居世界首位，欧洲约为1000亿美元，日本约为600亿美元，名列第三，三者合计约占世界总销售额的75%以上。我国在"十二五"期间把发展精细化工作为一项重点工程来抓，同时由资源消耗型向资源节约型转变，将高污染型转为清洁型。预计到2015年，我国精细化工产值将达16000亿元，比2008年增长一倍，精细化工自给率达到80%。通过优先发展精细化工，促进化学工业上一个新台阶。

精细化学品已经与工农业生产、国防、尖端科技以及人们的日常生活密切联系在一起。如在日常生活中人们的衣、食、住、行到文化生活的各个方面，无不依赖精细化

学品。

衣着方面：棉、麻、毛、丝、人造纤维、合成纤维、皮革等的加工制造，离不开染料、软化剂、整理剂、漂白剂、干洗剂、鞣剂、加脂剂和光亮剂等精细化学品。

饮食方面：粮食、蔬菜、肉蛋鱼类、瓜果、酒和饮料等，在其种植、饲养、酿造、加工、贮运等过程中离不开精细化学品，如农药、饲料添加剂、食品添加剂、保鲜剂等。

居住方面：住宅的建设、装修和家庭陈列品等，除天然材料外，所采用的材料及其加工制造过程中也离不开精细化学品，如涂料、黏合剂等。

交通方面：汽车、火车、飞机、摩托车、自行车等用的钢材、铝合金、塑料、橡胶、合成纤维、皮革制品及涂料等，在其制造过程中使用的各种助剂均属于精细化学品。

文化生活方面：纸张、印刷品、光盘、录音或录像带、胶卷、唱片以及收音机、电视机、随身听等视听器材设备的制造均大量使用精细化学品。

总之，现代社会生活中的各种材料、器具，在其生产制造过程中都使用和涉及了各种各样的精细化学品。可以说，精细化学品几乎渗透到国民经济各个领域并占据重要地位，大力发展精细化工，提高精细化工率是化学工业发展的必然。

二、精细化工的发展趋势

精细化工是现代化学工业的重要组成部分，是发展高新技术的重要基础，也是衡量一个国家的科学技术发展水平综合实力的重要标志之一。因此世界各国都把精细化工作为化学工业优先发展的重点行业之一。早期的精细化工产品所强调的是技术本身的深化与密集，为竭力满足消费者的需求，对精细化学品在功能或性能上均有较全面的要求，而现代精细化工发展趋势则表现为环境友好、生态相容的前提下追求技术的高效、专一；同样，对产品的要求是对环境、生态、使用对象作用上的高度和谐统一。精细化工技术目前正经历着由"人与技术"概念向"人与技术及生态环境"概念的转变。此外，信息科技、生命科技、生命科学、材料科学、微电子科学、海洋科学、空间科学技术等高新技术产业的发展，对精细化学品的种类、品种、性能和指标，提高了更高的要求，为精细化工发展开辟了广阔的前景，呈现出新的趋势。

1. 开辟精细化工新领域

在环境友好及生态相容的前提下，广泛采用高效技术，使产品向精细化、功能化、高纯化发展。重点发展具有物理功能、化学功能、电气功能、生物化学功能、生物功能等的高分子材料，如功能膜材料、导电功能材料、医用高分子材料、有机电材料、信息转换与记录材料等。同时对传统的饲养添加剂、食品添加剂、表面活性剂、水处理剂、造纸化学品、皮革化学品、油田化学品、生物化工、电子化学品等开发其绿色化学生产工艺，使精细化工生产过程由损害环境型向环境协调型发展，实现精细化学品的生产和应用全过程的控制。

2. 采用特殊的工业技术

精细化学品的生产，一般包括原料的净化，化学反应、产物分离与纯化、剂型加工与应用等。由于精细化学品的特殊性，使其在加热、冷冻、传感、反应、分离等方面，形成了较为特殊的工业技术。

1）特殊的反应技术

特殊的反应技术如生物化学合成技术、超声波化学合成技术、微波化学合成技术、亚临界和超临界合成技术、新型催化合成技术、反应 - 分离偶合技术等。

反应 - 偶合技术，如反应 - 精馏的偶合、反应 - 萃取偶合、反应 - 结晶的偶合以及反应 - 膜分离的偶合等。反应 - 分离偶合技术使生成的产物立即分离，以打破化学平衡限制，提高反应效率、简化生产工艺。不少反应 - 分离偶合技术已获得工业应用，如反应 - 精馏的偶合应用于年产数十万吨能级的汽油添加剂甲基叔丁基醚（methyl-tret-butyl ether，MTBE）工业合成装置上，反应 - 萃取偶合技术应用在中药、香料有效成分的提取，反应 - 结晶应用在超细超纯纳米颗粒和炸药粒子的制备。

新催化技术如相转移催化、场效催化、生物酶催化技术等。相转移催化是利用相转移催化剂将反应物从一相转移到另一相进行反应的技术。在精细化学品非均相合成中经常采用，具有条件温和、收率较高、产物易分离、操作简单的特点。

生物酶催化剂具有很高的催化活性、专一性、反应条件温和、污染小和能耗低等优点，在医药、农药等具有生物活性的产品合成中，有着特殊的意义。生物技术是直接利用动物、植物、微生物的机体或模拟其功能，进行物质生产的技术，是精细化工实现可持续发展的关键技术，例如医药、生物农药、食品添加剂、酶制剂、单细胞蛋白、有机酸等精细化学品的生产。

2）特殊的分离技术

在精细化工生产中，除常用的结晶、吸附、过滤、离子交换、精馏、萃取等以外，还用到一些特殊的分离技术。

（1）膜分离技术。膜是指两相之间的一个不连续界面，膜由气相、液相、固相或它们的组合形成的，常用的是固膜和液膜。固膜是由聚合物或无机材料构成，液膜是由乳化液膜或是支撑液膜形成。不同的膜，具有不同的选择渗透作用。膜分离就是借助于膜的特定选择渗透性能，在不同压力、电场、浓度差等作用下，对混合物中的溶质和溶剂进行分离、分级、提纯和富集的过程。膜分离技术有电渗析、超过滤、反渗透等，一般在常温下进行的，不发生相变化，特别适合于热敏性物质、大分子、无机盐、恒沸物等特殊溶液的分离，在精细化工生产中有着特殊的意义。

（2）超临界萃取技术。超临界流体有气液两重性，其密度接近于液体，而黏度和扩散系数又与气体相似，既有与液体溶剂相当的萃取能力，又具有传质扩散速率快的特点。超临界萃取通常是在高压下萃取，然后降低压力，使之脱离超临界状态，实现溶剂与被萃取物的分离。超临界萃取的操作温度低、萃取时间短，适用于高沸点、热敏性物质的提取。最常用的超临界流体是二氧化碳，具有无毒、无污染的特点，且所形成的二氧化碳惰性氛围可避免产品的氧化，特别适合于动植物天然有效成分的提取与精制，如从咖啡豆中除去咖啡因、天然香料的制备、天然药物中有效成分的提取等。超临界萃取也可用于精细分离，如超临界萃取精馏。

3）极限技术

极限技术主要有加热、超高温、超低温、超高压、超高真空、超微颗粒等。

加热技术，包括电、红外及远红外线、微波等加热方法。红外线（λ 为 0.72～2.5μm）和过红外线（λ 为 2.5～1000μm）由红外线和远红外线辐射器发射，并被加热物料所吸收而产生热效应，多用于中低温的加热、烘烤及干燥。红外线加热装置主要由辐射器、加热箱、反射集光装置、温度控制装置所构成。

物质颗粒尺寸的大小与其性质有关。一般将颗粒尺度在 1～10mm 范围的称为微小级；1μm～1mm 范围的称为微米级；1nm～1μm 范围的为纳米级。超微颗粒通常是指尺寸在 1～100nm 的颗粒。超微颗粒在磁性、电绝缘、化学活性等方面表现出与宏观颗粒不同的性质，具有表面积、表面张力、颗粒间的结合力非常大，对光有强烈的吸收力、磁性明显高于块状金属，熔点比金属块低得多、化学活性高、低温超导等特性。

小结

本章指出了精细化工与大化工的区别和联系；介绍了精细化学品的概念、精细化学品的种类、特点以及研发的基本程序、精细化工的发展趋势。

思考题

1. 精细化学品有哪些种类？举例说明日常生活中所见到和所用到的精细化学品，并进行分类。

2. 精细化学品有何特点？

3. 为何精细化学品生产多采用间歇操作方式？

4. 一种精细化学品的开发和生产过程主要包括哪些步骤？

5. 何为中试放大？其意义何在？

6. 精细化学品生产采用的特殊技术有哪些？

7. 了解你所在地区精细化工的发展趋势和重点。

第二章　表面活性剂

知识点和技能点

1. 表面活性剂的结构特点，原料种类及来源。
2. 表面活性剂润湿、乳化、渗透、分散、增溶的机理。
3. 磺化、胺解、卤化、酯化、烷基化等单元反应原理、方法。
4. HLB 的计算，应用 HLB 选用表面活性剂。
5. 表面活性剂的合成路线设计。
6. 新型表面活性剂的结构和性能。

学习目标

1. 掌握表面活性剂的概念及表面活性剂的分子结构特点。
2. 掌握表面活性剂胶束的形成及临界胶束浓度 (CMC) 对溶液性能的影响。
3. 能从分子结构的微观构成上解释表面活性剂具有润湿、渗透、乳化、分散、增溶等作用的本质原因。
4. 能从分子结构上认识和区别四大类型表面活性剂。熟悉四大类型表面活性剂中各类表面活性剂的主要代表性物质及其应用领域。
5. 掌握表面活性剂亲水亲油平衡值（HLB）的计算方法，理解 HLB 与表面活性剂应用范围的关系。
6. 了解表面活性剂的有机合成单元反应，能依据表面活性剂的分子结构进行基本的合成路线设计。

　　肥皂作为一种最古老、最原始的表面活性剂应用于洗涤去污方面已有百余年历史。但是，表面活性剂作为一种产业独立的发展也不过几十年的历史，特别是 20 世纪 50 年代以后，随着石油的大量开采，石油化学产业迅速发展，带动了许多新兴产业如塑料、橡胶、合成纤维等的高速发展。同时，其他产业如纺织、食品、化妆品的发展，也不断需要寻找新型的表面活性剂。可以认为表面活性剂的发展是在石油化工的带动下，在其他工业的促进作用下而飞速发展起来的。

　　原则上讲，表面活性剂（或界面活性剂）是指能降低物质表面张力的物质。但精细化工中所讲的表面活性剂是指在很低的浓度范围内，能显著降低物质相界面张力，并且有某些特定结构和特定功能的有机化合物。

　　虽然表面活性剂在国民经济中各个领域的用量较少，但能起到改进工艺、提高质量、增加产量、降低消耗、节约能源、提高生产效率等关键作用，因此，表面活性剂有

"工业味精"之称。

就表面活性剂的品种而言，2007 年世界表面活性剂品种已达 16000 余种，并呈现继续增长的势头。目前世界表面活性剂年产量为 1100 万～1200 万 t。表面活性剂用途的分配趋势正由家用向工业用逐渐转移。发达国家中，工业用表面活性剂占总表面活性剂量的 50%～55%，而家用占 29%～32%，个人护肤用占 14%～16%。从产品结构来看，阴离子表面活性剂占首位，其次为非离子表面活性剂，阳离子和两性离子型表面活性剂所占份额较小。

近年来，随着我国工业的持续高速发展，对表面活性剂用量急剧增加，更需加快表面活性剂的研制和开发。

第一节　表面活性剂的结构及性能

作为表面活性剂分子，必须具有明显的结构特征：分子中同时含有两种不同类型的基团，一个是能溶于水的基团——亲水基（或疏油基），另一个是不溶于水而易溶于烃类溶剂（常称为油）的基团——亲油基（或疏水基）。亲水基种类较多，都具有较强的极性。如肥皂中的羧基（—COOH）、洗衣粉中主要成分十二烷基苯磺酸钠的磺酸基（—SO$_3$H），以及硫酸酯（—OSO$_3$H）、氨基（—NH$_2$）、羟基（—OH）、酰胺基（—NHCO—）、醚基（—O—）等。这些基团都具有不同程度的亲水性，相对于亲油基来说，它们都显得肥大些。亲油基是非极性的烃类，多为烷烃类。相对于亲水基来说，亲油基显得瘦长，这种长烃链包括 —CH$_2$—（CH$_2$）$_n$—CH$_2$— 及 —CH$_2$—CH$_2$

CH—CH$_2$—或为具有杂原子的 CH$_2$CH$_2$ 链—（CH$_2$—O—CH$_2$—）或含有 —CH$_2$—CH$_2$

芳香环的长链，如—（CH$_2$）$_n$—◯—。如图 2.1 所示的表面活性剂分子结构。

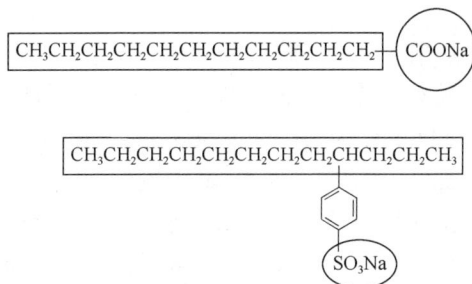

图 2.1　表面活性剂的分子结构示意图

显然表面活性剂分子中的—COONa，—SO$_3$Na 基团都具有强烈的亲水作用；而亲油基与水具有排斥作用，不能溶于水而溶于油。如果将表面活性剂加入到互不相溶的两个液相中（水 - 油），则其分子趋向于定向排列，多集中在两个液相的接触面，形成一层分子膜，降低表面张力。当表面活性剂加入到纯水中，亲水基团溶于水中，亲油基团与水相排斥，导致溶液体系内部能量增加。为降低能量，使体系稳定，这些分子将排列在液体表面。亲油基指向液面，结果使得液体表面分子浓度大于液体内部的分子浓度。可见，像肥皂、洗衣粉这类型的分子只有在浓度极稀的情况下，溶液才能是真正的溶液，并且有稀溶液的依数性。但在溶液浓度不断增加情况下，液体表面的分子越来越多，这会迫使表面活性剂分子聚集在水表面，形成一层紧密的单分子层，只有少量分子在液体内部。当溶液浓度达到一定程度时，许多表面活性剂分子立刻在水中结合在一起，形成一个定向排列的、稳定的集团——胶体（图 2.2）。

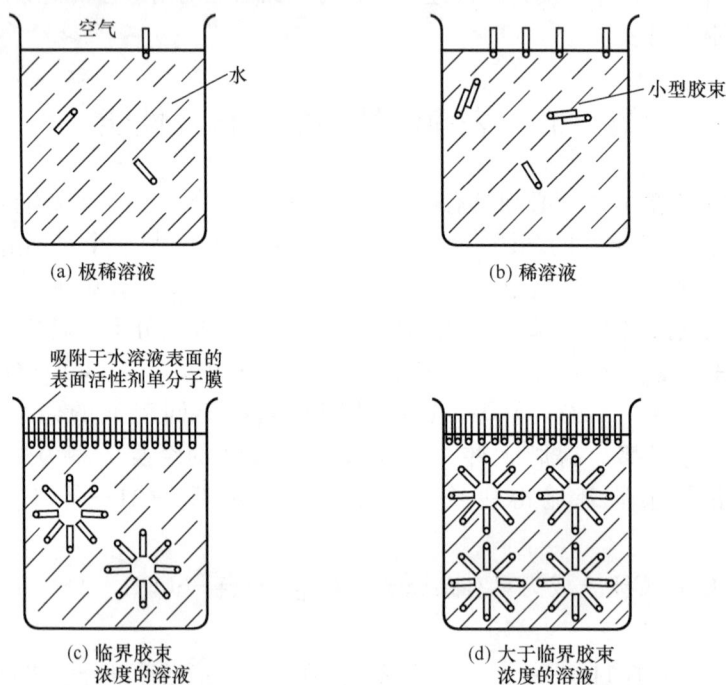

图 2.2　不同浓度时表面活性剂在水中的分布形态

　　在胶束内部为非极性基相互吸引，胶束表面是一层亲水基与水相互吸引，并有一层起着保护作用的双电层。胶束形成时所需表面活性剂的最低浓度称为"临界胶束浓度"（CMC），阴离子表面活性剂 CMC 为 $10^{-3} \sim 10^{-2}$mol/L，非离子表面活性剂的 CMC 较低，为 $10^{-5} \sim 10^{-4}$mol/L。从图 2.3 所示的十二烷基磺酸钠水溶液的一些性质在 CMC 浓度前后的变化情况可以看出，溶液体系许多性质或这些性质的变化率如表面张力、电阻率、渗透压、黏度、去污力等都以临界胶束浓度为分界线而发生显著变化。

　　影响临界胶束浓度的因素很多，其中，表面活性剂分子结构的差异影响较大。如碳氢链的长度、不饱和度、碳氢链支链多少、碳氢链中极性取代基的位置、亲水基团的类型等因素的变化都直接影响着表面活性剂的临界胶束浓度。碳氢键越长，CMC 会增大，每增加一个双键，CMC 增大 3～4 倍；碳氢链上支链的增加会导致 CMC 的增大，表面活性剂形成胶束发生困难，因此，具有支链的表面活性剂比具有相同碳数直链表面活性剂的 CMC 高；碳氢链中极性取代基位置越接近于长链的中心，表面活性剂越易溶于

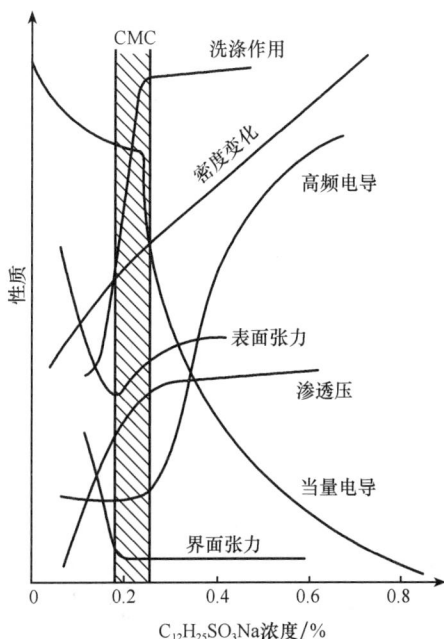

图 2.3　十二烷基磺酸钠水溶液的一些性质随浓度变化情况

水，其 CMC 越高；亲油基碳链相同时，离子型表面活性剂的 CMC 比非离子型的 CMC 约大 100 倍。离子基团极性的不同，CMC 也会有差异，对于硫酸基、磺酸基和羧基来说，它们都使表现活性剂的 CMC 增大，但羧基增加的值最大，而硫酸基增加值最小，磺酸基介于这两者之间。

　　表面活性剂除能定向排列、降低表面张力、形成胶束以外，还具有明显的润湿、渗透、起泡、消泡、乳化、分散、增溶、去污等作用，还可作为润滑剂、抗静电剂、杀菌剂、防锈剂等。表面活性剂正是因为这种特殊结构，在很低的浓度情况下就能使溶液的许多性质发生急剧变化，所以能广泛地应用于纺织、食品、日用化工、涂料、造纸、医药、冶金、机械、石油开采等各个工业领域。

第二节　表面活性剂的应用原理

一、润湿作用

　　表面活性剂分子能降低液面张力，促进液体在固体表面铺展，并渗透到物体中去的特性称为表面活性剂的润湿渗透作用。能促进润湿作用的表面活性剂称为润湿剂。润湿作用的大小，可通过体系表面自由能降低的多少或液体表面与固相表面夹角的大小表示，若 θ 值越小，润湿作用越好，θ 值越接近 180° 则润湿越困难，θ 值若等于 180° 时则完全不润湿（图 2.4（a）～（c））。

　　润湿渗透剂多为非离子型和阴离子型，表面活性剂分子结构会影响到润湿作用的大

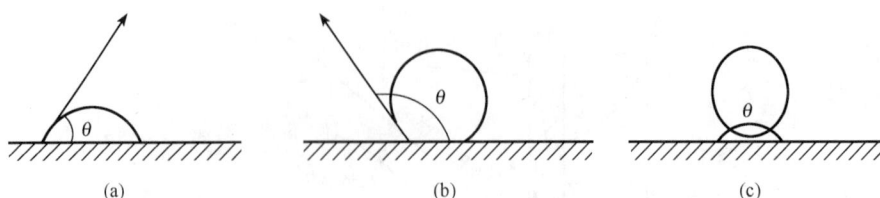

图 2.4　润湿现象与润湿角

小。分子结构中疏水基带有支链的比不带支链的一个长链烃润湿作用要强；位于烃链中央的亲水基比位于一端的要强；烃链长短也会影响润湿作用。一般烷基 14～18 个碳原子润湿作用较强。在苯环上有烷基和亲水基时，邻位异构体比对位异构体润湿能力强，在苯环上的碳原子数为 2 时，常作润湿剂。

二、分散作用

表面活性剂能降低液体与固体微小粒子的界面张力，并在固体物质微粒周围形成一层亲水、稳定的吸附膜，使固体粒子均匀地分散、悬浮在溶液中的作用即为分散作用。具有这种分散作用的表面活性剂称为分散剂。

分散剂的稳定性受粒子大小的影响，当粒子直径在几个微米时，得到的是比较稳定的悬浮液。当其直径在 0.1μm 以下时，分散后就形成稳定的胶体溶液。

三、乳化作用

表面活性剂降低不相溶的两种液体界面张力，促使某相以微小的液粒均匀分散到另一相中形成乳化液的作用称为乳化作用。通常，若是少量的油分散到大量的水中所形成的乳浊液称之为“水包油型乳浊液”（或 O/W 型）；反之则称为“油包水型乳浊液”（或 W/O 型）；如牛奶就属于 O/W 型，而新开采的含水原油则属于 W/O 型。也有比较复杂的乳化液如 W/O/W 型及 O/W/O 型。

乳化作用原理与分散作用相似，常见的乳化剂为阴离子和非离子型表面活性剂。

四、泡沫作用

表面活性剂能降低水与空气之间的表面张力，使空气分散在水中形成泡沫，然后气泡表面吸附着定向排列的一层活性分子，当其浓度达到一定值时，气泡壁就形成一层坚固的膜，它既不易破裂，又不易合并而形成稳定的泡沫，这种作用叫做泡沫作用。泡沫的形成主要是表面活性剂分子的定向吸附作用，使气液两相界面的张力降低所致。

在液体中的泡沫与暴露在空气中的泡沫结构是有所不同的，如图 2.5 所示。

液体中的气泡只有一层活性物，而空气中的气泡有两层活性物分子，并且活性物分子的憎水基都指向空气中。

泡沫作用在矿物浮选、化妆品、洗涤剂及消防灭火等方面都有广泛的应用。

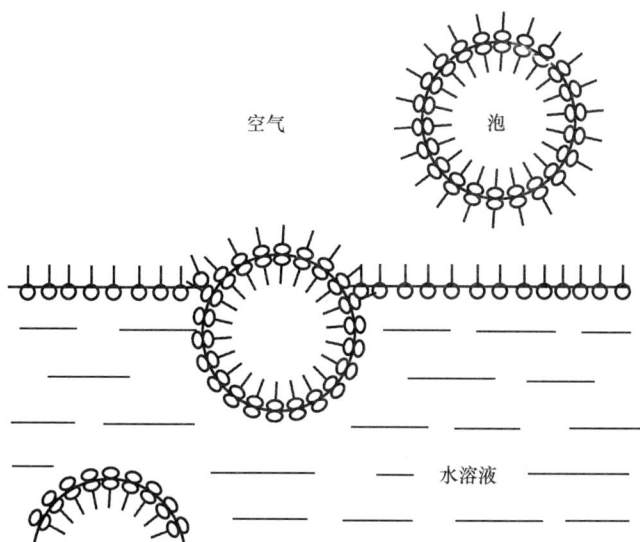

图 2.5　泡沫形成模式图

五、增溶作用

表面活性剂在水溶液中形成胶束后，能使油类或非极性的碳氢化合物（如苯、乙烷等在水中的溶解度很小或根本不溶的物质）的溶解度有显著提高，且此时溶液呈现透明状态。这种由于胶束的溶解而使物质在溶剂中溶解度增加的现象称为增溶作用。能产生增溶作用的表面活性剂叫增溶剂。被"溶解"的物质称为增溶物。若在已增溶的溶液中继续加入被增溶物，达到一定量后，溶液由透明状态变为乳状，这种乳液就是乳化液，在此液中再加入表面活性剂溶液，又可恢复透明无色状态。增溶作用与乳化作用有本质上的不同，增溶可降低能量，使之形成稳定的体系，且不随时间而发生变化，而乳化液是不稳定的，随着时间的变化体系会发生变化。

增溶现象有四种方式：

第一种，是油脂、矿物油等非极性物质，它们是溶解在活性物分子胶束烃链之间的。这可通过球型胶束加入碳氢化合物后球型胶束增大了这一事实说明。当然，它们也可能嵌在两层疏水基之间。

第二种，是具有与表面活性剂分子结构相似的物质，如长链醇、胺、脂肪酸和各种极性染料，它们与表面活性剂分子一同定向排列在一起。

第三种，是具有极性的高分子物质，甘油、蔗糖及某些不溶于烃的染料。它们吸附在活性物胶束的极性基表面上。

第四种，是具有聚氧乙烯链的非离子表面活性剂，其增溶方式与上述三种有明显不同，被增溶物包藏于胶束外层的聚氧乙烯链内。例如，苯、苯酚即属于这种方式增溶，此种方式的增溶量大于前三种。四种方式增溶的增溶量顺序为（d）＞（b）＞（a）＞（c），如图 2.6 所示。

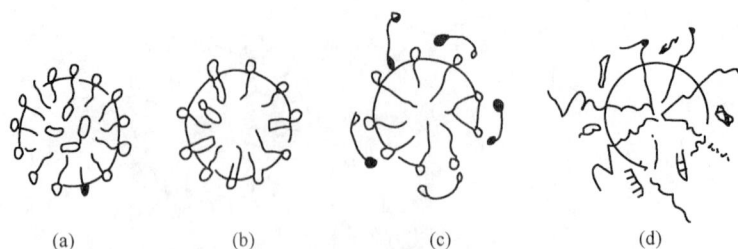

图 2.6　常见增溶方式

增溶作用与表面活性剂分子及被增溶物性质有关。表面活性剂的碳氢链越长，被增溶物的量增多；被增溶物分子的碳氢链越长，其溶解度就小。被增溶物或表面活性剂的亲油基具有支链时，其增溶能力较直链烃者小，同时被增溶物的增溶量随本身极性增加而增加。

第三节　表面活性剂的分类

表面活性剂性能随其化学结构不同而不同，其性能和作用的差别除与非极性基团有关外，更主要的是与亲水基的性能有关。亲水基在其结构上可以有较大的变化，这种变化比亲油基的改变对表面活性剂的性能影响要大得多。因此，表面活性剂多是根据亲水基的化学结构分类，也可按表面活性剂的使用功能分类。

一、表面活性剂的化学结构分类

从化学结构上来看，根据表面活性剂是否能在水中离解以及离解后物质呈现的状态，将其分为离子型表面活性剂、非离子型表面活性剂。在离子型中，又可分为阴离子型、阳离子型和两性型表面活性剂。每类型表面活性剂又可依据其亲水基结构进一步分类。

（一）阴离子型表面活性剂

当表面活性剂溶于水后，能离解出带负电荷的阴离子亲水基团者为阴离子表面活性剂。亲水基主要有羧基、硫酸酯基、磺酸基、磷酸酯基等。常见的阴离子表面活性剂见表 2.1 所示。

表 2.1　常见阴离子表面活性剂

序　号	名　称	化学式
1	脂肪酸羧酸酯盐	$R—COONa$
2	脂肪醇硫酸酯盐	$R—OSO_3Na$
3	烷基磺酸酯盐	$R—SO_3Na$
4	烷基芳基磺酸酯盐	$R—\!\!\!\bigcirc\!\!\!—SO_3N\varepsilon$
5	磷酸酯类	$R—OPO_3Na$

这类表面活性剂是应用最广、使用量最大的一种，其使用量占整个表面活性剂用量的一半以上。

（二）阳离子表面活性剂

凡溶于水后，生成带有正电荷的阳离子亲水基团者称为阳离子表面活性剂。在国外工业发达国家近几年阳离子表面活性剂的发展速度较快，品种也不断增加（表 2.2）。

表 2.2　几种常见的阳离子表面活性剂

序　号	名　　称	化学式
1	伯胺盐	$RNH_2 \cdot HCl$
2	仲胺盐	$R\!-\!\overset{CH_3}{\underset{}{NH}} \cdot HCl$
3	叔胺盐	$R\!-\!\overset{CH_3}{\underset{CH_3}{N}} \cdot HCl$
4	季铵盐	$R\!-\!\overset{CH_3}{\underset{CH_3}{N^+}}\!\!-\!CH_3\ Cl^-$

（三）两性表面活性剂

两性表面活性剂溶于水后，分子内可同时带有正负两种电荷。在酸性条件下，呈阳离子性质；在碱性条件下，呈阴离子性质；在中性溶液中呈非离子型表面活性剂。这类表面活性剂这几年来发展最快。常用的两性表面活性剂见表 2.3 所示。

表 2.3　常用的两性表面活性剂

序　号	名　　称	化学式
1	氨基酸型	$RNHCH_2CH_2COOH$
2	甜菜碱型	$R\!-\!\overset{CH_3}{\underset{CH_3}{N^+}}\!\!-\!CH_2COO^-\quad R\!-\!\overset{CH_3}{\underset{CH_3}{N^+}}\!\!-\!SO_3^-$
3	咪唑型衍生物	$\overset{N}{\underset{N^+\!-\!COO^-}{\parallel}}$

（四）非离子型表面活性剂

这类表面活性剂在水中溶解后不电离，分子的亲水基不是离子而是聚氧乙烯醚链、酯键、多元醇等（表2.4）。

表2.4　常用的非离子型表面活性剂

序　号	名　称	化学式
1	醚型	$ROC(CH_2CH_2O)_nH$
2	酯型	$R-COOCH_2-C\begin{smallmatrix}CH_2OH\\|\\-CH_2OH\\|\\CH_2OH\end{smallmatrix}$
3	醚酯型	$RO \cdot R' CO \cdot OR'$
4	含氮型	$R-N\begin{smallmatrix}(CH_2CH_2O)_nH\\\\(CH_2CH_2O)_nH\end{smallmatrix}$

二、按表面活性剂的功能分类

表面活性剂的用途越来越广，其品种也越来越多，按照其功能可分为以下14类。

（1）洗涤剂，如烷基苯磺酸钠、聚氧乙烯烷基醚。

（2）精炼剂，如聚乙二醇型表面活性剂。

（3）润湿渗透剂，如聚氧乙烯烷基苯基醚。

（4）分散剂，如亚甲基二萘磺酸盐类。

（5）乳化剂，如脂肪醇聚氧乙烯醚类。

（6）增溶剂，如聚氧乙烯（4）山梨醇酐月桂酸酯。

（7）絮凝剂，如丙烯酰胺类聚合物。

（8）起泡剂，如十二烷基醚硫酸酯类。

（9）消泡剂，如脂肪胺聚氧丙烯聚氧乙烯醚。

（10）柔软润滑剂，如十八烷基三甲基氯化铵。

（11）防水剂，如羟甲基硬脂酸酰胺。

（12）杀菌剂，如十八烷基二甲基苄基氯化铵。

（13）抗静电剂，如烷基磷酸酯二乙醇铵盐类。

（14）防锈剂，如两性咪唑啉化合物。

三、其他表面活性剂

现在特种表面活性剂如以碳氟键取代碳氢键作为亲油基的碳氟型表面活性剂也在某些领域里得到了一定的应用，此外还发展了硅氧烷系表面活性剂，高分子表面活性剂和天然表面活性剂也得到了应用。

就用量来看，水溶性表面活性剂占总产量70%以上。其中阴离子表面活性剂占65%～70%；阳离子表面活性剂只占5%～8%；两性表现活性剂占2%～3%；非离子型表面活性剂占25%左右。

第四节　表面活性剂的亲水亲油平衡值

表面活性剂具有亲水基和亲油基，怎样量度其亲水性呢？人们发现：亲油亲水性能大小决定于各自基团的亲和力的大小，同时，亲水基的亲水性与亲油基的亲油性有互相抵消的作用。因此，葛里芬提出了用亲水亲油平衡值（HLB：value of hydrop hile lipopile balance）来衡量表面活性剂的亲水性能力的大小。

HLB 是选择和评价表面活性剂使用性能的重要指标。通常 HLB 在 3～6 时，表面活性剂适合用做 W/O 型乳化剂；7～9 时用做润湿剂；8～18 用做 O/W 型乳化剂；13～15 用做洗涤剂；15～18 用做增溶性，但这只是一些经验规律，在实际应用中，对于某一具体对象，往往还有一定的差异。

表面活性剂的 HLB 越高，表明亲水性越大，HLB 越低，则亲水性越小。亲水亲油的转折点定为 10，所以凡 HLB 小于 10 的表面活性剂性多是亲油的，大于 10 为亲水性物质。

HLB 可通过实验和公式计算方法得到，通常采用的是葛里芬提出的计算方法求HLB。

1. 非离子表面活性剂的 HLB

非离子表面活性剂 HLB 按下式计算：

$$HLB = 20 \times \frac{M_H}{M}$$

式中：M_H——亲水基部分的相对分子质量；

　　　M——表面活性剂的相对分子质量。

对于多元醇的脂肪酸酯类表面活性剂，可以按下式计算：

$$HLB = 20 \times \left(1 - \frac{S}{A} \right)$$

式中：S——表面活性剂的皂化值；

　　　A——脂肪酸的酸价。

对皂化值不易测定的表面活性剂，按下式计算：

$$HLB = \frac{E + P}{5}$$

式中：E——表面活性剂亲水部分，即加成的环氧乙烷的质量分数；

　　　P——多元醇的质量分数。

对于只有—$(C_2H_4O)_n$—亲水基的表面活性剂可以用简化公式计算：

$$HLB = \frac{E}{5}$$

HLB 具有加和性，混合非离子表面活性剂 HLB 由各组成的 HLB 按权重比例加和而得

$$HLB = \frac{W_1 \cdot HLB_1 + W_2 \cdot HLB_2 + \cdots + W_n \cdot HLB_n}{W_1 + W_2 + \cdots + W_n}$$

石蜡中完全没有亲水基，所以 HLB 为零；而完全是亲水基的聚乙二醇 HLB 为 20，所以非离子表面活性剂的 HLB 介于 0～20（表 2.5）。

表 2.5　常见基团 HLB 基团数

亲水基团	基团数	亲油基团	基团数
—SO$_3$Na	38.7	—SO$_3$Na	11
—COOK	21.1	—CH—	0.475
—COONa	19.1	—CH$_2$—	0.475
—N（叔胺）	9.4	—CH$_3$	0.475
酯（失水山梨酸环）	6.8	=CH—	0.475
酯（自由）	2.4	—（C$_3$H$_6$O）—	0.15
—COOH	2.1	—（CH$_2$—CH$_2$—O）—	0.33
—OH	1.9	—CF$_2$—	0.87
—O—	1.3	—CF$_3$—	0.87
—（C$_2$H$_5$O）	0.33	—	—

2. 离子型表面活性剂的 HLB

1）葛里芬修正公式

为了使离子型表面活性剂也能像非离子型表面活性剂一样的计算，人们提出了对葛里芬的修正公式，得到

$$HLB = 20 \times \frac{M_H}{M} + C$$

式中：C——修正系数，（它是指采用该公式计算离子型表面活性剂 HLB 时因为有偏差而填补的一个修正值）。

2）戴维斯基团数方法

戴维斯将表面活性剂结构分解成一些基团，每个基团都对 HLB 有一定的贡献，从实验中得出的各基团 HLB 称为 HLB 基团数，如表 2.5 所示。将 HLB 基团数代入下式即可以求出表面活性剂 HLB：

$$HLB = 7 + \sum（亲水基团的 HLB 基团数）- \sum（亲油基团的 HLB 基团数）$$

经研究还表明，HLB 与多种理化数据有关，并可通过有关的实验测定。

（1）脂肪族表面活性剂 HLB 与"临界胶束浓度"及亲油基从水相过渡到非极性相所需的内聚能大小有关。

$$lgcmc = A + \frac{HLB}{1 + K_g}$$

式中：A——常数；

K_g——可从待定温度和同系物以图解方法求出。

（2）根据表面活性剂的混合焓（H^m）可求其 HLB。

$$HLB = 1.06H^m + 21.96$$

（3）表面活性剂 HLB 与介电常数有关，亦可根据介电常数确定 HLB。

（4）可以通过核磁共振法测定 HLB。

值得注意的是：表面活性剂的 HLB 的测定与计算时所用的各种实验方法和关系式有关，并有一定适用范围，在其范围内其误差值较小（±0.5），若超出其实用范围误差就很大。

第五节 表面活性剂的应用

一、洗涤剂

洗涤剂按使用对象可分为家庭用和工业用洗涤剂两大类。家用洗涤剂包括用于衣物、厨房、住宅、浴室、厕所及香波类的表面活性剂。在工业方面主要包括用于纺织、制浆造纸、机械金属以及土木建筑工业用洗涤剂。

洗涤剂多使用阴离子和非离子型表面活性剂。家庭用洗涤剂多使用泡沫量大的阴离子型，工业用洗涤剂宜选择低泡沫的非离子表面活性剂。阳离子表面活性剂和两性表面活性剂只有在某些特殊类型或功能的洗涤剂中才使用。应注意的是，市售商品洗涤剂中除表面活性剂外，还加有其他助洗剂，用于改善和促进洗涤效果。主要洗涤剂用表面活性剂见表2.6。

表 2.6 用于洗涤剂的主要表面活性剂

名 称	结构式		缩 写
肥皂	RCH_2COONa	R：$C_{10}\sim C_{14}$	—
直链烷基苯磺酸盐	R—⟨ ⟩—SO_3M	R：$C_{10}\sim C_{14}$	LAS
α-烯基磺酸盐	R—$CH_2CHCH = CH_2$ O—SO_3M	R：$C_9\sim C_{15}$	AOS
链烯磺酸盐	$RCH{=}CH (CH_2)_nSO_3M$	R：$C_9\sim C_{15}$ n：$0\sim 5$	ANS
羟基链烷磺酸盐	R—CH—$CH(CH_2)_nSO_3M$ OH	R：$C_9\sim C_{15}$ n：$1\sim 6$	HOS
脂肪醇硫酸盐	R—CH_2OSO_3M	R：$C_9\sim C_{17}$	AS
脂肪醇聚氧乙烯醚硫酸盐	R—$CH_2O (CH_2H_4O)_nSO_3M$	R：$C_9\sim C_{17}$ n：$1\sim 5$	AES
α-磺化脂肪酸盐	R—$CHCOOR$ SO_3M	R：$C_{10}\sim C_{16}$	SFE

续表

名　称	结构式		缩　写
仲烷基磺酸盐	$\begin{array}{c}R-CH-R\\ \\ SO_3M\end{array}$	$R' + R$：$C_{13}\sim C_{17}$	SAS
脂肪醇磷酸酯盐	$\begin{array}{c}OM\\ \\ R-O-P=O\\ \\ OM\end{array}$	$\begin{array}{c}R-O\quad O\\ \\ P\\ \\ R-O\quad OM\end{array}$	AP
油酰甲胺乙磺酸钠	$\begin{array}{c}C_{17}H_{35}CON-CH_2CH_2OSO_3Na\\ \\ CH_3\end{array}$		胰加漂 T
烷基聚氧乙烯醚	$R-CH_2O(C_2H_4O)_nH$	R：$C_8\sim C_{17}$ n：$5\sim 15$	AE
烷基酚聚氧乙烯醚	$R-\phenyl-O-(C_2H_5O)_nH$	R：$C_6\sim C_{17}$ n：$8\sim 12$	OPE
脂肪酰二乙醇胺（1∶1型）	$\begin{array}{c}CH_2CH_2OH\\ \\ R-CON\\ \\ CH_2CH_2OH\end{array}$	R：C_{12}	—
脂肪酰二乙醇胺（1∶2型）	$\begin{array}{c}CH_2CH_2OH\qquad\qquad CH_2CH_2OH\\ \\ R-CON\qquad\cdot HN\\ \\ CH_2CH_2OH\qquad\qquad CH_2CH_2OH\end{array}$		—
聚醚型非离子表面活性剂	$\begin{array}{c}HO(CH_2CH_2O)_b-(CH_2CHO)_a-(CH_2CH_2O)_cH\\ \\ CH_3\end{array}$		—
氨基酸型两性表面活性剂	$RNHCH_2CH_2COOM$	R：$C_{12}\sim C_{18}$ $M = Na$	—
甜菜碱型	$\begin{array}{c}CH_3\\ \\ R-N^+-CH_2COO^-\\ \\ CH_3\end{array}$	R：$C_{12}\sim C_{18}$	—
乌洛托品型	$R-C\benzimidazole-SO_3M$	$M = Na$	—

1. 肥皂

肥皂是以油脂水解后制得，主要成分为脂肪酸钠。除用做洗涤剂外，还用于 O/W 型乳化剂（详见第四章化妆品有关内容）。

2. 烷基苯磺酸盐

烷基苯磺酸盐是通用洗涤剂中使用最多的产品，约占世界总用量的 40% 以上。现在多使用直链烷基苯磺酸钠（LAS），尤以十二烷基苯磺酸钠最为常用。

3. 脂肪醇硫酸盐

由脂肪醇经与硫酸酯化后用碱中和制取。

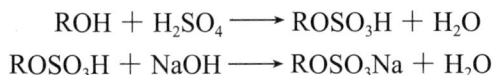

$$ROH + H_2SO_4 \longrightarrow ROSO_3H + H_2O$$
$$ROSO_3H + NaOH \longrightarrow ROSO_3Na + H_2O$$

主要脂肪醇为月桂醇（十二醇）、豆蔻醇（十四醇）、鲸蜡醇（十六醇和油醇）及十八醇。这些洗涤剂常作为毛纺织品洗涤剂，水中呈中性，去污力好，硬水中稳定，洗后纤维手感好。

4. 脂肪醇聚氧乙烯醚硫酸盐

脂肪醇聚氧乙烯醚硫酸盐又称烷基聚氧乙烯醚硫酸盐，通常由脂肪醇与 1～5 个环氧乙烷加成后，再用硫酸酯化，最后用氢氧化钠中和。

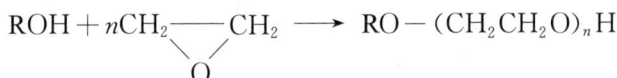

$$ROH + nCH_2\!-\!\!-\!CH_2 \longrightarrow RO-(CH_2CH_2O)_nH$$
$$\overset{O}{}$$

$$RO-(CH_2CH_2O)_nH + H_2SO_4 \longrightarrow R-O(CH_2CH_2O)_n-SO_3H$$
$$R-O(CH_2CH_2O)_n-SO_3H + NaOH \longrightarrow R-(OCH_2CH_2)_nOSO_3Na$$

常用于洗发香波和家庭餐具洗涤剂，具有良好的去污能力和起泡性能。

5. 油酰甲胺乙磺酸钠

油酰甲胺乙磺酸钠又名依捷邦 T、胰加漂 T、FX 洗涤剂、209 净洗剂等，是以油酸和 PCl_3 制备油酰氯，再用环氧乙烷和 $NaSO_4$ 制备羟乙基磺酸钠，并与甲胺反应生成 N-甲苯 -N- 乙撑基氨基磺酸钠，然后与油酰氯及碱生成：

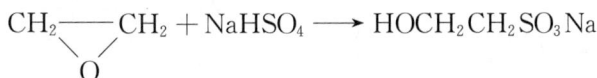

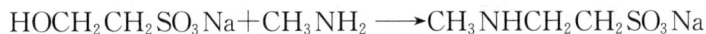

$$3C_{17}H_{33}COOH + PCl_3 \longrightarrow 3C_{17}H_{33}COCl + H_3PO_4$$
$$CH_2\!-\!\!-\!CH_2 + NaHSO_4 \longrightarrow HOCH_2CH_2SO_3Na$$
$$\overset{O}{}$$

$$HOCH_2CH_2SO_3Na + CH_3NH_2 \longrightarrow CH_3NHCH_2CH_2SO_3Na$$
$$C_{17}H_{33}COCl + CH_3NHCH_2CH_2SO_3Na + NaOH \longrightarrow$$
$$C_{17}H_{33}CO-N-CH_2CH_2SO_3Na + NaCl + H_2O$$
$$\qquad\qquad\quad |$$
$$\qquad\qquad\ CH_3$$

胰加漂 T 具有良好的去污力和起泡性，对硬水、碱、氧化剂均稳定。除用于各种洗涤生产外，还可作匀染剂、阳离子染料渗透剂等。

6. 油酰胺基（多肽）羧酸钠

油酰胺基（多肽）羧酸钠又名雷米邦 A、613 洗涤剂，是以油酸与 PCl_3 制取油酰氯，再与氨基酸（多肽）缩合得到。

$$3C_{17}H_{33}COOH + PCl_3 \longrightarrow 3C_{17}H_{33}COCl + H_3PO_4$$

$$C_{17}H_{33}COCl + NH_2R_1 \text{（} CONHR_2 \text{）}_nCOONa \xrightarrow{NaOH}$$
$$C_{17}H_{33}CONHR_1 \text{（} CONHR_2 \text{）}_nCOONa + NaCl + H_2O$$

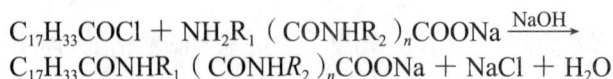

7. 脂肪醇聚氧乙烯（n）醚类

此类产品随脂肪醇碳链数目和环氧乙烷数目（n）的不同有许多品种，当环氧乙烷数目为 10～15 个时具有良好的去污能力。可由脂肪醇与环氧乙烷加成反应得到

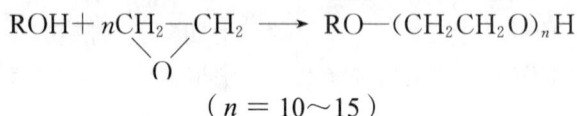

$$ROH + nCH_2 \!\!-\!\! CH_2 \longrightarrow RO\!\!-\!\!(CH_2CH_2O)_nH$$
$$\underset{O}{\diagdown}$$
$$\text{（} n = 10\text{～}15 \text{）}$$

8. 烷基酚聚氧乙烯醚类（OPE）

此类产品可由烷基酚与环氧乙烷加成得到

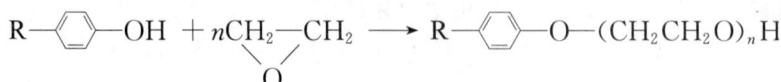

$$R\!\!-\!\!\langle\!\!\!\bigcirc\!\!\!\rangle\!\!-\!\!OH + nCH_2\!\!-\!\!CH_2 \longrightarrow R\!\!-\!\!\langle\!\!\!\bigcirc\!\!\!\rangle\!\!-\!\!O\!\!-\!\!(CH_2CH_2O)_nH$$
$$\underset{O}{\diagdown}$$

当 n = 8～12 时，去污性能最佳。当 R = C_8～C_{10} 时，得 $C_{8\sim10}$OPE 系列产品，这类产品除具有去污能力，还可用于乳化剂、润湿剂、增溶剂。其中 $C_{8\sim10}$OPE-10～15 还具有耐酸、碱及钙、镁的能力。

二、乳化剂

乳化剂广泛应用于食品、化妆品以及制造农药、纤维、合成橡胶等领域。食品工业中常用的有：甘油脂肪酸酯、失水山梨醇脂肪酸脂、蔗糖脂肪酸酯等。橡胶、树脂工业中多用阴离子表面活性剂，如肥皂、十二烷基苯磺酸钠、烷基二苯酚醚硫酸盐等。农药中多使用阴离子与非离子乳化剂的复配物。

1. 十二烷基苯磺酸钙

十二烷基苯磺酸钙又名农乳 500#，以苯、α- 烯烃为原料，经缩合、磺化、中和而成。其反应如下：

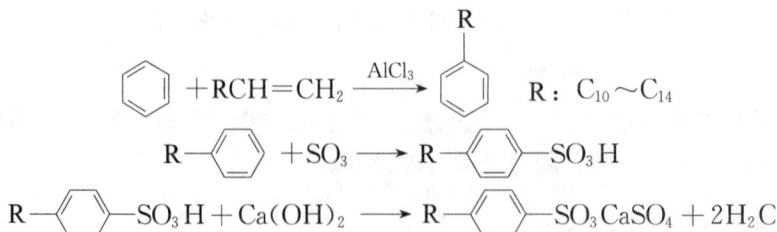

$$\langle\!\!\!\bigcirc\!\!\!\rangle + RCH\!\!=\!\!CH_2 \xrightarrow{AlCl_3} \overset{R}{\langle\!\!\!\bigcirc\!\!\!\rangle} \qquad R : C_{10}\text{～}C_{14}$$
$$R\!\!-\!\!\langle\!\!\!\bigcirc\!\!\!\rangle + SO_3 \longrightarrow R\!\!-\!\!\langle\!\!\!\bigcirc\!\!\!\rangle\!\!-\!\!SO_3H$$
$$R\!\!-\!\!\langle\!\!\!\bigcirc\!\!\!\rangle\!\!-\!\!SO_3H + Ca(OH)_2 \longrightarrow R\!\!-\!\!\langle\!\!\!\bigcirc\!\!\!\rangle\!\!-\!\!SO_3CaSO_4 + 2H_2C$$

2. 十二烷基磺酸铵

以十二烷基苯磺酸和三乙醇胺为原料，经缩合、乳化、调 pH、整理而制得。

$$C_{12}H_{25}\!\!-\!\!\bigcirc\!\!-\!\!SO_3H + N(CH_2CH_2OH)_3 \longrightarrow$$

$$N(CH_2CH_2OSO_2\!\!-\!\!\bigcirc\!\!-\!\!C_{12}H_{25})_3$$

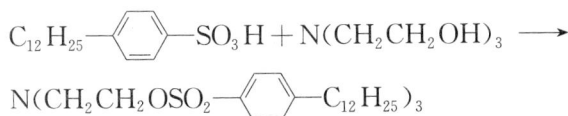

十二烷基苯磺酸铵可作为油田水包油型乳化剂，也可作碳酸氢氨肥料防结块剂。

3. 双十二烷基二甲基氯化铵

双十二烷基二甲基氯化铵又名 DDDMAC，由 N,N- 双十二烷基甲基胺与氯甲烷进行季铵化反应而制得，常用于沥青、矿物浮选、采油乳化剂，也可作杀菌消毒剂。其结构式为

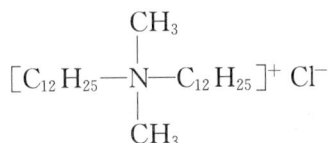

$$\left[C_{12}H_{25}\!-\!\!\overset{\displaystyle CH_3}{\underset{\displaystyle CH_3}{N}}\!\!-\!C_{12}H_{25} \right]^{+} Cl^{-}$$

4. 三乙醇胺油酸酯

三乙醇胺油酸酯又名 FM 乳化油，由三乙醇胺与油脂进行单酯化而得

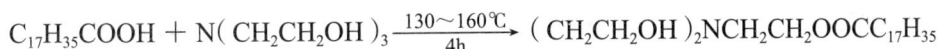

$$C_{17}H_{35}COOH + N(CH_2CH_2OH)_3 \xrightarrow[\text{4h}]{130\sim160℃} (CH_2CH_2OH)_2NCH_2CH_2OOCC_{17}H_{35}$$

本品与阳离子、非离子型表面活性剂混用，是优良的水/油型乳化剂，适用于矿物油、植物油、润滑油及其混合物的乳化，也是润肤化妆品的原料。

5. 脂肪醇聚氧乙烯醚类

这类非离子表面活性剂有多种产品，当脂肪醇为 12 个碳时称为 MOA 或 AEO，当为 $C_{12}\sim C_{18}$ 为平平加 O。由脂肪醇与环氧乙烷在碱存在下缩合而得

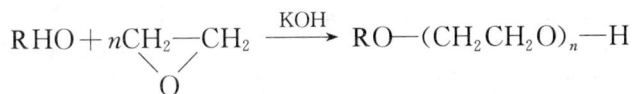

$$RHO + n\,CH_2\!\!-\!\!CH_2 \xrightarrow{\ KOH\ } RO\!\!-\!\!(CH_2CH_2O)_n\!\!-\!\!H$$
$$\underset{O}{\diagdown\!\diagup}$$

AEO 或乳化剂 MOA 常见的品种有 AEO-3、4、7、9，多用作乳化剂和洗涤剂；而平平加 O-10、15、20、25 等多作匀染剂、金属清洗剂等。

6. 农乳 300#

农乳 300# 又名二苄基联苯基聚氧乙烯醚。以苯基苯酚、氯苄、环氧乙烷为原料，经缩合、聚合而得。其反应式如下：

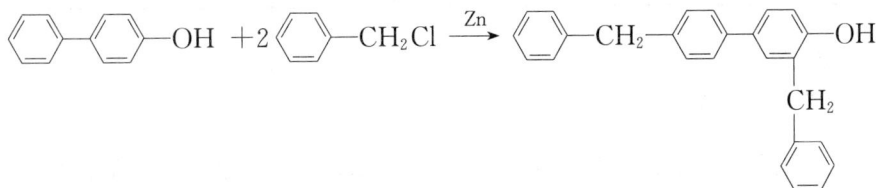

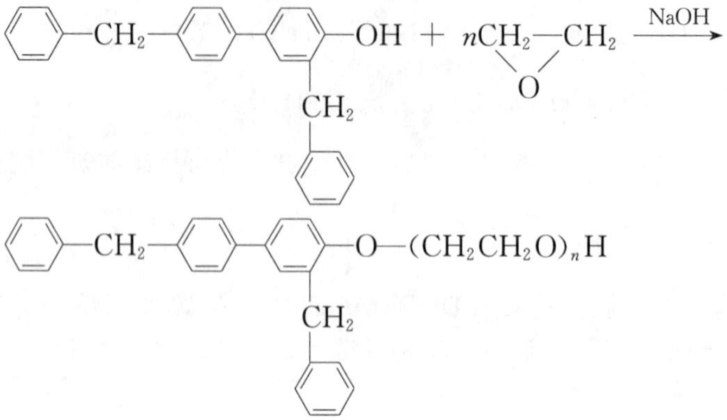

7. 山梨醇酐脂肪酸酯类

这类乳化剂是由山梨糖醇与脂肪酸酯化后脱水而制得

$$CH_2OH(CHOH)_4CH_2OH+C_nH_{2n-1}COOH \xrightarrow{-2H_2O}$$

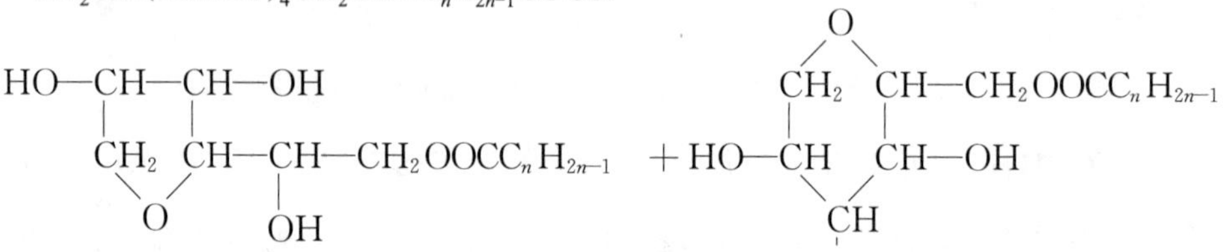

商品名为斯盘，又称 S- 乳化剂，有许多品种，多用于医药、化妆品、纺织及机械行业作乳化、润滑剂。常见乳化剂见表 2.7。

表 2.7 常见乳化剂

商品名	化学名
斯盘 20	山梨醇酐单月桂酸酯
斯盘 40	山梨醇酐单棕榈酸酯
斯盘 60	山梨醇酐单硬脂酸酯
斯盘 65	山梨醇酐三硬脂酸酯
斯盘 80	山梨醇酐单油酸酯
斯盘 85	山梨醇酐三油酸酯

8. 聚氧乙烯山梨醇酐脂肪酸酯类

聚氧乙烯山梨醇酐脂肪酸酯又名吐温 -m，由斯盘与环氧乙烷缩合而制得。其反应式为

$$\underset{\substack{\text{HO—CH} \quad \text{CH—OH} \\ \text{CH} \\ \text{OH}}}{\overset{\substack{\text{O} \\ \text{CH}_2 \quad \text{CH—CH}_2\text{OOCC}_n\text{H}_{2n-1}}}{}} + m\text{CH}_2\text{—CH}_2 \overset{\text{O}}{\longrightarrow}$$

$$\underset{\substack{\text{HO(CH}_2\text{CH}_2\text{O)}_x\text{—CH} \quad \text{CH—(OCH}_2\text{CH}_2)_y\text{H} \\ \text{CH} \\ (\text{OCH}_2\text{CH}_2)_z\text{H}}}{\overset{\substack{\text{O} \\ \text{CH}_2 \quad \text{CH—CH}_2(\text{OCH}_2\text{CH}_2)_x\text{COOC}_n\text{H}_{2n-1}}}{}} \qquad m=x+y+z$$

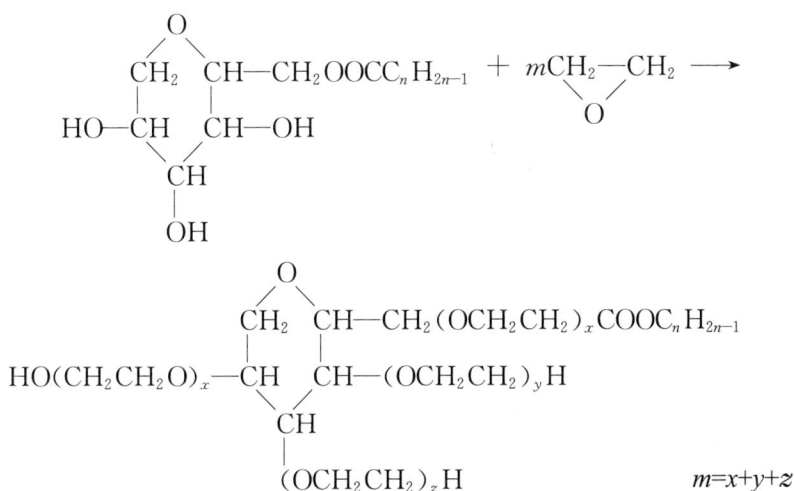

除作乳化剂以外，还可用做增溶剂、稳定剂、扩散剂、润滑剂和抗静电剂。

9. 蓖麻油聚氧乙烯（n）醚类

蓖麻油聚氧乙烯（n）醚类又称乳化剂 EL-（n）。由 1mol 蓖麻油与若干摩尔环氧乙烷经缩合、中和而制得，多用于农药、纺织工业作乳化剂，也可用做扩散剂、润湿剂等。

三、消毒杀菌剂

杀菌剂多选用阳离子型和两性型表面活性剂。阴离子型表面活性剂杀菌能力较弱，特别对革兰氏阴性菌几乎无杀菌作用。

阳离子型杀菌剂多选用季铵盐，常用的是洁尔灭、新洁尔灭、氯化苄甲乙氧铵。通常低分子季铵盐杀菌力较强，但若混入阴离子表面活性剂时，杀菌力会降低。此外，吡啶盐、咪唑啉盐、异喹啉盐也有很强的杀菌能力。

两性型表面活性剂受 pH 变化影响小，也具有强的杀菌能力。

1. 十八烷基二甲基苄基氯化铵

十八烷基二甲基苄基氯化铵又名 1827，由十八烷基二甲胺和氯化苄进行反应而得

$$C_{18}H_{37}N(CH_3)_2 + ClCH_2\text{—}\bigcirc \longrightarrow [C_{18}H_{37}N(CH_3)_2CH_2C_6H_5]^+Cl^-$$

本品还用于纺织行业作润滑剂、整理剂、柔软剂、抗静电剂、润滑脂的稠化剂。

2. 十二烷基二甲基苄基氯化铵

十二烷基二甲基苄基氯化铵又名 1227 或洁尔灭。其制备方法与 1827 相似，其应用范围也与 1827 基本相同。

3. 十二烷基三甲基氯化铵

十二烷基三甲基氯化铵又名 DTAC、1231，由十二叔胺和氯甲烷反应制取。先将反

应釜中加入胺、乙醇、水，并加入少量碱，反应釜经置换空气后，升至反应温度，加入氯甲烷，反应数小时即得，反应式如下：

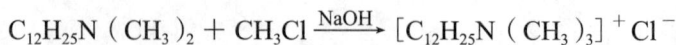

$$C_{12}H_{25}N（CH_3）_2 + CH_3Cl \xrightarrow{NaOH} [C_{12}H_{25}N（CH_3）_3]^+Cl^-$$

十二烷基三甲基氯化铵主要作为工农业杀菌剂、合成纤维抗静电剂、油田乳化泥浆的乳化剂及乳胶工业防黏剂。

四、抗静电剂

表面活性剂的分子中亲油基牢固地附着在物质表面，亲水部分从空中吸收水分，从而使物质表面形成薄薄的导电层，起到消除静电的作用。

阴离子型抗静电剂热稳定性好、多用于合成纤维生产及加工。常见产品有高级硫醇酸酯盐、脂肪族磺酸盐、高级醇硫酸酯类。

阳离子型抗静电效果最好，多为 8～22 个碳的烷基季铵盐和烷基胺盐。

非离子型和两性型抗静电剂多用在食品包装薄膜的内部作抗静电剂使用。

1. 烷基磷酸酯三乙醇胺盐

由 C_8～C_{12} 脂肪醇和 P_2O_5 反应，然后用三乙醇胺中和而得，反应式如下：

$$2ROH + P_2O_5 \longrightarrow RO\underset{OH}{\overset{O}{P}}O\underset{OH}{\overset{O}{P}}OR \quad（R＝C_8～C_{12}）$$

$$2RO\underset{OH}{\overset{O}{P}}O\underset{OH}{\overset{O}{P}}OR + 4N(CH_2CH_2OH)_3 + H_2O \longrightarrow$$

$$2RO\underset{OH \cdot N(CH_2CH_2OH)_3}{\overset{OH \cdot N(CH_2CH_2OH)_3}{P}}O$$

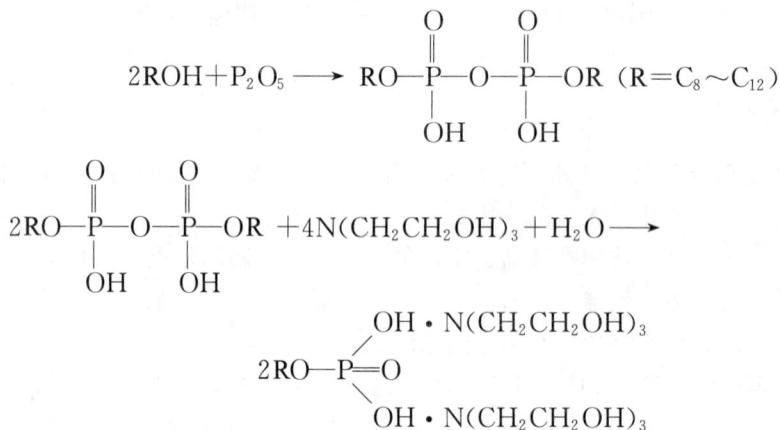

此外，磷酸酯铵盐的烷基磷酸酯二乙醇胺（抗静电剂 P）制备方法与此相似。

2. 十二烷基三甲基溴化铵

十二烷基三甲基溴化铵又名 DTAB、1231-Br。由十二叔胺和溴甲烷进行季铵化反应制得，反应式为

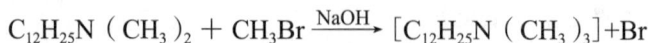

$$C_{12}H_{25}N（CH_3）_2 + CH_3Br \xrightarrow{NaOH} [C_{12}H_{25}N（CH_3）_3]+Br$$

3. 抗静电剂 TM

抗静电剂 TM，化学名称为三羟乙基季铵甲基硫酸盐。先将三乙醇胺加入搪瓷反应锅内，搅拌下缓慢加入硫酸二甲酯，温度控制在 50℃以下，加完料升温至 80℃、反应4h 即得成品。反应式为

$$N(CH_2CH_2OH)_3 + (CH_3)_2SO_3 \longrightarrow [CH_3N(CH_2CH_2OH)_3]^+ CH_3SO_4^-$$

抗静电剂 TM 可作为聚丙烯腈、聚酯、聚酰胺等合成纤维的优良静电消除剂，并可与阳离子型或非离子型混合使用。

4. 抗静电剂 SN

抗静电剂 SN，化学名为十八烷基二甲基羟乙基季铵硝酸盐。由十八叔胺溶于异丙醇中，加入硝酸后密闭反应锅，抽真空后通氮气下于 90℃ 通入环氧乙烷，反应温度为 90～110℃。

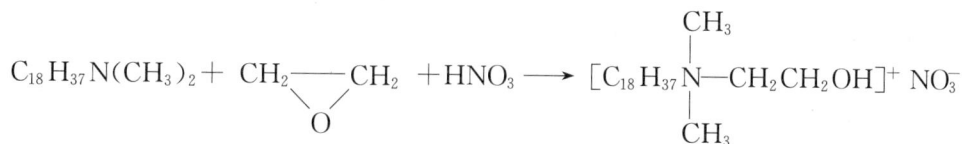

$$C_{18}H_{37}N(CH_3)_2 + CH_2\!\!-\!\!\!-\!\!CH_2 + HNO_3 \longrightarrow [C_{18}H_{37}\overset{\underset{\displaystyle CH_3}{|}}{\underset{\underset{\displaystyle CH_3}{|}}{N}}\!\!-\!\!CH_2CH_2OH]^+ NO_3^-$$

（图中环氧乙烷下方为 O）

抗静电剂 SN 与抗静电剂 TM 应用范围相同，还可用作聚丙烯腈纤维的染色匀染剂。

五、起泡剂

一般表面活性剂多是良好的起泡剂，其中最好的是肥皂和月桂基硫酸钠等阴离子表面活性剂，在农药中多使用对植物无害的非离子型起泡剂。

1. 十二烷基硫酸钠

十二烷基硫酸钠又名发泡剂 K_{12}。可将十二醇与氯磺酸（或 SO_3）按 1：1.03 的摩尔比，在 30～35℃ 下磺化生成磺酸酯，再用 30% NaOH 中和而制得。

$$CH_3(CH_2)_{11}OH + ClSO_3H \longrightarrow CH_3(CH_2)_{11}OSO_3H + HCl$$
$$CH_3(CH_2)_{11}OSO_3H + NaOH \longrightarrow CH_3(CH_2)_{11}OSO_3Na + N_2O$$

用于牙膏、金属选矿作发泡剂，也可用做医药膏的乳化剂及抗静电剂、洗涤剂。C_{13}～C_{16} 的脂肪醇硫酸钠（或铵）也与 K_{12} 制备方法相似。并具有相似的性质。其铵盐类多用于高级香波，具有洗涤、护发、去头屑、增加柔软光滑性等。

2. 脂肪醇聚氧乙烯醚硫酸铵

脂肪醇聚氧乙烯醚硫酸铵又名 NAES，以十二醇为原料与三个环氧乙烷反应，再与 SO_3 酯化，最后用氨水中和制得。常用作液体洗涤的起泡剂、乳化剂，也可用做高级香波的原料。

3. 脂肪醇聚氧乙烯醚类

常见的有 C_4 醇聚氧乙烯（24）醚，用于矿物开采浮选过程中，作起泡剂。

小结

表面活性剂是分子结构中同时具有亲水基和亲油基的一类有机精细化学品。根据其结构的不同可以将表面活性剂划分为离子型表面活性剂和非离子型表面活性剂。其中离子型表面活性剂根据亲水性基团溶于水中显现的电性又分为三种类型，其中亲水基溶于水后显负电性的为阴离子型表面活性剂；溶于水后显正电性的为阳离子型表面活性剂；在酸性水溶液中显正电性、在碱性溶液中又能显负电性的为两性表面活性剂。表面活性剂的结构决定了表面活性剂具有润湿、乳化、分散、洗涤、增溶、起泡、杀菌、抗静电等多种作用。其中表面活性剂的 HLB 的大小可以指导我们选用不同作用的表面活性剂。临界胶束浓度（CMC）是表面活性剂的一个重要指标。表面活性剂的亲油基原料一般为 $C_{12} \sim C_{16}$ 的高级脂肪醇、脂肪酸、脂肪胺等，借助于卤代、缩合、磺化、烷基化等有机合成单元反应可以合成系列表面活性剂。

思考题

1. 表面活性剂的结构有何特点？结构如何决定其特性？
2. 按常用的分类方法，表面活性剂分为哪几类？
3. 表面活性剂 HLB 的计算方法是什么？HLB 对选用乳化剂有哪些指导作用？
4. 何为 CMC？CMC 的大小对表面活性剂的性能有哪些影响？
5. 表面活性剂的用途有哪些？
6. 阴离子表面活性剂的结构特点是什么？分类有哪些？
7. 阳离子表面活性剂有哪几类？各主要用途是什么？
8. 两性和非离子表面活性剂的结构与功能的关系是什么？
9. 写出醚类（脂肪醇聚氧乙烯醚、烷基酚聚氧乙烯醚）、酯类、酰胺类、聚醚类非离子表面活性剂的通式及用途。
10. 合成表面活性剂的原料有哪些？
11. 试述几种烷基苯磺化生产工艺过程。
12. 生产 AES 的主要原料是什么？说明 AES 的性质和用途。
13. 简述甜菜碱表面活性剂的合成原理。
14. 从网上查阅还有哪些新型表面活性剂？其结构特点有什么独特之处？

第三章 香　　料

知识点和技能点

1. 香料与香精的区别；植物香料、动物香料的来源和基本的提取方法。
2. 半合成香料、全合成香料常用的单元反应原理和方法。
3. 香精的组成和调配方法。
4. 香精的检测技术。

学习目标

1. 了解香料的分类方法，掌握香料的生产方法及香料气味与结构的关系。
2. 掌握香精的构成和香精调配的基本方法。

第一节　概　　述

香料是一种能被嗅觉嗅出香气或味觉尝出香味的发香物质的总称。在这里，香料并不只是指那些有愉快香气的物质，即使有不舒服臭气的物质，我们以某种目的使用时，把它列入香料范围之内也是可以的。过去人们所使用的芳香物质主要来源于芳香植物（如花、果、茎、叶、根等），人们在16世纪就开始了直接从芳香植物中提取天然香料——芳香油（又名精油）。随着科学技术水平的不断提高，诞生了合成香料。但化学合成所得单体香料，其香气单一，若要具备某一天然植物的香气或香型，必须通过人工调香，才能达到或接近某一天然香料的香型。

一、香料的分类

对于香料的分类曾提出过若干种不同的方法。其中，有的是依据香气的相似性分类，有的则是根据香料的用途分类，有的按照香料制造原料来源的共同性进行分类，还有的采用有机化合物分类法来分类。各种分类法各有利弊。本书以原料来源和化合物特征来进行分类，是一种综合法，其分类情况可简要如图3.1所示。

（一）天然香料

天然香料是用纯粹物理方法从天然芳香植物或动物原料中分离得到的物质。通常认为它们安全性高，包括精油、酊剂、浸膏、净油和辛香料油树脂等。根据来源不同它又分为植物香料和动物香料两种。

```
        ┌ 动物性香料
   天然香料┤
        └ 植物性香料
        ┌ 单离香料
        │      ┌ 烃类香料
        │      │ 醇类香料
        │      │ 酚类和醚类香料
   单体香料┤合成 │ 醛类和缩醛类香料
        │香料 ┤ 酮类和缩酮类香料
香料┤      │      │ 羧酸类香料
 │      │      │ 酯类和内酯类香料
 │      │      │ 含氮、硫类香料
人造│      └      └ 杂环类香料
香料│
        ┌ 食用调和香料
   调和香料│
   （香精）┤ 化妆品调和香料
        └ 其他调和香料
```

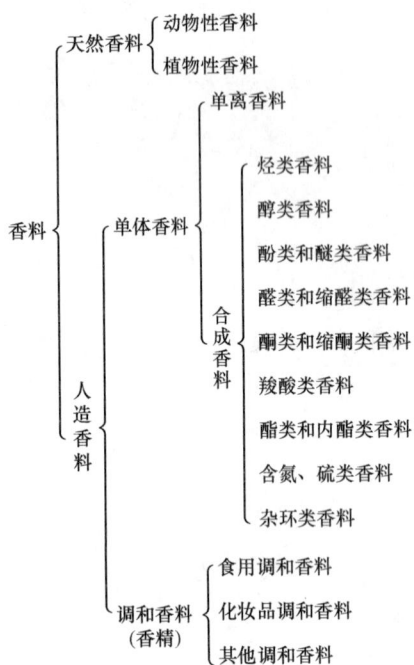

图 3.1　香料的分类

（二）人造香料

人造香料是在供人类消费的天然产品（不管是否加工过）中尚未发现的香味物质。此类香料品种较少，它们是用化学合成方法制成，且其化学结构迄今在自然界中尚未发现存在。基于此，这类香料的安全性引起人们极大关注。在我国，凡列入《食品用香料分类和编码》（GB/T 14156—1993）中的这类香料，均经过一定的毒理学评价，并被认为对人体无害（在一定的剂量条件下）。其中除了经过充分毒理学评价的个别品种外，目前均列为暂时许可使用。但是，值得注意的是，随着科学技术和人们认识的不断深入发展，有些原属人造香料的品种，在天然食品中也发现有所存在，因而可以列为单离香料。例如，我国许可使用的人造香料已酸烯丙酯，国际上现已将其改列为单离香料。

1. 单离香料

使用物理的或化学的方法从天然香料中分离出来的单体香料化合物称为单离香料。这些物质与供人类消费的天然产品（不管是否加工过）中存在的物质，在化学结构上是相同的。其可作为调和香料（由两种及两种以上香料调和而成的香料叫做调和香料，或者叫做香精）的重要原料及其他用途。例如，具有玫瑰香气的香叶醇、香茅醇是借用蒸馏法从香茅油中分离出来具有单个结构且利用价值高的化合物。再如，在薄荷油中含有75%的薄荷醇，用重结晶的方法从薄荷油中分离出来的薄荷醇就是单离香料，俗名为薄荷脑。

2. 合成香料

由于天然香料往往受到自然条件及加工条件等因素影响，造成产量不多、质量不稳定。随着近代科学技术水平的不断提高，出现了合成香料。所谓合成香料，就是一类通过化学合成的方法制取的具有香味的化合物的统称。该类香料采用各种原料制成，如以石油化学品、煤焦油制品为原料，还可以用天然香料中分离出的单离香料为原料来合成。这类香料的数量最大，占单体香料中的绝大部分。目前世界上合成香料已达5000多种，常用的产品有400多种。

合成香料的分类方法按所采用原料不同、香型不同等分类。但为了掌握其化学性质及合成方法，根据有机化学的分类方法较为适宜，下面按化学结构特征分类，简单介绍各类合成香料的基本情况。

1）烃类香料

在香料工业应用比较广泛的烃类是萜烃类化合物，如月桂烯、柠檬烯可用于调配花香型和果香型香精，同时也是合成萜类香料的重要原料；又如，松节油中的主要成分α-蒎烯和β-蒎烯可以合成多种香料。但脂肪烃类化合物和芳香烃类化合物很少用于香料工业，只有极少数化合物，如二苯甲烷等用于调配皂用香精和香水；苯通常作为香料加工辅料，用做萃取剂和溶剂；少数脂肪烃，如己烷和高碳烷烃也一般作辅料使用。

2）醇类香料

许多醇类化合物具有愉快的香气，可以直接用于调香，如橙花醇、香叶醇、香茅醇、芳樟醇、金合欢醇等。有些醇类化合物是合成香料的重要原料，醇类化合物大部分是天然精油的重要成分，具有很高的香料价值，应用十分广泛。所以，醇类化合物在香料中占有重要的地位。

3）酚类和醚类香料

酚类化合物香料如苯酚和邻甲酚大量地用于合成香豆素、水杨醛等香料；间甲酚广泛地用于制造葵子麝香；又如丁香酚、百里香酚、香芹酚等是常用的调香原料，也作为合成其他香料的原料。醚类化合物香料如二苯醚具有香叶香气；β-萘乙醚具有金合欢花的香气；尤其是存在于玫瑰油中的玫瑰醚和橙花醚是极受重视的香料，用于调香中能使香精具有新颖的风韵；再如大环醚、多环醚、龙涎醚等也是很珍贵的合成香料。

4）醛类和缩醛类香料

许多醛类化合物既能直接用于调配各种香精，也是合成其他香料的原料。例如，香茅醛和柠檬醛等广泛用于调配食用、皂用和香水用香精，又是合成紫罗兰酮、薄荷脑、羟基香茅醛等重要香料的原料。又如茉莉醛、洋茉莉醛、香兰素等芳香族醛化合物是香料中价值很高的香料，广泛地用于调配各种香精。所以，醛类化合物在整个香料中占有很重要的地位。缩醛类化合物香料如乙醛二乙缩醛、柠檬醛二乙缩醛、苯甲醛丙三醇缩醛均可作为食用香料使用。这类香料化合物在加香产品中具有很高的稳定性，如柠檬醛在碱性加香产品中稳定性很差，易使产品发生变异，在使用上受到很大限制，但当它与原甲酸三乙酯缩合成柠檬醛二乙缩醛后，不仅化学稳定性高，而且具有柔和的清香、果香香气，可用于调配皂用香精及食用香精。

5）甲酮类和缩酮类香料

酮类香料是香料工业产品最主要的部分。其中，萜类酮在酮类香料中占有很重要的地位，如薄荷酮、香芹酮等，这些香料化合物大多数是天然植物精油中的主要香体成分，因此可以直接从精油中单离出来。由于近年来这类天然资源呈逐渐减少的趋势，其产量远不能满足需要，所以采用人工合成萜酮类香料成为主要发展方向。脂肪族酮类化合物主要是用作合成贵重香料的原料和中间体，如丙酮广泛用于合成萜类香料和紫罗兰酮等；又如甲基庚烯酮是合成芳樟醇、紫罗兰酮、维生素A和维生素E的原料。脂环族酮类的一些化合物，如二氢茉莉酮、紫罗兰酮、岩兰草香酮等，均可广泛作为香料使用，并在调香上有很高的价值。许多芳香族酮类化合物也是较好的香料，如苯乙酮、对甲基苯乙酮、对甲氧基苯乙酮、甲基萘酮等。属于大环酮类化合物的麝香，其香气纯正、浓郁、留香持久，被誉为"香料之王"，香气具有重要价值，用于高档化妆品香精特别是香水香精之中。缩酮类香料和前面介绍的缩醛类香料都属于缩羰基类香料，是最近 20 年来发展起来的新型香料化合物。

6）羧酸类香料

在食品中含有大量的羧酸类香料化合物，如熟食中，肉香成分含有乙酸、丙酸、正丁酸、异丁酸、正戊酸和异戊酸等；据分析表明，常见食品中含有的羧酸类香成分达 80 种以上。植物的精油中，如香叶油、依兰油等也含有多种羧酸类化合物。在香料合成中，羧酸被广泛地作为基本原料使用。

7）酯类和内酯类香料

酯类香料是香料家族成员最多的一类。酯类化合物大多具有花香、果香、酒香或蜜香香气，它们广泛地存在于各种植物中，是鲜花、水果香成分的重要组成部分。如茉莉花的主要酯类香成分有乙酸苄酯、乙酸芳樟酯、乙酸叶醇酯、苯甲酸甲酯、苯甲酸烯丙酯等。又如，香蕉的主要酯类香成分有乙酸甲酯、乙酸丁酯、乙酸 -3- 甲基丁酯、乙酸戊酯、乙酸己酯、丙酸戊酯、丁酸戊酯等。酯类香料是应用于调香最早也是最广泛的香料之一，在香料中占有特别重要的地位，在配制化妆品香精、食品香精及烟酒香精中，酯类香料都是不可缺少的。一些内酯类化合物具有花香或果香，香气较为高雅，可以应用在日用香精和食用香精中，但内酯类香料是香料家族中成员最少的一类，因而在应用中品种不多。

8）含氮、硫类香料

含氮类香料主要有氨基类、硝基类和腈基类香料。氨基类香料为邻氨基苯甲酸酯类化合物，如橙花油中含有邻氨基苯甲酸甲酯，在橘子、柠檬、橙子、依兰、茉莉等许多天然植物中都含有邻氨基苯甲酸酯类化合物，这些物质具有强烈的水果香和花香香气，可用于日用香精和食用香精。硝基类香料主要是硝基麝香，尤其是九种典型的硝基麝香，广泛用于调配各种香精，在调香中不仅赋予优雅的麝香香气，而且还具有极好的定香作用。二甲苯麝香、酮麝香和葵子麝香就是硝基麝香中最有代表性的香料。腈类香料是应用较晚的香料，它具有香域宽、强度高、持久性强等特点，此类香料香气大多类似于相应的醛类香料，但比醛类化合物的香气更强烈，稳定性更高，对光、热、酸、碱均不太敏感，因此，应用范围更加广泛。含硫类化合物香气可分为硫醇和硫醚。硫醇香气特别强烈，具有葱、蒜的特殊气味。在洋葱香成分中含有丙硫醇，在大蒜香成分中含有烯丙硫醇，在牛肉香成分中含有甲硫醇和乙硫醇，在胡萝卜、洋葱、咖啡、牛奶香成分中均有甲硫醇。硫醚类化合物香料具有菜香、葱蒜香、烤肉香的气味，且香气特别强烈，所以此类香料在食用香精中应用得到良好的效果，如二甲硫醚存在于牛油、牛肉、啤酒和酱油中，2,4,5- 三硫杂己烷是烤肉的香成分等。

9）杂环类香料

杂环类化合物香料是近几年发展起来的合成香料，虽然时间不长，但现在已比较广泛地应用于食品加工和各种调味品。例如，2- 甲基 -3- 呋喃硫醇，具有烤肉的香气，它作为一种新的肉香型合成香料已投放市场，能起到良好的肉味增香剂的作用。杂环类香料是有着广阔发展前途的香料产品，不仅用于食用香精，在其他化妆品香精中的应用亦日趋广泛，如 2- 甲基 - 四氢喹啉具有紫丁香型香气，可用于调配花香型香精，再如，

5- 乙基 -4- 甲基烟酸酯在茉莉和橙花等香型香精中能赋予良好的天然香韵。

3. 调和香料（香精）

调和香料俗称香精，是根据香料在生产用途上的需要由几种甚至几十种单体香料或天然香料调和成的产品。调和香料具有一定的香型，调和比例常用质量分数表示。单体香料及天然香料由于它们的香气香味比较单调，除极个别的品种外，一般均不能单独使用，故必须将其调配成香精以后，才能用于加香产品中。

根据调和香料的用途可将调和香料分为以下三类：

（1）食用调和香料。食用香精是为了提高食品的嗜好性而添加的香味物质，是香精的一种。食用香精除食品用香精外，还包括酒用香精、烟用香精和药用香精。

（2）化妆品调和香料。此类香精包括：水质类化妆品香精，应用于香水、古龙香水、花露水等；膏霜类化妆品香精，应用于雪花膏、粉底霜、香粉霜等；脂粉类化妆品香精，应用于香粉、爽身粉、胭脂等；发须化妆品香精，应用于洗发香波、洗发香乳、香头油等。

（3）其他调和香料主要包括工业品用香精、生物用香精、环境保护用香精等。

二、香气与分子结构的关系

香物质的香气与其物质结构，不论是分子结构还是原子结构，都存在一定的关系。掌握它们之间的关系，对于香料化合物的合成、香气技术的应用都有一定的指导作用。但由于香料物质分子结构的复杂性和香气鉴定因人而异的主观性的影响，到目前为止，还找不到两者之间相互影响的定量关系，或者说还不能确定一种能肯定地预测某种新化合物香气特征的理论。下面从实际生产香料、香料的使用出发，介绍香气与物质结构的数种关系。

（一）碳原子个数与香气的关系

碳原子个数与香气的关系，在醇、醛、酮、酸、酯等化合物中，都明显地表现出来。

（1）脂肪族醇类化合物的气味，是随着碳原子数增加而变化的。含碳原子数在1～3 的醇，具有酒香香气。随着碳数的增加，香气变强。含 6～9 个碳原子的醇除具有清香果香外，开始带有油脂气味；当碳原子数再增加时，则出现花香香气。碳原子数在14 个以上的高碳醇，香气几乎消失。

（2）在脂肪族醛类化合物中，低碳醛具有强烈的刺激性气味，碳原子在 8～12 的醛，具有花香、果香和油脂气味，其中 10 碳醛香气最强，常用作头香剂和日用香精，碳原子数在 16 个以上的高碳醛几乎没有香气。

（3）大环酮化合物的香气与碳原子数的关系更引人注目，它们不但影响香气的强度，而且可以导致香气性质的改变。在麝香酮、灵猫酮及所有的大环酮中，以成环的碳数在 14～18 时香气最强，具有麝香香气。碳原子数在这个范围以外时，香气就会变成别的类型的弱香香气。从表 3.1 中可以看出大环以含 16 个碳原子的化合物数量最多，而且也是香气最理想的。

表 3.1　大环酮化合物与碳原子数的关系

结构中的全碳原子数	大环酮化合物数量	结构中的全碳原子数	大环酮化合物数量
12	—	17	4
13	1	18	1
14	1	19	1
15	4	合计	25
16	13	—	—

　　从上述种种情况看出，香料化合物的相对分子质量一般在 50～300 ，相当于含有 4～20 个碳原子。碳原子数太少，构成的有机化合物则沸点太低，挥发过快，不宜作香料使用；碳原子太多，由于构成化合物的蒸气压减小而难以挥发，香气强度太弱，也不宜作香料使用。

　　（二）官能团与香气的关系

　　官能团对香气的影响很大，一般来说，具有相同官能团的低分子化合物，具有类似的香气。因此，人们一般可以通过香气来判别化合物的结构。

　　（1）作为香料使用得最多的酯类，当为低分子的化合物时，普遍具有一种清淡的水果香气，如表 3.2 所示。

表 3.2　脂肪酸酯结构与香气的关系

名　称	结　构	香　型
乙酸丁酯	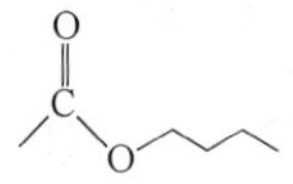	清淡的果香
乙酸异丁酯	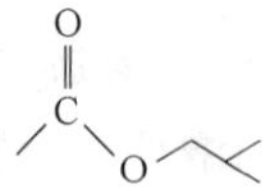	果香
丙酸丙酯	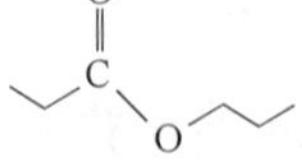	清淡的果香
丙酸异丙酯	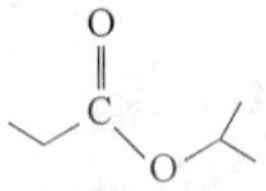	甜润的果香
丁酸乙酯	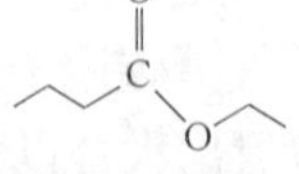	花香型果香

名 称	结 构	香 型
异丁酸乙酯	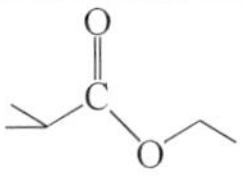	清淡的果香
戊酸甲酯	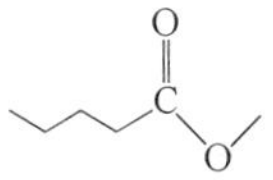	清香型果香
异戊酸甲酯	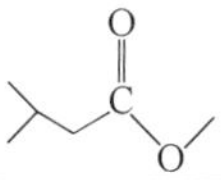	清香型果香

（2）常见的乙醇、乙醛和乙酸，它们分子中的碳原子个数虽然相同，但官能团不同，香气则有很大差别；苯酚、苯甲醛和苯甲酸，它们都具有相同的苯环，但取代官能团不同，它们的气味相差甚远。官能团对有机化合物香气的影响是到处可见的，在市售香料化合物分子中，几乎都具有一个官能团，甚至二个或以上的官能团。

（3）不饱和键与香气也有关系，如表3.3所示。在同样的碳原子个数且结构非常类似的有机化合物中，如果引入双键或三键的官能团，则香气增强（表3.3）。

表3.3　不饱键与香气的关系

名 称	结 构	香 型
己醇	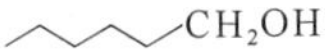 $\diagdown\diagup\diagdown\diagup$CH$_2$OH	弱果香，油脂气
顺-3-己烯醇	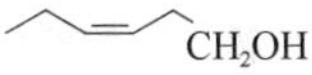 $\diagdown\diagup=\diagdown$CH$_2$OH	强果香，无油脂气
己醛	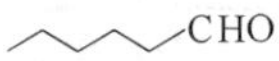 $\diagdown\diagup\diagdown\diagup$CHO	弱果香，酸败气
2-己烯醛	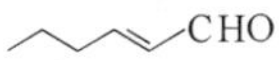 $\diagdown\diagup=\diagup$CHO	清叶香，无酸败气

（三）取代基与香气的关系

取代基与香气的关系也是显而易见的，取代基的类型、数量及位置，对香气都有影响。

（1）在杂环化合物噻吩中，用不同的取代基分别取代它的第2位，所得的取代物香气变化如表3.4所示。

表3.4　噻吩不同取代物的香气变化

取代基	取代物	香 气
甲基	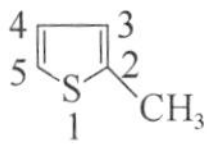	清香、蔬菜
乙基	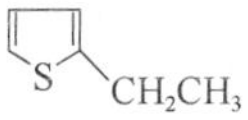	清香、坚果香

取代基	取代物	香 气
丙基	S—CH₂CH₂CH₃	清香、草香、坚果香
异丁基	S—CH₂CH(CH₃)CH₃	清香、番茄
甲氧基	S—OCH₃	甜香、炒煎香
乙氧基	S—OCH₂CH₃	酚香、坚果香、蕉香
乙酰基	S—C(O)CH₃	坚果香、谷物、爆玉米香

（2）在杂环化合物吡嗪中，随着取代基个数的增加，香气的特征和香气强度都有所变化。

所谓界限值是指香精中某种微量成分，能被人们所感觉到的最低浓度，称为该香味成分的界限值，也称阈值。界限值越小，表示香气越强；界限值越大，表示香气越弱，如表 3.5 所示。

表 3.5　杂环化合物吡嗪的取代基与香气关系

结构式	香气特征	香气界限值（×10⁻⁶）/（mg/L）
（吡嗪环）	坚果香，弱氨气	500000
（甲基吡嗪）	稀释后巧克力香	100000
（二甲基吡嗪）	巧克力香，刺激性	400

（3）2 个基本结构完全相似的 α-鸢尾酮和 α-紫罗兰酮，仅因为差一个甲基取代基，而导致两者的香气有很大的区别。

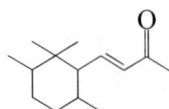

（α-鸢尾酮）
鸢尾根香

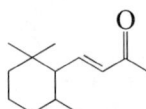

（α-紫罗兰）
紫罗兰香

（四）异构现象与香气的关系

有关异构体之间的香气也是比较普遍的。现从几何异构和光学异构两方面举例说明。

（1）在含碳碳双键的香料分子中，当构成双键的 2 个碳原子上各自带有 2 个不同的原子或基团时，就引起顺式和反式几何异构体，它们会产生不同的香气。例如，橙花醇的顺反异构体和茉莉酮的顺反异构体。

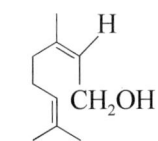

顺-橙花醇
轻淡的橙花香

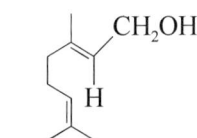

反-橙花醇,即香叶醇
玫瑰香

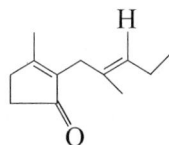

顺-茉莉酮
茉莉花香,无油脂气

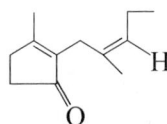

反-茉莉酮
无茉莉花香,有油脂气

（2）构成香料分子中的碳原子具有手性碳原子（即不对称碳原子）时，会引起左旋（L）和右旋（D）光学异构体，对香气也产生影响。例如，在薄荷醇、香芹酮分子中，都含有手性碳原子，因此具有旋光异构体，它们的左旋和右旋体香气有很大区别。

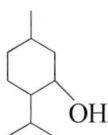

L-薄荷醇,强薄荷香,清凉感
D-薄荷醇,强薄荷香,不清凉

L-香芹酮,留兰香香气
D-香芹酮,黄蒿香气

第二节　天　然　香　料

天然香料多广泛分布于植物中或存在于动物的腺囊中，前者如香花、香叶、香木之类，后者如麝香、灵猫香、龙涎香之类。

一、动物香料

动物性天然香料是从动物的生殖腺分泌物中获得的有香物质。这种香料有十几种，能够形成商品和经常应用的只有麝香、灵猫香、海狸香、龙涎香和麝香鼠香五种。它们是配置高级香料不可缺少的定香剂，广泛应用在香水或高级化妆品中，其主要成分和结构已先后被发现。

（1）麝香。系生活于中国西南、西北部高原和北印度、尼泊尔、西伯利亚寒冷地带的雄性麝鹿的生殖腺分泌物。每只麝鹿可分泌 50g 左右。传统的方法是杀麝取香，切取香囊经干燥而得。现代的科学方法是活麝刮香。中国四川、陕西饲养麝鹿刮香已取得成功，这对保护野生资源具有很大意义。麝香香囊经干燥后，割开香囊取出的麝香呈暗褐色粒状物，品质优者有时析出白色结晶。固态时具有强烈的恶臭，用水或酒精高度稀释后有独特的动物香气。其香味成分为麝香酮（3-甲基环十五烷酮）。在干燥的腺体中约含 1%～2% 的麝香酮，结构为

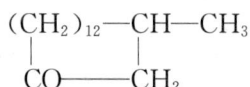

$$(CH_2)_{12}\!\!-\!\!CH\!\!-\!\!CH_3$$
$$CO\!\!-\!\!\!-\!\!CH_2$$

1906 年 Walbaum 从天然麝香中将此大环酮单离出来，1926 年 Ruzicka 确定其化学结构为 3-甲基环十五烷酮。后来，Mookherjee 等对天然麝香成分进行进一步研究，鉴定出其香成分还有 5-环十五烯酮、3-甲基环十三酮、环十四酮、5-环十四烯酮、麝香吡喃、麝香吡啶等十几种大环化合物。麝香在东方被视为最珍贵的香料之一。它不但具有温暖的特殊动物香气，在香精中保留其他香气之能力也甚强，常作为高级香水香精的定香剂。除作为香料应用外，天然麝香也是名贵的中药材。

（2）灵猫香。灵猫有大灵猫和小灵猫两种，产于中国长江中下游和印度、菲律宾、缅甸、马来西亚、埃塞俄比亚等地。古老的采取方法与麝香取香类似。捕杀灵猫割下腺囊，刮出灵猫香在封闭瓶中储存。现代方法是饲养灵猫，采取活猫定期刮香的方法，每次刮香数克，一年可刮 40 次左右。此法在中国杭州动物园已经应用多年。新鲜的灵猫香为淡黄色流动物质，久置则凝成褐色膏状物。浓时具有不愉快的恶臭，稀释后则放出令人愉快的香气。其香味成分为 2%～3% 含量的不饱和大环酮——灵猫酮（9-环十七烯酮），结构为

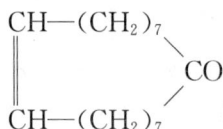

$$CH\!\!-\!\!(CH_2)_7$$
$$\qquad\qquad CO$$
$$CH\!\!-\!\!(CH_2)_7$$

1915 年 Sack 单离成功，1926 年鲁齐卡确定其化学结构为 9-环十七烯酮，后来，Mookherjee、Wan DorP 等对天然灵猫香成分进行了进一步分析，鉴定出其香成分还有二氢灵猫酮、6-环十七烯酮、环十六酮等八种大环酮化合物。灵猫香香气比麝香更为优雅，常作高级香水香精的定香剂。作为名贵中药材，它具有清脑的功效。

（3）海狸香。海狸栖息于小河岸或湖沼中，主要产地为俄罗斯西伯利亚和加拿大等地。捕杀海狸后，切取香囊，经干燥后取出海狸香封存于瓶中。新鲜的海狸香为乳白色黏稠物，经干燥后为褐色树酯状。俄罗斯产的海狸香具有皮革-动物香气。加拿大产的海狸香为松节油-动物香。经稀释后则具有温和的动物香香韵。海狸香的大部分为动物性树脂，除含有微量的水杨苷（$C_{17}H_{18}O_7$）、苯甲酸、苯甲醇、对乙基苯酚外，其主要成分含量为 4%～5% 的结构尚不明的结晶性海狸香素（Castorin）。1977 年瑞士化学家

在海狸香中分析鉴定出海狸香中含有喹啉衍生物、三甲基吡嗪和四甲基吡嗪等含氮香成分。海狸香主要用于东方型香精的定香剂。

（4）龙涎香，产自抹香鲸的肠内。龙涎香的成因说法不一，一般认为是抹香鲸吞食多量海中动物体而形成的一种结石由鲸鱼体内排出，漂浮在海面上或冲上海岸，经熟化后即为龙涎香料。主要产地为中国南部、印度、南美和非洲等热带海岸。龙涎香为灰色或褐色的蜡样块状物质。60℃左右开始软化，70～75℃熔融，相对密度为0.8～0.9。由抹香鲸体内新排出的龙涎香香气较弱，经海上长期漂流自然熟化或经长期储存自然氧化后香气逐渐增强。在龙涎香中除已查明含有少量的苯甲酸、琥珀酸、磷酸钙、碳酸钙外，尚含有有机氧化物、酮、羟醛和胆固醇等有机化合物。据称，龙涎香醇是龙涎香气的主要成分，其分子式为$C_{30}H_{52}O$。龙涎香具有微弱的温和乳香动物香气。香之品质最为高尚，是配制高级香水香精的佳品，是优良的定香剂。

（5）麝香鼠香，系人工饲养的成年雄性麝鼠香囊中的分泌物。每年4～9月份为麝鼠的泌香期，采用人工活体取香。新鲜的麝香鼠香为淡黄色黏稠物，久置则颜色变深，具有麝香样香气。其成分主要为麝香酮、降麝香酮、环十七酮等。麝香鼠香主要作为高档日用香精定香剂。

二、植物香料

植物香料也称植物性精油，是由植物的花、叶、茎、根和果实，或者树木的叶、木质、树皮和树根中提取的易挥发芳香组分的混合物。随着人们消费观念的改变，考虑到化学合成物质的安全性及环境问题，化学合成香料的用量逐渐减少，而天然香料的应用日益广泛。天然香料以其绿色、安全、环保等特点，日益受到人们的钟爱。世界天然香料产量正以每年10%～15%的速度递增。中国拥有丰富的植物性天然香料资源，有500余种芳香植物广泛分布于20个省、直辖市，但由于提取加工工艺落后，香料资源只有部分被开发利用，很多植物性天然香料只能做到初步提取，而且收率和纯度都较低，甚至有一些产品被运到国外进行深加工。这不仅导致中国市场植物性天然香料紧缺，而且严重浪费中国的宝贵资源。近年来，瑞士、美国、德国、日本和韩国等国家对天然香料的应用研究很活跃，主要趋向于研究天然香料的功能性，如免疫性、神经系统的镇静性、抗癌性、抗老化性、抗炎性和抗菌性等。

目前，由花提取的香料有：玫瑰、茉莉、橙花、熏衣草、水仙、黄水仙、合欢、蜡菊、刺柏、衣兰等。

由叶子提取的香料有：马鞭草、桉叶、香茅、月桂、香叶、橙叶、冬青、广藿香、香紫苏、枫茅、岩蔷薇等。

由木材提取的香料有：檀香木、玫瑰木、羊齿木。

由树皮提取的香料有：桂皮、肉桂。

由树脂提取的香料有：安息香、吐鲁番香脂、秘鲁香脂。

由果皮提取的香料有：柠檬、柑橘。

由种子提取的香料有：黑香豆、茴香、肉豆蔻、黄葵子、香子兰。

由苔衣提取的香料有：如橡蕈。

由草类提取的香料有：熏衣草、薄荷、留兰香、百里香、龙蒿。

植物香料品种很多，作为商品的品种只有约 150 种左右，但以下两种是植物香料中最常见的：

（1）精油。它是以异戊（间）二烯为基本单位的萜烯、倍半萜烯化合物、多由高等植物的叶、茎等部位的特殊腺细胞和腺毛制造，呈油滴状在细胞内析出，或者局限于某些特定的器官部位。

为了采油需先收集花、果实、种子、树皮、根茎、草叶、树干等含油量高的部位。另外在松科植物渗出的树液样的、具有蒎烯化合物和芳香化合物氧化、聚合后的复杂结构的一系列不挥发性树脂状物质（树胶、香脂、树脂）中也含有精油，因此也是采油对象。

（2）辛香料。人类从古时开始就把这种具有芳香和刺激性气味的草根、树皮等制成干燥粉末，作为药味用于饮食中，用以改进食品风味。这些生药有强烈的呈味作用，不仅能促进食欲，并且还有杀菌作用，可作为防腐剂保存食品。人们把这种有提高食品原料质量效果的、气味芳香有刺激性的物质叫做辛香料。现在辛香料不仅有粉末状的，还有精油或油树脂等各种形态的制品。有代表性的辛香料如大蒜、生姜、大茴香等。

植物性天然香料，通常是由数十种以上有机化合物组成的混合物。弄清它的组成，对植物性香料的分离、提纯、应用、研究等是十分必要的。

到目前为止，从天然香料中分离出来的有机化合物有 3000 多种，它们的分子结构种类极其复杂，大致上可以分为以下四大类：脂肪族化合物、芳香族化合物、萜类化合物和含氮含硫化合物。

1）脂肪族化合物

脂肪族化合物在植物性天然香料中广泛存在。在茶叶及其他绿叶植物中含有顺 -3-己烯醇，由于它具有青草的清香，所以称为叶醇，在香精中起清香香韵变调剂作用；2,6- 壬二烯醛存在于紫罗兰叶中，所以有紫罗兰叶醛之美名，它在紫罗兰、玉兰、水仙、金合欢香精配方中起重要作用；甲基壬基酮是构成芸香油中的主要成分，含量约 70%，因此而得名芸香酮；在茉莉油中含有约 65% 的乙酸苄酯；还有，鸢尾油中肉豆蔻酸含量高达 85%，可以从中提取高碳脂肪酸。

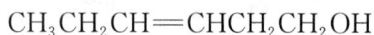

叶醇

叶醛

紫罗兰叶醛

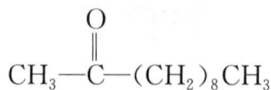

芸香酮

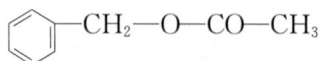

乙酸苄酯

$CH_3(CH_2)_{12}COOH$

肉豆蔻酸

2）芳香族化合物

植物性天然香料中，芳香族化合物也相当广泛。例如，玫瑰油中含苯乙醇约为 2.8%；丁香油中含丁香酚约为 80%；百里香油中含百里香酚约为 50%；茴香油中含茴香脑约为 80%；苦杏仁油中含苯甲醛约为 80%；肉桂油中含桂醛约为 80%；香荚兰油中含香兰素约为 2%；黄樟油中含黄樟油素约为 90%；冬青油中含水杨酸甲酯约为 97% 等。

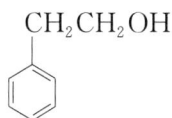

苯乙醇

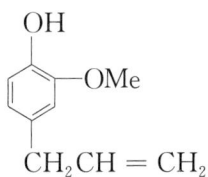

丁香酚

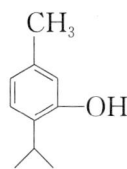

百里香酚

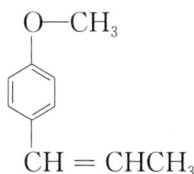

茴香脑

苯甲醛

桂醛

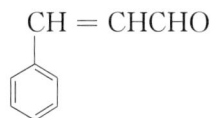

香兰素

黄樟油素

水杨酸甲酯

3）萜类化合物

此类化合物在天然植物中广泛存在，而且十分重要，它们往往构成各种植物油的主体香成分。例如，松节油中的蒎烯约占 80%；柏木油中的柏木烯约占 80%；薄荷油中的薄荷醇约占 80%；山苍子油中的柠檬醛约占 70%；樟脑油中的樟脑约占 50%；桉叶油中的桉叶油素约占 70% 等，它们均为萜类化合物。现在选择香料成分中有代表性的萜类化合物简介如下。

（1）萜烃类。

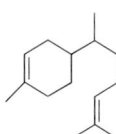

月桂烯　　罗勒烯　　柠檬烯　　姜烯

α-蒎烯　　β-蒎烯　　莰烯　　α-杜松烯

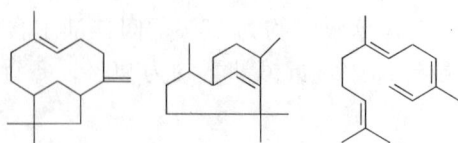

β-石竹烯　　　　柏木烯　　　α-金合欢烯

（2）萜醇类。

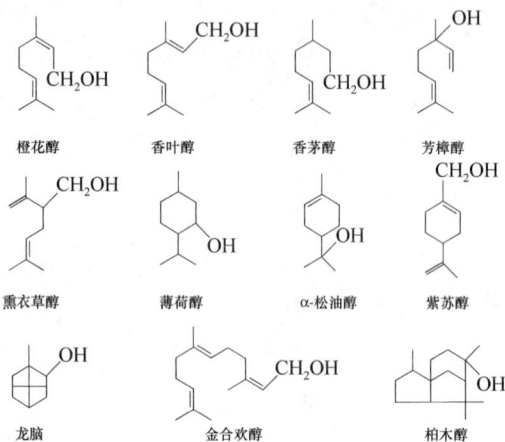

橙花醇　　　　香叶醇　　　　香茅醇　　　　芳樟醇

熏衣草醇　　　薄荷醇　　　α-松油醇　　　紫苏醇

龙脑　　　　　　金合欢醇　　　　　　　柏木醇

（3）萜醛类。

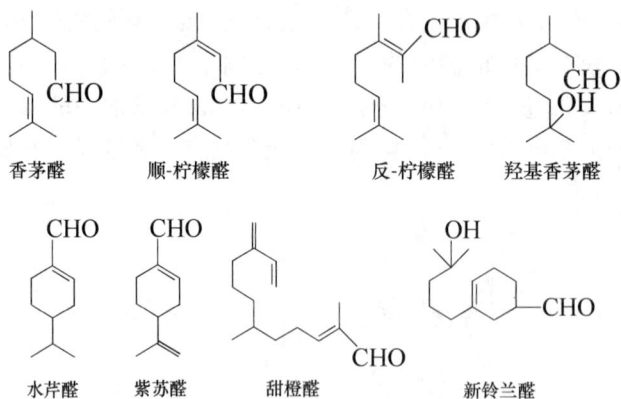

香茅醛　　　　顺-柠檬醛　　　反-柠檬醛　　　羟基香茅醛

水芹醛　　　紫苏醛　　　甜橙醛　　　　新铃兰醛

（4）萜酮类。

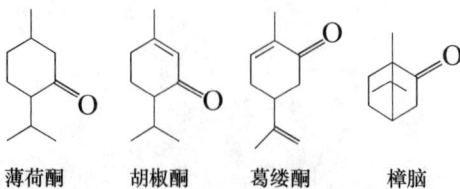

薄荷酮　　　胡椒酮　　　葛缕酮　　　樟脑

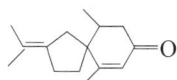
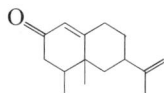

β-香根酮　　　　　　　　圆柚酮

（5）萜酯类。

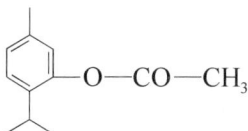
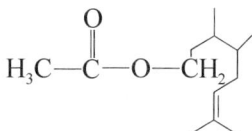

乙酸薄荷酯　　　　　　　　乙酸香茅酯

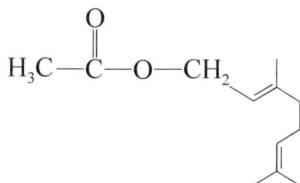

4）含氮、含硫化合物

这类化合物在天然植物中存在但含量极少，不过在肉类、谷物、豆类、花生、葱蒜、可可、咖啡等食品中常有发现。虽然它们属于微量化学成分，但由于往往发出极强的气味，所以作为香料香气不可忽视。

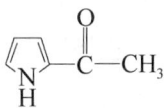

2-乙酰基吡咯
（在茶叶中）

吲哚
（在茉莉、蜡梅中）

2,3-二甲基吡嗪
（在可可、咖啡中）

邻氨基苯酸甲酯
（在橙花、茉莉中）

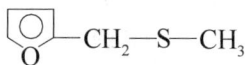

糠基甲硫醚
（在咖啡中）

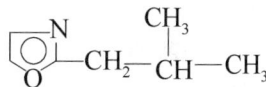

2-异丁基噻唑
（在番茄中）

三、植物性天然香料的生产方法

植物性香料，或称植物芳香油。由于植物芳香油采自芳香植物的各部分，加之芳香植物品种繁多，因而植物芳香油的提取方法和设备就有一定的复杂性。不过，植物芳香油有一个共同的特点，就是它们均具有挥发性，同时它们的主要成分又多为萜类化合物及其衍生物，且在物理性质或化学性质上均有不少相同之处。因此，可大大简化了对它们的提取方法，且生产所需的设备也随之变得可简可繁，可土可洋。常用于提取植物芳香油的生产方法有下列三种：

（1）水蒸气蒸馏法。大部分精油不溶于水。把植物采集后装入蒸馏釜中，通入水蒸气加热，使水和精油成分在沸点（150~300℃）以下蒸出，冷凝后把精油分离出来。采用这种方法时，因为热水浸透了植物组织，所以能够很有效地把精油蒸出，设备也比较简单。但是加热时成分容易发生变化，而且对于水溶性成分含量比较多的精油不适用。

（2）压榨法。柑橘类精油多用此法制取。香橙之类的果皮中含有精油含量高的细胞，压榨后可以得到精油成分。过去各地根据果实种类采用种种独特的方法，现在精油压榨已列入浓缩果汁的制造过程中。

（3）提取法。当不适合采取水蒸气蒸馏法和压榨法时或精油的含量低时可采用此法。此法用各种溶剂提取，可在低温和不加热下进行，除了可提取挥发性成分外，还可提取重要的不挥发性呈味成分。例如，用非极性溶剂从花精油提取、浓缩后的浸膏再用乙醇提取浸膏中的香气成分净油。

第三节　合成香料

合成香料工业创始于 19 世纪末。利用某种天然成分经化学反应使结构改变后所得到的香料称为半合成香料，如利用松节油中的蒎烯制得的松节醇；利用基本化工原料合成的称全合成香料（如由乙炔、丙酮等合成的芳樟醇）。早期从天然产物中所含的芳香化合物，如冬青油中的柳酸甲酯、苦杏仁油中的苯甲醛、香荚兰豆中的香兰素和黑香豆中的香豆素等人工合成香料并实行工业化生产。稍后，紫罗兰酮和硝基麝香等的出现，也是合成香料发展中的重要里程碑。由于天然精油生产受自然条件的限制，加上有机化学工业的发展，自 20 世纪 50 年代以来合成香料发展迅速，一些原来得自精油的萜类香料如芳樟醇、香叶醇、橙花醇、香茅醇、柠檬醛等已先后用半合成法或全合成法投入生产，产量相当可观。此外，还有一系列在自然界未曾发现的新型香料如铃兰醛、新铃兰醛、五甲基三环异色满麝香等陆续出现。这类香料对新香型香精的调配有重要作用，目前常用的品种不少于 2000 种。

一、半合成香料

半合成香料生产中所使用的方法称为半合成法或称部分合成法，是因其利用从天然精油中单离出的单离香料为起始原料来进行合成的，因此而得名。常用的单离香料有蒎烯、柠檬烯和单萜类化合物等。半合成法主要是以 10 碳的单萜为原料，将这些萜烃变成含氧香料化合物，如醇、酮、酯类化合物等。

1. 以蒎烯为起始原料的半合成

蒎烯是从松节油单离出来的化合物，下面介绍以 α - 蒎烯为原料的半合成法。

　　α-蒎烯　　　　　3-蒎烯-2-醇　　　　　　马鞭草烯醇

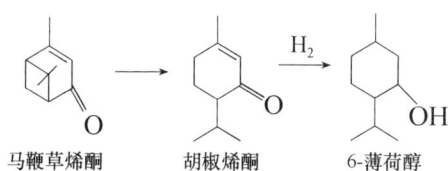

马鞭草烯酮　　　　胡椒烯酮　　　　6-薄荷醇

1- 薄荷醇（即薄荷脑）是产量很大的香料。从 α- 蒎烯出发还可以合成樟脑等多种香料。

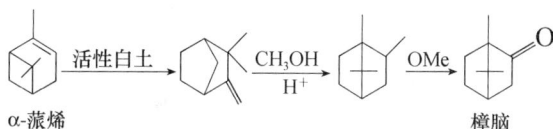

α-蒎烯　　　　　　　　　　　　　　　　　　　　樟脑

2. 以柠檬烯为起始原料的半合成

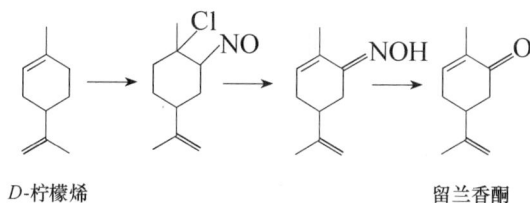

D-柠檬烯　　　　　　　　　　　　　　　　留兰香酮

二、全合成香料

全合成香料是从基本有机化工原料出发，通过一系列有机反应而得到的香料化合物，这种方法称为全合成法。下面介绍几个合成法实例。

1. 以异戊二烯为起始原料的合成法

用于香料的萜类化合物大多数是属于单萜、倍半萜和二萜类，而异戊二烯是构成萜类化合物的碳骨架，因此异戊二烯成为合成这些萜类化合物的重要原料之一。目前，石油化学工业的飞速发展，为萜类香料的合成提供了质优、价廉的异戊二烯原料。在萜类香料中，单萜化合物数量较大，它是由 2 分子异戊二烯的头尾相接而形成二聚体碳骨架的化合物，这是萜类香料合成的关键所在。此合成法从异戊二烯出发制得氯代异戊烯，然后与丙酮进行加成反应，合成出甲基庚烯酮。再从甲基庚烯酮出发可以合成柠檬醛、芳樟醇、香叶醇、维生素 A、维生素 K、类胡萝卜素等重要化合物。全合成过程反应路线如下：

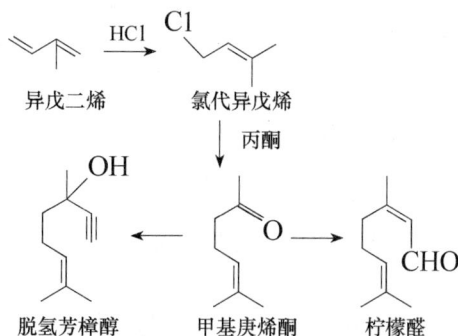

异戊二烯　　　　　氯代异戊烯

丙酮

脱氢芳樟醇　　　　甲基庚烯酮　　　　柠檬醛

脱氢芳樟醇 → 芳樟醇 → 香叶丙酮

香叶丙酮 → 橙花叔醇 → 植物醇 异植物醇

柠檬醛 → 香叶醇

柠檬醛 → 香茅醛 → 香茅醇

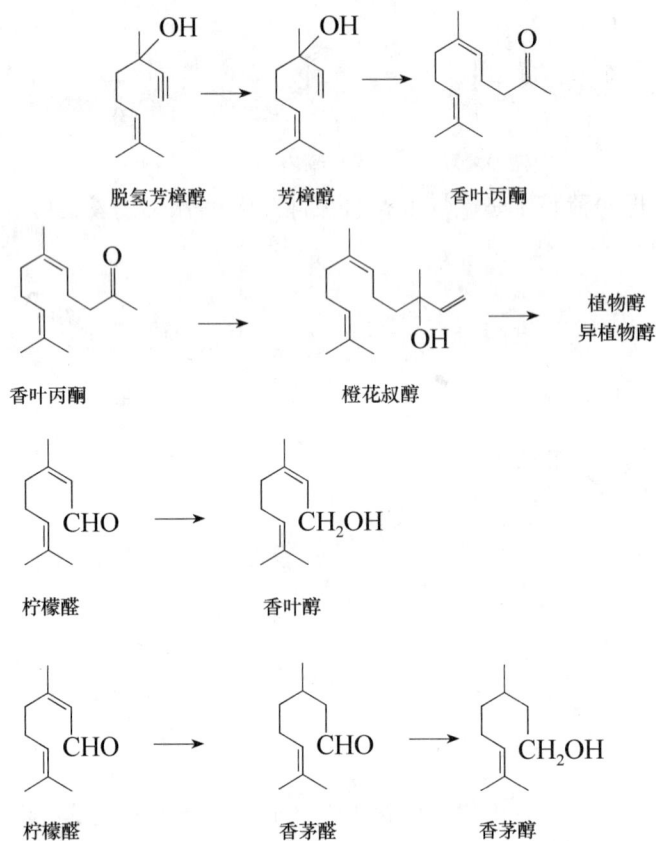

2. 以丙酮和乙炔为起始原料的合成法

这一合成方法最终可得产物紫罗兰酮香料，再进一步可通过紫罗兰酮合成维生素 A 和维生素 E。反应路线如下：

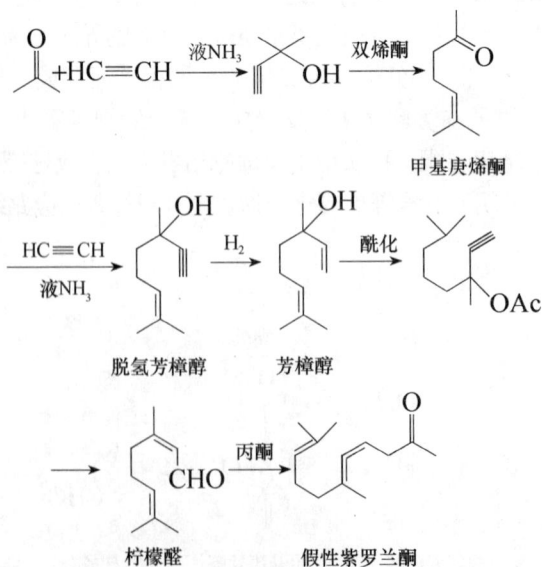

$$O + HC \equiv CH \xrightarrow{\text{液} NH_3} \quad OH \xrightarrow{\text{双烯酮}} \quad O$$

甲基庚烯酮

$$\xrightarrow[\text{液} NH_3]{HC \equiv CH} \quad OH \xrightarrow{H_2} \quad OH \xrightarrow{\text{酰化}} \quad OAc$$

脱氢芳樟醇   芳樟醇

$$\longrightarrow \quad CHO \xrightarrow{\text{丙酮}} \quad O$$

柠檬醛   假性紫罗兰酮

β-紫罗兰酮　　　　　α-紫罗兰酮

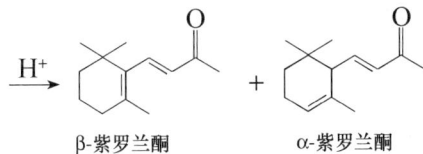

3. 以芳香族化合物为起始原料的合成法

从芳香族化合物出发，可以合成许多有价值的香料化合物。例如，可以合成茉莉花精油中的主要香成分茉莉酮和二氢茉莉酮，也可以合成黄樟油素、香兰素等许多香料化合物。

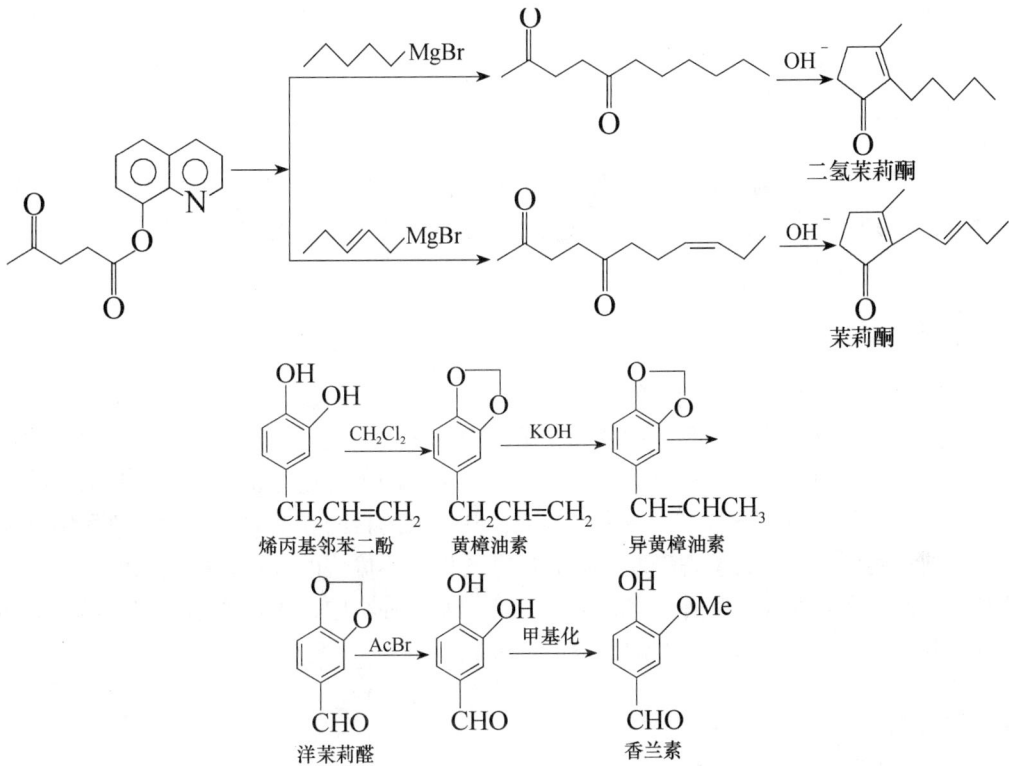

二氢茉莉酮

茉莉酮

烯丙基邻苯二酚　　　　黄樟油素　　　　异黄樟油素

洋茉莉醛　　　　　　　　　　　　香兰素

第四节　香　　精

无论是天然香料、单离香料和合成香料，除极个别的品种外，一般均不能单独使用，必须由数种乃至数十种调和起来，才能适合应用上的需要。这种为了应用而调制的过程称为调香，经过调和的香料称为调和香料或香精。

一、香精的组成

一种香精，就其各组分的挥发性和保留香气的时间来说，可以分为顶香成分、中香成分和底香成分。顶香成分是挥发度比较高，保留香气时间比较短，即定香性较弱的组分；中香成分是挥发度和定香性均为中等的香料成分；底香成分是挥发度低、定香性强的香料成分。

如果按照各组成分在香精中所起的作用，又可分为主香剂、前味剂、辅助剂、定香剂和稀释剂。

1. 主香剂

主香剂代表香料的香型，即构成香精香气的基本原料。香精中有一种香料作主香剂的，如调和橙花香精只用一种橙叶油作主剂；也有用数种或数十种香料作主香香剂的，如调和玫瑰香精，常用香茅醇、香叶醇、苯乙醇、香叶油等数种香料作主香剂。

在调香过程中，主香剂的选择和决定是至关重要的，既要从调制的香型（如仿花香型、创新香型等）来考虑，又要考虑所加入各单体、单离香料间的作用。用做主香剂的主要是中香成分和底香成分。

2. 前味剂

前味剂是最先从调和香料中挥发出来的成分。它的挥发性比主香剂大，其作用是给使用者提供一个良好的第一印象，以便突出主香剂的香型。用做前味剂的都是顶香成分，如果类油、醛类、人造芳香素等。

3. 辅助剂

香精单靠主香剂和前味剂，往往香气单调、无味，如配以辅助剂，补足主香剂之不足，使其香气变得清新、幽雅，或使其变至适中，使主香剂更能发挥作用。若加入的辅助剂与主香剂是同一香型，称为协调剂，以协助主剂的香型更加明显突出。若加入的辅助剂与主香剂不属同一香型，则称为变调剂，其加入的目的是使香气得到调整而别具风韵。特别是用天然香料为主香剂时，调和后有的伴有不愉快的气味，则加入变调剂更为必要。例如，在以龙涎、麝香、橡苔为主香剂的调和香料中，用玫瑰净油和灵猫净油作变调剂取得良好效果。作辅助剂的一般为中香成分。

4. 定香剂

定香剂也称保香剂，是香精中最基本最重要的组成部分，其作用是使香精中各种香料成分的挥发度均匀，并防止香料的快速挥发，保证在应用中香型不变，有一定的持久性。

使用定香剂时，一是要慎重选择类型，二是要用量适当。选择时要考虑在延缓易挥发香料散失的同时，不得改变原定的香型。高沸点的香原料具有强烈的分子间力的作用，若它易溶于混合香料中，则可作定香剂。定香剂本身可以是无臭或近似无臭，或者本身就是一种香料。单独的一种定香剂，往往达不到好的定香效果，因而可以选用几种配合。为了使调和香料达到应有的香效果，定香剂的用量不宜过多，也不能过少。因过多会影响香精的主香，过少则达不到定香的目的。

定香剂大体可以分为以下几类。

（1）动物性天然香料定香剂。最常用的麝香、灵猫香、海狸香、龙涎香等动物性天然香料，都是最好的定香剂。它们不但能使香精香气留香持久，还能使香精的香气变得更加柔和圆熟，特别是将它们用于高级香水中，可使香水香气具有某种"生气"，更加温暖而富有情感，深受人们的喜爱。

（2）植物性天然香料定香剂。凡是沸点比较高、挥发度较低的天然香料都可以作定香剂。常用的精油、浸膏类定香剂有岩兰草油、广藿香油、檀香油、鸢尾油、岩蔷薇浸膏、橡苔浸膏。常用的树脂、天然香合膏类作定香剂的有安息香香树脂、乳香香树脂、格蓬香树脂、苏合香膏、吐鲁香膏、秘鲁香膏等。

（3）合成香料定香剂。此类定香剂品种很多，包括合成麝香，如二甲苯麝香、葵子麝香、环十五酮、十五内酯等，它们可使香精香气留香持久；晶体类合成香料定香剂，如香豆素、香兰素、乙基香兰素、洋茉莉醛、二苯甲酮、乙酚基丁香酚、吲哚等，它们除起定香剂作用外，还可以起主香剂或辅助剂作用；高沸点液体合成香料定香剂，如乙酸玫瑰酯、乙酸岩兰草酯、苯甲酸桂酯、苯甲酸苯乙酯、苯乙酸苯乙酯、苯乙酸檀香酯、苯乙酸玫瑰酯。水杨酸芳樟酯、桃醛、椰子醛、羟基香茅醛、兔耳草醛、戊基桂醛、甲基苯基甲酮、苯乙酸、异丁香酚等，它们除作为定香剂，在香气上也有所贡献；某些多元酸酯类定香剂，如邻苯二甲酸二甲酯、邻苯二甲酸二乙酯、邻苯二甲酸二丁酯等，它们香气很弱，对香精香气几乎没有贡献，但可以起定香剂、香精溶剂或稀释剂的作用。

5. 稀释剂

香料的香味很浓重，如直接嗅闻，则香味过强，会强烈地刺激嗅觉。即使是玫瑰或茉莉这样价格较高的花精油，也会让人感觉不到芬芳的香味。因此，有必要用稀释剂适当地把香味变淡。此外，结晶性香料和树脂状香料也要用稀释剂来溶解和稀释。理想的稀释剂应完全无臭、易于溶解一切香料、稳定性良好、安全性高、价格低廉。使用最广的稀释剂是乙醇，也有使用苯甲醇、二丙基二醇等溶剂的。近年来，广泛研究用水作稀释剂，添加适当的乳化剂，制成各种香制品。

在调香中，上述起不同作用的组分都要有一定的比例。根据各种香精类型和应用情况，其比例有所差别，但一般来说，前味剂为25%左右，辅助剂为20%左右，稀释剂为5%左右，主香剂和定香剂在50%以上。

二、香精的调配

（一）对香精的质量要求

（1）各种单体香料经过调制，变成一种全新的香料，必须使原有香料的香气不被嗅出。

（2）必须具有主香，并突出其特色香型，且香稳定性好，而不能使其他香原料的香气变得突出。

（3）香气纯正且具均匀性，不得随时间推移而使香型改变，或消失某些特征。

（4）适于各种应用需要，能满足食品、化妆、日用、药用等不同用途的要求。

香精要达到上述质量要求，关键是调香技术。香精的调和不仅是一件细致的技术工作，也是一件高度的艺术性工作，犹如音乐作曲一样，几个音符可以谱出各种格调、各种旋律的曲子,而用数种或数十种香料可调制成各种风韵的香精。

(二)调香技术的工作内容

(1)调香操作。根据香料的挥发度,首先要配好基香香料,也就是打底的原料,再配入特定香型的主香剂(多数的基香香料就是主香剂),然后加入辅助剂、顶香剂,最后加入定香剂。每一种组分的量要根据配方比例和配制的香精总量事先计算好,称量要准确,操作要细致。各香原料的品种、规格及含量组成应核对不误。

(2)香精熟化。刚制造的香精,其香气是粗糙的,甚至还有刺鼻味,必须要有一个熟化过程。此过程的做法是将调制后的香精,放在暗凉处密封起来,让它自己发生各种变化。经过一定时间,调和香料的香气就变得圆润、甘美、柔和、醇郁,至此熟化即已完成。熟化过程是一系列复杂而又互相纠缠的化学反应,包括酯的生成、酯基转移、酯的醇解、乙缩醛的生成、缩醛基的转移、席夫碱的生成、聚合、自动氧化等。

(3)调香环境。调制香精必须有一个清净的环境,没有灰尘、杂物,没有发出气味的物件。特别是食品香精,一定要符合食品卫生的标准。事前,调香者要进行周密的设想,排除一切可能产生的不利客观因素和主观因素。同时,环境应有助于调香者集中注意力。

(4)调香工作者的训练。调香者需依靠嗅觉鉴定香料的品质,而探索各组分的用量,也需要用嗅觉模仿天然花香、果香、人们喜爱的香味来进行调配。因此,调香者应首先不断地训练嗅觉,达到能辨别香料的香味,特别是有名类型香精的代表性的香味。在嗅觉灵敏度提高、经验逐渐丰富的情况下,能达到辨别每种香精的类型和其中主要原料成分及大致的相对密度,否则会给复杂的香味所迷惑,达不到预期的效果。与此同时,还要经常注意和熟悉各种香料的理化性质、使用范围、浓淡程度,并了解它们在调香过程中和调香后可能产生的变化,要有一定的分析、预测能力,防止调成的香精发生不必要的颜色、气味及影响溶解度等问题。调香者必须养成有次序地进行工作的习惯,明确掌握每个操作过程的内容和可能产生的问题,以便能系统地找出每次调香中的不足,再进行调整和弥补。

(5)调香配方的探索。调和香料或香精都是经验性的,名牌香精难于模仿原因就在于此。要获得人们喜爱的香精配方,或者创新一种独特风味的香精,需要有一个探索过程。一般来说,调香者要根据自己的经验、感觉和灵感,首先想象出一种香味,然后借助于花香香料,配以各种各样的香成分,使香气接近于所设想的香精风韵,并做好记录,写下配方,再在此基础上经长时间的修正、组合和发展。可能要做上千次甚至更多的配方试验,要依靠灵敏的嗅觉和有次序的工作方法,也要依靠使用者的鉴评来不断地改进、补充。有可能要几经周折和失败才能达到最后的完善。总之,调香配方要经过反复的实践、总结、提高,才有可望探索出理想的调香配方的工艺技术。

香精的调和过程,一般可表示为如图3.2所示。

对于调香的初学者来说,首先要学习和掌握下面基本知识:

(1)掌握各种香原料的物理化学性质、毒性管理要求和市场供应情况,使所配出来的香精安全、适用、价廉。

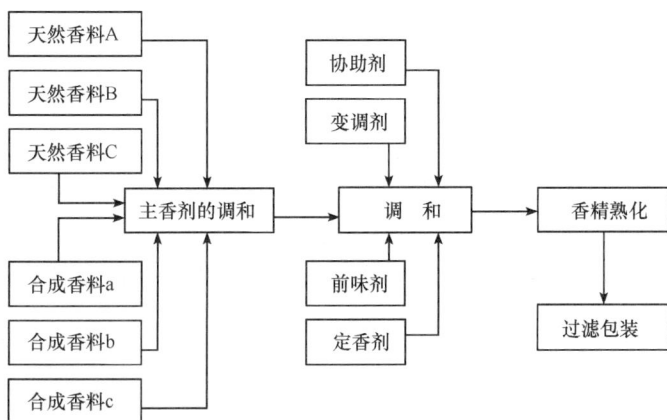

图 3.2 香精的过程调配

（2）应不断地训练嗅觉，提高辨香能力，能够辨别出各种香料的香气特征，评定其品质等级。

（3）要运用辨香的知识，掌握各种香型配方格局，提高仿香能力，能够采用多种香料，按照适当比例，模仿天然或加香产品的香气，进行香精的模仿配制。

（4）在具有一定辨香和仿香能力的基础上不断提高文化艺术修养，在实践中丰富想象能力，设计出新颖的幻想型香精，使人们生活更加丰富多彩。

（三）调和香料中的有关名词

（1）气息，是用嗅觉器官所感觉到的或辨别出的一种感觉，它可能是令人感到舒适愉快，也可能是令人厌恶难受。

（2）香气，是指令人感到愉快舒适的气息的总称，它是通过人们的嗅觉器官感觉到的。在调香中香气包括香韵或香型的含义。

（3）香味，是指令人感到愉快舒适的气息和味感的总称，它是通过人们的嗅觉和味觉器官感觉到的。香味这个词在调香中是用于描述食用香料（或香精）香与味的特征。

（4）香韵，是用来描述某一香料、香精或加香制品的香气中带有某种香气韵调而不是整体香气的特征。这种特征，常引用有代表性的客观具体实物来表达或比拟，例如，带有玫瑰香韵或带有动物香香韵，或带有木香香韵等。香韵有时也可用味觉上的特征来表达，如甜韵、鲜韵等。

（5）香型，是用来描述某种香精或加香制品的整体香气类型或格调。例如，××的香气属于花香型，或属于果香型，或茉莉香型，或东方香型等。

（6）头香，是对香精或加香制品嗅辨中最初片刻的香气印象，也就是人们首先能嗅到的香气特征。头香也可称之为顶香，它是香精整体香气中的一个组成部分，一般由香气扩散力较好的香料所形成。

（7）体香，也可称为中段香韵，是香精的主体香气。每个香精的主体香气都应有其各自的特征，它代表着这个香精的香气。体香是在头香之后，立即被嗅觉感到的香气，而且能在相当长的时间中保持稳定和一致。体香是香气的主要组成部分。

（8）基香，也叫尾香，是香精的头香与体香挥发后，最后留下的香气。这个香气一般是由挥发性很低的香料或某些定香剂组成。

（9）和合，也称调和，是将几种香料混合在一起后，使之发出一种协调一致的香气，这是一种调香工作中的技巧。用作和合的香料叫和合剂。

（10）修饰，是用某种香料的香气去修饰另一种香料的香气，使之在香精中发出特定效果的香气，这也是调香工作中的一种技巧。用作修饰的香料，称它为修饰剂。

（11）香基，也称香精基，是由数种香料组合而成的香精的主剂。香基具有一定的香气特征，或代表某种香型。香基一般不在加香产品中直接使用，而作为香精中的一种原料来使用。

三、香精的检测

1. 香精的评价

香精（调和香料）就香质和强度来看，评价方法和单体香料、天然香料大致相同。但是如果是食品香料，则除了其他香料评价法之外还需包括味的评价。因此采取把食品香料中加入一定量的水或糖浆后含入口中，对冲入鼻中的香气和口中感到的味道同时进行评价的方法。当把调和香料实际应用到制品中时，即使用的是同一种香料，结果却会发生香气、味道并不相同，例如，强度不足或香气平衡被破坏的现象，并且还会随放置时间的增加发生变化，导致香气劣化。所以当制品中加入香料并对口的香气和味进行官能评价之后，还必须用恒温槽等进行稳定性试验，以便对调和香料做出最终评价。

2. 香精的检验

由于香精是若干香料的混合物，同一种香型的香精，可以有数种不同的配方，很难有统一标准。香精的质量标准都是生产厂家自行拟定的企业标准。在拟定企业标准时应遵守以下原则。

（1）调配时所使用的香料必须符合质量标准。

（2）香精质量检验由生产厂家检验部门进行检验，生产应保证出厂产品符合质量标准要求。

（3）香精质量检验标准及检验方法大多引用香料或食品添加剂法规。生产厂家可在进行质量检验时参考。

四、香精配方实例（表3.6）

表3.6　香精配方实例

配方种类	组　分	质量组成/g
1）茉莉香精	戊基桂醛曳馥基	15
	树兰油	1
	芫荽子油	5
	柳酸苄酯	95

续表

配方种类	组　分	质量组成 /g
1）茉莉香精	乙酸对甲酚酯	0.5
	乙酸苄酯	25
	桂醛苯乙酯	5
	苯乙醇	10
	茉莉花渣浸膏	3
	橙花素	4
	芳樟醇	10
	丙酸苄酯	3
	卡南加伊兰油	5
	葵子麝香	2
	橙叶油	2
2）薄荷香型牙膏香精	薄荷油	50
	丁香油	10
	茴香脑	30
	安息香	4.5
	肉桂油	7
	玫瑰油	0.5
3）檀香皂用香精	香叶油	4.0
	苯乙醇	5.0
	葵子麝香	3.0
	苯乙酸香叶酯	1.5
	乙酸松油脂	3.5
	桂醇	4.0
	香兰素	0.5
	赖百当香素膏	2.0
	松油醇	5.0
	香草醇	10.0
	吲哚（10%）	0.5
	香根油	1.75
	紫罗兰酮	3.0
	灵猫香膏（10%）	0.25
	戊基桂醛	1.0
	檀木香基	23.0
	柠檬醛	0.5
	香豆素	2.0

续表

配方种类	组　分	质量组成 /g
3）檀香皂用香精	藿香油	2.0
	香柠檬油	3.5
	香叶醇	10.0
	血柏木油	10.0

小结

本章通过认识天然香料的存在性，介绍天然植物香料和动物香料的香型特征、提取方法和化学结构，进而介绍人工合成一些香料的化学反应，通过半合成香料或全合成香料力求从结构上模拟天然香料的结构，保持其固有的香气特征；在此基础上讨论了香精的组成和调配技术。

思考题

1. 香料是如何分类的？它的生产方法有哪些？

2. 何为单离香料？何为半合成香料？何为全合成香料？

3. 简述酯类香料化合物的香气与碳链长短，羟基数目、不饱和键的数目之间的关系。

4. 植物性香料有哪几种常见的生产方法？试比较各生产方法的优缺点。

5. 香精是什么？与日常生活有何关系？

6. 按作用划分，香精的组成有哪些成分？各成分有什么作用？

7. 香精为什么要熟化？

8. 试述香精的生产工艺。

第四章 化 妆 品

知识点和技能点

1. 化妆品分类、化妆品的性能要求；化妆品的发展趋势。
2. 化妆品的主体原料和辅助原料的来源、种类和性能。
3. 不同化妆品的性能要求和配方设计的基本思想。
4. 乳化技术。
5. 化妆品生产技术、常用的生产设备和工艺流程。

【学习目标】

1. 了解化妆品的基本知识，掌握化妆品的分类方法。
2. 掌握化妆品的主体原料和辅助原料的种类，性能要求。
3. 熟悉常见化妆品的配方组成，掌握其配方的基本原理和基本的生产技术。

第一节 概 述

化妆品是以化妆为目的的产品总称。我国 1990 年 1 月 1 日起实施的《化妆品卫生监督条例》对化妆品做了如下的定义："化妆品是指以涂擦、喷洒或者其他类似的方法，散布于人体表面任何部位（皮肤、毛发、指甲、口唇等），以达到清洁、消除不良气味、护肤、美容和修饰目的的日用化学工业产品。"

日常生活中，化妆品已日益成为人类日常生活的必需品，使用对象遍及人体表面的皮肤、毛发、指甲、口唇和牙齿等，因此人们几乎天天均在不同程度上使用化妆品，化妆品已从奢侈品发展成为人类增香添美的生活必需品。目前，世界各国都把化妆品列为精细化学品或专用化学品，化妆品工业已在精细化学品工业中占有重要的地位。

一、化妆品的性能要求

化妆品是人类日常生活使用的一类消费品，除满足有关化妆品法规的要求外，作为商品，它也应满足一般商品的基本性能要求：

（1）安全性。化妆品和药品不同，它是长期使用品，所以要严格要求长期使用的安全性，对化妆品的安全性在原材料阶段就要提出要求。

（2）稳定性。要考虑最终使用阶段和货架寿命，要求产品在胶体化学性能方面和微生物存活方面能保持长期的稳定性，在有效期内不变质。

（3）舒适性。化妆品必须使人们乐意使用，不仅色香兼备，而且必须有使用舒适感。美容类化妆品强调美学上的润色；芳香类产品则在整体上赋予身心舒适的感觉。

（4）有效性。化妆品要有助于保持皮肤正常的生理功能以及容光焕发的效果。

二、化妆品的分类

化妆品种类繁多，有各种各样的分类方法，世界各国分类方法也不尽相同。有按产品使用目的和使用部位分类、按剂型分类、按生产工艺和配方特点分类、按性别和年龄组分类等。各种分类方法都有其优缺点。世界各国化妆品分类往往来源于商业统计年报，目前，多数是按产品的使用部位、使用目的和剂型进行混合分类。

（一）我国化妆品的分类

按照我国化妆品生产、销售和有关化妆品法规实施情况，我国化妆品一般可分为七大类，即护肤类、发用类、美容类、口腔类、芳香类、气雾剂类和特殊用途类的化妆品。

1. 护肤类

（1）洁肤用品。清洁霜和乳液、洗净用化妆水、浴油、浴盐、泡沫浴剂、浴皂、磨砂膏、卸妆油和膏等。

（2）护肤用品。雪花膏、冷霜、润肤霜（包括营养霜、晚霜、珍珠露等）、护肤啫喱膏和啫喱水、手和体用护肤霜和乳液、浴后润肤油、剃须后润肤剂（包括霜、乳液、水剂和皂、粉剂等）、日光浴后护肤油和膏等。

2. 发用类

（1）清洁毛发用品。通用型香波（透明和膏状）、药效型香波（祛臭、酸性平衡、去头屑和止痒、滋养型香波等）、调理型香波（二合一香波、油性、蛋白质和定型香波等）、特殊型香波（香气香波、损伤型头发用香波、儿童香波，染发香波和干洗香波等）。

（2）护发用品。护发素、发油、焗油、发乳、发蜡、免洗护发素（爽发霜）、润发啫喱等。

（3）美发用品。原型发胶、定型啫喱水和啫喱膏等。

3. 美容类

（1）唇和鼻美容用品。唇膏（透明、液体、彩色、变色和液晶唇膏等）、护唇油膏和鼻影笔等。

（2）胭脂。干粉、蜡基、膏状胭脂、湿粉等。

（3）眼部美容用品。染睫毛膏、眼影膏、眼线笔和眉笔等。

（4）指甲美容用品。指甲油、指甲光亮剂、指甲营养剂和指甲油清除剂等。

（5）香粉类。扑粉、水粉、彩虹粉、粉饼和水粉饼、粉条、粉底霜、艳丽粉饼和爽身粉等。

4. 口腔用品

牙膏（膏状和啫喱状）、漱口液、牙粉、牙粉饼和口腔清新剂等。

5. 芳香化妆品

（1）液体芳香用品。香水、古龙水、花露水、香体露和除臭香水等。
（2）固态芳香用品。香粉、清香袋、香水条、香锭和晶体芳香剂等。

6. 气雾剂制品

润肤露、润肤摩丝、剃须摩丝、发胶、发用摩丝、染发摩丝、发油、驱蚊露、祛臭剂和止汗剂等。

7. 特殊用途化妆品

生发水、染发剂（暂时性、永久性和半永久性）、烫发剂、脱毛剂、美乳霜、苗条霜、除臭剂、祛斑剂（汗斑和肝斑）、防粉刺制品和防晒、晒黑、防晒斑制品（霜、乳液和油剂）等。

（二）化妆品按剂型的分类

按剂型化妆品可分为液剂、乳剂、乳膏剂、固融体油膏剂、固融体棒形剂、粉剂、啫喱和丸锭剂等。化妆品剂型变化很大，往往同一功能或性质的产品，由于制备配方和工艺的变化、改变包装的要求以及使用方面的变化等原因而变化剂型。而且，化妆品剂型与基质及其原料的物理化学性质也有密切的关系。

1）透明液剂

透明液剂是完全互溶、澄清的液体，在室温条件下，制剂所含的原料完全互溶或在给定比例范围内互溶，包括：
（1）水溶性液剂，如透明香波、冷烫液和化妆水等。
（2）醇溶性液剂，如香水、古龙水、花露水、祛臭水、营养头水和啫喱水等。
（3）油溶性液剂，如发油、防晒油、护唇油、浴油和按摩油等。

2）多相液剂

多相液剂是由互不相溶原料混合而成的两相或多相液体，静置后，呈相分离，使用前需经振荡摇匀，包括：
（1）油-水混合液剂，如油香波和双层化妆水等。
（2）油-醇混合液剂，如皮肤软化剂和免洗护发液等。
（3）粉-水混合液剂，如湿粉、彩虹液等。

3）乳状液剂
（1）奶液或蜜状乳液，如洗面奶、护发素、润肤乳液、发乳和染发香波等。

（2）含粉悬浮乳液，如液体胭脂、香粉蜜、暂时性染发剂、眼线液和睫毛乳液等。

4）乳化型膏基剂

乳化型膏基剂借助乳化剂或物理方法使油、水两相或与粉末呈均匀、乳白软膏状制品。依据配方中油相和乳化剂品种差别，可分为油包水（W/O）和水包油（O/W）型。这类基剂在一般化妆品和含药化妆品中应用较广。

（1）油包水基质，如冷霜、润肤霜、清洁霜、按摩霜和发乳膏等。

（2）水包油基质，如雪花膏、洗发膏、剃须膏、粉底霜和营养霜等。

5）固融体油膏剂

固融体油膏剂也称软膏剂，它是由动物、植物、矿物油脂、蜡和高级脂肪酸、醇、酯等或添加色料、粉料混合制成的产品。含高熔点（60℃以上）蜡类较低，无法在模中成型，包装时先加热融化后，就直接灌装仓容器内冷却。浓妆或彩妆制品也属这类。

6）固融体棒型剂

固融体棒型剂成分大致与固融体油膏剂相近，高熔点蜡含量较高，可模铸成型。如需加入粉体和色料，则混合工艺后还需捏炼，然后，再加热融化成液态油脂，倾注入模中冷却成型。多数美容类化妆品都属这类剂型，如发蜡、染发条、唇膏、眼影条、粉条、香水条和香烛等。

7）粉末制剂

粉末制剂由各种干性粉末原料与各种药品混合而成，并以散布法使用这类制品，如扑面粉、痱子粉、爽身粉、粉状香波、粉状染发剂和牙粉等。

8）粉末成型制剂

粉末成型制剂由各种粉末、着色剂和黏合剂等混合后，在金属容器内经压缩成型的制品。型体有饼状、棒状或块状，一般以饼状为最普遍，如眼影饼、胭脂、粉饼和牙粉等。

9）丸锭型制剂

丸锭型制剂使用制锭或丸粒机将混合均匀之粉剂或粉蜡原料等压制成型。这类剂型是由内服药衍生而来的。携带方便，易于密封保存和计量，但不便施用于皮肤和毛发。这类剂型产品如片状香波、香晶、香片、浴盆片和洗牙丸等。

10）啫喱型制剂

啫喱型制剂由水溶性高分子原料与水、酒精或多元醇配制成透明或半透明凝胶状制品，如定型啫喱、面膜、护肤啫喱和啫喱型牙膏等。

11）固体型制剂

固体型制剂是不管原料的性状，经反应或加工后，制成块状、较坚硬的固体制品。这类制品主要是香皂类，如药皂、浮水浴皂和护肤香皂等。

12）气雾剂

在耐压密闭容器中，充入液剂、或流动性乳剂或粉剂后，再充入低压液化气体作为推进剂，借助各类阀门，把内容物喷出，扩散呈均匀、细雾状物或泡沫。这类制剂如喷发胶、定型摩丝、剃须泡沫、喷雾香水和暂时性染发剂等。

三、化妆品的原料

化妆品的原料按其在化妆品中的性能和用途可分为主体原料、辅助原料及添加剂两大类。主体原料是能够根据各种化妆品类别和形态的要求，赋予产品基础骨架结构的主要成分，它是化妆品的主体，体现了化妆品的性质和功用；而辅助原料则是对化妆品的成型、色、香和某些特性起作用。一般辅助原料用量较少，但不可缺少。

（一）对化妆品原料的要求

化妆品是一种由各类原料经过合理调配而成的混合物，化妆品的特性及质量的好坏在很大程度上取决于原料。选用原料要注意以下几点：

（1）原料的广泛性。应该说凡是对人体皮肤、毛发、指甲等外部器官有清洁、保护、滋养、治疗和美化作用的物质都可以被选用。

（2）原料的有效性。所谓有效性是指所选用的原料应该在化妆品中发挥确实有效的作用。

（3）原料的针对性。化妆品的品种很多，它可以用于不同的皮肤、不同的部位，也可以发挥清洁或滋润等不同的作用，应根据化妆品最终体现的效果有针对性地选择原料。

（4）原料的配伍性。化妆品本身是一个复杂的多元体系，它要求各种被选用的原料在复配体系中都必须有良好的配伍性质，从而确保体系物理化学性质稳定。

（5）原料的安全性。化妆品因直接作用于人体，世界各国都对其安全性做了规定，对化妆品用原料同样要求要具备无刺激、无毒性、不妨碍皮肤的正常生理作用，对皮肤不会产生异常的生理作用以及稳定、不变色变味、不腐败霉变等质量标准。

（6）原料的特殊性。有部分化妆品具有特殊的功能和疗效，它们是通过加入有特殊功效的原料而实现的，这些原料的选择要根据特殊的作用而确定。

（7）原料的时效性。化妆品既是日常生活必需品，又是顺应时代潮流的消费品。化妆品的内在外在形式不断地更新换代，要求化妆品原料也要不断地推陈出新。随着科学技术发展的日新月异，各种新型的、高效的、功能的、生物的、天然的、温和的原料层出不穷，原料的选择要有时代的特征、潮流的特征和高科技的含量。

（二）主体原料

主体原料包括油性原料、粉质原料、胶质原料、溶剂原料和表面活性剂。

1. 油性原料

1）油性原料的作用

油性原料是化妆品的主要基质原料，化学中一般分别称为油、脂和蜡，其在化妆品中所起的作用可以归纳为以下几个方面：

（1）屏障作用。在皮肤上形成疏水薄膜，抑制皮肤水分蒸发，防止皮肤干裂，防止来自外界物理化学的刺激，保护皮肤。

（2）滋润作用。赋予皮肤及毛发柔软、润滑、弹性和光泽。

（3）清洁作用。根据相似相溶的原理可使皮肤表面的油性污垢更容易清洗。

（4）溶剂作用。作为营养、调理物质的载体更易于皮肤的吸收。

（5）乳化作用。高级脂肪酸、脂肪醇、磷脂是化妆品的主要乳化剂。

（6）固化作用。使化妆品的性能和质量更加稳定。

2）油性原料的分类

从油的来源分类，一般可以分为四类，见表4.1。从化学结构上分类，见表4.2。

表4.1　按来源不同的油性原料分类

油的分类	举例	在化妆品中的性质和作用
植物油原料	橄榄油、椰子油、棕榈油、杏仁油、霍霍巴油、月见草油等	植物油除具有油性原料的共性外，还保留了天然植物的性质，含有丰富的维生素，有的植物油还是天然芳香油，对皮肤有营养、滋润的作用，由于来自天然，易被皮肤吸收
动物油原料	牛羊油、鲨鱼肝油、水貂油、蜂蜡、鲸蜡等	动物油来源于动物的脂肪，从分子结构和成分结构上更加易于人体皮肤的吸收，滋润作用更好
矿物油系原料	石蜡油、凡士林	矿物油来源丰富，结构稳定，不易腐败酸败，在皮肤表面形成油性膜，防止皮肤水分丧失，但不被皮肤吸收
合成（半合成）油原料	羊毛酯及羊毛酯衍生物、硅酮油及衍生物、高级脂肪酸、脂肪醇、角鲨烷	保持了原有油性原料的性质，并赋予新的特性，组成稳定，功能突出，应用极为广泛

表4.2　按化学结构分类的油性原料

油性原料化学分类	化学结构特性	在化妆品中的性质和作用
脂肪酸甘油酯和酯类	R_1、R_2、R_3为烷基 $CH_2—OOCR_1$ $\|$ $CH—OOCR_2$ $\|$ $CH_2—OOCR_3$	酯类化合物有润肤作用并能减少化妆品的油腻感，植物油和矿物油不相溶时可以作乳化剂，它凝固点低，涂抹感好
高级脂肪酸	$RCOOH$，R为碳数12以上的饱和烃	溶解性好，可以作为乳化剂，提高化妆品膏体黏度，一般作基质原料
高级脂肪醇	ROH，R为碳数12以上的饱和烃	作为化妆品的基质原料，也是化妆品用表面活性剂、酯油类的合成原料
烃类	饱和的和不饱和的烃	主要来源于石油，称作矿物性原料，黏度小，颜色和气味比天然油脂更优，在化妆品中有较好的涂抹感，但不易被皮肤吸收
磷脂	多元醇与2分子脂肪酸和1分子磷酸缩合而成的复合类酯，天然存在于人体所有细胞和组织中，也存在于植物蛋白、种子和根茎中	对提高渗透和传送有效成分起重要作用

油性原料化学分类	化学结构特性	在化妆品中的性质和作用
甾体化合物	属于简单类酯，广泛存在于动植物的组织中，基本结构是环戊烷骈多氢菲的母核三个支链，也叫甾体母核	胆固醇、维生素D、各类甾体激素都属于此类化合物，可治疗受刺激的皮肤和受损的毛发
萜类化合物	萜类化合物广泛存在于植物体内，是植物香精油的主体成分，是由两个或两个以上异戊二烯分子按不同方式首尾相连而成，结构形式多样	在自然界中，单萜和倍半萜是挥发油的主要成分，二萜以上多为树脂，是皂苷或色素的主要成分，维生素A、胡萝卜素等都属于此类化合物，对皮肤有治疗作用

3）油性原料的理化性质

油性原料具有特殊的物理化学性质，物理性质包括色泽、气味、密度、黏度、熔点、凝固点、膨胀性等，在化妆品制作中直接影响着配方的工艺技术、质量技术和外观品质；油性原料的化学性质包括发生皂化反应、加成反应、氧化反应、聚合反应等，因而用皂化值、碘值等衡量它的原料品质。

一般情况下，天然来源的油质原料都有异味和色泽，是配制化妆品的致命缺点，而合成和半合成原料在气味和色泽上都有明显的改善；油脂原料的熔点和凝固点直接影响化妆品的制作工艺及成品的稳定性。化妆品中的油脂组分对化妆品的黏度起决定作用，而黏度又关系到化妆品的铺展性、涂抹性和稳定性。

油性原料中含有的游离脂肪酸越高，酸值越高。酸值是衡量油脂新鲜程度的指标，一般新鲜油脂的酸值在1以下。

油脂的皂化值一般在180～200，甘油含量在10%左右。皂化值可以衡量油脂中脂肪酸相对分子质量的大小，皂化值越低，脂肪酸含碳原子数量越高，说明脂肪酸相对分子质量越大，反之亦然。

碘值用于衡量油脂的不饱和度，碘值越大，不饱和程度越高；通常碘值小于100的油脂称为不干油，碘值在100～130范围的称为半干油脂，碘值大于130的油脂称为干性油。碘值高的油脂含有较多的不饱和键，在空气中易被氧化，易发生变质酸败等质量问题。

4）新型的油性原料

天然油脂作为人体生存所必需的营养要素之一，具有给机体提供能量，促进机体组织和细胞的发育和生长等功能。由于天然油脂的化学组成与人体皮肤表皮脂肪性表面膜的组成相近，故天然油脂及其衍生物作为化妆品的基础原料，广泛用于膏霜、乳液等产品中。但天然油脂也有弊端，它的颜色和气味以及易腐败酸败等性质使化妆品的档次难以提高。有的天然油脂来源不足，价格昂贵，致使化妆品成本上升。近年来，发展了一些新型天然油脂原料。

（1）植物性角鲨烷。它的分子式为$C_{30}H_{62}$，相对分子质量为422.82，化学名称为2，6，10，15，19，23-六甲基二十四烷。它作为天然物质，以往是从深海鲨鱼的肝油提取角鲨烯，再经加氢、精制后制成，并加以使用。而本品是以橄榄油为起始原料制成的，它与上述由动物制成的该物质在化学结构、物理化学性质和化妆品原料特性上相同。

由于近年来提倡保护动物，寻求来自植物的原料，从而开发了本品。它的使用感优秀，比其他的油性原料的亲和性、相溶性好，凝固点低（－55℃以下），具有热稳定性、氧稳定性和化学稳定性好的特点，一般作为油性原料被广泛用于化妆品中。

（2）异丙酯酸 -2- 辛基月桂酯。异丙酯酸 -2- 辛基月桂酯是将由大豆油所含油酸合成二聚酸时副产的异硬脂酸和由天然椰子醇衍生的 2- 辛基月桂醇酯化得到的油性原料。它几乎为无色油性液体，无臭味，对氧、热、光均稳定，由于凝固点在－10℃以下，产品稳定性好，受温度变化的影响小，延展性好，将它涂抹在皮肤上时感觉滑爽，是优良的油性原料。

（3）芥酸 -2- 辛基月桂酯。芥酸 -2- 辛基月桂酯是由菜子油提取的精制芥酸和天然椰子醇衍生的 2- 辛基月桂醇进行酯化所得的油性原料。此原料凝固点在－15℃以下、对氧、温度变化和光稳定，不妨碍皮肤的代谢作用。

（4）大豆溶血卵磷酯。溶血卵磷酯是将卵磷酯的 β 位脂肪酸截断的单酰基型卵磷酯，其主要成分为溶血磷酯酰胆碱。它与一般的卵磷酯相比，亲水性、O/W 乳化力、乳化稳定性优异。它既是亲水性天然乳化剂，又有保湿性和润肤性，也可作为增溶剂、皮肤毛发润湿亲和性改进剂、自然光泽赋予剂而被使用。

2. 粉质原料

1）粉质原料的类型

粉质原料也叫粉体。粉体主要用于美容化妆品中。化妆品中使用的粉体有三类：有色粉体、白色粉体和充添粉体。

有色粉体和白色物体的作用是可遮盖脸上色斑、粗糙的肌肤和不良的脸色，防止脸上因油脂的分泌物而呈现油光，可使皮肤有光滑的手感，并可散射紫外线、过滤阳光，同时可赋予皮肤宜人的色彩。此外粉体有吸收皮脂和汗的性质，广泛用于彩妆类如香粉、胭脂、眼影粉等。

充添粉体是一种遮盖力小的白色粉体，是有色粉体的稀释剂，用于调节色调，同时赋予制品扩展性，它对皮肤有附着性，对汗和皮脂有吸收性。充添粉体在皮肤上要有良好的扩展性。为提高扩展性，以前使用滑石粉和云母粉，近年来国外使用球状粉体、多为球状树脂粉末，如尼龙、聚苯乙烯、聚甲基丙烯酸甲酯等有机粉体和球状二氧化硅、球状二氧化钛等无机粉体。

2）粉质原料的性质

（1）遮盖力。粉体可遮盖肌肤的色斑和不良的肤色。具有良好遮盖力的粉体有钛白粉、锌白粉，碳酸钙也可用于遮盖，同时碳酸钙还可阻挡紫外线。

（2）伸展力。指粉体涂敷于肌肤时，可形成薄膜，平滑伸展，有圆润触感的性能。滑石粉的伸展力最好，还可使用淀粉、金属皂、云母、高岭土等。

（3）附着力。指粉体容易附着于皮肤上，不易散妆的性能，金属皂的附着力最好。

（4）吸收力。指粉体吸收汗腺和皮肤分泌的多余的分泌物，消除油光的性能。轻质碳酸钙、碳酸镁、淀粉、高岭土等的吸收性均较好。

3. 胶质原料

胶质原料一般为水溶性高分子化合物，在化妆品中往往不是只单独起到一种作用，而是几种作用产生复合效果。水溶性高分子化合物在水中能膨胀成凝胶，具有不同程度的触变性，即受到外加剪切应力时会不同程度地使黏稠度下降，当外加应力去除后，凝胶又会恢复原来的黏稠度。

水溶性高分子化合物可分为三大类，即天然高分子化合物、半合成高分子化合物和合成高分子化合物。

（1）天然高分子化合物包括两类，即动物类和植物类。动物类有明胶、酪朊等，植物类包括淀粉类、植物性胶质类（黄菁胶粉、阿拉伯树胶、黄原胶）、植物性黏液质类（果胶）和海藻（爱尔兰苔粉、海藻酸钠）类。

① 淀粉。淀粉的主要成分是碳水化合物。为白色无味细粉，它不溶于水、酒精和乙醚，但在热水中形成凝胶。在化妆品中它可以作为香粉类制品的一部分粉剂原料，在胭脂中它可作为黏合剂及增稠剂。

② 黄原胶。黄原胶是一种高分子质量的天然碳水化合物，为乳白色粉末，对悬浮液具有稳定和增稠作用，是一种较好的多糖类胶质。由于黄原胶具有良好的假塑性、流变性及配伍性，在化妆品中多用于发乳的原料，也适宜于作酸性或碱性制品的胶合剂或增稠剂。

③ 海藻酸钠。海藻酸钠是从海带或裙带菜等褐藻类中提取而得的白色至棕色粉末，其形成的溶液非常稠厚。黏度随浓度的增加而提高，且聚合度越高，黏度也越高。海藻酸钠溶液一干燥，就形成透明的薄膜。在化妆品中用做增稠剂、稳定剂，还可作为成膜剂。

④ 明胶。明胶是由牛皮或猪皮等经去脂而制得的清洁干燥胶制品，为蛋白质聚合体，无色、无臭。明胶在化妆品中可用作乳状液乳化剂，亦可用做发乳制品。

（2）半合成水溶性高分子化合物主要是纤维素的衍生物和瓜耳胶及其衍生物，包括甲基纤维素、乙基纤维素、羧甲基纤维素、羧乙基纤维素、羧丙基纤维素、纤维素混合醚、阳离子纤维素聚合物及阴离子瓜耳胶、阳离子瓜耳胶等，主要用做增稠剂、成膜剂及稳定剂。

（3）合成水溶性高分子化合物包括乙烯类（聚乙烯醇、聚乙烯甲基及其衍生物、聚乙烯吡咯烷酮）、丙烯酸和甲基丙烯酸衍生物（聚丙烯酸钠、羟基乙烯聚合物）和聚氧化乙烯。

① 聚乙烯醇（PVA）。它是将聚乙酸乙烯酯皂化而制得的，为白色或黄色粉末，化妆品用聚乙烯醇均为其水溶液。在化妆品中利用 PVA 的成膜性，可用做润肤剂面膜和喷发胶，也可作乳液的稳定剂。

② 聚乙烯吡咯烷酮（PVP）。它一般为白色或淡黄色无臭无味粉末或透明溶液，具有良好的成膜性，其薄膜是无色透明的，硬且光亮，且吸湿性很强。PVP 在化妆品中的应用很广，可用在固定发型产品中作成膜剂，也可在膏霜及乳液制品中作稳定剂，还可作为分散剂、泡沫稳定剂和去污剂。

③ 丙烯酸聚合物。它是一种水溶性树脂，其性质随聚合物不同而不同。一般为白色无臭粉末，易溶于水，溶液为无色，干燥后呈透明薄膜，黏液在碱液中黏度增加且稳定。其在化妆品中可作增稠剂、固着剂、分散剂、乳化稳定剂等。

4. 表面活性剂

应用于化妆品的表面活性剂主要有以下作用和品种。

1）去污剂

在化妆品中充当去污剂的表面活性剂主要是阴离子表面活性剂，还有非离子表面活性剂和两性表面活性剂。表面活性剂的去污作用是其渗透、乳化、增溶、起泡作用的综合表现，这一作用充分体现在洁肤、洗浴产品中。

这里主要介绍几种新型去污剂。

（1）月桂酰燕麦氨基酸钠盐。由法国赛比克（SEPPIC）公司出品，是通过燕麦型氨基酸酰化获得的发泡阴离子表面活性剂，产品外观为透明略带浑浊的液体，其主要优点是集中了一系列生产高效发泡配方所必需的性质，即对皮肤和头发具有高度的温和性；即使在硬水和皮脂油污的条件下，仍具有卓越的发泡能力，可以提供一种霜质的泡沫感，易于增稠，低色度、低气味。

（2）月桂酰肌氨酸钾。化学名称是 N- 月桂酰甲基甘氨酸钾，是氨基酸类阴离子表面活性剂，其产品外观为浅黄色透明液体。其性质温和，不刺激皮肤和眼睛，易生物降解；能产生丰富且稳定的奶油状泡沫，即使当皮脂类油性物质存在时，也不消泡；可吸附在头发上，减少静电积聚，从而改善头发梳理性；配伍性好，可与强阳离子型的季铵盐配伍；与其他表面活性剂共用时，具有助溶作用，从而降低体系的浊点，减少产品分层危险；易吸附在皮肤表面，延缓皮肤水分的蒸发，具有一定的保湿性，因此很适合配制皮肤清洁剂。

（3）酰基谷氨酸盐。酰基谷氨酸盐是内 L- 谷氨酸及天然脂肪酸制成的阴离子表面活性剂，产品状态随酰基种类不同和盐的种类不同而不同。其特点是非常温和，无过敏性，不引起粉刺；即使在硬水中也是优良的清洁去污剂；溶液呈与皮肤相似的微酸性；使用后皮肤留下柔软及湿润的肤感，头发无干燥及粗糙感；高度生物降解。

（4）椰油酸单乙醇酰胺磺基琥珀酸单酯二钠。它是采用椰油酸单乙醇酰胺为原料，经先进工艺合成的温和型阴离子表面活性剂。其产品外观为微黄色液体或白色浊状液。其特点是低刺激性，并能显著降低其他表面活性剂的刺激性；易溶于水，在不同的 pH 条件下的稳定性都优于醇（或醇醚）型磺基琥珀酸酯盐；具有良好的起泡性、泡沫稳定性及抗硬水能力强；表面张力低，润湿性良好，复配产品不油腻，易冲洗。

2）乳化剂

化妆品可用的乳化剂现有 200～300 种，品种繁多，性能各异。选择和应用乳化剂必须考虑其类型和效率，应从经济方面（价格因素、用量多少等）、化学方面（配伍性、稳定性等）及商品方面（色、香、产品外观等）等多方面考虑选择合适的乳化剂。

这里主要介绍几种新型乳化剂。

（1）PROLIPID131。由 ISP 公司出品，是一种由硬脂酸、山俞醇、乙二醇硬脂酸酯、马来化豆油、卵磷脂、$C_{12}\sim C_{16}$ 醇、十六酸组成的混合物。外观为膏状至软蜡状固体。

传统的乳化剂仅仅形成两个相一个界面，PROLIPID131 可以形成三个相两个界面即水相、油相、PROLIPID 胶质基体相和水胶界面、油胶界面。它形成的乳液系统的层状相与皮肤结构相似并与之积极作用，保护角质层，促进皮肤健康，防止皮肤干燥和刺激，并通过自身的层状结构加强皮肤天然的层状结构。

在配方中 PROLIPID131 的典型用量是 2%～5%，以 PROLIPID 作为乳化剂需要加入助乳化剂来增加稳定性，如 STABILEZE，且通常在乳液形成和冷却过程中都需要均质。

（2）Arlacel P135。由 ICI 公司出品，Arlacel P135 的化学名称为聚氧乙烯（30）二聚羟基硬脂酸酯，它是一种 A-B-A 型共聚物，是制备乳液和膏霜的多用途乳化剂。其用途为制备传统的油包水型膏霜和乳液、液态的油包水型乳化体、硅油包水型乳化体、水包油包水型（W/O/W）多相乳化体，另外，Arlacel P135 具有在油包水型（W/O）乳化体的油相中分散固体物质包括色粉的能力，这一特征适合于制备具有高效化妆效果的彩色化妆品和防晒产品，亦可制备液态低黏度乳液。由 Arlacel P135 制备的低黏度乳液，由于粒径很小，具有优异的冻融及高温稳定性，且黏度不会随时间增长而提高。因为黏度低，这种乳液极易在皮肤上铺展且肤感清爽。

（3）MONTANOV 系列。由 SEPPIC 公司出品，此系列乳化剂是从植物来源的物质中衍生的，如从谷物中提取的葡萄糖、从椰子油中提取的脂肪等。其独特性在于使用一种天然多糖来取代作为传统非离子表面活性剂特征之一的乙氧基化基团，由此得到一种由亲油糖脂和亲油的椰油链构成的产品。MONTANOV 的植物来源性质在其整个合成过程中得到保留，配制产品中没有使用任何化学试剂，甚至有机溶剂都不用，它开辟了新一代生态制品的途径。

MONTANOV68 因其特有的糖脂结构，对各种油相显示了突出的乳化性能，它可以用来生产特别稳定的膏霜而不必使用增稠剂或者特殊的添加剂。利用 MONTANOV68可以配制 100% 植物原料和具有良好感觉的稳定乳霜，它是防晒霜的理想乳化剂，因防晒霜中常包含硅油，其乳化能力不受脂溶性的紫外线过滤剂影响。

3）调理剂

用做调理剂的表面活性剂主要是阳离子型表面活性剂，它可以改善毛发外观和梳理性，使头发柔软光亮。

常用的调理剂性状及主要特点见表 4.3。

表 4.3 常见调理剂

类型	化学名称	商品名或简称	性 状	主要特点
阳离子型调理剂	十八烷基三甲基氯化铵	1831	白色或微黄色固体	稳定性良好，耐热、耐光、耐强酸碱，生物降解性优良，具有抗静电、杀菌、乳化、柔软等性能，主要用作毛发调理剂
	十二烷基三甲基氯化铵	1231	微黄色透明膏体	具有良好的抗静电、消毒、乳化等性能，可与非离子表面活性剂、阳离子表面活性剂配伍，不能与阴离子表面活性剂配伍

类型	化学名称	商品名或简称	性　状	主要特点
阳离子型调理剂	十八烷基二甲基苄基氯化铵	1827	淡黄色黏稠膏体或固体	具有良好的抗静电、柔软、消毒、杀菌等性能，略带刺鼻气味，可与非离子表面活性剂、阳离子表面活性剂配伍，较稳定
	十二烷基二甲基苄基氯化铵	1227，洁而灭	微黄色透明黏稠液体	易溶于水，化学稳定性好，具有良好的抗静电、乳化、消毒、杀菌等性能
	双十二烷基二甲基氯化铵	D1221	白色或微黄色膏体	与非离子、阳离子、两性离子表面活性剂有良好的配伍性，具有抗静电、乳化、消毒、杀菌、柔软、分散等性能
	聚季铵盐	—	—	是一系列阳离子聚合物的统称，主要产品有聚季铵盐 -4、聚季铵盐 -10、聚季铵盐 -11 等，具有抗静电、柔软等性能，对皮肤和头发有良好的护理作用，可与阴离子表面活性剂配伍
两性调理剂	十二烷基二甲基氧化铵	氧化铵，OB-2	—	具有良好的抗静电和柔软作用，使头发易梳理，易于定型，不蓬乱，晒干后不飘散。性质温和，对皮肤的刺激性小，无毒，有杀菌作用，与各类表面或性剂均可配伍，具有良好的稳泡性和增稠性

4）稳泡剂

稳泡剂是指具有延长和稳定泡沫，使其保持长久性能的表面活性剂。常用脂肪醇酰胺作为稳泡剂，其中最著名的产品是尼钠尔，又称 6501 或 704。尼钠尔为淡黄色或琥珀色黏稠液体，具有优良的洗涤性能，产生稳定的泡沫，少量的尼钠尔和其他洗涤剂配合使用可产生良好的增效性。尼钠尔还可用作清洁制品中的增稠剂，对金属具有缓蚀和防锈作用。

使用尼钠尔的配方，其 pH 应在 8～12，以保持产品外观澄清。尼钠尔具有较强的脱脂性，故应注意其用量。

（三）辅助原料

辅助原科包括保湿剂、抗氧剂、防腐剂、香精、色素和各种添加剂。

1. 保湿剂

保湿剂是一种吸湿性物质，它可以从周围取得水分而达到一定的平衡。保湿剂添加到化妆品中，不仅可增加皮肤的柔润性，还可延缓化妆品（特别是膏霜类产品）水分的蒸发而引起的干裂现象，延长产品的寿命。

通常保湿剂可分为三大类，即有机金属化合物、多元醇和水溶性高分子。有机金属化合物的保湿能力一般较高，还可作为酸度调节剂，可防止冻结；多元醇的保湿能力比有机金属化合物差，但比水溶性高分子好，有防止冻结和抑菌作用；水溶性高分子的保湿能力一般较差，但可做成膜剂，有增稠作用。

保湿剂使用过度，会吸收皮肤中的水分，使皮肤粗糙，适得其反，例如，甘油通常在化妆品中的使用浓度在 10% 以下。

2. 防腐剂

因为化妆品中含有大量的水和很多的营养物质，这些都是微生物繁殖生长的极好场所，所以化妆品中要加入防腐剂。

防腐剂不是为解决生产过程中的污染即"一次污染"，而是为解决消费者使用时带来的污染即"二次污染"。

对羟基苯甲酸酯类，商品名为尼泊金，是一类现今化妆品中使用最广泛的防腐剂，品种有尼泊金甲酯、尼泊金乙酯、尼泊金丙酯、尼泊金丁酯。此类防腐剂一般为无色无臭小结晶或白色结晶性粉末，微溶于水，易溶于酒精、乙酸等有机溶剂，对皮肤无刺激性，无挥发性，化学性质稳定。有广泛的抑菌能力，对霉菌和酵母菌有较好的抑菌效果，但对革兰氏阴性菌、假单胞菌、绿脓杆菌抑菌效果较差。在 4 种烷酯中，以丁酯抗菌力最强，其次是丙酯、乙酯，而以甲酯最低。就毒性而言，甲酯最高，丁酯最低，但其毒性比水杨酸和安息香酸低。尼泊金酯类作为化妆品的防腐剂主要用于乳化制品、香波、化妆水、粉饼、粉霜。

咪唑烷基脲，商品名为 Germall-125，是一种尿囊素的羟甲基衍生物。它是一种无臭无味的白色粉状团体，对热稳定，极易溶于水，不溶于无水酒精和油中。对皮肤无毒性，无刺激，无过敏现象，有广谱的杀菌力，能杀死绿脓杆菌、杀死细菌的能力优于霉菌。与其他防腐剂配合有良好的协同作用，它对各类表面活性剂都能适应，与表面活性剂和蛋白质原料相配伍还能增强它的抗菌活性，在广泛的酸碱范围内都可使用。Germall-125 可应用于含乙醇或油不高于 70% 的任何化妆品中。因此应用范围广。但在乳化过程中，要在 80℃下加入。

凯松也是一种高效防腐剂，它是一种淡黄色或琥珀色水溶性液体，极易溶于水、低分子醇和乙二醇中，但油溶性较差，不会给产品带来异色、异味，稳定性好。它的 pH 使用范围为 2～9，但在碱性介质制品或在高温下保存常会分解。它与其他化妆品原料有良好的亲和性，它的抗菌范围广，对革兰氏阴性菌、阳性菌及霉菌或酵母菌都有杀灭作用，是一种广谱抗菌剂。凯松的使用浓度为 0.01%～0.05%，可单独使用或与其他防腐剂复配使用，使用量少又高效，成本仅为尼泊金酯类的 1/3，对皮肤无刺激性，无过敏现象。故可广泛使用。

3. 抗氧剂

有些化妆品中使用的油脂、蜡、烃类等油性原料及一些添加剂的不饱和酯常会和空气中氧结合发生缓慢自氧化作用，生成过氧化物、低级酸、醛，放出腐败臭味，引起变色，对皮肤产生刺激，所以在这些化妆品中要加入抗氧剂。自氧化反应是自由基反应，加入抗氧剂就是终止自由基反应，所以抗氧剂都是一些能够与自由基结合的物质。

抗氧剂的种类很多，从化学结构上可分为五类：酚类、醌类、胺类、有机胺和醇类、无机酸及其盐类。化妆品中常用的抗氧剂有二叔丁基对甲酚（BHT）、叔丁基羟基苯甲醚（BHA）、生育酚（维生素 E）等。

4. 香精

香精在化妆品中的作用主要是使消费者喜爱，掩盖原料中不良气味，抑制体臭，杀菌和防腐。香精的品种很多，在前面章节已做了介绍，在此不再重复。

不同化妆品的加香量不同，一般添加量见表 4.4。

表 4.4　不同化妆品的加香量

化妆品	添加量 /%	化妆品	添加量 /%
香水	10～20	香粉	2～5
花露水	1～5	胭脂、口红	1～3
古龙水	5～10	香皂	1～2.5
化妆水	0.05～0.5	香波	0.2～1.0
膏霜、奶液	0.5～1.0	发乳、发蜡、发油	0.2～0.5

香料中有许多不稳定的成分，当遇到空气、阳光、温湿度和酸碱度的影响时，会产生氧化、聚合、缩合和水解等反应、使香精变色或香味恶化，使用时应注意这个问题。

5. 营养添加剂

1）植物型营养添加剂

（1）人参。人参是一种名贵的药材，具有顺心、健身、补气、安神、益寿等多种滋补作用。人参提取物能调节机体的新陈代谢，促进细胞繁殖，延缓衰老，具有抗氧化及消除自由基活性，其中含有的麦芽醇具有抗氧化作用，减少脂褐素在体内的沉积。人参提取物还能增强机体免疫力和提高造血功能。这些功能和作用表现在皮肤上即可使皮肤光滑、柔软、有弹性，减少色素沉着，延缓皮肤衰老及防止头发脱落，同时还具有抗炎、镇痛的功效。因此，人参提取物广泛用于化妆品中，多用于制备膏霜（护肤霜、抗皱霜、粉刺霜）、乳液和护发制品中。

（2）芦荟。芦荟的品种很多，用于妆品中的主要是美国的库拉索芦荟和我国的华芦荟。

据文献报道，芦荟成分达 160 多种，包括蒽醌类化合物、维生素、氨基酸、碳水化合物、酶类、有机酸和金属离子、非金属离子等。芦荟中含有丰富的营养物质，相互之间的协同作用使芦荟产生了对皮肤的极佳的护理性能。芦荟对皮肤的作用主要表现在保湿、滋润、防晒、祛斑、抗菌、消炎及愈合、抗衰老。

（3）沙棘。沙棘中含有丰富的维生素、类黄酮、不饱和脂肪酸、氨基酸等近百种生理活性物质，大都是人体所必需的营养成分和天然药用成分。化妆品中主要是应用沙棘油。沙棘油的主要活性成分是维生素 E 和维生素 C、不饱和脂肪酸、胡萝卜素和游离氨基酸等，具有消除体内自由基、减少脂褐质含量和抗氧化等功能，因而对皮肤和头发具有优良的营养和保护作用。

（4）熊果苷。熊果苷是现代生物技术的产物，它在渗入皮肤后能有效地抑制酪氨酸酶的活性来达到阻断黑色素的目的，起到减少黑色素的积聚，预防雀斑、黄褐斑等色素沉着，对皮肤具有独特的美白功效。

目前，熊果苷不仅用于美白护肤品中，而且广泛应用于洗发、护发和染发化妆品中，在发乳、摩丝中添加熊果苷，可抑制护发剂中的色素或香精对皮肤和毛发的刺激性或过敏性。在染发剂中添加熊果苷，能增加产品对毛发的渗透性，从而缩短染发时间，提高染发效果。

2）动物型营养添加剂

（1）胎盘。胎盘作为滋补药物，在中医药中应用历史悠久，其含有丰富的碳水化合物，酸性黏多糖、蛋白质、氨基酸、脂肪、酶、激素等。其提取液中的生理活性物质用于化妆品，有显著的细胞代谢功能和细胞复活作用，可起到抗皱、抗衰老作用。胎盘提取液含有蛋白水解多肽，因而具有护发护肤效果，可用于护发品添加成分，对毛乳头、毛母细胞有营养作用，经头皮渗透吸收，可促进毛发健康生长，有防脱发功能。此外其提取液有抑制酪氨酸酶的活性、预防皮肤黑素生成，以增白皮肤，亦是一种美白原料。

总之，胎盘提取液是多功能的化妆品天然原料，可作为润肤、护肤的抗衰老化妆品，也可作为护发、生发的发用化妆品，还可用于防晒、增白美容化妆品。

（2）貂油。貂为一种珍贵毛皮动物，其皮下脂肪油称为水貂油。貂油与人体脂肪极为相似，且透皮性好，易为皮肤吸收，施用后皮肤感觉舒适，可使皮肤柔软且富有弹性，对干性皮肤及老年皮肤尤为适宜，对黄褐斑、痤疮、细小的皱纹等均有疗效。此外，对头发还具有调理性，可使头发柔软而富有光泽和弹性。

（3）骨胶原。皮肤内的主要组织是真皮层的胶状组织，胶原纤维和弹性纤维相互交结，其主要功能是储存水分和养分，其直接影响皮肤的结实、弹性及润湿度，但随着年龄的增加和外界因素的影响，胶原纤维变性、断裂，导致胶状基质大量流失变异，降低了储水和储养能力，于是皮肤失去弹性，显得干燥，出现皱纹，色素聚结，呈现色素斑。而胶原含有丰富的氨基酸，可赋予皮肤活性和促进胶原纤维和弹性纤维的代谢功能，抗皱效果明显。现今用生化技术提取新鲜的骨胶原，可维持皮肤的润湿和柔软，且对受损伤的毛发有修复再生作用，胶原蛋白多用于抗衰老化妆品及护发品和营养性面膜。

（4）卵磷脂。卵磷脂存在于动物的卵、脑等神经组织及内脏器官中。卵磷脂具有表面活性剂的功能，有乳化性能，其乳液在皮肤上有光滑细腻感，并有良好的铺展性，可用于膏霜、乳液及香波。

（5）甲壳素。甲壳素是一种灰白色片状坚硬固态天然高分子聚合物。甲壳素及其衍生物安全无毒、对人体皮肤无刺激，成膜性、透气性良好，对皮肤和毛发有很好的调理性，并具有杀菌润肤、防晒抗皱、护发益发等功能。

3）生化药物添加剂

生化药物一般是指从动物、植物或微生物等生物体中提取分离的天然物质。其特点是来自生物体、是生物体中的基本生化成分，这些生化成分均具有生物活性和生物功能。

（1）胶原蛋白。胶原蛋白是构成动物皮肤、筋、骨骼、血管、角膜等结缔组织的白色纤维蛋白质。在动物组织中的胶原蛋白是水不溶解性物质，但通过酸、碱或酶进行水解处理能得到可溶性胶原蛋白水解液。胶原蛋白水解液，含有脯氨酸、甘氨酸、谷氨酸、丙氨酸、苏氨酸等 15 种氨基酸营养物。

可溶性胶原蛋白应用于化妆品中易被皮肤吸收，具有高保湿性、营养性，能促进表皮细胞的活力，增加营养，并对治疗手足皮肤干裂有良好效果。

（2）丝素蛋白。丝素蛋白分子结构中含许多亲水性基团，因此它是一种优良的天然保湿因子，对皮肤具有天然保湿和营养肌肤的作用，同时能抑制皮肤黑色素生成，促进皮肤组织再生，防止皲裂和化学损害等。丝素蛋白对于受机械损伤和化学损伤的头发有很好的滋养作用，能渗入损伤的头发鳞片内部，起修复和护理作用，具有优异的护发功能。总之，丝素蛋白是当前国际上用于护肤类和发用类化妆品的一种天然高级生物营养添加剂。

（3）金属硫蛋白。金属硫蛋白（MT）是国际生物工程技术最新产品，是从动物体中提纯出的具有生物活性及性能独特的低相对分子质量蛋白质。MT 具有十分特殊的分子结构，分子中含有 61 个氨基酸，具有较好的透皮吸收性能，它作为一种非酶蛋白，活性极为稳定，室温长期保持不变性。MT 的生理活性主要表现在如下几个方面：

① 抗衰老作用。MT 具有清除皮肤细胞致衰老的超氧自由基和羟基自由基的特异功能，可高效率降低机体内自由基水平，有效地防护细胞过氧化损伤，防止皮肤细胞衰老。

② 抗辐射作用。MT 有保护细胞免受紫外线辐射的防晒功能。

③ 抗炎作用。炎症能诱导 MT 的分泌、使吞噬细胞的功能加强。加之 MT 在清除自由基时能够释放微量元素锌，可促进免疫功能和细胞代谢，从而提高抗炎能力。

④ 减轻色斑作用。由于 MT 可以有效地清除自由基和羟基自由基，阻断了它们与体内的不饱和脂肪酸的过氧化反应，降低了皮肤中过氧化脂质的含量，减少黑色素的生成，因此具有预防和减轻色素沉着的作用。

MT 作为一种生物活性剂应用到化妆品中，能起到抗皮肤衰老、减少皱纹产生、防晒抗炎、预防和减轻色斑及解除重金属中毒等多种生化作用。

（4）表皮生长因子（EGF）。EGF 是由 53 个氨基酸组成的多肽类物质。它是一种多功能的细胞分裂促进因子，能刺激核酸和蛋白质等大分子的生物合成。临床研究表明，EGF 不仅能促进表皮组织增殖与生长，而且能促进皮肤创伤的愈合及消炎镇痛。

EGF 用于化妆品中可促进皮肤的新陈代谢，防止皮肤衰老和产生皱纹，并能防治粉刺、暗疮及各类皮癣，对于清除皮肤过敏和瘙痒亦有特效。用于发用品中，能刺激头皮的血液循环，改善头发的供养源。防止头发干涩枯黄和异常脱落。

（5）脱氧核糖核酸（DNA）。DNA 是一种重要的生物高分子化合物，是生命最基本物质之一，它对生物遗传、细胞增殖、蛋白质合成皆有重要的功用。DNA 的生物活性主要表现在以下几个方面：

① 具有防晒防癌作用。DNA 可以吸收短波和中波紫外线，从而保护皮肤细胞不受紫外线的辐射损伤，起到防晒作用。

② 具有抗皱抗衰老作用。DNA 用于化妆品有活化细胞的生物效果。小分子 DNA 可被皮肤吸收，作为合成新细胞的遗传构件，使细胞处于生命力旺盛状态，细胞更新速度快，从而起到抗皱和抗衰老作用。

③ 具有保湿增白作用。DNA 由于它本身的分子结构决定了其具有较强的吸水性和成膜性，从而具有很好的保湿护肤作用。同时，具有和曲酸类似的增白作用。

④ 营养治疗作用。皮肤的再生和保健自然离不开 DNA，它同氨基酸和维生素等其他营养物质共同作用，可以治疗皮肤的损伤、疤痕、色素沉着等皮肤疾病。

（6）曲酸。曲酸是微生物在发酵过程中生成的天然产物，是国际流行的新型生化祛斑美白剂，具有护肤、防晒、祛斑和美白等功效。曲酸具有抑制酪氨酸酶活性的作用，从而减少黑色素的形成，因此曲酸祛斑霜在治疗色斑沉着症中独树一帜。

（7）超氧化物歧化酶（SOD）。SOD 是一种生物抗氧化酶。它能清除人体内生成过多的致衰老因子超氧化自由基，能调节体内的氧化代谢和抗衰老功能，因此它具有延缓衰老、抗皱、祛斑、除粉刺、防晒和抗癌等生物学作用和效果。

（8）果酸（AHA）。果酸广泛存在于苹果、柠檬、葡萄等水果或乳制品中，果酸对皮肤的特殊作用表现在以下几个方面：

① 具有角质层剥脱性。果酸在低浓度时，对皮肤有减少角朊细胞粘连性的作用。角质层的粘连性可使已死亡的角质细胞不能及时脱离皮肤表面，随堆积量增加，会导致皮肤干燥、晦暗，没有光泽，发生瘙痒，严重时会发生鱼鳞病或蛇皮症。AHA 相对分子质量小，能有效地渗透皮肤，使堆积在皮肤上的角质层脱落。皮肤表面即显得光泽、亮丽。

② 具有表皮解离性。果酸在高浓度时，具有使表皮与真皮分离的作用，即具有剥皮作用，与化学剥皮剂相比，果酸的安全性好、作用缓和，不会造成皮肤色素紊乱和发生疤痕。

③ 具有细胞再生性。果酸可促进新细胞更新加速，使皮肤光滑、细嫩、健康，可使细胞再生速度增加 30% 以上。

④ 具有保水性。它可以使表皮各层细胞含有足够量的水分，从而使皮肤显得湿润、柔嫩，是极好的保湿剂。

⑤ 具有平衡皮肤各层形成作用。果酸可使表皮增厚，真皮乳头层结缔组织变薄，可以除去早期皱纹和老年斑，也可纠正轻度的皮肤萎缩。

⑥ 具有改善皮肤质地作用。果酸可使真皮浅层的肥大细胞释放出介质，能刺激毛细血管扩张，可改善皮肤血液循环，使皮肤红润、光泽，富有青春活力，从而改善皮肤的质地。

6. 防晒剂

防晒剂按防护作用机理分类可分为物理性屏蔽剂和化学性的紫外线吸收剂。

常用的物理性屏蔽剂是能反射和散射紫外辐射的化合物，包括硫酸钙、滑石粉、氧化锌、氧化铁和二氧化钛等，这类防晒剂只要用量足够就可反射紫外线和红外辐射。近年来将防晒剂与紫外线吸收剂结合使用，可提高产品日光保护系数。一些新型的金属氧化物也开始应用到化妆品中，使用微米级和纳米级的二氧化钛制造的防晒化妆品，透明度好，不会产生粉体不透明而发白的外观，对 UVA、UVB 的防护作用都很好，具有化学惰性，使用安全。这类金属氧化物包括二氧化钛、氧化锌、氧化铬、氧化钴和氧化锡。

化学吸收剂是指能吸收有伤害作用的紫外辐射的有机化合物。按照防护辐射的波段不同，UV 吸收剂可分为 UVA 和 UVB 吸收剂两种。

UVA 吸收剂是倾向于吸收 320~360nm 波长范围的紫外光谱辐射的化合物（二苯酮、邻氨基苯甲酸酯和二苯甲酰甲烷类化合物）。UVB 吸收剂是倾向于吸收 290~320nm 波长范围的紫外光谱辐射的有机化合物（如对氨基苯甲酸酯、水杨酸酯、肉桂酸酯和樟脑的衍生物）。

7. 止痒和抗头屑剂

头屑有干性和湿性之分。干性头屑是由头皮角质化亢进而引起的角质层异常剥离造成的，而湿性头屑是由皮脂分泌过剩造成的。当头屑大量积累致使头皮上的细菌等分解时，分解的产物就会刺激头皮引起瘙痒和炎症。

头屑产生的原因主要有：上皮组织异常角质化、由内分泌异常引起皮脂分泌过剩、头皮上细菌异常繁殖等。

因此，为防止头屑过度产生，可使用角质溶解和剥离剂、抗脂溢剂和杀菌剂等，而且为防止瘙痒性炎症的恶化，可配合消炎剂和止痒剂。

（1）角质溶解剥离剂。主要有水杨酸、硫磺、间苯二酚和硫化硒等。

（2）抗脂溢剂。主要使用维生素 B_6 及其衍生物。

（3）杀菌剂。主要使用吡啶硫酸锌（ZPY）、氯化苄化铵、氯化苄甲乙氧铵、洗必泰和苯酚等。

（4）消炎剂。主要使用甘草酸及其衍生物，乙酸氢化可的松和氢化强的松等。

（5）止痒剂。主要使用樟脑、薄荷、盐酸 2- 二苯甲氧基 -*N*,*N*- 二甲基乙胺和马来酸氯苯吡胺等。

8. 染发剂

染发剂根据染发时间长短可分为暂时性、半持久性和持久性三类，其中持久性染发剂应用最为广泛，此处主要介绍持久性染发剂。

持久性染发剂使用的染料有三种，即天然染料、金属染料和有机合成染料。其中金属染料因其具有一定的毒性，天然染料的染发效果较差，其耐用度受到一定的限制，而有机合成染料染色效果好、保持时间长、色调变化宽，其使用最为广泛。下面主要介绍有机合成染料。

有机合成染料包括氧化染料、还原染料和仿天然黑素染料。

（1）氧化染料。氧化染料是合成染料中使用最早，也是使用最为广泛的一种染发剂原料，它包括显色剂、偶合剂及氧化剂。常用具体原料见表4.5。

表4.5　常见氧化染料

名　称		特　点
显色剂	对苯二胺	染黑发主要原料，应用广泛，具有很强致敏性
	对苯二胺衍生物	毒性较对苯二胺稍低
偶合剂	对苯二酚	着色牢固，可引起皮炎，对人体具有一定的毒性
	1,2,3-对苯三酚	空气中氧化为褐色，对人体有毒
	α-萘酚	对人体有毒
氧化剂	过氧化氢	强氧化作用，可引起爆炸
	过硫酸钾	强氧化作用，可引起爆炸
	过碳酸钠	无臭，流动性好，有很强漂白作用，遇水、热及重金属易分解

（2）还原染料。还原染料一般包含两个部分：染料隐色体和碱性还原剂。近年来出现的不必配合还原剂的蒽醌、苯醌系列还原染料隐色体使用较多。

（3）仿黑素染料。利用模仿动物体内黑色素的形成机制，即在表皮基层黑色素细胞内，在酪氨酸酶的作用下，酪氨酸氧化聚合生成黑色素。可用来染发的黑素前驱物为酪氨酸、多巴、2,6-二氨基吡啶和氨基吲哚。

9. 卷发剂

卷发过程中主要使用还原剂和氧化剂，见表4.6。

表4.6　常见卷发剂

名　称		特　点
还原剂	巯基乙酸	具有较强的还原性和酸性，使头发易弯曲，刺激皮肤，对人体有害
	硫代羧酸酯类	弯曲力强，润滑头发，头发弯曲自然，对皮肤刺激性低
	硫代乙酰胺类	对皮肤刺激性小
	2-亚氨基噻吩烷	与巯基乙酸相似，但无刺激，无臭味
氧化剂	过硼酸钠	强氧化剂，可对头发起定型氧化作用
	溴酸钠	具有较强氧化作用
	过氧化氢	强氧化作用，可引起爆炸

第二节　化妆品的生产工艺

化妆品与一般的精细化学品相比较，生产工艺比较简单。生产中主要是物料的混合，很少有化学反应发生，常采用间歇式批量生产，生产过程中所用的设备比较简单，包括混合、分离、干燥、成型、装填及清洁设备。下面介绍化妆品生产中涉及的主要工艺。

一、混合与搅拌

化妆品是由动物、植物、矿物中提取的原料混合均匀而成的专用化学品。以粉体为主的化妆品，则需要粉碎机、混合机、与油性成分相拌的拌和机。对乳膏一类的乳化剂品，要将水、油、乳化剂加以混合乳化，则需要乳化机。

在化妆品生产中的物料混合，是指使多种、多相物料互相分散而达浓度场和温度场混合均匀的工艺过程。桨叶式搅拌器结构简单，转速为 20~80r/min，适用于低黏度液体的搅拌。此种搅拌的化妆品工业上使用较多，常用于搅拌黏度低的液体和制备乳化或含有固体微粒在 10% 以下的悬浮液。

二、乳化技术

化妆品中产量最大的是膏霜类化妆品，乳化成分散体系所占比例很大。乳化技术是生产化妆品过程中最重要而最复杂的技术。在化妆品原料中，既有亲油成分，如油脂、脂肪酸、酯、醇、香精、有机溶剂及其他油溶性成分；也有亲水成分，如水、酒精；还有钛白粉、滑石粉这样的粉体成分。欲使它们混合均匀，采用简单的混合搅拌即使延长搅拌时间也达不到分散效果，必须采用良好的混合乳化技术。

工业上制备乳状液的方法按乳化剂、水的加入顺序与方式大致可分为转相乳化法、自然乳化法和机械乳化法。

（1）转相乳化法。先将加有乳化剂的油类加热成液体，然后边搅拌边加入温水，开始时加入的水以微滴分散于油中，成 W/O 型乳状液，再继续加水，随水量的增加乳状液逐渐变稠，至最后黏度急剧下降，转相为 O/W 型乳状液。

（2）自然乳化法。将乳化剂加入油相中，混合均匀后一起加入水相中，进行良好的搅拌，可得稳定的乳状液。此法适用于易于流动的液体，如矿物油等。若油的黏度较高，可在 40~60℃ 条件下进行。多元醇酯类乳化剂不易形成自然乳化。

（3）机械强制乳化法。工业上机械强制乳化时主要采用胶体磨和高压阀门均质器等设备。胶体磨是一种剪切力很大的乳化设备，主要是定子和转子，转子的转速可达 1000~2000r/min，操作时液体自定子与转子间的余隙过，间隙的宽窄可以调节，精密的胶体磨其间隙可调至 0.025mm，产生的乳化体颗粒可小至 1μm 左右。均质器的操作原理是将欲乳化的混合物，在很高的压力下自一个小孔挤出，从而达到乳化的目的。工业生产中所用的高压阀门均质器类似一个针形阀，主要原件是一个泵，用它产生 6.89~34.47MPa 的压力，另有一个用弹簧控制的阀门。均质器可以是单级的，也可以是双级的。在双级均质器中，液体经过两个串联的阀门而达到进一步均化。

三、分离与干燥

对于液态化妆品，主要生产工艺是乳化，而对于固态化妆品，涉及单元操作有分离、干燥等，在产品制作的后阶段，还需要进行成型处理，装填和清洁。分离操作包括过滤和筛分。过滤是滤出液态原料中的固体杂质，生产中采用的设备有批式重力过滤器和真空过滤机。筛分是筛去粗的杂质，得到符合粒度要求的均细物料，有振动筛、旋转筛等设备。干燥则是除去固态粉料、胶体中的水分，清洁后的包装瓶子也需经过干燥，采用的设备有厢式干燥器、轮机式干燥器等。

第三节 皮肤用化妆品

一、洁肤产品

清洁皮肤是皮肤护理的第一步，是保持肌肤卫生健康不可缺少的一个环节，同时也是皮肤护理的基础。洁肤产品的作用是为了除去皮肤周围附着的皮肤角质层的屑皮、皮脂的氧化分解物、汗液的残渣等皮肤生理代谢产物以及空气中的尘埃、微生物等。

洁肤用化妆品其应用对象是人体皮肤。由于人体皮肤的生理作用，洁肤产品应考虑到在去除皮肤有害物质的同时，对有益的物质和组织不产生影响，并给皮肤提供有益物质，这就要求洁肤产品不仅要具有一定的清洁能力，而且还要保证产品的温和性和安全性，将洁肤和护理相结合。所以设计洁肤用化妆品时，不仅要注意到单纯产品方面的问题，还要注意到皮肤学方面的问题，如脱皮、pH 变化、皮肤微生物菌群的改变、脱水、角质层的改变、刺激性和致敏作用等。

根据人体污垢来源的不同，可将污垢分为三种类型，即油溶性污垢、水溶性污垢和不溶性污垢。油溶性污垢主要由皮肤分泌的皮脂、润肤剂的残留物、防水化妆品组成，这类污垢要使用亲油性清洁剂来去除；水溶性污垢的来源为化妆品、亲水性润肤剂、可溶性皮肤分泌物和污垢，此类污垢则要用亲水性的清洁剂来清除；不溶性的污垢为死的细胞、美容化妆品的颜料、使用硬水时沉淀的金属皂等。

根据洁肤产品的化学组成和亲水亲油性质的不同，可将此类产品分为两种类型，其去污机理也不相同，一种是表面活性剂为主的表面活性剂型；另一种是由油性成分和保湿剂、酒精、水等组成的溶剂型。

1. 洁面产品

（1）皂基洁面乳。皂基洁面乳的特点是具有丰富的泡沫和优良的洗涤力，在配方中加入适量软化剂和保湿剂后、使用起来没有肥皂的"绷紧感"，而具有良好的润湿感。

（2）表面活性剂型洁面乳。表面活性剂型洁面乳是用表面活性剂代替皂基洁面乳中的皂基，表面活性剂的加入除了具有洁肤、起泡的作用外，还有将水相和油相乳化成一相的作用。

（3）磨砂去死皮膏。磨面膏、去死皮膏，也叫去鳞片膏，是在清洁霜的基础上加入一些极微细的砂质粉粒，即磨洗剂。它们不但能在清洁的同时除去角质层老化或死亡的细胞，还能通过摩擦起到按摩的作用，进而增强了毛细血管的微循环，促进皮肤的新陈代谢，有效地清除毛孔中的污垢，起到预防粉刺的作用。因为它的使用必然配合按摩，所以可将活性营养类物质及治疗粉刺、痤疮类物质添加在磨面膏中，有效成分会通过磨面按摩而被皮肤吸收，促进皮肤健美。

　　磨面膏、去死皮膏针对皮肤类型不同而设计。磨面主要是通过细砂摩擦达到除去死细胞的目的，它适于油性皮肤使用。对于干性皮肤，由于缺乏皮脂，皮肤的弹性较差，对物理摩擦的承受力低，如果要去除死皮则要采用去死皮膏。去死皮膏主要是加入了高分子胶黏剂在皮肤上成膜，然后用手搓掉附着在皮肤上的清洁膏，进行的同时就将死细胞清除。

　　磨面膏、去死皮膏的配方除含有一般清洗剂的组分外，还添加了磨洗剂。磨洗剂有天然型和合成型，它们是杏壳、橄榄仁壳的精细颗粒和聚乙烯、石英精细颗粒等。

2. 浴液

　　浴液是人们在沐浴时使用最多的一种洁肤化妆品，它克服了以往用香皂洗澡给皮肤带来的诸多不适，在温和清洁皮肤的同时，营养、滋润皮肤，达到洁肤、养肤的双效结合。

　　浴液的配方组成大致如下：

　　（1）表面活性剂。浴液的作用是清洁皮肤上的污垢和油脂，同时可产生丰富的泡沫，改善浴液的使用感。常用单十二烷基磷酸酯盐、月桂酰肌氨酸盐、磺基甜菜碱和葡萄糖苷衍生物等。

　　（2）润肤剂。减少表面活性剂在洁肤的时候给皮肤造成的脱脂，赋予皮肤脂质，使皮肤润滑、光泽。常用羊毛脂及其衍生物、脂肪酸酯和各种动植物油脂。

　　（3）保湿剂。常用甘油、丙二醇、山梨醇和烷基糖苷等。

　　（4）调理剂。对蛋白质基层具有附着性，使皮肤表面光滑如丝。常用阳离子聚合物，如聚季铵盐等。

　　（5）活性添加剂。根据产品需要添加功能性的添加剂，如止痒剂、芦荟、沙棘、海藻及各种中草药。

二、膏霜类护肤品

　　膏霜类护肤品最基本的作用是能在皮肤表面形成一层护肤薄膜，可保护或缓解皮肤因气候的变化、环境的影响等因素所造成的直接刺激，并能为皮肤直接提供或适当弥补其正常生理过程中的营养性组分。其特点是不仅能保持皮肤水分的平衡，使皮肤润泽，而且还能补充重要的油性成分、亲水性保湿成分和水分，并能作为活性成分的载体，使之为皮肤所吸收，达到调理和营养皮肤的目的。同时预防某些皮肤病的发生，增进容貌和肤色的美观与健康。

　　膏霜类护肤品按其产品的形态可分为：产品呈半固体状态、不能流动的固体膏霜，如雪花膏、香脂；产品呈液体状态，能流动的液体膏霜，如各种乳液。

　　而按乳化类型来分，常见的膏霜类产品基本可分为两大类，即水包油型（O/W）乳化体和油包水型（W/O）乳化体。

1. 香脂

　　香脂，通常也分为 W/O 型和 O/W 型，是一种含油较高的乳化体，擦用后在皮肤上留下一层油脂薄膜，可阻止皮肤表面与外界干燥、寒冷的空气接触，使皮肤保持水分、柔软及滋润皮肤，适合于干性皮肤及严寒季节。

2. 润肤霜

润肤霜属于固态膏霜，如表 4.7 所示。其组成中大部分是水，因此其特点是油而不腻，使用后滑爽、舒适。涂在皮肤上，部分水分蒸发后，便留下一层油膜，能抑制皮肤表皮水分的过量蒸发，对防止皮肤干燥、开裂或粗糙，保持皮肤的柔软起到重要作用。

表 4.7 营养润肤霜的配方示例（质量分数 /%）

组 分	O/W 霜 -1	O/W 霜 -2	O/W 霜 -3	组 分	O/W 霜 -1	O/W 霜 -2	O/W 霜 -3
液体石蜡	16.0	—	—	硬脂酸	0.5	2.0	—
凡士林	2.0	—	—	2- 辛基月桂醇	—	6.0	10.0
蜂蜡	—	—	3.0	人参浸出液	—	—	—
十八醇	—	7.0	5.0	角鲨烷	4.0	5.0	10.0
十六醇	10.0	—	—	丙二醇	—	5.0	10.0
羊毛脂	—	2.0	—	三乙醇胺	—	—	—
单硬脂酸甘油酯	—	2.0	—	防腐剂	适量	适量	适量
单硬脂酸丙二醇酯	—	—	3.0	抗氧剂	适量	适量	适量
十六醇聚氧乙烯（20）醚	—	3.0	3.0	香精	适量	适量	适量
十八醇聚氧乙烯（10）醚	2.0	—	—	水	64.6	67.7	54.5
失水山梨醇单硬脂酸脂	0.5	—	—				

3. 护肤乳液

乳液又名奶液，同样可分为 O/W 型和 W/O 型乳化体、其含油量低于润肤霜和香脂，含油量小于 15%，其外观呈流动态，乳液制品使用感好，较舒适滑爽，无油腻感，它可弥补角质层水分。

4. 粉底霜

粉底霜的主要作用是美容化妆前打底，使不易散妆，也可用于美容化妆后的显眼定妆。它可以遮盖皮肤本色，遮蔽或弥补面部缺陷，并赋予粉底颜色，调整肤色，使其滑嫩、细腻，如表 4.8 和表 4.9 所示。

粉底霜的特点是：

（1）具有遮盖性，主要依靠产品中的白色粉体，如钛白粉等，既可遮盖皮肤本色，又可阻挡紫外线照射，具有防晒作用。

（2）具有吸收性，能吸收油脂，使皮肤无油腻感。

（3）具有黏附性，对皮肤有较好的黏附性，并耐潮湿的空气及汗水，不易脱落，不易散妆。

（4）具有滑爽性，易在面部涂敷，并形成均匀薄膜。

表 4.8　阴离子型乳化剂粉底霜配方示例（质量分数 /%）

组　分	O/W 霜 -1	O/W 霜 -2	O/W 霜 -3	组　分	O/W 霜 -1	O/W 霜 -2	O/W 霜 -3
液体石蜡	—	—	25.0	三乙醇胺	—	—	1.5
硬脂酸	18.0	—	4.0	氢氧化钾	0.52	—	—
鲸蜡醇	0.5	—	2.0	氢氧化钠	0.18	—	—
硬脂酸丁酯	—	3.0	—	钛白粉	3.0	—	10.0
羊毛脂	—	3.0	—	粉基	—	—	—
硬脂酸单甘油酯	—	15.0	2.5	香精、色素和防腐剂	适量	适量	适量
甘油	18.0	—	—	水	59.8	72.0	55.0
山梨醇	—	7.0	—				

表 4.9　非离子型乳化剂粉底霜配方示例（质量分数 /%）

组　分	O/W 霜 -1	O/W 霜 -2	O/W 霜 -3	O/W 霜 -4	组　分	O/W 霜 -1	O/W 霜 -2	O/W 霜 -3	O/W 霜 -4
液体石蜡	10.0	—	20.0	—	甘油	—	8.0	5.0	—
硬脂酸	—	—	—	12.0	山梨醇	5.0	—	—	3.0
棕榈酸	—	—	—	1.0	聚乙二醇	—	—	—	12.0
鲸蜡醇	10.0	—	—	—	钛白粉	—	3.0	5.0	2.0
羊毛脂	5.0	3.0	3.0	—	滑石粉	—	—	—	8.0
凡士林	—	2.0	—	—	氧化铁	—	—	—	1.0
聚氧乙烯蜡	—	—	—	2.0	香精、色素和防腐剂	适量	适量	适量	适量
醇醚	—	—	—	—					
聚氧乙烯硬脂酸	—	—	—	1.0	水	66.0	71.0	61.0	58.0
失水山梨醇酯	—	—	—	—					

三、水状护肤品

水状化妆品又称化妆水，是一种低黏度、流动性好的液体状护肤化妆品，在众多的化妆品中，化妆水以其独特的功效，方便的使用功能而独树一帜。此类产品具有清洁、润肤、柔软和收敛作用。

化妆品中含有大量的营养物质，可以提供皮肤丰富的营养，调控皮肤的水分和油分，滋润肌肤使之更加柔软，富有光泽，恢复青春活力。营养成分溶于水中，使皮肤更容易吸收，达到最佳效果。化妆水中的表面活性剂可以除去存在于皮肤上的污物，清洁皮肤，以保证皮肤正常的生理活动。化妆水中的保湿剂除了给皮肤以滋润外，还可以调节皮肤的水分，使之保持柔软、不致干燥。除此之外，化妆水还有收敛毛孔的作用，这样可以使皮肤看上去光洁细腻，一些加有药物的疗效化妆水还具有祛斑、防晒、增白和杀菌等作用。化妆水按其使用的目的和功能可分为：洁肤化妆水、收敛化妆水和柔软化妆水。

化妆水大致由如下成分组成：

1. 营养剂

营养剂在化妆水中主要起润肤、护肤作用，它可以补充皮肤新陈代谢所需的营养，调节面部皮肤的水分和油分。常用的营养剂是各种酯类、醇类及一些植物油类。

2. 保湿剂

保湿剂可以给皮肤以润湿感，帮助皮肤恢复弹性和光泽，并能适当保持皮肤的水分，使皮肤保持柔软细腻。保湿剂可以选择甘油、丙二醇和聚乙二醇等多元醇类，也可以选择透明质酸、吡咯烷酮羧酸等氨基酸类。

3. 表面活性剂

表面活性剂可帮助除去皮肤表面的污物，在体系中还可起到一定的增溶作用，使体系澄清透明。

4. 增黏剂

增黏剂调节产品的流变性和黏度，增加产品的稳定性，改善使用感并具有一定的保湿性，常用各种水溶性聚合物，如汉生胶、果胶、羟乙基纤维素和 Carbopol 941 等。

5. 醇类

醇类在产品中起增溶作用，可溶解其他成分，同时可以使产品具有清凉感，还具有收敛和杀菌作用，常用乙醇、异丙醇。

由于醇类对皮肤具有一定的刺激性，现在一些产品也开始不加醇类，称为无醇化妆水。

6. 缓冲剂

缓冲剂调节产品的酸碱度，平衡皮肤的酸碱度，常用柠檬酸、乳酸和乳酸钠等。

7. 辅助添加剂

（1）收敛剂。在收敛水中起到对皮肤的收敛作用。收敛剂作用于蛋白质而发生作用，可以收缩毛孔，减少面部的油性，使皮肤显得细腻。常用锌、铝盐类，柠檬酸、乙醇和羟基苯磺酸锌等。

（2）杀菌剂。用于皮肤上的杀菌，常用新洁尔灭和感光素等。

（3）赋活剂。用于皮肤赋活，常用维生素和动植物提取液等。

（4）消炎剂。给皮肤消炎，抗炎症。常用尿囊素和甘草酸衍生物等。

8. 稳定剂

稳定剂包括防腐剂、抗氧化剂和金属螯合剂。

9. 去离子水

化妆水中的水分可以补充角质层的水分，并可溶解配方中某些成分。

10. 香精、色素、防退色剂

化妆水类产品生产工艺流程如图 4.1 所示。

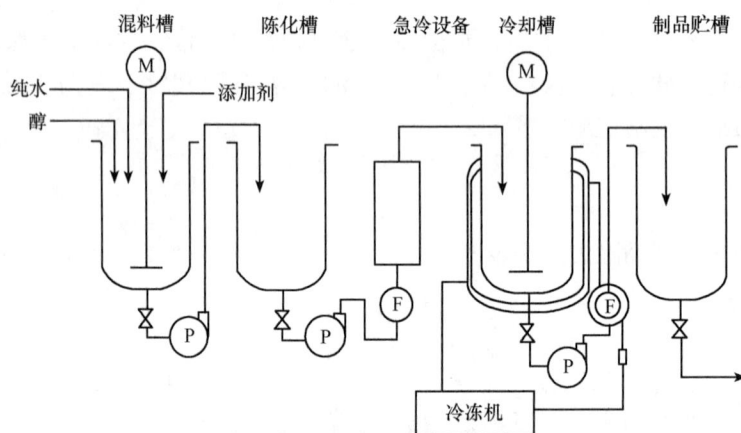

图 4.1　化妆水生产工艺流程

生发水、古龙水和香水等产品的工艺流程也相似，只是含醇量多时应考虑生产过程使用防火和防爆设备。

化妆水的生产过程主要是添加表面活性剂使香料溶解。先将物料搅拌至完全溶解和分散，近行陈化处理，冷却后过滤，储存，分装。陈化和过滤是生产过程中主要的单元操作。过去，不设冷却槽，而在配料槽或陈化槽中加入大量吸附剂（碳酸镁、滑石等）。吸附剂吸附过剩的香料后沉淀下来，过滤上层清液后，即制得化妆水。近年来的趋向是尽可能地减少吸附剂的投料量，而采用使料液冷却的方法析出香料，并进行过滤除去。夏天生产的化妆水，遇到冬天或寒冷地区的话，不含醇或含醇量少的化妆水原液中香料的溶解度会明显地降低，容器底部有沉淀析出而成为不合格产品。为此，必须先冷却到一定低的温度使之充分析出沉淀后再行过滤。

过滤的介质有陶瓷、预涂层材料、滤纸和滤膜等多种形式，这些介质都会吸附一些色素、香料等。过滤前后的颜色和气味都会略有变化。在配方和工艺设计时应考虑到这种因素。

四、凝胶状护肤品

凝胶是较新的一类化妆品，因其外观鲜嫩，色彩鲜艳呈透明状，且使用感觉滑爽，无油腻感而受到消费者的喜爱。它是一种外观为透明或半透明的半固体的胶冻状物。

凝胶分为无水性凝胶和水性凝胶。无水性凝胶主要由白油或其他油类和非水胶凝剂组成，它含有较多的油分、对皮肤具有滋润、保湿作用。水性凝胶含有较多的水分，可以补充给皮肤，具有保湿和清爽的效果。水性凝胶大致由如下几种成分组成：

（1）胶凝剂。胶凝剂用来形成凝胶，使产品稳定，同时具有一定的保湿作用。常用水溶性聚合物，如各种天然水溶性聚合物（海藻胶、琼脂、瓜尔豆胶等）、改性天然水溶性聚合物（海藻酸酯、羟丙基瓜尔胶、羟丙基纤维素、羟乙基纤维素等）、合成水溶性聚合物（聚丙烯酸树脂等）、无机胶凝剂（硅酸铝镁、硅酸镁钠）。

（2）中和剂。调节产品的酸碱度，软化角质层。常用三乙醇胺、氢氧化钾等。

（3）保湿剂。对角质层具有保湿作用，改善产品的使用感，同时可以溶解配方中其他组分。常用甘油、丙二醇、山梨醇、氨基酸、吡咯烷酮羧酸钠等。

（4）溶剂。主要是去离子水，可溶解介质，并给角质层补充水分。

（5）添加剂。

① 螯合剂，螯合金属离子，防止产品退色，同时是防腐剂的增效剂。

② 增溶剂，使香精和酯类增溶，常用 HLB 高的非离子表面活性剂。

③ 润肤剂，改善使用感，洁润皮肤，如各种天然油。

④ 紫外线吸收剂，防止光致变色或退色。

⑤ 防腐剂，抑制微生物生长。

⑥ 香精、色素，赋香和上色。

⑦ 其他功能性添加剂，根据需要添加各种可赋予产品特定功能的物质。

五、面膜

面膜是很早就开始使用的化妆品之一，它的作用是将它涂敷在面部皮肤上，经过一定时间干燥后，在皮肤上形成一层膜状物，将该膜揭掉或洗掉后，可达到洁肤、护肤和美容的目的。由于面膜的吸附作用，使皮肤的分泌活动旺盛，在剥离或洗去面膜时，可将皮肤的分泌物、皮屑、污垢等随着面膜一起被除去，皮肤就显得异常干净，达到满意的洁肤效果。又由于面膜覆盖在皮肤表面，抑制水分的蒸发，从而软化表皮角质层、扩张毛孔和汗腺口、使皮肤表面温度上升，促进血液循环，使皮肤有效地吸收面膜中的活性营养成分，起到良好的护肤作用。随着面膜的形成与干燥，所产生的张力使皮肤的紧张度增加，致使松弛的皮肤绷紧，这有利于消除和减少面部的皱纹，从而产生美容效果。

面膜的种类很多，大致上可分为四类，即剥离面膜、粉状面膜、膏状面膜和成型面膜。

1. 剥离面膜

一般为软膏状和凝胶状，使用时将面膜涂敷于面部，待其干后，将其揭去，同时面部的污垢、皮屑也黏附在面膜上，达到清洁皮肤的目的。其大致由成膜剂、粉剂、保湿剂、油性成分、醇类、增塑剂、防腐剂、表面活性剂和其他添加剂等组成。

2. 粉状面膜

粉状面膜使用时加水（也可以用水果汁、蜂蜜、牛奶）调成糊状，涂于面部。其大致由粉料、胶凝剂和其他粉状添加剂等组成，表 4.10 为一配方实例。

表 4.10　黏土面膜配方实例

组　分	质量分数 /%	组　分	质量分数 /%
胶性黏土	15.0	香精	适量
二氧化钛	2.0	色素	适量
甘油	4.0	防腐剂	适量
磺化蓖麻油	3.0	水	76.0

3. 膏状面膜

膏状面膜的配方构成，除了不加成膜剂外，和上述剥离型面膜基本相同。

4. 成型面膜

成型面膜是一类贴布式面膜，它是近年来才出现的新型面膜。由于使用方便、简单而备受消费者的喜爱。它是将面膜液浸入无纺布内，使用时只需将布贴于面部，使其与面部贴牢，经数分钟后，面膜液逐渐被吸收，将布取下即可。

六、防晒化妆品

防晒，已成为当今国际化妆品的热门话题之一，防晒化妆品也越来越被更多的人认识和使用。如今，人们不光在夏季使用防晒品，在冬季，甚至在灯光下也开始使用不同防晒指数的防晒品。防晒化妆品已由原来单纯的防晒护肤品发展到防晒头发用品、防晒唇膏等多种形式。

1. 防晒基本概念

日光中对人体有害的紫外线可分为三个波段，即 UVA、UVB、UVC，各波段对人体的伤害是不同的。

UVA 是波长最长的波段，其波长范围为 315～400nm，它的穿透力很强，可穿过玻璃窗和深入真皮层，产生很多光生物学效应。UVA 引起即时红斑，红斑在 2h 后会消失，而滞后红斑在 6h 达到高峰。UVA 还会产生即时黑色素沉积黑化作用和引起新的黑色素的形成。

UVB 的波长范围为 290～320nm，UVB 可穿透臭氧层进入到地球表面，它是太阳辐射对皮肤引起光生物效应的主要波段。

UVC 的波长范围为 100～290nm，它不能穿透臭氧层进入地球表面，所以对人体一般不会构成伤害。

科学研究表明，UVB 可引起即时和严重的皮肤损害，UVA 则可引起长期、慢性的损伤。后者的渗透能力较前者强，它们都表现出对皮肤的致癌作用，而 UVB 的作用较强，当 UVB 存在时，UVA 会增强 UVB 的致癌作用。

综上所述，防晒制品不仅应有效防护 UVB，对 UVA 的防护也是不可或缺的。当今评价防晒化妆品的防晒效果、较常用的指数是 SPF。SPF 主要用来评估防晒制品防护 UVB 的效率。

$$SPF = \frac{已被保护皮肤的最小红斑量（MED）}{未被保护皮肤的最小红斑量（MED）}$$

式中：MED——在紫外线照射下，皮肤发生微变红时的紫外线量。

2. 防晒产品配方设计

1）防晒品的剂型

目前，市场上的防晒制品有乳液、膏霜、油、凝胶、棒和气雾剂等多种形式。

（1）防晒油。防晒油是最早的防晒制品形式，其优点是制备工艺简单，产品防水性较好，易涂展。缺点是油膜较薄且不连续，难以达到较高的防晒效果。另外，配方中一些非极性油会使防晒剂的吸收峰向短波方向位移，从而会影响产品的防护性能。

（2）防晒棒。防晒棒是一种较新的剂型，其主要成分是油和蜡，配方中也可掺入一些无机防晒剂，该产品携带方便，防晒效果优于防晒油，但不适于大面积涂用。

（3）防晒凝胶。防晒凝胶多为水溶性凝胶，肤感清爽、不油腻，但配方中必须使用水溶性防晒剂，油性防晒剂较难加到配方中，可用的防晒剂所受限制较多，防晒效果不明显。另外这种剂型耐水、防水和耐汗性较差，又由于配方中表面活性剂含量较高，刺激性较大。

（4）膏霜和乳液。目前市场上使用最多的防晒品载体便是乳化体，其优点是：所有类型的防晒剂均可配入产品，且加入量较少受限制，因此可得到更高 SPF 的产品；易于涂展，且肤感不油腻，可在皮肤表面形成均匀的、有一定厚度的防晒剂的膜；可制成抗水性产品。其缺点是制备稳定的乳液有时较困难，乳液基质适于微生物的生长，易变质腐败。

2）防晒品配方组成

（1）防晒剂。防晒剂的选择是防晒化妆品配方的核心所在，对防晒产品的性能具有决定性的影响。防晒剂的种类很多，大体可分为两类，即化学性紫外线吸收剂和物理性紫外线屏蔽剂。

化学性防晒剂是一类对紫外线具有吸收作用的物质，可分为化学合成紫外线吸收剂和天然紫外线吸收剂。化学合成紫外线吸收剂因其具有品种多、产量大、吸收能力强的优点而被广泛使用。紫外线吸收剂必须具有安全性高、稳定性好、配伍性好、对其他组分具有惰性及成本低等特点。常用的防晒剂包括：甲氧基肉桂酸辛酯、对二甲氨基苯甲酸辛酯、二苯甲酮、辛基二甲基 PABA、水杨酸辛酯、丁基甲氧基二苯甲酰甲烷（Parsol 1789）等，其中甲氧基肉桂酸辛酯、对二甲氨基苯甲酸辛酯是较理想的防晒剂，两者对 UVB 有很强的吸收，不溶于水，经皮肤吸收很少，在皮肤停留形成的气味很弱，且不会使乳液变色。

近年来，开始使用 TiO_2 和 ZnO 等物理性防晒剂，当日光照射到这类物质时，它使紫外线散射、从而阻止了紫外线的射入。这类粉体经表面处理后较易加入防晒制品，形成稳定的乳化剂，对 UVA 波长也有较强的散射作用，可单独使用或与其他防晒剂复配使用，化学惰性，使用安全。

目前，防晒剂复配使用已成为配方研究的重点，包括 UVB 防晒剂与 UVA 防晒剂之间的复合、也包括有机吸收剂和无机散射剂之间的复合。

（2）基质配方。防晒化妆品的基质对产品的性能有着重要的影响。一般含醇基质在皮肤上所形成的膜较薄，光易透过，本身的紫外线防护作用差；而乳液在皮肤上蒸发后成膜、一些残留组分会散射通过膜的光，减弱入射光的强度，从而可增加整个产品的防晒能力。由于配方的差异，其基质自身的防护作用及对防晒剂性能发挥的影响是不同的。防晒化妆品通常由油性原料、乳化剂、成膜剂等组成，同时为获得较高的 SPF，防晒制品必须沉积在皮肤上形成较厚而坚固的耐水性防晒剂层。为使产品具有抗水性，在配方设计时，多从以下几方面采取措施：

① 多采用非水溶性防晒剂。

② 使用抗水剂，如一些防水树脂、成膜剂等。

③ 增加油相在配方中的比例。

④ 减少亲水性乳化剂的用量。

⑤ 采用 W/O 型乳化体系。

3. 防晒产品配方实例

1）防晒油（表 4.11）。

表 4.11　防晒油的配方实例

组　分	质量分数 /%	组　分	质量分数 /%
水杨酸薄荷酯	6.0	橄榄油	23.0
油酸奎宁	6.0	液体石蜡	20.5 44.0
棉籽油	50.0	香精、色素和抗氧剂	0.5 或适量
芝麻油	50.0	—	—

防晒油的生产方法是先将油加入反应器中，加入防晒剂后加热搅拌，溶解后再入香精、色素和抗氧剂，搅拌均匀后经过滤即为产品。

2）乙醇防晒液（表 4.12）

乙醇防晒液可以形成持久的薄膜，无油腻感觉。其生产技术是先将液体原料加入反应器中搅拌，加入固体并加热使其溶解，搅拌均匀后，室温下贮存 7～10d 进行陈化，然后再冷却至 0℃ 维持 24h，过滤、包装，即为产品。

表 4.12　乙醇防晒液的配方实例

组　分	质量分数 /%	组　分	质量分数 /%
乙醇	60.0 或 70.0	山梨醇	5.0
单水杨酸乙二醇酯	6.0	甘油	6.0
氨基苯甲酸薄荷酯	1.0	香精	适量 0.5
对氨基苯甲酸甘油酯	3.0	水	28.0 10.5
蓖麻酸丙二醇酯	10.0	—	—

3）乳化体防晒液（表 4.13）

表 4.13　乳化体防晒液的配方实例

组　分	质量分数 /%	组　分	质量分数 /%
硬脂酸	8.0	三乙醇胺	1.0
羊毛脂	2.0	甲基伞形花内酯	5.0
单硬脂酸甘油酯	2.0	香精	0.4
鲸蜡醇	2.0	水	77.6
丙二醇	2.0		

4）冷霜型防晒膏（表 4.14）

表 4.14　冷霜型防晒膏的配方实例

组　分	质量分数 /%	组　分	质量分数 /%
氨基苯甲酸薄荷酯	4.0	凡士林	12.0
单硬脂酸甘油酯	5.0	硼砂	1.0
液体石蜡	35.0	香精	0.5
蜂蜡	14.0	水	27.5
地蜡	1.0	—	—

冷霜型防晒膏的生产技术是将单硬脂酸甘油酯、液体石蜡、蜂蜡、地蜡、凡士林加入反应器内加热到 65℃，将氨基苯甲酸薄荷酯加入反应器的油脂中溶化搅拌，温度降至 45℃ 时加入香精，冷却至室温灌装即为产品。

5）雪花型防晒膏（表 4.15）

表 4.15　雪花型防晒膏的配方实例

组　分	质量分数 /%	组　分	质量分数 /%
氨基苯甲酸乙酯	2.0	棕榈酸异丙酯	2.0
水杨酸苯酯	5.0	三乙醇胺	1.0
单硬脂酸甘油酯	5.0	山梨醇	1.0
硬脂酸	132.0	香精	0.5
羊毛脂	5.0	水	65.5

雪花型防晒膏的生产技术简单，它是将配方中所有物料投入反应器内，加热到95℃并不断搅拌，直至形成均匀的乳化体，停止加热后继续搅拌，直至冷却至室温后灌装即为产品。

七、美白化妆品

美白化妆品是指能阻碍酪氨酸酶活性，或作用于黑色素代谢途径的各个阶段，控制、抑制黑色素生成的化妆品。

决定皮肤色调的要素中最重要的是黑色素，它是由处在皮肤基底层细胞中的黑素细胞所分泌的生物色素。皮肤单位面积内黑色细胞密度及黑色素生成量、成熟期、分散状态等导致肤色深浅不同。根据黑色素形成的机理，控制、抑制黑色素的产生、合成，加速黑色素排泄，就能使肤色变浅。

（1）疏松角质，使活性成分更易渗透。有这种作用的添加剂有：果酸、尿囊素、AHA。

（2）紫外线引起的激励反应使活性黑色素细胞数增加，并激活酪氨酸酶活性和内皮素，促进黑色素的形成。所以加入防晒剂（各类有机、无机防晒剂），可抑制黑色素的形成。

（3）酪氨酸酶在黑色素形成过程中起催化作用是最关键的一步，所以有效抑制酪氨酸酶活性可减少黑色素的生成，如甘草黄酮、曲酸，可降低酪氨酸酶活性。

（4）抗过敏炎症，可添加各种抗敏剂。

（5）清除氧自由基，从而抑制黑色素的形成。可添加维生素C、维生素E、SOD和甘草黄酮等。

（6）抑制多巴色素互变酶，如甘草黄酮和曲酸配合使用。

（7）抑制氧化链，如添加维生素C衍生物。

（8）加速黑色素排泄，如添加宫宝素、果酸、亚麻酸等。

（9）减弱来自细胞外的作用，如添加内皮素拮抗剂。

八、抗衰老化妆品

年龄的增长给人最直接的感觉就是人体最外层的器官——皮肤失去了往日的弹性和光泽，人们在渴望拥有健康身体的同时，更渴望拥有光洁、柔软的肌肤，因此抗衰老一直是化妆品开发的主题内容。

皮肤老化包括两个方面，即自然或内在老化和光致老化。就皮肤而言，自身老化是不可避免的，而外界的影响也是不可忽视的，其中日光照射加速皮肤衰老已经被科学家们所证实。两个方面的原因往往同时作用，引起皮肤老化。

一种好的抗衰老护肤品应该具有以下三个方面的功能：

（1）营养性。皮肤的营养除了来自人体内部，还需要从外界不断地补充。来自外界的养料，可加速皮肤的新陈代谢，以补充由于肌肉老化而不能提供给皮肤充足的养分，使肌肤充满活力，延缓衰老，减少皱纹的生成。表皮中的粒细胞含有丝蛋白，它是起骨架作用的蛋白质，因此化妆品中添加含有丝氨酸的营养物有助于表皮细胞中蛋白质的营养和再生。真皮是合成皮肤细胞营养物质的基地，并为表皮的生理活动提供一定的能量，故此营养物质如骨胶原蛋白水解物、胎盘素、丝肽等添加剂是有效的。D-泛醇也是一种很好的营养剂，它能迅速渗透到皮肤中并使之润湿，能够刺激细胞繁殖，促进皮肤正常的角质化，使皮肤恢复青春活力。

（2）保湿性。水分是皮肤中非常重要的组成部分，它构成了细胞生存的环境。甘油通常是首选的保湿剂：一是它的保湿功能显著，二是来源广泛，价格便宜。尿囊素也是一种极好的润湿剂，它可以促进皮肤保持水分，使皮肤光滑、有弹性，同时能够软化角蛋白，使皮肤柔软，不易产生皱纹。某些植物提取液具有良好的保湿滋润功能，芦荟便是其中之一。芦荟对皮肤有良好的营养与滋润作用，具有很强的保湿性，可加快皮肤的新陈代谢，减缓肌肤衰老，增加皮肤弹性，使之光泽丰满，同时芦荟还具有防晒功能，可以增强肌肤抵御日光侵害的能力。

（3）防晒性。日光的照射是加速皮肤老化的重要原因。紫外线令肌肤衰老的速度远远大于人体皮肤自身的衰老过程，不适度的日晒是造成皮肤角化症、雀斑、皱纹和弹性组织变性的主要原因，因此防日晒、防紫外线照射是抗衰化妆品必备的功能。

目前，生物工程技术被广泛地应用到抗衰老化妆品的研制中。可以利用仿生的方法，设计和制造一些生化活性物质，参与细胞的组成与代谢，替代受损或衰老的细胞，使细胞处于最佳健康状态，以达到抑制或延缓皮肤的衰老。因此在化妆品中添加对细胞的生长、代谢起决定作用的蛋白质（胶原蛋内、弹性蛋白）、超氧化歧化酶（SOD）和起调节作用的细胞生长因子（EGF、bEGF），对延缓衰老有重要的作用。

九、抗粉刺化妆品

粉刺又称"痤疮"，是一种毛囊、皮脂腺组织的慢性炎症性皮肤病。它形成的主要原因有以下三种：皮脂腺肥大、毛囊孔的角质化亢进、细菌的影响。只要有效消除粉刺形成原因、控制其形成过程，就可防治粉刺。

对于皮脂的过剩分泌，可以使用皮脂抑制剂；对于角化亢进引起的毛囊堵塞，可以使用角质溶解剥离剂；要抑制细菌的繁殖可以使用杀菌剂。

（1）皮脂抑制剂。皮脂分泌亢进是由雄性激素所支配的，使用对雄性激素有对抗作用的药物从皮肤内部控制皮脂分泌是有效的，主要药物有雌二醇、雌酮等。

（2）角质溶解剥离剂。在发生粉刺时表皮角化亢进，可引起面疱，为使面疱的头部开口将内容物排出，可以配合硫磺、水杨酸、间苯二酚使角质溶解或剥离。

（3）杀菌剂。粉刺杆菌是粉刺发生原因中最重要的，使细菌减少会对粉刺有所改善。常用杀菌剂有氯苄烷铵、红霉素和果酸等。

另外，一些新开发出的活性物质和天然动植物提取物在抗粉刺化妆品中可起到综合作用的效果。果酸因其良好的角质层剥脱性和表皮解离性而被广泛应用于抗粉刺产品中。

第四节　美容用化妆品

一、香粉类化妆品

香粉可以说是美容类化妆品中历史最悠久的一类产品，它可以调节皮肤色调，消除面部油光，防止油腻皮肤过分光滑和过黏，吸收汗液和皮脂，增强化妆品的持续性，产生滑嫩、细腻、柔软绒毛的肤感。这就要求香粉要具有遮盖力、黏附性、滑爽性和吸收性四大特点。

遮盖力是粉体重要的性质，它既指遮盖皮肤上的各种缺陷和皮肤本色，还指阻挡日光中的紫外线，具有防晒作用；黏附性是指在皮肤上有很好的附着特性，即在皮肤上均匀地铺展并具有一定的持续性，且耐潮湿的空气和汗水；滑爽性使香粉具有一定的流动性，在皮肤上铺展良好，并均匀地形成一层薄膜；吸收性是指对汗液和皮脂的吸收特性，使涂敷在皮肤上无油腻感。

1. 粉状香粉

粉状香粉是一类不含油相，全由粉体原料配合构成的一类香粉。现在这类香粉已逐步被其他剂型的香粉所取代。其大致由粉料、色素、香精等组成，如表 4.16 所示。

表 4.16　香粉配方实例（质量分数 /%）

组　分	配方 1（轻遮盖力）	配方 2（中遮盖力）	配方 3（重遮盖力）	配方 4（吸收性较差）	配方 5（黏附性较好）
滑石粉	40.0	50.0	45.0	65.0	40.0
高岭土	15.0	16.0	10.0	10.0	15.0
碳酸钙	9.0	5.0	5.0	—	15.0
碳酸镁	16.0	10.0	10.0	5.0	5.0
氧化锌	15.0	10.0	15.0	15.0	15.0
硬脂酸锌	—	—	3.0	5.0	6.0
硬脂酸镁	—	4.0	2.0	—	4.0
钛白粉	—	5.0	10.0	—	—
香精和色素	1.0	适量	适量	适量	适量

香粉对皮肤具有干燥作用，碳酸盐能除去闪光并使粉轻而松，但也吸收皮肤上的水分和脂肪；氧化锌使香粉具有很好的遮盖力，对皮肤也有干燥的作用；此外，香粉的颗粒很细，吸收性很好，这也增强了香粉的干燥性。为了适合干燥较严重的皮肤，需要配制加脂香粉，脂肪物的加入和香粉中其他原料的吸油性有关，一般质量分数不超过

5%～6%，若加入过高，有引起香粉结块的可能。香粉的香味能否适合广大的消费者，对香粉能否畅销和生产有重要的影响。香粉的香味不可过分的浓馥，以致掩盖了香水的香味。香精在香粉的储存及使用过程中应保持稳定，不刺激皮肤，不酸败，不改变特点和消失的香味，也不使香粉变色。

一般香粉的生产过程比较简单，主要是混合、磨细及过筛，有的是磨细过筛后混合，有的是混合、磨细后再过筛。生产上制备细粉一种是磨碎的方法，如采用万能磨粉碎机、球磨机和气流磨粉碎机等设备；另一种方法是将粗细颗粒分开，如采用筛子和空气分细机等设备。关于这些设备的结构和使用方法，不能一一详述，但对一般生产操作中应注意的事项必须着重指出。

（1）混合均匀。无论生产上用何种方法，必须使香粉配方中的各种成分混合得十分均匀，如果粉粒的细度要求小于 769μm，分细必须采用筛子以外的方法，如空气分细机等。在磨细时最好先通过 40～60 号的粗筛子，筛去可能混入的杂物，以免损伤磨粉设备和混入成品中。

（2）香精的混合。适宜的方法是将香精和一些吸收性较好的物质先进行混合，然后再与香粉的其他原料混合均匀，一般是将香精和全部或部分碳酸钙在拌粉机内拌和均匀，置于密封的不锈钢容器中数天使吸收完全，然后再与其他的原料混合均匀，经过这样的处理，可使香粉的香精自然和谐。

（3）应保持生产设备的清洁。香粉有可能在生产设备中受到污染。因为香粉既有摩擦力，又有吸附性，金属设备有可能被香粉的摩擦力所磨损。如果材料是钢、青铜或铅的合金，香粉受到少量这些金属的污染后，这些金属会像催化剂一样，促使香气败坏；另外，还可能遇到机油的污染，因此生产中要留意和经常检查。制香粉的设备都应保持清洁，在间歇生产中要经常用在乙醇中加有少量的香精的溶液洗涤设备，对保证产品香气的正常是一种良好方法。

（4）正确的调节机器设备以防止产生高热。在加工过程中机器设备产生高热，对香粉质量有明显影响，如采用磨粉机和带有刷子的筛子时，由于强力的摩擦就有可能产生高热，因此正确地调节机器设备，使产生的热量达到最小是很重要的。

（5）包装。有时香粉的质量也会由装粉机引起，如装粉机在装粉时装的太快或者装的太紧可能会产生热，使香味或色泽受到影响；另外包装盒子也要注意，盒子不能有气味，因为有些粘盒子的胶在炎热和潮湿的环境里容易霉臭，会影响香粉的质量。

2. 粉饼

粉饼是由粉状香粉加入黏合剂，混合均匀后用压饼机压制而成。其基本功能与粉状香粉相同，其配方组成相近，但由于剂型不同，在产品使用性能、配方组成和制造工艺上有差别。

粉饼主要是由粉料、色素、香精、水溶性黏合剂或油溶性黏合剂以及防腐剂、抗氧化剂等组成。其配方如表 4.17 所示。

表 4.17　粉饼配方实例（质量分数 /%）

组　分	配方 1	配方 2	配方 3	组　分	配方 1	配方 2	配方 3
滑石粉	55.0	45.0	60.0	黄蓍树胶粉	—	0.10	0.10
氧化锌	18.0	12.0	10.0	硬脂酸单甘油醋	—	—	0.30
高岭土	12.0	14.0	8.0	液体石蜡	—	—	0.20
硬脂酸锌	5.0	—	—	甘油	0.25	—	—
碳酸镁	5.0	—	7.0	山梨醇	—	—	0.25
二氧化钛	—	5.0	—	葡萄糖	—	0.25	—
轻质碳酸钙	—	14.0	—	香精和防腐剂	适量	适量	适量
阿拉伯树胶	0.05	—	—	水	4.70	4.65	4.115
米淀粉	—	5.0	10.0	—			

　　近年来，粉底霜、粉饼和眼影粉等粉类制品的销售额明显地增加。此类制品生产设备也发展很快，生产用机械设备多种多样，其生产的一般流程如图 4.2 所示。这类产品生产的关键问题是粉料混合均匀和压制成型的工艺设备。

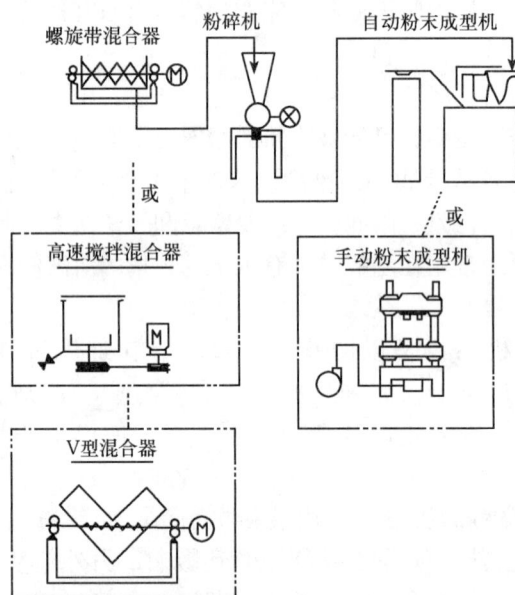

图 4.2　粉饼类产品生产工艺流程图

二、彩色化妆品

1. 指甲油

　　指甲油是销售量最大的和最重要的指甲化妆品，指甲油形成的涂膜不仅有保护指甲的作用，而且还增加指甲的美观，它已成为近代美容品不可缺少的部分。指甲油有透明的、非透明的、珠光的和非珠光的等品种。

指甲油必须具备的性能是：

（1）适当的黏度，以便涂在指甲上。

（2）干燥快，形成的涂膜要均匀。

（3）干燥的涂膜要清晰无气泡。

（4）颜料和珠光要均匀分散，能保持所需的色调和色泽。

（5）涂抹在指甲上应不易脱落。

（6）涂膜要容易被指甲油除膜剂除去。

（7）安全性好。

指甲油的主要成分为薄膜形成剂、树脂类、增塑剂、溶剂、颜料和珠光剂等，其中以薄膜形成剂和树脂最为重要。

2. 唇膏

唇膏又名"口红"，是一种锭状的唇用化妆品。其作用是点敷于嘴唇，赋予嘴唇以色调，使其具有诱人的色彩和美丽的外貌，同时其油相成分可赋予嘴唇湿润的外观，防止嘴唇干裂，部分唇膏还可保护嘴唇免受紫外线的伤害。由于唇膏直接和嘴唇接触，根据唇部皮肤的特点和唇膏本身应具有的功能，唇膏应满足以下要求：

（1）其原料对人体无毒，对嘴唇无刺激、无害。

（2）具有宜人的气息和味道。

（3）颜色鲜艳、均匀，外观平滑，无气孔，长期使用色调不发生变化。

（4）涂膜时平滑流畅，不发生溶合。

（5）品质稳定，保质期内不出现发汗、出粉、断裂等现象。

唇膏大致由油相原料、着色剂（色素）等成分组成，如表4.18所示，其中油相原料是唇膏的基体原料，对唇膏的质量有重要的影响，它直接关系到唇膏的各种性能，如成膜性、触变性、黏着性、硬度及熔点等。着色剂（色素）赋予唇膏颜色，是唇膏中最重要的成分，通常唇膏的色素由多种颜料调配而成。着色剂可分为三类，即可溶性染料、不溶性颜料和珠光颜料。

表4.18　唇膏配方实例（质量分数/%）

组　分	配方1	配方2	配方3	组　分	配方1	配方2	配方3
加洛巴精	4.5	4.0	5.0	鲸蜡醇	2.0	—	—
蜂蜡	21.0	—	18.0	凡士林	—	—	4.0
单硬脂酸甘油酯	10.0	40.0	—	棕榈酸异丙酯	2.5	8.0	10.0
蓖麻油	44.0	35.0	19.0	癸二酸二乙酯	—	—	10.0
地蜡	—	—	10.0	溴酸红	2.0	2.0	2.0
精制地蜡	—	—	5.0	色淀	10.0	5.0	10.0
无水羊毛脂	4.0	—	10.0	香精和抗氧剂	适量	2.0	1.0

唇膏含有较大量的颜料粉体，成型后有一定的硬度，产品外观要求较高。颜料粉体在基质上的均匀分散是唇膏制造的关键，因此，在生产工艺方面有一些要求。

唇膏生产工艺可分为4个阶段：颜料的研磨、颜料相与基质的混合、铸模成型和火焰表面上光等。生产工艺流程如图 4.3 所示。

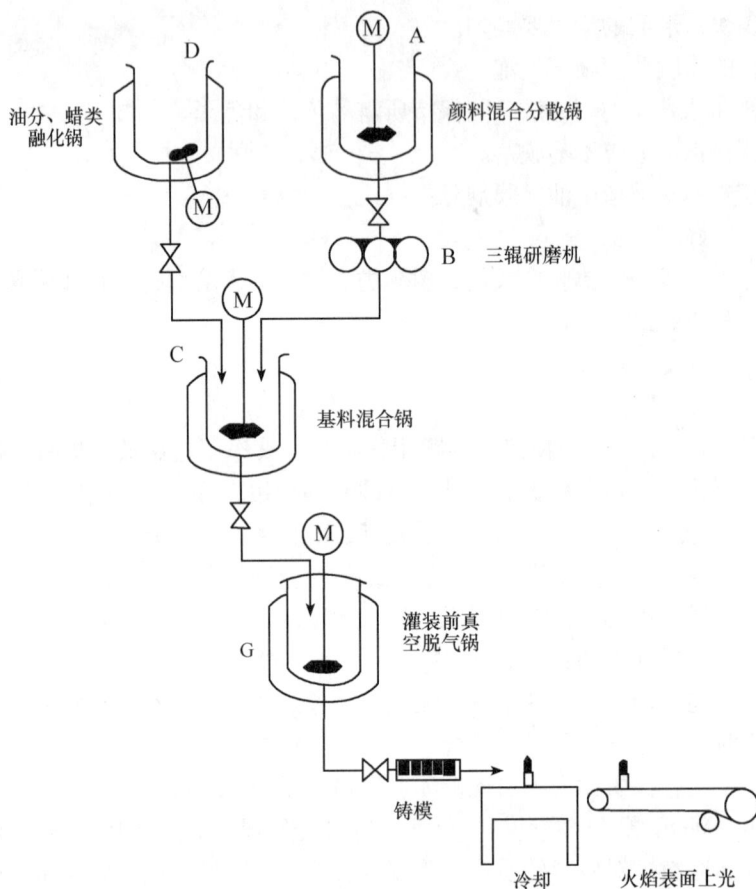

图 4.3　唇膏生产工艺流程图

1）颜料研磨

颜料研磨的作用是破坏颜料粉体的结块，而不是磨细减小颗粒大小。首先，将部分油分与颜料粉体在反应锅 A 内搅拌均匀，其中颜料粉体与油质量比约为 2:1，由于物料黏度高，需要使用高剪切力的搅拌器。制得浆料通过三辊研磨机 B，或球磨机、砂磨机、胶体磨，均质器等进行研磨，使颜料粉体均匀分散。一般颗粒直径约为 20μm（检查油漆中粉体分散细度方法）时可认为分散均匀。一般经过两次三辊研磨可达到要求，然后，将浆料注入反应锅 C 中，温度保持 70℃。

2）颜料相与基质的混合

将余下的油分与蜡类及其他组分在装有桨式搅拌器的蒸气夹套锅 D 内熔化，D 中内容物通过 250 目不锈钢筛网滤入不断搅拌的 C 反应锅内，搅拌几小时后，取样观察浆料均匀度，混合均匀后，通过 200 目不锈钢筛网滤入真空脱气锅 G 中进行脱气。

在生产过程中，首先应尽可能地减少空气混入浆料，浆料和粉体表面吸附的气体是很难除去的。脱气不良，会造成唇膏"针孔"，减慢了生产速度，增加废品率。其次，在混料终结时，应取样，观察产品的色调是否均匀和与标准样是否一致，这时可进行调色（小范围调色），然后，脱气和铸模成型。

3）铸模成型

铸模成型最常使用对开式直模（图4.4）。

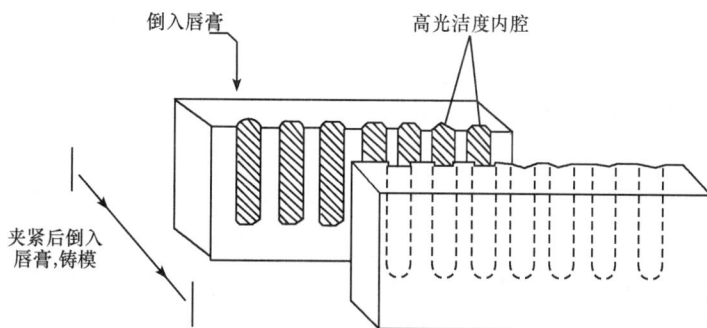

图 4.4　唇膏对开式模具

模具开口经过每支唇膏的中心。大多数唇膏配方的熔点范围75～80℃。模具需预热至35℃，避免冷却太快，造成"冷痕"。在倒模时，常将模具稍稍倾斜，避免或减少可能混入空气。浆浓不应直接倒入模具底部，以免混入气泡。浆被倒入后，急冷是很重要的，这样可获得较细、均匀的结晶结构，其次，会获得较稳定和光亮的产品。冷却后，立刻将模具打开，取出，放入专用托盘上，准备火焰表面上光。

4）火焰表面上光

脱模后的唇膏，表面平整度和光亮度不够，一般将已插入唇膏包装底座的产品通过火焰加热（图4.5），使唇膏表面熔化，形成光亮平滑表面。

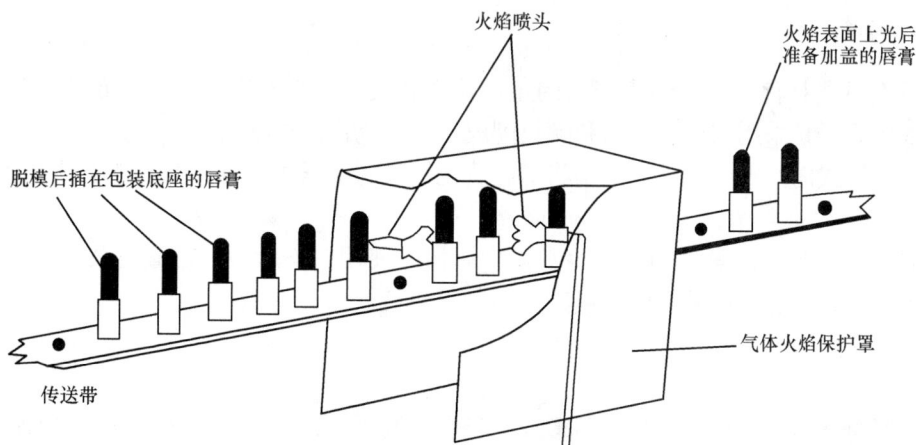

图 4.5　唇膏火焰表面上光生产线

上述只是唇膏生产的一般工艺过程。现今，已有各种各样唇膏半自动和全自动的生产设备，如挤压式成型机每小时可生产高达3000支高质量的唇膏。

3. 胭脂

胭脂是一种使面颊着色的最古老的美容化妆品。在古代胭脂的主要原料是天然红色原料，有朱砂、红花、胭脂虫等。早期制成的胭脂呈膏状，现代生产的胭脂有粉质块状、透明状、膏状和凝胶等多种剂型，其中使用较多的是固体块状。

胭脂是涂敷于粉底之上，因而必须较易与基础美容化妆品融合在一起，色调均匀，且颜色不会因出汗和皮脂分泌而变化，还要具有适度的遮盖力，略带光泽，有黏附性，卸妆较容易，不会使皮肤染色。

胭脂大致由下列组分组成：

（1）滑石粉。胭脂的主要原料，应选择无闪耀发光现象，粉质颗粒在 5～15μm 的滑石粉，用量要适当，过多时会使胭脂略呈半透明状，半透明的胭脂不适合于皮肤过分白皙者，但适宜深色皮肤者使用。

（2）高岭土。制品中添加高岭土，压制粉块时能增强块状胭脂的强度，但一般用量不超过 10%。

（3）碳酸镁。在制造胭脂时，应先将香精和碳酸镁混合均匀，再加入所有粉质原料中混合。香精与滑石粉、高岭土等亲和性能较差。

（4）脂肪酸锌。一般用量 3%～10%，使粉质易黏附于皮肤，并使之光滑。

（5）黏合剂。过去多采用水溶性天然黏合剂，这些天然黏合剂易受细菌污染，或带有杂质，因此后又采用合成黏合剂，如羟甲基纤维素钠、聚乙烯吡咯烷酮等。各种黏合剂的用量为 5%～20%。而现在多采用油性黏合剂，即白油、脂肪酸酯、羊毛脂及其衍生物。黏合剂在压制胭脂时，能增强块状的强度和使用时的润滑性。

（6）颜料。胭脂所使用的颜料同唇膏一样，也可分为三类，即可溶性染料、不溶性颜料和珠光颜料。

4. 眉笔

眉笔虽然是化妆品，但由于它的生产技术和铅笔接近，因此一般在铅笔厂进行生产。现代眉笔是采用油、脂、蜡和颜料配成。目前流行两种形式，一种是铅笔式的，另一种是推管式的。推管式的眉笔是将笔芯装在细长的金属或塑料管内，使用时将笔芯推出来画眉。

眉笔的质量要求软硬适度，容易涂敷画眉，使用时不断裂，贮藏日久笔芯不起白霜，色彩自然。眉笔以黑、棕、灰三色为主。

5. 眼影

眼影是涂敷于上眼皮及外眼角形成阴影和色调反差，显示出立体美感，达到强化眼神而美化眼睛的化妆品。眼影主要有粉质眼影块和眼影膏两种。

1）粉质眼影块

目前粉质眼影块很流行，用马口铁或铝质金属制成底盘，压制成各种颜色和形状。颜色以冷色调为主，蓝、灰、绿粉质眼影块有 5～10 种商品，各种深灰色调，配套包装于一塑料盒内，便于随意使用。原料与粉质胭脂块基本相同，但滑石粉不能含有石棉和重金属、应选择滑爽及半透明状的片状滑石粉。因为眼影粉块中含有氧氯化铋珠光原料，如果滑石粉颗粒过于细小，就会减少粉质的透明度，影响珠光色调效果。如果采用透明片状滑石粉，则珠光色调效果更好。碳酸钙由于不透明，适用于制造无珠光的眼影粉块。

颜料，采用无机颜料如氧化铁棕、氧化铁红、群青、炭黑和氧化铁黄等。颜料着色的色调各有深浅，应根据需要调整颜料的配比，由于颜料的品种和配比不同，所以黏合剂的用量也各不相同，加入颜料配比高时，也要适当提高黏合剂用量，才能压制成粉块。

2）眼影膏

眼影膏的外观和包装基本与唇膏相同，是颜料粉体均匀分散于油脂和蜡基的混合物，或乳化体系的制品。眼影膏不如粉状眼影块流行，但其化妆的持久性较好。眼影膏多数为无水型，适用于干性皮肤。

6. 睫毛膏

睫毛膏主要有三种形式：一种是以硬脂酸皂和蜡为主要成分，加上颜料，做成长方形的固体小块，装在塑料盒里的；一种是以油酸、蜡、三乙醇胺为主要成分，做成乳化膏霜，加上颜料，装在小型软管里的；一种是抗水性睫毛膏，有增长睫毛的作用。

睫毛膏的质量要求是刷涂容易，刷膏后眼毛不会结块成堆，不会熔化。在使用时如果偶有不慎，膏料落入眼中，不会伤目，不会刺痛眼睛。使用后能在眼睫毛周围结成平整光滑的薄膜，干后不太硬，下妆时容易抹掉。睫毛的颜色以黑色及棕色两种为主，一般采用炭黑及氧化铁棕。

三、香水类化妆品

芳香化妆品是一类能发出浓郁、强烈且宜人的芳香的化妆品，它具有爽肤、抑菌、消毒等多种作用。芳香化妆品有三类，即香水、古龙水和花露水。

（1）香水。最重要的芳香化妆品，香水的品质除了与调配技术有关外和香精的用量、质量及所用酒精的浓度有关。香水中香精的用量多少不一，性能差别较大。香水中香精的含量一般在10%～20%，使用的酒精浓度为90%～95%。香水中存在一定量的水，可助香气发挥得更好。

不同国家和地区所使用的香水的香型不同，香水的香型一般为复合型。高级香水中的香精，多采用天然花、果的芳香油及动物的香精，如麝香、灵猫香，其花香、果香与动物香浑然一体，芳香持久，幽雅自然。

香水越陈越香，因为香水经过醇化后。其中醇和酯发生酯化反应形成酯，部分醇氧化成醛，香精和酒精的粗糙刺激性气味变得温和，时间越久，香气就愈加醇厚浓郁。

品质优良的香水应该具有以下条件：

① 香气幽雅，自然留香时间持久，芳香扩散性好。

② 产品外观好，清澈透明，无沉淀。

③ 香气纯正，无不良气味。

④ 对皮肤无刺激。

（2）古龙水。又称"科隆水"，它是世界上最有名的香水之一，传说拿破仑喜欢使用这种香水，每到战场都要携带很多。古龙水中主要含有酒精、蒸馏水、香精和色素，它较香水香味稍淡，适合于喷洒。古龙水中，香精用量为 5%～10%，酒精的浓度为 80%～85%。香精选用的香原料为香柠檬油、橙花油、橙叶油、迷迭香油和薰衣草油等。目前，古龙水的香气特征多是柑橘类香气，含有迷迭香和薰衣草的香气，具有清爽新鲜和提神的效果。

（3）花露水。由 2%～5% 的香精（多用清香的薰衣草为主体香料）、75% 左右的酒精和 20% 的水配制而成。花露水的酒精浓度恰为医用消毒浓度，故花露水具有杀菌作用，是沐浴后去除体臭的夏季良好的卫生用品。它同香水一样可起醇化作用，存放时间越长，香气越好。

第五节　毛发用化妆品

一、洗发用品

洗发用品是人们日常生活中不可缺少的必需品。洗发的英文名称为 shampoo，谐音译为香波，而今香波已成为人们对洗发用品的习惯称呼了。

洗发的目的在于消除附着在头皮上的汗垢、灰尘、微生物、头屑等杂物及不良气味，保持头皮和头发的清洁和美观。而今，人们对香波的要求越来越高，从原来单纯希望将头发洗干净，发展到希望香波具有多种功能，单纯的一种香波想要完全达到人们的要求是很困难的，因为有些因素是相互冲突的，只能根据不同发质的头发，在一种产品中达到综合平衡，以满足各种不同消费者的需求。

香波的配方组成大致如下。

1. 主要表面活性剂

主要表面活性剂为香波提供了良好的去污力和丰富的泡沫，它在配方中的含量范围是 10%～20%。可用作香波主洗剂的表面活性剂很多，但应用最多的还是阴离子表面活性剂，利用它们的渗透、乳化和分散作用可将污垢从头发、头皮中除去。

表面活性剂的选择，主要从经济成本、泡沫高度、去污能力、刺激性和与其他原料的配伍性等几个方面入手。

大多数香波都不是单一表面活性剂的体系。因而组分的配伍性能是配方稳定性和功能性关键因素之一，配伍性不仅包括表面活性剂之间的配伍，即阴离子之间、阴离子与两性离子表面活性剂之间、阴离子与阳离子之间，还包括表面活性剂与添加剂之间的配伍。配伍性能经常成为产品成败的关键，它直接影响产品的外观、黏度、流变性乃至产品的稳定性。因此，在设计香波的配方时一定要选择合适的表面活性剂进行复配，以免给产品带来不良影响。

2. 辅助表面活性剂

辅助表面活性剂主要具有稳定泡沫、降低产品的刺激性、黏度调节等作用，其中最重要的作用是稳定泡沫，它能延长并稳定泡沫使其保持长久性。它的含量范围是3%～10%。辅助表面活性剂主要为非离子表面活性别和两性离子表面活性剂。

3. 添加剂

香波中的添加剂很多，如增稠剂、稀释剂、遮光剂、澄清剂、螯合剂、防腐剂、珠光剂、各种功能添加剂包括去头屑剂、杀菌剂、动植物提取物和各种药物等。

（1）增稠剂。增稠剂的主要功能是调节香波的黏度。常用的增稠剂有：

① 无机盐类：常用的无机盐有氯化钠、氯化铵，此类增稠剂适用于阴离子型香波。

② 脂肪醇聚氧乙烯酯：如聚乙二醇二硬脂酸酯、聚乙二醇单硬脂酸酯及聚乙二醇二月桂醇酸酯，增稠效果好，但价格较贵。

③ 水溶性胶质原料：如黄原胶、羟甲基纤维素钠、羟乙基纤维素、聚乙烯吡咯烷酮等。

（2）澄清剂。它用来保持和提高透明香波的透明度，常用的澄清剂有乙醇、丙二醇等。

（3）珠光剂。珠光剂可使香波的外表更加美观，同时由于香波中添加了某些不透明的原料，而需要使用珠光剂，制成珠光香波，用量范围是2%～5%。

（4）螯合剂。主要用于肥皂型液体香波中，用以防止或减少硬水洗头时由于生成钙镁皂而沉积在头皮上、用量范围是0.1%～0.5%，常用的螯合剂有 EDTA 及其盐。

（5）防腐剂、抗氧化剂。防腐剂用来防止香波受霉菌或细菌侵袭而腐败、变质。抗氧剂是用来防止香波中某些成分因受环境的影响而被氧化，用量范围是0.1%～0.2%。

（6）功能性添加剂。根据香波适用的人群赋予香波各种特定的功能。

（7）香精。使香波具有怡人的香气。

二、护发用品

护发用品的作用是使头发外表自然、健康，并赋予头发光泽、柔软和生气。护发用品的种类很多，在此只介绍几种现在人们使用较多的几类，即护发素、发乳和焗油。

1. 护发素

一般认为，头发带有负电荷，而用以阴离子表面活性剂为活性物的香波洗后，会使头发带有更多的负电荷，产生静电，使头发更难梳理。当使用以阳离子季铵盐为主要成分的护发素漂洗后，它中和了头发上的负电荷，而在头发上留下一层单分子膜，降低了头发上的摩擦，从而使头发易梳理、抗静电、光滑、柔软。因此一种好的护发素必须具备的功能也就是：改善干梳、湿梳性能，抗静电，使头发不飘拂，赋予头发光泽，保护头发表面等。

护发素有多种剂型，市售的护发素主要为乳液状，其组成大致如下：起乳化作用的季铵盐类表面活性剂、起助乳化作用的非离子表面活性剂、起调节作用的阳离子聚合物。除此以外还有一些助剂：增脂剂、增稠剂、螯合剂、防腐剂及抗氧剂、珠光剂、酸度调节剂、稀释剂、香精以及赋予产品各种特定功能的活性成分等。

2. 发乳

发乳是一种乳化制品，属于轻油型护发品，其中既含有油分又含有水分，油分具有使头发光泽、滋润的作用，而水分可以使头发柔软、防止断裂。发乳不仅使头发滋润和光泽，而且具有一定的定型作用，使用感也较好，油而不腻，且易于冲洗，是一种较理想的护发品。发乳有两种乳化剂型，即 W/O 型和 O/W 型，其配方组成大致如下。

（1）油相原料。油相原料在头发上形成一层油性薄膜，起到保持头发水分的作用，使得头发柔软、滑润、光泽、自然，易于梳理成型。低黏度和中黏度的矿物油常用作发乳的主体，植物油可代替矿物油，改进发乳的油腻感。

（2）水相原料。水相原料中除了去离子水外，还有提供保湿效果的保湿剂，如甘油、丙二醇等。

（3）表面活性剂，其主要作用是使配方中各组分形成稳定的乳液。常用的乳化剂有单甘酯、斯盘和吐温系列及聚氧乙烯脂肪醇醚等。

（4）赋型剂，可固定头发形状，也可增加黏度和稳定乳化体。常用硅酸镁铝和聚乙烯吡咯烷酮等。

（5）防腐剂、抗氧剂，可防止乳化体受细菌感染和防止油分酸败。根据体系不同选择不同的防腐剂和抗氧剂。

（6）香精，可给产品赋香。

3. 焗油

焗油是一种对头发营养性和护理性较强的护发用品，其品种有两种，一种是需要蒸气型，另一种则是加入助渗剂的免蒸型。焗油多是 O/W 乳剂型。其主要成分是渗透性强、不油腻的动植物油脂，如椰子油、貂油、霍霍巴油等以及对头发有优良护理作用的硅油及阳离子聚合物。

三、整发用品

整发用品的主要目的是美化头发，使头发易于修饰和定型，保持自然、健康和美观的外表，并具有一定的调理作用，减少外界环境的影响。

对整发用品的要求受潮流趋向影响较大，同时还受诸如地域、风俗、环境、季节等多方面的影响。

整发用品按功能性来分可分为多种，如定型、调理、保型、保湿、防晒、光亮等；按剂型来分主要有喷发胶、摩丝、定型凝胶等。

1. 喷发胶

喷发胶是用喷洒的方法来美发和定型的气雾剂式发用化妆品，其特点是定型物质呈雾状均匀覆盖在做好的头发上，形成薄膜，利用头发的相互结合，起保持和固定发型的作用。

喷发胶的配方组成如下。

（1）成膜剂。在喷发胶中起定型头发和抗静电作用的聚合物。聚合物的选择与所要求产品的功能有关，要考虑多方面因素，如推进剂的配伍性、卷曲保持程度高，即使是空气湿度较大时仍能保持卷曲、易于清洗、质量稳定等。

聚合物可分为天然胶质和合成高聚物两种。现在普遍使用的是合成高聚物，如PVA、PVP、聚乙烯甲基醚（PVM）及其共聚物、乙烯基乙酸酯等。

（2）溶剂。溶剂的作用是溶解成膜聚合物，调节喷发胶的黏度、雾化程度、干燥程度、并控制喷发胶的挥发性有机化合物（VOC）含量。主要的溶剂有乙醇、丙酮、水、戊烷，多数情况下为水／醇体系。

（3）中和剂。中和剂的主要作用是中和树脂中的有机酸、改变聚合物的溶解度。中和度要适当，中和度越大，越易从头发上洗脱，但抗湿性越差。常用的中和剂有氨甲基丙醇（AMP）、三乙醇胺（TEA）、三异丙醇胺（TIPA）、二甲基硬脂酸胺（DMA）。

（4）抛射剂。抛射剂有两种类型，即液化气体和压缩气体。

（5）增塑剂。增塑剂改善聚合物膜的柔韧性，改良喷发胶聚合物膜在头发上的感觉，使其柔软、自然。常用的有酯类、二甲基硅氧烷等。

（6）其他添加剂。根据需要添加紫外线吸收剂、头发营养调理剂。

2. 摩丝

摩丝是一种气雾剂式化妆品，其原理与喷发胶相同，所不同的是它是泡沫状头发定型制品，从容器内压出时，是一种洁白的、具有弹性的且易消散的泡沫。一般在头发定型之前使用。其组成与喷发胶类似，大致有成膜剂、乳化剂、溶剂、抛射剂以及其他添加剂等。

3. 发用凝胶

发用凝胶是以聚合物为凝胶剂的水或水／醇凝胶，是一种透明非流动性凝胶体。这类产品除了对头发有定型作用外，还具有很好的营养作用，使头发富有光泽和弹性，其缺点是干燥较慢，黏着力较弱。

发用凝胶的配方主要由成膜剂、凝胶剂、中和剂、溶剂、增溶剂和添加剂等组成。

四、染发用品

人类的染发最早时期可推至中国宋朝、古埃及、古希腊和古罗马，至今已有悠长的历史。直至 19 世纪后期有机染料登场，动物纤维才得以染色，从此染发技术及染发染料、染发剂的开发及生产工艺相继改进创新，不断向深度和广度迅速发展，染发机理也逐步充实、完善，同时也研制出不同类别、不同形式和效能的染发剂。

理想的染发剂具有的特性，一是安全性，在头发上有足够的物理和化学稳定性，不使头皮染上颜色，色调具有不同的持续时间；二是较好的稳定性，使用方便、易于分散在头发上等。

染发剂一般根据染发效果持续时间长短，分为暂时性染发剂、半永久性染发剂和永久性染发剂。各种染发剂的染发机理各不相同。所用原料、配方也有很大不同。

1. 暂时性染发剂

暂时性染发剂是一种用香波洗涤一次就可除去在头发上着色的染发剂，其染发机理是通过染发剂与头发表面最外层的接触，利用界面间的吸附润湿现象，使染料吸附或粘连而沉积在头发的最外层，从而使头发变色。这种染发剂使用简单、安全性高，使用的色调主要是炭黑，有时也用水溶性酸性染料。暂时染发剂可做成各种剂型，如喷雾式、固态、乳状和液态等多种形式，其中以喷雾式的居多。

2. 半永久性染发剂

半永久性染发剂一般是指能耐 5~6 次香波洗涤才退色，不需氧化作用便将头发染成各种不同色泽的一类染发剂。其作用机理是染料通过毛发的表层，相对分子质量较小的染料分子渗透进入头发表皮，部分进入皮质，从而实现染发。半永久性染发剂，由于不损害头发，近年来较流行。

半永久染发剂所用的染料主要是相对分子质量较低，可渗透入外皮和部分渗透入皮质的染料。使用较多的是偶氮系酸性染料，通常是多种染料复配使用，配合的溶剂有苄醇、N-甲基吡咯烷酮等，可用柠檬酸调节其 pH，使其染发效果较好。半永久染发剂的剂型也较多，如液态、乳液状、凝胶状和膏霜状。

3. 永久性染发剂

永久性染发剂是染发剂中销量最大的一种，它的作用机理是染料渗入到头发内部毛髓中，通过氧化还原反应，形成稳定的物质，从而起到持久的染发作用。永久染发剂所用的染发剂可分为三种：合成染料、金属盐类和天然植物。合成染料又包括氧化染料、还原染料、仿天然黑色素染料三种，其中氧化型的染发剂因其染色效果好、持续时间长、色调变化广，使用最为广泛。其配方组成大致如下：

（1）染料中间体。常用的染料中间体有苯二胺、甲苯二胺及其衍生物，另外还有氨基酚、苯二酚及其衍生物作染料剂的辅助染料。

（2）基质原料。主要有以下几类：

① 脂肪酸皂类。是染料中间体的溶剂和分散剂。通常选用脂肪酸的铵皂，可用的脂肪酸有油酸、棕榈酸、硬脂酸和月桂酸等。

② 表面活性剂。用做渗透剂、分散剂、偶合剂、发泡剂，可选用阴离子、非离子、两性离子表面活性剂，常用的有高级脂肪醇硫酸酯、乙氧基烷基酯等。

③ 增稠剂。在胶状的基质中增稠、稳定泡沫，可选用油醇、羧甲基纤维素、烷基

醇酰胺、乙氧基脂肪醇等。

④ 溶剂。在染发剂中作染料中间体的载体，并对水不溶性物质起增溶作用。常用低碳醇、多元醇，如乙醇、丙二醇、甘油、山梨醇等。

⑤ 均染剂。其作用是使染料均匀分散于头发上，并被均匀吸收。常用丙二醇。

⑥ 调理剂。其作用是减少染发过程中对头发的伤害，对头发起到护理作用。常用羊毛脂及其衍生物。

⑦ 助渗剂。帮助和促进染料等渗透进入皮肤的物质，常用氮酮。

⑧ 抗氧剂及抑制剂。抗氧剂的作用是防止空气氧化和阻止染料自身氧化，常用的抗氧剂有亚硫酸钠、BHA、BHT 等，抑制剂的作用是防止氧化太快，减慢氧化速度，使染料中间体充分渗透到头发内部再发生氧化。常用的抑制剂有聚羟基苯酚等。

⑨ 螯合剂。其作用是整合原料中或生产过程中带入的重金属离子，防止产品在储存过程中重金属对染料中间体的自动氧化起加速或催化作用，常用 EDTA 钠盐。

（3）氧化剂基质组成。氧化剂的作用是使染料中间体发生氧化形成大分子的染料、紧锁于发质内部而使头发染色。

氧化剂基质组成如下：

① 氧化剂。起氧化作用，常用过氧化氢、一水合过硼酸钠等。

② 赋形剂。充当氧化剂部分的基质，常用混合醇、十六醇等。

③ 乳化剂。起乳化作用，常用 16～18 醇醚 -6、16～18 醇醚 -25。

④ 稳定剂。起稳定产品性能的作用，常用 8- 羟基喹啉硫酸盐。

⑤ 酸度调节剂。调节产品 pH，常用磷酸。

⑥ 螯合剂。螯合重金属离子，常用 EDTA 钠盐：

⑦ 去离子水。充当溶剂。

五、烫发用品

烫发是美化头发的一种重要的化妆方法，早在公元前几千午，古埃及妇女就使用黏土来卷曲头发。而今烫发的方法已发展到了多种，有水烫、火烫、电烫、冷烫等，其中以使用化学药剂（冷烫剂）的冷烫应用最为广泛。

判断烫发液功效有以下几项标准：

（1）使头发卷曲牢固。

（2）取下卷发器保持头发卷曲。

（3）梳理后保持头发卷曲。

（4）高湿度下保持头发卷曲。

现在使用的烫发液大部分由两部分组成，包括卷发剂和中和剂。卷发剂主要是将二硫键断裂，其主要成分是还原剂，中和剂的作用是修复断裂的二硫键，故其主要成分是氧化剂。

1. 卷发剂的配方组成

（1）还原剂。卷发液的主要成分，破坏头发中的胱氨酸的二硫键，常用巯基乙酸盐、亚硫酸盐和半胱氨酸等。

（2）碱化剂。提高卷发液的 pH，因为在碱性条件下，卷发效果较强，一般控制 pH
在 9～9.5，所用碱化剂有氢氧化铵、三乙醇胺和破酸钠等。

（3）螯合剂。螯合重金属离子，防止还原剂发生氧化反应，增加稳定性。常用
EDTA 盐类。

（4）软化剂。促进头发软化膨胀，促进冷烫剂渗透头发，加速卷发过程。常用烷基
硫酸钠、三乙醇胺等。

（5）乳化剂。在乳液或膏霜中使用。常用非离子表面活性剂。

（6）增稠剂。增加制品的黏稠度。常用羧甲基纤维素、汉生胶。

（7）调理剂。减少烫发过程头发的损伤，改善头发的梳理性。常用脂肪醇、羊毛
脂、甘油和蛋白质水解物等。

（8）香精。产品赋香，掩盖产品的原料气味。

（9）溶剂。去离子水。

2. 中和剂的配方组成

（1）氧化剂。使被破坏的二硫键重新生成。常用过氧化氢、溴酸钠等。

（2）缓冲剂。调节产品的 pH，使其保持酸性。常用柠檬酸、乙酸和乳酸等。

（3）稳定剂。防止过氧化氢分解。常用六偏磷酸钠等。

（4）润湿剂。使用中和剂充分润湿头发。常用脂肪醇醚、吐温系列等。

（5）调理剂。调理作用，提供润湿配伍性。常用水解蛋白、脂肪醇和各种保温剂。

（6）螯合剂。整合重金属离子，增加稳定性。常用 EDTA 盐类。

（7）溶剂。去离子水。

小结

本章选取护肤类、发用类、美容类化妆品中的代表性品种，着重介绍其生产原料、
配方设计的原理和方法以及基本的生产方法。通过一些具体的配方实例来说明各种原料
在一个化妆品配方中所占的比例和应用目的，从中可以明确化妆品的配方设计依据和制
作方法。

思考题

1. 化妆品分为哪几类？作为人们日常应用的化妆品必须满足哪些性能？

2. 化妆品质量的优劣主要决定于什么？

3. 有代表性的化妆品基质原料是什么？

4. 什么叫化妆品辅助原料？辅助原料包括哪几类？

5. 乳化技术在化妆品生产中起什么作用？工业上机械强制乳化时主要采用哪些
设备？

6. 工业上制备乳状液分为哪几种方法？如何选择乳化操作方式？

7. 试论述自然乳化法制备乳状液的过程特征及操作步骤。

8. 生产润肤霜主要有哪几个操作程序？

9. 简述乳化体化妆品配方的基本原则。

10. 护肤用化妆品的作用是什么？

11. 简述香粉的生产过程。

12. 防晒剂有哪几类？举例说明。

13. 什么是防晒系数？不同等级的防晒化妆品的 SPF 的范围是什么？

14. 简述唇膏的生产过程。

15. 简述香波的配方设计原理，并说明配方中各成分的作用。

16. 简述永久性染发剂的染发机理，并说明其配方的大致组成。

第五章　工业与民用洗涤剂

知识点和技能点

1. 不同表面活性剂之间的配伍性。
2. 洗涤助剂的品种和性能。
3. 水溶性和溶剂型洗涤剂配方设计的基本原理。
4. 洗涤剂的生产方法、生产设备和工艺技术。

学习目标

1. 认识洗涤作用的微观过程；掌握表面活性剂在洗涤过程中的作用。
2. 掌握不同表面活性剂的协同作用，洗涤助剂的品种和作用。
3. 理解不同洗涤对象的洗涤剂的配方设计原理。
4. 掌握洗衣粉的配方和生产技术。

　　洗涤剂是指按照配方制备的有去污洗净性能的产品，它以一种或数种表面活性剂为主要组分，并配入各种助剂，以提高与完善去污洗净能力。有时为了赋予多种功能，也可以加入织物柔软剂、杀菌剂或有其他功能的物料。洗涤剂也称合成洗涤剂，以区别于传统惯用的以天然油脂为原料的肥皂。洗涤剂的种类很多，如按照去除污垢的类型，可分为重垢型洗涤剂和轻垢型洗涤剂。重垢型常指洗涤棉、麻织物的洗涤剂。轻垢型常指洗涤丝、毛等精细织物的洗涤剂，洗涤蔬菜、水果等的洗涤剂亦为轻垢型洗涤剂。按照产品的外形可分为粉状、块状、膏状、浆状和液体等多种形态，其中颗粒粉状洗涤剂的产量最大。按产品的用途又可分为工业用和家庭个人用二类。近 30 多年来，我国洗涤剂的生产获得很大发展，1980 年全国洗涤剂产量为 39 万 t，到 1993 年已增加到 166 万吨，2000 年为 205 万 t，但人均消费量仍远低于世界平均水平。因此，我国洗涤剂的生产和新产品开发是有广阔前景的。

第一节　洗涤作用

　　洗涤去污是将固体表面的污垢借助于洗涤剂从固体表面去除的过程，这种洗涤过程是一种物理化学作用过程。洗涤剂可以是有机溶剂也可以是水溶液，在日常生活中使用最普及的洗涤剂是含表面活性剂的水溶液。去污是一个动态效应，首先要将污垢从固体表面脱除，然后是悬浮、乳化、分散在洗涤液中，防止污垢从浴液中再沉积到固体表面，经过漂洗，得到预期的清洁表面。

（1）表面张力。大多数优良的洗涤剂溶液均具有较低的表面张力和界面张力。这对于润湿性能是有利的，也有利于油污的乳化。因此，表面张力是洗涤中的重要因素，但阳离子表面活性剂除外，因为它使表面疏水，更容易黏附油污。

（2）增溶作用。表面活性剂胶团对油污的增溶作用可能是自固体表面去除少量液体油污的重要机理。去除油污的增溶作用，实际就是将油污溶解于洗涤液中，从而使油污不可能再沉积，大大提高了洗涤效果。预去斑剂用于对局部重垢油污的洗脱，主要是通过表面活性剂对污斑的增溶作用。

（3）吸附作用。表面活性剂在污垢及被洗物表面上的吸附性质，对洗涤作用有重要影响。对于液体污垢，它导致界面张力降低，有利于油污的去除，也使形成的洗涤（加污垢）乳液更加稳定，不会产生污垢再沉积。

（4）表面活性剂亲油基长度。一般来说亲油基链长，洗涤性较好。

（5）乳化和起泡。乳化作用对洗涤过程是相当重要的因素，因此，一定要使用具有高表面活性的表面活性剂，以最大限度地降低界面张力，这样可使乳液更加稳定，油污不会返回表面。

在某些场合，泡沫有利于去除油污，但现代洗涤剂希望低泡或无泡，以便于洗衣机洗涤使用，易漂洗，节约水。

第二节 洗涤剂的主要组成

一、表面活性剂的协同作用

如果两表面活性剂的混合物在一定条件下比各自的组分本身具有更为明显的界面性质，那就表明这种混合物中的表面活性剂组分具有协同作用。相同或不同类型的表面活性剂配合应用，能够弥补各自欠缺的性能，从而使其某些性能显著提高，称为表面活性剂的协同效应。

1. 不同阴离子表面活性剂配合应用

以烷基苯磺酸钠为主体的洗涤剂加入适量的肥皂配合应用，具有低泡的协同效应。脂肪醇硫酸钠与少量的脂肪醇硫酸钙（或镁）配合应用。由于中和的阳离子不同，混合物的临界溶解温度大大低于纯品。烷基苯磺酸钠与少量的烷基苯磺酸钙（或镁）配合应用时，能提高去污力和增溶作用。烷基苯磺酸钠与脂肪醇聚氧乙烯醚硫酸钠混合溶液的表面张力出现最低点，二者质量比为 4∶1 时，乳化效果最好；在去污力测定时，发现二者质量比为 4∶1 或 5∶1 时效果最佳。

2. 阴离子表面活性剂与非离子表面活性剂配合应用

非离子表面活性剂在应用中往往因为浊点偏低受到限制，加入适量的阴离子表面活性剂，使非离子表面活性剂的胶束间产生静电排斥作用，阻止生成凝聚相，使浊点升高。壬基酚聚氧乙烯醚中加入 2% 的烷基苯磺酸钠，即可使溶液的浊点提高 20℃ 左右。

烷基苯磺酸钠与醇醚型非离子表面活性剂配合应用，在洗涤时与污垢形成液晶，从而提高了去污力。餐具洗涤剂要求对油脂有良好的乳化力，同时要求在有油脂存在的情况下仍有良好的发泡力和洗净力。采用脂肪醇聚氧乙烯醚硫酸钠或十二烷基硫酸钠与烷基醇酰胺配合使用，在质量比为（4:1）～（2:3）范围内具有良好的协同效应，使发泡力和洗净力显著提高。这主要是阴离子表面活性剂分子与非离子表面活性剂分子形成一种结合力较弱的络合物，这种络合物具有良好的乳化、分散、起泡和洗净能力。

3. 阴离子表面活性剂与阳离子表面活性剂配合应用

阴离子表面活性剂与阳离子表面活性剂配合应用，传统的概念是两者在水溶液中相互作用产生沉淀从而失去表面活性。近年来许多研究报告认为阴、阳离子表面活性剂混合在一起必然产生强烈的电性相互作用，在适当条件下，有可能使表面活性极大提高。阴离子、阳离子表面活性剂混合溶液的表面吸附层有其特殊性，反映在泡沫、乳化及洗涤作用中均有极大提高。例如，烷基链较短的辛基三甲基溴化铵与辛基硫酸钠混合，相互作用十分强烈，具有很好的表面活性，表面膜强度极高，泡沫性很好，渗透性大大提高。又如，双十八烷基甲基羟乙氯化铵阳离子与十八碳脂肪酸钠或十八碳脂肪醇聚氧乙烯醚硫酸钠配合应用，其柔软性、抗静电效果比单独使用要好。

4. 阴离子表面活性剂与两性离子表面活性剂的配合应用

阴离子表面活性剂与两性离子表面活性剂混合时，可能由于阴离子表面活性剂的负电荷与两性离子表面活性剂中的正电荷之间相互作用，从而形成络合物；其乳化性、泡沫性均优于原来的阴离子表面活性剂或两性离子表面活性剂。例如，等摩尔的脂肪醇硫酸钠与十二烷基氨基丙酸钠混合，其解离常数和相对吸附力数据表明，这两种表面活性剂定量地形成配合物，在较低的浓度时，其表面张力很低，配合物的 CMC 约为原来表面活性剂的 1%，说明表面活性很大，具有很好的协同效应。

5. 同系物表面活性剂配合应用

同系物表面活性剂且为同系物的混合，其实用性也很大。例如，肥皂（长碳链脂肪酸钠）的烷基链以适当的链长比例混合，会比单一烷基链肥皂的发泡性、洗涤性能好；脂肪醇聚氧乙烯醚硫酸钠的烷基链长和聚氧乙烯链长不同的各种异构体，未中和物和未反应物混合在一起，对产品的乳化、分散、起泡、亲水亲油平衡值都会产生影响，赋予其单一成分所不具备的复合性能。

二、洗涤助剂

ISO 862—1984 和 GB 5327—1985 称合成洗涤剂助剂为助洗剂，确定其基本定义是：洗涤助剂是洗涤剂的辅助组分，它在洗涤作用方面增强主要组分的洗涤特性。助洗剂本身去污能力较小，但加入洗涤剂后可使洗涤剂性能得到明显改善，或可使表面活性剂的配合量降低，也可称之为洗涤剂的强化剂或去污增强剂，是洗涤剂产品中不可缺少的组分。

合成洗涤剂助剂的主要功能是：

（1）有软化水的作用，对洗涤液中碱金属或其他重金属离子有螯合作用或离子交换作用，将上述离子封闭，使之失去作用。

（2）有碱性缓冲作用，既使有少量酸性物质存在，通过助剂的作用，也可使洗涤液的碱性不发生显著变化，保持很强的去污作用。

（3）有润湿、乳化、悬浮、分散等作用，使污垢在溶液中悬浮与分散，防止污染物的再沉积。

通常将合成洗涤剂助剂分为无机助剂和有机助剂两类。近年，由于限制或禁止在合成洗涤剂中使用含磷助剂，有时也将其按含磷或无磷（非磷）助剂分类。

1. 螯合剂

螯合剂常用磷酸盐类，主要代表是三聚磷酸钠（$Na_5P_3O_{10}$，STPP）、四聚磷酸钠（$Na_6P_4O_{13}$）、焦磷酸钠（$Na_4P_2O_7$，TSPP）、焦磷酸钾（$K_4P_2O_7$）、三偏磷酸钠（$Na_3P_3O_9$）、磷酸三钠（Na_3PO_4）、六偏磷酸钠（$Na_6P_6O_{18}$），其中 STPP、TSPP、磷酸三钠等可生成结晶化物，带有 6 个、10 个和 12 个结晶水。目前，STPP 是合成洗涤剂中使用性能最优、使用量最大的磷酸盐助剂。以 STPP 为代表的磷酸盐助剂的显著特点是构成硬水的 Ca^{2+}、Mg^{2+} 不是被沉淀，而是通过多价螯合作用，以溶解络合物 $[Na_3^+Ca(P_3O_{10})^{3-}]$ 形式被消除。STPP 也可使重金属离子形成螯合络合物而无害化；STPP 对织物污垢的胶溶、乳化与分散作用，防止了污垢的再沉积；STPP 可形成六水结晶化物，所以在含水量 10% 以上时，制成的洗衣粉仍不结块，有良好的流动性，再加之它与烷基苯有极好的协同效应，使得 STPP 为代表的磷酸盐助剂在合成洗涤剂生产中得到广泛应用。

磷酸盐类是高效的洗涤助剂，既有螯合作用，又有去污作用，至今尚无可与之媲美的助剂。20 世纪 80 年代以来，一些发达国家的江河湖泊出现富营养化，给环境造成污染。经测定与磷含量有关。虽然此问题到目前还有争议，但是，许多国家已相继颁布限磷法律。随后一些国家进行了三聚磷酸钠代用品的研究。代磷品大约有以下几种类型。

1）合成沸石（4A 型分子筛）

4A 沸石骨架中的每一个氧原子都为相邻的 2 个四面体所共有，这种结构形成的大晶穴，依据晶穴笼径大小可容钠不同大小的阳离子，而这些阳离子又有较大的移动性，可进行阳离子交换。在合成沸石中的 4A 和 13X 沸石，因笼径适合于 Ca^{2+} 和 Mg^{2+}，因此能捕获 Ca^{2+}、Mg^{2+} 而具有良好的螯合作用，使硬水软化。缺点是对污垢不能提供分散性。一些工业发达国家用 4A 沸石代替三聚磷酸钠，但是 4A 沸石交换 Mg^{2+} 的能力弱，也不具备三聚磷酸钠对污垢的分散、乳化、悬浮作用。如果将 4A 沸石与三聚磷酸钠共同使用，则洗涤效果可以提高。

2）乙二胺四乙酸（EDTA）钠盐

EDTA 螯合钙离子能力是目前软水剂中最强的一种，缺点是不能为洗涤剂提供碱性，使脂肪类污垢皂化。而且价格昂贵，但它仍然是此类螯合剂在洗涤剂中使用得最多的一种。

3）柠檬酸钠

柠檬酸钠能起到络合洗涤液中的 Ca^{2+}、Mg^{2+} 作用，增加去污作力。柠檬酸钠还有无毒且易生物降解的优点。

4）聚合物螯合剂

聚羧酸类作为磷酸盐的替代品络合高价金属离子在洗涤剂领域中用得最多的是丙烯酸均聚物和丙烯酸—马来酸酐共聚物，由于聚合物链节中含有大量的羧基负离子，是一种很有发展前途的螯合剂。

2. 抗再沉积剂

防止污垢再沉积到洗涤后物品上的功能的助洗剂为抗再沉积剂。目前较有效的抗再沉积剂是羧甲基纤维素（CMC）。CMC 在洗涤剂中的主要作用为：

（1）防止污垢再沉积作用。

（2）能提高洗涤剂的起泡力和增加泡沫的稳定性，同时由于 CMC 的黏胶性，还可以抑制活性物对皮肤的刺激。

（3）CMC 对织物具有上浆作用，容易熨平，保护纤维不受化学漂白剂的损害。

在浆状或膏状洗涤剂中，CMC 具有稳定胶体的功能，使其不易分层。CMC 在洗衣粉中的加入量一般为 1%～2%。羧甲基淀粉（CMS）也可作为抗污垢再沉积剂。CMS 对重金属离子有较强的封锁能力，对固体污垢有较理想的悬浮能力，并具有防止污垢再污染的效果。

除羧甲基纤维素钠（CMC）外还有羟丙基甲基纤维素钠（HPMC）、羟丁基甲基纤维素（HBMC）、聚乙烯醇（PVA）、聚乙烯吡咯烷酮（PVP），还有聚丙烯酸（PAA）与丙烯酸 / 马来酸酐共聚物（PAA/MA）等。

聚合物抗再沉积剂主要有以下几种类型：

1）羧甲基纤维素钠及其他改性纤维素

羧甲基纤维素钠盐是一种很好的抗再沉积剂，一般通过一氯乙酸钠与碱纤维素反应制备。用于洗涤剂中的羧甲基纤维素钠盐的黏度和抗再沉积性与纤维素的聚合度和取代度有关，通常要求纤维分子的聚合度为 200～500，取代度为 0.6～0.7 为宜。聚合度太高、溶解速度太慢、取代度太低、水溶性差会影响在固体和污垢表面的吸附量。取代度太高、羧甲基纤维素钠的水溶性太好也会影响羧甲基纤维素负离子的吸附量，原因是羧甲基纤维素负离子是通过纤维素链节中的羟基与棉纤维中的羟基形成氢键吸附于其上，当取代度太高纤维素单元链节上的羟基数减少引起吸附基团数下降不利于吸附。另外取代度高意味着纤维分子中单元链节中羧基增多，在水中溶解后变为带负电荷的—COO^- 负离子，使聚合物的负电荷增加。在洗涤液中，固体表面及污垢一般带负电荷，再加上采用阴离子表面活性剂会使其带有更多的负电荷，这样就会造成羧甲基纤维素负离子在固体及油污表面吸附时产生很高的电斥力而不易被吸附。

若取代度适中，在 CMC 的吸附过程中若与固体或油污间的范德华力（包括氢键）能克服电斥力就可被吸附于固体和污垢表面上，表现出抗再沉积作用。

对于聚合度和取代度适中的羧甲基纤维素钠盐在水中的溶解速度比较快，加之水溶液黏度又不大，羧甲基纤维素负离子容易吸附于固体质点表面上，并使表面电荷密度大为增加，从而增加了质点的分散稳定性，防止其再沉积于洗涤物的表面。羧甲基纤维素钠的这种吸附性能，也会在洗涤物表面上表现出来。所以，除了良好的防止再沉积作用外，羧甲基纤维素钠也有去除污垢的作用。用含有羧甲基纤维素钠的洗涤剂洗出来的白布，往往有更高的白度。

羧甲基纤维素钠用于棉织物具有优良的助洗作用，显示出很强的抗再沉积作用，但对化纤及丝毛织物弱得多。对于合成纤维及混纺织物效果也不好，主要原因在于化纤织物表面的亲油性强，而羧甲基纤维素钠亲水性太强，与化纤织物间的范德华力较弱而不易被吸附造成的。

2）聚乙烯吡咯烷酮（PVP）

聚乙烯吡咯烷酮是一种合成高分子化合物，用作抗污垢再沉积剂的 PVP 的平均相对分子质量在 10000～40000，它对污垢有较好的分散能力，对棉织物及各种合成纤维织物均有良好的抗污垢再沉积效果。K-15 和 K-30 分别表示相对分子质量为 1 万和 4 万的 PVP。PVP 不仅抗污垢再沉积能力强，而且在水中溶解性能好，遇无机盐也不会凝聚析出，与表面活性剂配伍性能好，所以 PVP 是一种性能优良的抗污垢再沉积剂，其缺点是价格昂贵。

3）丙烯酸聚合物和丙烯酸—马来酸酐共聚物

聚羧酸是一种很有发展前途的螯合剂。目前大量采用的是聚丙烯酸钠盐以及丙烯酸 - 马来酸酐的共聚物。在洗涤过程中，污垢从物品表面脱离进入洗涤液中，聚合物会吸附于污垢表面，增加其表面的负电荷，提高污垢在洗涤液中的分散悬浮的稳定性，减少污垢再沉积于固体的表面，从而提高了洗涤效果。

3. pH 调节剂

1）硅酸钠

在洗涤剂中，硅酸钠起着很重要的作用。在洗涤过程中，硅酸钠可提供碱性，有良好的缓冲作用，可维持洗涤液的 pH 持续在 9.5 或高一些，直到硅酸盐耗尽，这一点非常重要，因为污垢几乎都是酸性的，pH 降低会使洗涤能力下降。硅酸钠还能使洗涤液中的 Ca^{2+}、Mg^{2+} 生成不溶性硅酸盐而沉淀使水软化，而生成的沉淀易于用水漂除，还可使脱除的污垢悬浮在洗涤液中，不致沉积在衣物上。这主要是硅酸盐能在衣物上被吸附，形成一层薄膜，也能在釉瓷上、在瓷器上形成单分子膜，该薄膜具有抗再沉积作用。在金属表面形成金属硅酸盐的单分子膜对金属起腐蚀抑制作用；硅酸盐还具有良好的润湿性和乳化性，能使酸性污垢皂化和对油脂的乳化，有效地提高洗涤效率。此外，硅酸钠在喷雾干燥粉剂中，硅酸盐使空心颗粒粉具有松脆性，在块状合成洗涤剂中，硅酸盐使物料具有可塑性而外观均匀，并且容易挤出。

2）碳酸钠

碳酸钠为白色粉状或结晶细粒，易溶于水。碳酸钠是洗涤剂的助剂，它有软化水的作用，与硬水中的 Ca^{2+}、Mg^{2+} 反应生成不溶性碳酸盐，从而提高洗涤剂的去污力。

碳酸钠在洗涤液中水解产生的 OH^- 使溶液呈碱性，可保持洗涤液的 pH 在 9 以上，对油垢的去除有利。碳酸钠的主要用途是与硅酸钠配合，作为无磷洗涤剂的主要助剂，还可作为硬表面的碱性清洗剂。

4. 漂白剂

织物的表面若被植物色素如果汁、茶叶、咖啡等污垢污染后，所形成的污渍是无法通过洗涤剂的洗涤彻底除去，只有采用化学漂白来实现。添加在洗涤剂中的漂白剂一般为氧化剂，它在洗涤过程中能将有色的污物氧化而破坏，这样不仅能去除重垢污斑，而且可使衣物洁白，色彩鲜艳。洗涤剂中配入的漂白剂主要是次氯酸钠和过酸盐，常用的漂白剂如下：

1）过硼酸钠

过硼酸钠的分子式为 $NaBO_3 \cdot 4H_2O$，不易溶于冷水，可溶于热水。它在水溶液中受热后分解和释放出 H_2O_2 和 $NaBO_2$，H_2O_2 具有漂白功效，$NaBO_2$ 也有一定的助洗性能，因此洗衣粉中添加过硼酸钠具有提高去除污斑，增加白度的效果。

过硼酸钠的漂白作用与温度有很大关系，温度在80℃以上才能有漂白效果。为了使过硼酸钠在较低温度下发挥作用，只得添加某些活性剂，如在洗衣粉中添加少量的四乙酰二胺（EDTA），可使过硼酸钠的漂白温度下降到60℃。另外还有些活化剂可使活化温度下降得更多，如异壬酸苯酚酯磺酸钠可使活化温度下降到40℃，而且这种活化剂本身也是表面活性剂，也具有洗涤作用。

2）过碳酸钠

过碳酸钠的分子式为 $2Na_2CO_3 \cdot 3H_2O_2$，它在水溶液中分解为 Na_2CO_3 和 H_2O_2，因此它既有漂白作用，又可作为碱剂。过碳酸钠在50℃下就有漂白作用，不必加入活性剂，价格也比过硼酸钠低。过碳酸盐的分解温度较低，吸湿后更易分解，为了防止重金属对过碳酸盐的催化分解，在配方中应添加 EDTA 等金属螯合剂，以提高其贮存稳定性。

3）次氯酸钠

次氯酸钠由氯气通入氢氧化钠溶液中而制得，它是一种漂白能力很强的氧化剂，化学性质很不稳定，易分解释放出游离氯，只有在强碱性条件下，次氯酸钠才较为稳定。因此民用洗涤剂中较少用它作为漂白剂。在工业生产中常用次氯酸钠作为纺织品的漂白剂。

5. 荧光增白剂

荧光增白剂又称白色染料，是一种能吸收紫外光并激发出蓝色或蓝紫色的有机化合物。在洗衣粉、液体洗涤剂、织物柔软剂及调理剂中加入荧光增白剂，可提高洗后织物的白度和光泽，亦能增加洗衣粉白度，改善粉体外观。其机理是被洗后的织物上吸附有荧光增白剂，它可将照射在其上的可见光发射出来，同时也可将不可见的紫外光转为可见光发射出来，这样就增强了织物对光的反射率。由于反射出的可见光的增加，反射光的强度超过了投射在织物上原有可见光的强度，所以从视觉上感到织物被增白了。另外，根据光源上互补色的原理，织物含有色物质而泛黄以及经多次洗涤后织物逐渐泛黄。荧光增白剂发出的蓝色或紫色与黄色为互补色，可抵消织物原有的黄色，使之洁白。因此，在洗衣粉、液体洗涤剂中，荧光增白剂可起增白的作用，也可提高产品白度和使用的细腻感。

（1）通常要求荧光增白剂具有如下性质：

① 对多种纤维具亲和性。

② 对漂白剂的稳定性，具有优异的耐氯漂剂、氧漂剂及耐强酸强碱的性能。在视密度高的粉中，由于低温洗涤的氧化漂白剂和漂白活化剂的不断开发，要求荧光增白剂与漂白剂和漂白活化剂有良好的配伍性，不易被分解。在重垢洗涤剂中，也要求荧光增白剂对其他组分具有良好的稳定性。

③ 可溶性或良好的分散性。

④ 均匀增白性。由于荧光增白剂极易吸附到织物上，发生再分配的可能性极小，因而易引起不均匀增白及出现色斑现象，这在低温洗涤时尤其突出。

（2）荧光增白剂主要有五大类：

① 二苯乙烯型，具有蓝色荧光。

② 香豆素型，具有香豆酮基本结构，较强蓝色荧光。

③ 吡唑啉型，具有绿色荧光。

④ 苯并氧氮型，具有红色荧光。

⑤ 苯二甲酰亚胺型，具有蓝色荧光。

每种荧光增白剂的饱和浓度都有各自范围，超过某一固定的极限值，不但增白效果不会增加反而会出现"泛黄"现象。因此在洗涤剂中一般的加入量为0.03%～2.0%。

6. 酶

酶是由菌种或生物活性物质培养而得到的生物制品，它本身是一种蛋白质，能对某些化学反应起催化作用。例如，蛋白酶能将蛋白质转化为易溶解于水的氨基酸。在洗涤剂中添加酶制剂能有效地促进污垢的洗脱。酶的品种很多，可用于洗涤剂中的主要有蛋白酶、脂肪酶、纤维素酶、淀粉酶等。

酶的催化作用不仅有很强的选择性，而且其活性作用受到温度、pH及配伍的化学药品等因素的影响，酶适宜的工作温度一般在50～60℃，因此用含酶的洗涤剂洗涤衣物时宜用温水，如水温过高，酶将失去活性；各种不同的酶又有它们各自适宜的pH，例如，纤维素酶能发挥活性的pH在5左右。洗涤溶液多数处于弱碱性，为了使酶适应洗涤的条件，有时需要对酶的品种进行筛选或改性处理。阳离子表面活性剂能迅速降低酶的活性；阴离子表面活性剂一般对酶的影响较小，脂肪醇聚氧乙烯醚类非离子表面活性剂不但不会影响酶的活性，反而对溶液中的酶有稳定作用。酶不能与次氯酸钠等含氯的漂白剂配伍，否则将丧失活性，过氧酸盐类氧化剂对酶的影响较小。

对于酶来说，除了研究应用新的酶以外，如何避免粉尘对人的伤害，适应低温、洗涤稳定性好等仍然是面临的挑战。现在洗涤剂用酶已超过世界酶产量的40%，开发加酶洗涤剂是当前国际洗涤剂工业发展的一大潮流。

7. 填充剂或辅助剂

1）填充剂

常用的填充剂有硫酸钠，适量硫酸钠的存在有利于洗涤。它有降低表面活性剂的CMC，提高其表面活性的作用，并促使表面活性剂易吸附于质点及洗涤物的表面，增加质点的分散稳定性，进而防止沉积，提高洗涤效率，此外硫酸钠的存在会使粉末型洗涤剂的粉末变得松散，流动性好。也可使产品的价格下降，并保持组分的平衡。硫酸钠与十二烷基苯磺酸盐混合使用，要比单独使用十二烷基苯磺酸钠的去污力大。

2）促溶剂

尿素（$H_2N—CO—NH_2$）可以作为液体洗涤剂的促溶剂，用于牙膏制备中，能抑制乳酸杆菌滋生，并能溶解牙面上的斑膜。

3）抗结块剂

对甲苯磺酸钠配入粉状洗涤剂中，抗结块性能等均有良好，并有好的手感等效果。

8. 抗静电剂

在液体洗涤剂中，往往要加入抗静电剂，以使被洗物消除静电。一般凡是可以作为柔软剂的表面活性剂同样是良好的抗静电剂，如阳离子表面活性剂、两性离子表面活性剂都可以作为抗静电剂使用。在阴离子表面活性剂中，各种磷酸盐都是良好的抗静电剂。而纤维素醚（如甲基羟丙基纤维素）不仅对亲水性的纤维有效，对于疏水性的纤维（如聚酪纤维）更有效。

9. 抑菌剂

冷洗的粉状洗涤剂的洗涤能力令人满意，加酶后去污效果尤佳，唯一的不足是不具有杀菌力，洗后衣物不仅有被病菌感染的危险，而且在洗涤中细菌或毒菌还可能遗留下来，并会产生不良气味。所以，在冷洗中加入抑菌剂是很有必要的。抑菌剂的加入质量一般是千分之几，三溴水杨酰替苯胺、三氯碳酰替苯胺或六氯苯中的任一种都可作为抑菌剂应用，这些化学品不起抗菌作用，但在千分之几的质量分数下都可防止细菌的生成。

10. 溶剂

液体洗涤剂中需加入溶剂是不言而喻的。在新型洗涤剂中甚至粉状洗涤剂中也使用多种溶剂，若污垢是油脂性的，溶剂的存在将有助于将油性垢从被洗物上除去。常用的溶剂有以下几种：

（1）松油。它是木材干馏时所得到的油品，主要成分是萜烯类化合物。松油一般不溶于水，但能使溶剂和水相互结合，制造溶剂-洗涤剂混合物时尤为有用。如不加松油，混合物便成两相。松油的类型及性质因油中萜烯醇的含量而异，萜烯醇含量越多，结合效应越大，松油的另一重要性质便是杀菌效应，对伤寒杆菌试验较酚强 1.5～4 倍。这一性质使松油成为液体洗涤剂的重要组成部分。

（2）醇、醚和酯醇、乙二醇、乙二醇醚、酯。这些溶剂都有明显的极性，虽然不能完全溶解于水，但都能显示一定的水溶性，和大多数的芳烃、烷烃和氯化溶剂都能互溶，在一些特殊的清洗剂配方中常用作偶合剂，使水和溶剂结合起来。这些溶剂还可以用来降低脂肪醇聚氧乙烯醚的黏度或烷基苯磺酸盐的浊点。

（3）氯化溶剂。这种溶剂广泛用于特殊的清洁剂、油漆脱除剂和干洗剂。此种溶剂包括四氯化碳、二氯甲烷、二氯乙烷、三氯乙烷、三氯乙烯、四氯乙烯、邻二氯苯等。除二氯乙烷和邻二氯苯外，所有这些组分都是不燃的，但氯化溶剂或多或少有些毒性，其中四氯化碳毒性最高，应用时应多加注意。

第三节　洗涤剂的配方设计

洗涤剂的品种很多，每一种洗涤剂都是根据一定的要求而设计的，配制的产品必须满足使用者的要求。通常有如下一些要求：产品的色泽要浅，气味要纯正，染色产品色泽要均匀一致，不沾染衣物，产品的贮存稳定性要好，对人体和环境要安全，毒性低，不产生公害。洗涤剂中的各种组分都具有一定的功能，将它们混合在一起时，既要考虑到相互配合时的相容性和加工性能，以保证产品具有良好的使用性能，如去污、泡沫等，又要考虑到产品的经济性。配方的目的就是充分发挥洗涤剂中各种组分的作用，配制出性能优良、成本较低的产品。

配方设计原则既有共性又有特定要求，同一洗涤对象也会因原料及成本、成型方式的不同构成互不相同的配方。此处仅列举比较成熟而典型的几类洗涤剂的配方设计原则及参考实例。

一、粉状衣物洗涤剂配方

洗涤剂根据需要可以制成粉状、液体和块状等形式。粉状衣物洗涤剂即合成洗衣粉。合成洗衣粉的配方是生产中很重要的一个环节。配方中，各组分原料之间的相互影响是比较复杂的。目前还没有完整的理论依据来指导配方，主要是根据实验和经验来决定。制定配方时须全面综合考虑各种因素。

粉状洗涤剂是目前应用最普遍的洗涤剂，它的生产工艺及方法多种多样。另外它还可以添加各种助剂，制成不同性能和用途的洗涤剂。

1. 单一表面活性剂配方

在1984年轻工部修改的标准 B-510-84 颁布之前，我国的洗衣粉按配方中表面活性剂的含量分为三种型号，即30型、25型和20型，活性物含量分别为30%、25%和20%。这些洗涤剂配方，主要以烷基苯磺酸钠作为活性物，无机助剂主要为三聚磷酸钠、硅酸钠（泡花碱）、碳酸钠（纯碱）为主，有机助剂常配有1%～2%的CMC和1%的荧光增白剂。为改进料浆的流动性，增加成品粉的含水量，也可以加入1%～3%的甲苯磺酸钠或其他助剂。具体配方如表5.1所示。

表 5.1　单一表面活性剂洗衣粉配方（质量分数 /%）

组　分	配方 1	配方 2	配方 3	组　分	配方 1	配方 2	配方 3
烷基苯磺酸钠	30	25	20	羧甲基纤维素钠	1.4	1.0	0.5
三聚磷酸钠	30	16	10	荧光增白剂	0.1	0.02	—
碳酸钠	—	4	10	过硼酸钠	—	3	—
硫酸钠	25.5	42	46	香精	适量	适量	适量
硅酸钠	6	6	7	—			

这类洗衣粉的 pH 在 9.5～10.5，碱性较强，适于洗涤棉、麻、黏胶纤维及聚酯、尼龙、聚丙烯腈等纤维织品，不适合洗涤对碱性不稳定的蛋白质类纤维如丝、毛织品。

2. 复配型合成洗衣粉

近几年国内出现了用多种表面活性剂复配制造的复配洗衣粉。这些洗衣粉表面活性剂总量较低，产品去污力强，泡沫少，易漂洗，成本较低，洗涤效果好。随着我国醇系非离子表面活性剂生产能力的不断提高，复配洗衣粉的产量将有增加的趋势。目前国内生产厂家大多采用复配型配方（表 5.2）。

表 5.2　复配型洗衣粉的配方实例

组　分	质量分数 /%	组　分	质量分数 /%
烷基苯磺酸钠	20	硫酸钠	22.9
AEO-9	1	硅酸钠	8
TX-10	1.5	CMC	1.4
三聚磷酸钠	30	对甲苯磺酸钠	2.4
荧光增白剂	0.2	—	—

3. 特殊功效的洗衣粉配方

在洗衣粉配方中加入酶制剂、过氧化物、聚醚及二氯异氰尿酸钠，制成的粉剂具有各自不同的特性，可以洗去奶渍、菜汁，也可使织物漂白，同时聚醚可以消泡，可制成低泡具有清毒杀菌功能的洗衣粉，其配方实例如表 5.3 所示。

表 5.3　特殊功效的洗衣粉配方实例（质量分数 /%）

组　分	配方 1	配方 2	配方 3	配方 4
烷基苯磺酸钠	20	30	15	20
烷基酚聚氧乙烯醚	1.0	1.0	—	—
脂肪醇聚氧乙烯醚	0.5	0.5	—	1.0
三聚磷酸钠	15	—	15	25
硫酸钠	30	30	40	30
硅酸钠	8	8	6	6
碳酸钠	8	10	8	8
羧酸甲基纤维素钠	1.0	1.0	1.0	1.0

续表

组　分	配方 1	配方 2	配方 3	配方 4
荧光增白剂	0.5	0.5	0.5	0.5
聚醚	—	2.0	—	—
酶制剂	2.0	—	—	—
过氧化物	—	—	4	—
二氯异氰尿酸钠	—	—	—	2.0
香精	0.1	0.1	0.1	0.1
水分适量平衡	—	—	—	—

4. 浓缩洗衣粉配方

浓缩洗衣粉完全采用非离子表面活性剂，去污力强，泡沫低，漂洗容易，特别适宜于洗衣机应用。其配方如表 5.4 所示。

表 5.4　浓缩洗衣粉配方实例

组　分	质量分数 /%	组　分	质量分数 /%
脂肪醇聚氧乙烯醚	6	荧光增白剂	0.7
壬基酚聚氧乙烯醚	9	香精	0.1
三聚磷酸钠	40	硫酸钠	22
碳酸钠	20	水分	平衡适量
羧甲基纤维素钠	1.0	—	—

5. 低磷和无磷洗衣粉配方

近年来，环境保护工作日益受到重视，一些国家掀起了限磷、无磷热潮，纷纷采用 4A 沸石、偏硅酸钠等产品替代磷酸盐生产低磷和无磷洗衣粉，其去污力高，溶解，属重垢型清洗剂（表 5.5～表 5.7）。

表 5.5　低磷和无磷洗衣粉配方实例 1

组　分	质量分数 /%	组　分	质量分数 /%
十二烷基苯磺酸钠（LAS）	25	沸石	25
月桂醇硫酸钠（K-12）	10	硅酸钠	5
壬基酚聚氧乙烯醚（APE-9）	5	硫酸钠	5
碳酸钠	25	香精、染料	适量

表 5.6　低磷和无磷洗衣粉配方实例 2

组　分	质量分数 /%	组　分	质量分数 /%
烷烃（C_{15}）磺酸盐	12.0	羟甲基纤维素	0.5
烯烃碘酸盐	6.0	过硼酸钠	1.0
硅酸钠（模数2.5）	25.0	硫酸钠	26.7
4A 沸石	10.0	水	余量

表 5.7　低磷洗衣粉配方实例 3

组　分	质量分数 /%	组　分	质量分数 /%
烷基苯磺酸钠	30	碳酸钠	11.5
脂肪醇（EO）16 醚	5	CMC-Na	2
椰子油脂肪单乙醇酰胺	3	倍半碳酸钠	30
三聚磷酸钠	8	荧光增白剂	0.5
硅酸钠	10	—	—

6. 粉状家用清洗剂

地板清洗剂添加碳酸钙作摩擦剂，适用于地板、墙壁等的清洗去污，以采用擦洗或刷洗的方式进行清洗，其配方如表 5.8 所示。

表 5.8　粉状地板清洗剂配方实例

组　分	质量分数 /%	组　分	质量分数 /%
烷基苯磺酸钠	10	黏土	3
硫酸钠	30	偏硅酸钠	25
碳酸钙	15	羧甲基纤维素钠	1
三聚磷酸钠	15	香精	适量

家具清洗剂以磷酸钙及碳酸钙作为摩擦剂，过氧化物反应放出活性氧有一定的漂白功能，其配方如表 5.9 所示。

表 5.9　粉状家具清洗剂配方实例

组　分	质量分数 /%	组　分	质量分数 /%
烷基苯磺酸钠	10	碳酸钙	20
脂肪醇聚氧乙烯醚硫酸钠	10	荧光增白剂	0.5
三聚磷酸钠	20	过氧化物	4
磷酸钙	35	香料	适量

二、液体洗涤剂配方

液体洗涤剂是仅次于粉状洗涤剂的第二大类洗涤制品。洗涤剂由固态（粉状、块状）向液态发展也是一种必然趋势，因为液体洗涤剂与粉状洗涤剂相比，有如下优点：

（1）节约资源，节省能源。液体洗涤剂的制造中不需添加对洗涤作用并无显著益处的硫酸钠，也不需要喷粉成型这一工艺过程，可节省大量的能源。

（2）无喷粉成型工序即可避免粉尘污染，对于环境保护和操作人员的安全明显有利。

（3）液体洗涤剂易于通过调整配方，加入各种不同用途的助剂，得到不同品种的洗涤制品，便于增加商品品种和改进产品质量。

（4）液体洗涤剂通常以水作介质，具有良好的水溶性，因此适于冷水洗涤，省去洗涤用水的加热，应用方便，节约能源，溶解迅速。

液体洗涤剂分类如下：

1. 轻垢型家用液体洗涤剂

轻垢型家用液体洗涤剂用于洗涤餐具、蔬菜、水果和精细纺织品（如羊毛，丝绸织物等），制造这一类洗涤剂所用的表面活性剂通常是烷基苯磺酸盐、脂肪醇聚氧乙烯醚硫酸盐和烷基磺酸盐，也可以用非离子表面活性剂和两性离子表面活性剂配制而成。最常用的是烷基苯磺酸钠，因为它价格便宜，性能完美，对人体和其他生物有较高的安全性，并被大量生物实验和长期使用实验所证实。用硫酸磺化制得的烷基苯磺酸中游离硫酸的含量低，中和后溶液中的硫酸钠含量也低，有利于液体洗涤剂的配制。无机硫酸盐的存在会使溶液的浊点和黏度提高。常用的烷基苯磺酸盐是十二烷基磺酸盐和十三烷基苯磺酸盐。洗涤剂的浊点是影响商品外观的一个重要因素（表 5.10 和表 5.11）。

表 5.10　轻垢型家用液体洗涤剂配方实例 1

组　分	质量分数 /%	组　分	质量分数 /%
十四烷基磺酸钠	32.0	荧光增白剂	0.2
十二烷基醚硫酸铵	4.0	色素、香精	0.3
脂肪醇聚氧乙烯醚	4.0	防腐剂	0.5
二氯二乙胺	5.0	去离子水	余量
尿素	10.0	—	—

表 5.11　轻垢型家用液体洗涤剂配方实例 2

组　分	质量分数 /%	组　分	质量分数 /%
十二烷基磺酸钠	12.0	荧光增白剂	0.3
脂肪醇聚氧乙烯醚硫酸钠	8.0	香精、色素	0.1
脂肪醇聚氧乙烯醚	5.0	去离子水	余量
乙醇	6.0	—	—

2. 重垢型液体洗涤剂

衣用重垢型液体洗涤剂需要特殊的配方技术。重垢型液体洗涤剂配方中的问题是，既要把较高比例的表面活性物质和足够量的洗涤助剂配入溶液，又要不影响产品的外观使成品保持为低浊点的清亮液体，并且有良好稳定性。洗涤剂配方中的表面活性物通常用十二烷基苯磺酸钠，其钠盐在水中的溶解性优于钾盐，但不如乙醇胺盐。配方中使用的助剂包括螯合剂、碱、抗再沉积剂和增白剂等。在重垢洗衣粉配方中常以三聚磷酸钠作为螯合剂，但三聚磷酸钠在水中很易水解，因此不适于在液体洗涤剂中应用。焦磷酸四钠和焦磷酸四钾在水中的溶解度高，并且在常温下水解很慢，可使成品有很长的陈放时间，故可普遍应用。在配方中也可以用有机螯合剂［如二乙胺四乙酸钠（钾）］。配方中需要的碱主要来自胶体硅酸盐。硅酸钾在水中的溶解性优于硅酸钠。

烷基苯磺酸钠盐的溶解度优于钾盐，而无机盐在水中的溶解度则相反，钾盐优于钠盐。在配方中选用焦四磷酸钾和硅酸钾时，要注意烷基苯磺酸盐可能发生的复分解反应，使烷基苯磺酸钠盐的溶解度降低而析出，因此在配方中将表面活性物质和助剂在溶液中协调起来很好地溶解是需要认真研究的问题。为使上述三种组分都能充分进入溶液，需要采用助溶剂，后者既可以溶于溶剂，又能帮助其他组分溶于溶液中。常用的助溶剂二甲苯磺酸钾（钠）、甲苯磺酸钾（钠）或乙苯磺酸钾（钠）等，助溶剂的质量用量约为成品的 5%～10%。

重垢型液体洗涤剂中应加入抗再沉积剂如羧甲基纤维素钠，最好是将其单独配成质量分数为 10% 的水溶液，使其形成膨胀的胶体，再加入到配方中，便能得到不透明的悬浮液；如果希望全部组分存在下仍能使溶液保持透明状态，可以采用抗污垢再沉积能力强且溶解性较好的聚乙烯吡咯烷酮。

荧光增白剂在配方中所占份额很小，而且在水溶液中具有良好的稳定性，它的加入对配方中的其他物料没有影响。如果需要调入颜色和加香时，染料和香精应具有对碱性水溶液的化学稳定性。

几种重垢液体洗涤剂配方如表 5.12～表 5.14 所示。

表 5.12　重垢型液体洗涤剂配方实例 1

组　分	质量分数 /%	组　分	质量分数 /%
直链烷基苯磺酸钠（60%）	15.0	光亮剂	0.2
壬基酚（EO）8 醚	13.0	芳香剂	0.3
椰子油脂肪酸钾（27%）	40.0	防腐剂、色料	适量
丙二醇	2.0	水	余量
酶	0.5	—	—

表 5.13　重垢型液体洗涤剂配方实例 2

组　分	质量分数 /%	组　分	质量分数 /%
壬基酚（EO）9-10 醚	40.0	乙醇	7.5
植物油脂肪酸钾（19.1%）	52.3	荧光增白剂	0.2
水	余量	色料、香精	适量

表 5.14 重垢型液体洗涤剂配方实例 3

组 分	质量分数 /%
油酸甲酯	90.0
壬基酚（EO）10 醚	10.0

说明：将重垢油污的聚酯织物用含 5% 的本品溶液，在 60℃洗涤 20min，可完全除织物上的油污。

3. 柔软液体洗涤剂

柔软洗涤剂配方中选用的活性物质需兼顾洗涤和柔软纤维的双重作用，使衣物洗涤后蓬松柔软。这类洗涤剂配方属于高档洗涤用品，适宜于洗涤羊毛衫、浴巾等。具有柔软效果的洗涤剂一般用非离子与阳离子表面活性剂复配而成，非离子表面活性剂起洗涤作用，阳离子表面活性剂起柔软作用（表 5.15）。

表 5.15 常用柔软洗涤剂的基本配方实例

组 分	质量分数 /%	组 分	质量分数 /%
脂肪酸聚氧乙烯醚	23	纤维柔软剂	5
乙醇	15	其他	57

配方中的常用柔软剂是 1631 或 "洁尔灭" 等。如果采用双十八烷基二甲基氯化铵则柔软效果更佳，但它在水中的溶解性能较差，只能制成乳液型的产品。

三、个人卫生清洁剂配方

个人卫生清洁剂包括洗发用的洗发剂、沐浴用的各式溶剂、口腔清洁剂，以及洗手、洗脸用的清洁品。随着生活水平的提高，人们对个人卫生清洁剂的要求亦越来越高，不仅要求其具有清洁作用，而且还要求具有保护皮肤、保护头发和防治皮肤病等功效。为此，个人卫生清洁剂的种类以及品种日渐增多。

1. 洗发剂

洗发剂又称香波，是 shampoo 的音译。用合成洗涤剂配制的洗发剂具有肥皂所不及的优点，它在洗发时不会在头皮上留有难溶的皂垢，比较易于清洗，洗后头发滑爽，对眼睛不会有强烈的刺激。因此，它的应用日益增加，洗发剂的种类很多，按其产品形式分，有透明液体香波、奶液香波、胶冻香波、珠光香波和粉状香波等；按功能分，有护发用调理香波、药用的抗头屑香波、婴儿用的儿童香波和染发用的染发香波等。洗发剂的发展趋势是以性能温和、功能多样、安全无刺激为主要目标，特别强调头发洗后要柔软、光亮，有自然感以及有良好的梳理性。

虽说洗发香波种类繁多，但它们的基本成分与基本要求大同小异，只是加工方式有所差别而已。为适应洗发剂的基本要求，配方中的活性成分大都采用脂肪醇硫酸盐、聚氧乙烯脂肪醇硫酸盐和聚氧乙烯烷基酚硫酸盐等。这是因为它们的泡沫比较丰富，脱脂不太强烈，性能也较柔和；一般是用它们的钠盐、铵盐、或单、二、三乙醇胺盐。对液体洗发剂来说，调整一定黏度、稠度是重要的，脂肪酸三乙醇胺盐可以在0℃以下仍保持澄清，可以制得低黏度、低浊点的产品；它的铵盐及单乙醇胺盐的黏度较高，可以用来制取高黏度产品，还可用做增稠剂调整稠度，脂肪酸醇酰胺是常用的一种增稠剂。无机盐如氯化钠、氯化铵也可应用，但用量需加控制，否则在低温贮藏时会出现浑浊现象。为适应干质的头发，配方中也可加入少许羊毛脂或聚氧乙烯化的羊毛脂、膏状洗发剂是应用较广泛的一种，它不会像洗衣粉那样使用不便，也不会像洗发液那样易于流下，配方中以脂肪醇硫酸钠为主，还要配入硬脂酸钾、N- 油酰基 -N-甲基牛磺酸钠、羧甲基纤维素钠作为助剂。另外还有少量抗氧剂、防腐剂、香精和染料。

1）液体洗发剂

最简单的液体洗发剂是脂肪酸钾的水溶液这类配方在理发店中较为广泛采用，很少作为商品。工业生产的液体洗发剂，多采用合成洗涤剂制成透明的，也有制成乳液状的。液体洗发剂配方举例如表 5.16 所示。

表 5.16　液体洗发剂配方实例

组　分	质量分数 /%	组　分	质量分数 /%
椰子油脂肪酸	4	乙二胺四乙酸四钠	0.4
油酸	5	染料	适量
丙三醇	5.2	香精	适量
三乙醇胺	5.4	水分	余量

2）膏霜类洗发剂

膏霜类洗发剂常含有羊毛脂等类脂肪物，使头发洗后更为光亮、柔软和顺服，其配方举例如表 5.17 所示。

表 5.17　膏霜类洗发剂配方实例

组　分	质量分数 /%	组　分	质量分数 /%
硬脂酸	3.0	月桂酰二乙醇胺	5.0
羊毛脂	2.0	十二醇硫酸钠	20.0
8% 氢氧化钾溶液	5.0	碳酸氢钠	12.0
水	53.0	香精、防腐剂和染料	适量

3）粉状洗发剂

粉状洗发剂洗发后，皮肤和头发感觉都比较干燥，所以只能适用于油性头发，其配方举例如表 5.18 所示。

表 5.18　粉状洗发剂配方实例

组　分	质量分数 /%	组　分	质量分数 /%
中性皂粉	85.0	硼砂	5.0
碳酸钠	10.0	香精	适量

2. 沐浴剂

沐浴剂主要希望达到下列目的，用后神清气爽；能软化硬水；使浴水具有幽雅的香气和目的色彩；浴后能祛除身体的污垢和气味，并赋予舒适的香气；防止污垢在浴盆四周形成环状。为此，沐浴剂中除以表面活性剂为主要组分外，还要加入多种护肤剂和药剂及其他添加剂，使其不仅具有清洁作用，还能促进血液循环、润湿皮肤以及杀菌、清毒、治疗皮肤病的作用。

香皂是洗浴最常用的制品，可分为固体皂和液体皂两类，近年来溶剂逐渐取代固体香皂而成为沐浴佳品，浴剂有浴盐、浴油和泡沫浴等，也可分为皮肤清洁剂、香浴液（体用香波）、儿童浴剂和洗脸膏等。

1）液体香皂

生产液体皂最常用的表面活性剂是月桂醇硫酸钠盐（十二烷基硫酸钠）；它具有良好的洗净力和发泡性能，可防止微尘物污染，加入适当的添加剂可适用于不同的皮肤类型，以月桂醇硫酸酯基为基本组分的液体香皂的配方如表 5.19 所示。

表 5.19　月桂基硫酸钠液体香皂配方实例

组　分	质量分数 /%	组　分	质量分数 /%
月桂基硫酸钠	20～30	丙基对羟基苯甲酸酯	0.1
月桂酰二乙醇胺	3～5	柠檬酸	适量
遮光剂或珠光剂	0.5～2.0	氯化钠	适量
增稠剂	0.5～1.0	香精	适量
甲基对羟基苯甲酸酯	0.2	去离子水，颜料	适量

液体香皂配方中月桂基硫酸钠是主要组分和必要组分；月桂酰二乙醇胺或椰子油酰二乙醇胺是泡沫稳定剂，可改善泡沫性能并使发泡迅速，增稠剂可以用硅酸钠或硅酸铝，也可以用羧甲基纤维素钠；遮光剂可用聚苯乙烯乳液；珠光剂可用乙二醇单硬脂酸酯或丙二醇单硬脂酸酯；丙基对羟基苯甲酸酯和甲基对羟基苯甲酸酯是广谱防腐剂；柠檬酸用来调节 pH；氯化钠可调节黏度；香精和颜料在提高审美质量方面占重要地位，应慎重选择。

2）浴油和泡沫浴

浴油和泡沫浴是盆浴专用品，较现代的浴油产品是以无泡的合成洗涤剂制成，以聚氧乙烯多元醇的单酯增溶香精使其成为透明的产品，其配方如表 5.20 所示。

表 5.20　浴油产品配方实例

组　分	质量分数 /%	组　分	质量分数 /%
鲸蜡醇	29	邻氨基苯甲酸薄荷酯	2.3
聚乙二醇 -300	22	颜料黄（202）	0.2
聚氧乙烯（40）硬化蓖麻油	7	香精	0.5
乙醇	39	—	—

　　这类浴油的生产方法十分简单，先将洗涤剂放入反应器内，将香精和增溶剂混合后加入，再加入需要的颜料，搅拌均匀即可。

　　泡沫浴品在欧美地区是最受欢迎的洗浴用品，国内自 20 世纪 80 年代开始生产。泡沫浴制品是供盆浴者专用，它能去除污垢，清洁肌肤，促进血液循环，浴后留香持久，还有舒适感，尤其适用于儿童和老人。用时将定量的泡沫浴制剂倒入浴盆中，再冲入温水，即能形成满盆泡沫；浴者可躺在泡沫中沐浴，最后用清水冲淋即可。

　　泡沫浴剂的主要原料有洗涤发泡剂、发泡稳定剂、香精、增稠剂、螯合剂、颜料及其他添加剂。其中用量最大的是表面活性剂，它在配方中的质量分数一般为 15%～35%，所有在水中能产生丰富泡沫的粉状和液体表面活性剂都可用来配制泡沫浴剂。十二烷基硫酸钠与其他配料混合可制成粉状泡沫浴剂。它能产生丰富的泡沫，不在浴盆内壁产生水垢；其醇胺盐溶解性好，可制成液状泡沫溶剂。聚氧乙烯脂肪醇硫酸盐能产生丰富的泡沫，抗硬水性能好，即使在高硬度水中洗浴，也不会在浴盆上产生污垢。琥珀酸单脂磺酸盐性能温和，对皮肤和眼睛刺激性小，并可缓解其他表面活性剂的刺激性，增进泡沫稳定性，所以被大量用于液状制品中。

　　为改善泡沫稳定性，可加入脂肪酸烷醇酰胺、聚氧乙烯失水山梨醇脂肪酸酯及氧化胺等作泡沫稳定剂。天然的或合成的水溶性高分子化合物能使分散的污垢不再沉积而悬浮在溶液中，还可赋予制品适宜的黏度，如羧甲基纤维素钠等。粉状泡沫浴剂制品中常加入倍半碳酸钠、六偏磷酸钠、三聚磷酸钠、硫酸钠等作硬水软化剂和填充剂。为保证粉状产品在高湿条件下仍有良好的流动性，不结块，还应在配方中加入磷酸三钙、硅铝酸钠等抗湿剂。在液体制品中加入乙二胺四乙酸（EDTA）作硬水软化剂，它不仅可以稳定泡沫，而且有助于保持制品的透明度，为使液体产品保持清澈透明，可加入乙醇、异丙醇、乙二醇等增溶剂。泡沫浴剂的香型以花香型为主，为使香气浓郁，常加入挥发性高的香精，在高级泡沫浴剂中加入中草药的提取物、水解蛋白、维生素、羊毛脂衍生物及其他护肤营养物质；还可以加入一些杀菌剂等药品。泡沫浴剂的配制见表 5.21。

表 5.21　泡沫浴剂配方实例（质量分数 /%）

组　分	粉状	液体	液状	组　分	粉状	液体	液状
月桂基硫酸钠	30.0	—	—	六偏磷酸钠	5.0	—	—
十二烷基硫酸三乙醇胺盐	—	45.0	—	羧甲基纤维素钠	2.0	—	—
羊毛酸异丙醇酰胺	—	10.0	—	丙二醇	—	5.0	—

续表

组　分	粉状	液体	液状	组　分	粉状	液体	液状
亚油酸二乙醇酰胺	—	8.0	—	氯化钠	60.0	—	0.75
月桂醇聚氯乙烯醚硫酸钠	—	—	60.0	柠檬酸	—	—	0.05
月桂酸多肽缩合物	—	—	10.0	香精、防腐剂、颜料	3.0	0.5	1.2
水解胶原蛋白	—	—	2.0	去离子水	—	31.5	26.0

3. 口腔清洁剂

口腔清洁剂现在主要使用的是牙膏，其他还有牙粉、含漱水等，其作用是清洁牙齿及周围部分，去除牙齿表面的食物残渣、牙垢等，使口腔内净化，感觉清爽舒适，同时还可以去除口臭，预防或减轻龋齿、牙龈炎等牙齿及口腔疾病，保持牙齿洁白、美观和健康，对维护身体健康起着积极作用。

牙膏是口腔卫生用品，是由摩擦剂、增稠剂、发泡剂、保湿剂、甜味剂、缓蚀剂、稳定剂、防腐剂和香精混合而成的膏状物。

摩擦剂是牙膏的主要成分之一，它的功能是增加牙刷与牙表面的摩擦力，除去附着在牙齿表面的污垢和有色物质。摩擦剂应当有适当的硬度、粒度和较好的去污效果，不损伤牙齿组织，化学稳定，无毒无异味等。常用的摩擦剂有碳酸钙、磷酸氢钙、水不溶性偏磷酸钠、焦磷酸钙、水合氧化铝、二氧化硅、硅铝酸钠等。

增稠剂的作用是使牙膏各组分混合后成为膏状物，使膏体细腻、稳定。常用的增稠剂有 CMC、HEC、PVA、聚丙烯酰胺、角叉胶、黄芪胶、藻朊酸钠、膨润土、二氧化硅、PVP 合成白土等。

保温剂可使牙膏水分不容易失掉、易于挤出，使膏体保持光泽。普通牙膏用量为 20%～30%，透明牙膏可达 75%。常用的保湿剂有甘油、山梨醇、丙二醇、聚乙二醇和木糖醇等。

发泡剂的作用是在刷牙时产生大量的泡沫，在口腔内迅速扩散，使香气易于诱发，促进污垢脱离牙齿表面，用量一般为 2%～3%。常用的发泡剂有月桂醇硫酸钠、N-月桂酰基肌氨酸钠、N-月桂酰酪氨酸钠、月桂酰磺基乙酸钠、二辛基磺基琥珀酸钠等。

防腐剂作用是防止牙膏发霉变质，常用的有苯甲酸钠、尼泊金甲酯和丙酯等。

缓蚀剂用于牙膏铝皮的防腐蚀剂，常用的有硅酸钠、硝酸钠和磷酸盐等。

甜味剂，牙膏的香料多为苦味，摩擦剂又有粉尘味，需要加入甜味剂加以矫正，目前多用糖精钠，用量为 0.05%～0.25%。

香料可改善牙膏的口味，用量为 1%～2%。牙膏用的香料要求适应发泡剂等原料的味道和香气，赋予牙膏体以清新、爽口感觉的特性。普遍选用的有留兰香油、薄荷油、冬青油、丁香油、橙油、黄木油、茴香油和肉桂油等。

口腔清洁剂所选用的化学品要无毒性，并对口腔黏膜无刺激性。

牙膏的生产有湿法溶胶制膏工艺和干法溶胶制膏工艺。目前常采用的是湿法溶胶制膏工艺。其生产过程是先将胶合剂加入保湿剂中使其均匀分散，再加入水使胶合剂膨胀胶溶，经贮存陈化后加入粉料和表面活性剂、香精，经研磨后贮存陈化、真空脱气，即可制成牙膏（表5.22和表5.23）。

表5.22 牙膏参考配方实例1

组　分	质量分数/%	组　分	质量分数/%
硅干凝胶	10.0	维生素C	2.0
硅气凝胶	8.0	香精	1.0
山梨醇糖浆	40.0	色素	0.0072
钛白粉	1.0	焦磷酸亚锡	0.4
K12	1.5	柠檬酸锌三水合物	0.5
糖精	0.2	去离子水	余量
一氟代磷酸钠	0.82	—	—

表5.23 牙膏参考配方实例2

组　分	质量分数/%	组　分	质量分数/%
三水合氧化铅	56.3	山梨醇糖浆（70%）	27
十二醇硫酸钠	1.5	单氟磷酸钠	1.1
汉生胶	0.88	焦磷酸亚锡	1.0
钛白粉	0.5	糖精钠	0.23
苯甲酸	0.19	香精	1.1
水	10.3	—	—

四、家庭日用洗涤剂配方

日常生活时刻离不开清洗。现代化的设施和摆设是由玻璃、瓷砖、木材、塑料和金属等不同材质构成，为使居室窗明几净，生活舒适卫生，家庭日用品清洗剂即应运而生，并且品种日益繁多，其中有供居室清洗家具、地板墙壁、窗玻璃用的硬表面清洁剂和地毯清洁剂；有洗涤玻璃器皿、塑料用具、珠宝装饰品用的各种专用洗涤剂；有厨房里用的餐具洗涤剂、炉灶清洁剂、水果蔬菜的清毒净洗剂、冰箱清洗剂、瓷砖清洁剂；还有卫生间里用的浴盆清洁剂、便池清洁剂、卫生除臭剂等。

1. 地面清洗剂、地毯清洗剂

地面污垢主要是含有油垢的尘土，也可能有果汁等饮料的残留斑迹。地面清洗剂以表面活性剂的水溶液为主体。表5.24列举了地面清洁剂配方二则，供参考。

表 5.24　地面清洁剂配方实例

配方一	质量分数 /%	配方二	质量分数 /%
烷基苯磺酸钠	3	烷基苯磺酸钠	2.5
异丙醇	12	壬基酚聚氧乙烯醚	1
松油	2	高分子共聚物	0.5
水	余量	EDTA	0.1
—	—	水	余量

表 5.24 中的配方一对地面上含油垢的尘土有较强的清洗能力，但产品属强碱性，仅适合对水泥、陶瓷等地面的清洗。配方二作用比较温和，可用于木质地板的清洗，地板清洗后还具有增亮效果，其中高分子共聚物是丙烯酸 / 丙烯酸乙酯 / 甲基丙烯酸甲酯 / 苯乙烯四元共聚物，单体的组成和聚合物的分子质量对清洗效果均有影响。

地毯不同于其他织物，地毯洗涤时很难漂清。为克服这一困难，专门创造了独特的清洗方式。这种方法是先使洗涤剂产生泡沫，然后用海绵将泡沫搓在地毯上。地毯上的污垢在洗涤剂和机械力的作用下，被吸取出来并包入泡沫中。泡沫具有很薄的壁和巨大的表面积，其中的水分能很快地挥发掉，污垢则干涸成松脆的灰尘粒子，随后被吸尘器吸走或用刷子刷去。

有些表面活性剂，如脂肪醇硫酸酯钠盐或镁盐在脱水干燥后变得很松脆，这样就很容易从地毯上除去，因此它们是配制地毯清洗剂的合适原料。尽管如此，一部分表面活性物仍可能被吸入纤维，干燥后遗留在地毯上，这些遗留下来的沉积物易吸附污垢，使清洗后的地毯很快又变脏了。为克服这一缺陷，可改用更易结晶的表面活性剂如磺化琥珀酸单酯钠盐，使吸附在地毯纤维上的表面活性剂更松脆而容易被吸走。还可以在清洗剂中加入胶体二氧化硅、纤维素粉、树脂的泡沫粒子等多孔性固体粉末作为载体，将地毯上的洗出物吸附在载体上，然后被吸除。

如有必要，在地毯清洁剂中还可加入抗静电剂（如烷基磷酸酯盐）和杀菌剂。表 5.25 列举地毯清洗剂配方两则，供参考。

表 5.25　地毯清洗剂配方实例

配方一	质量分数 /%	配方二	质量分数 /%
氢氧化钠	5	脲醛树脂微粒	30
十二烷基苯磺酸钠	2	十二烷基硫酸钠	4
月桂醇聚氧乙烯醚	2	沉淀硅酸	15
1,3- 二甲基 -2- 咪唑啉酮	10	水	余量
水	余量	—	—

表 5.25 中，配方一呈碱性，该洗涤剂能除去聚酯地毯上的咖啡、饮料、番茄酱色

渍和墨渍等。配方二中含吸附污垢的载体，喷洒于化纤或羊毛地毯上，然后真空吸去污垢，去污率高。

餐具洗涤剂所用的表面活性剂要求对人体安全，对皮肤无刺激，并且去油污快，容易冲洗。手洗餐具所用洗涤剂应乳化力强，去油腻性能好，泡沫适中，带有水果香味，可洗碗碟、水果蔬菜，使用方便，容易过水，洗后不挂水迹，不影响瓷器光亮度。

2. 机洗餐具用洗涤剂

餐具清洗机的类型有单槽式和多槽式。单槽式洗盘机是在同一槽中完成净洗和冲洗两步操作，而多槽式洗盘机的净洗和冲洗是在 2 个槽中完成的。机用餐具洗涤剂分为洗涤剂和冲洗剂两类，它们的配方是不同的。

1）洗涤剂

餐具洗涤剂运转过程中有水流的喷射作用，因此采用的洗涤剂应该是基本无泡的，即使低泡型的家用洗涤剂也不宜使用。在洗涤剂配方中常用聚醚作为抑泡组分。

为了防止泡沫产生，机用餐具洗涤剂中表面活性剂用量很少，而采用增加碱剂的方法来提高去污效果。常用的碱剂为磷酸盐、碳酸盐等，当无机盐含量较多时，产品可制成固体粉末状，表 5.26 列举了这类产品的配方两则，供参考。

表 5.26　机洗餐具用洗涤剂配方实例

配方一	质量分数 /%	配方二	质量分数 /%
三聚磷酸钠	30～40	AEO-9	1
无水硅酸钠	25～30	三聚磷酸钠	20
碳酸钠	15～20	硅酸钠	8
磷酸三钠水合物	10～15	二氯异氰脲酸钠	1.8
聚醚（pluronicl 62）	1～3	碳酸钠	余量

表 5.26 中，配方一中起去污作用的主要是碱性无机盐类。硅酸钠在碱性介质中还可对金属器皿起到缓蚀作用。pluronicl 62 是环氧丙烷和环氧乙烷共聚物，用以防止泡沫的产生。

配方二中二氯异氰脲酸钠能对餐具起消毒作用。

2）餐具冲洗剂

冲洗剂加在冲洗的水中，使冲洗液易于从餐具表面流尽。这样可免去人工用布擦干餐具，符合卫生的要求。对冲洗剂还要求在冲洗液体蒸发后，餐具表面特别是玻璃器皿表面不留水纹。冲洗剂通常采用温和的表面活性剂配制而成，表 5.27 为一例冲洗剂配方。

表 5.27 机洗餐具冲洗剂配方实例

组 分	质量分数 /%	组 分	质量分数 /%
蔗糖酯	10	丙二醇	20
羧甲基纤维素	0.2	乙醇	1
甘油	7	水	余量

五、工业用洗涤剂配方

工业用清洗剂是指各个工业部门在生产过程中所用的洗涤剂，发达国家工业用表面活性剂占表面活性剂总产量的 40%～60%，我国工业用表面活性剂的量和品种都比较少，远不能满足要求。工业清洗剂起到改进工艺过程、提高产品质量、促进技术创新等作用，进而可以收到极大的经济效益。

1. 金属清洗剂

在机械加工、机器维修和安装过程中须去除金属表面的各种污垢。清洗金属的传统方法是碱液清洗和溶剂清洗。碱液清洗是用氢氧化钠、碳酸钠、磷酸钠等碱剂的水溶液清洗，这种方法清洗成本低，但碱对某些金属有腐蚀性，而且对矿物油脂的清洗效果差；溶剂清洗是用汽油、煤油等有机溶剂清洗，虽然清洗效果好，但溶剂易着火很不安全，且浪费了油料。因此相继开发了以表面活性剂为主要原料的各种水基金属清洗剂，代替了传统的清洗剂。这类金属清洗剂既有很好的清洗效果，又无溶剂清洗剂的弊端，在现代机械工业中已获得广泛应用。

对水基金属清洗剂的基本要求是：能迅速清除附着于金属表面的各种污垢；对金属无腐蚀，清洗后金属表面洁净光亮，并对金属有一定的缓蚀防锈作用；不污染环境，对人体无害，使用过程安全可靠，原料价格便宜。表 5.28 列举了这类清洗剂的两个配方，供参考。

表 5.28 金属清洗剂配方实例

配方一	质量分数 /%	配方二	质量分数 /%
脂肪醇聚氧乙烯醚	24	85% 磷酸	3
月桂酰二乙醇胺	18	无水柠檬酸	4
油酸三乙醇胺	25	甲基乙基酮	3
油酸钠	5	辛基酚聚氧乙烯醚	2
水	余量	水	88

表 5.28 中配方一产品是常用的一种金属清洗剂，对金属具有一定的缓蚀防锈效果。配方二的产品用于清洗不锈钢表面的污垢。

2. 结垢清洗剂

结垢是指沉积在水冷却系统、锅炉壁上和蒸气管上的重金属不溶物层（如碳酸钙沉积物形成的水垢），也包括在一定加热条件下，在钢铁表面形成的氧化层。清除结垢用的酸性清洗剂主要是酸浸浴中的酸，可以用稀的硫酸或稀的盐酸，除水垢时多用盐酸，在酸浸浴中需加入防止酸腐蚀的"抑制剂"，有效的抑制剂是苯硫脲和硫脲，它们都是固体，可配入粉状洗涤剂，以增加浸泡效应。

在酸浸浴型结垢清洗剂中必须加入耐酸的洗涤剂组分。洗涤剂没有明显的抑制效应，但有很强的润湿作用，润湿作用在一定程度上起到防止孔蚀的作用，这就是在酸浸浴中加入洗涤剂的一个重要原因。最有效的洗涤剂表面活性物是烷基苯磺酸盐，也可以采用石油磺酸盐或烷基萘磺酸盐。

用混合酸特别是固体的混合酸来清除结垢效果好，并可减少酸腐蚀。常用的固体酸性物质如氨基磺酸、单酸、柠檬酸、硫酸氢钠等。清洗汽车水冷却系统结垢用的酸性清洗剂配方如表 5.29 所示。

表 5.29　　汽车水冷却系统结垢酸性洗涤剂配方实例

组　分	质量分数 /%
草酸	80
十二烷基苯磺酸洗涤剂	10
硫酸氢钠	10

按表 5.30 中的配方制得的酸性除垢剂来清除碳酸钙的结垢物效果很好。

表 5.30　　清除碳酸钙结垢物清洗剂配方实例

组　分	质量分数/%
氨基磺酸	93.8
脂肪酸酰胺聚氧乙烯基化合物	2.4
抑制剂	3.8

由聚醚非离子表面活性剂、二甲苯磺酸钠、硫酸氢钠和酒石酸盐配制的除垢剂，用于锅炉除垢，比用加抑制剂的盐酸效果好，腐蚀性也小。

3. 汽车用清洗剂

1）汽车外壳清洗剂

汽车外壳的污染主要是尘埃、泥土和排出废气的沉积物，这类污染适宜用喷射型的清洗系统进行冲洗，在这种清洗系统中应采用低泡型清洗剂。另外，汽车面漆对清洗介质比较敏感，不宜使用溶剂型为主的清洗剂。参考配方如表 5.31 所示。

表 5.31　汽车外壳清洗剂实例

组　分	质量分数 /%	组　分	质量分数 /%
K12	2	聚醚	7
TX-10	3	聚磷酸盐	86
AEO-9	2	—	—

表 5.31 中的配方为粉剂，应用时配成溶液。

2）具有上光效果的汽车用清洗剂

这类清洗剂常含有蜡类物质。用这类清洗剂擦洗汽车外壳，同时有清洗和上光功能，参考配方如表 5.32 所示。

表 5.32　具有上光效果的汽车用清洗剂实例

组　分	质量分数 /%	组　分	质量分数 /%
氧化微晶蜡	4.2	辛基酚聚氧乙烯醚	5
油酸	0.7	脂肪酸聚氧乙烯醚	1.2
液体石蜡	2.5	甲醛	0.2
CMC	0.4	水	余量
聚二甲基硅氧烷	2.4	—	—

3）汽车发动机清洗剂

发动机清洗剂是随汽车用的燃油同时注入油箱中，添加量为燃油量的 0.1%～5% 。随着燃油的运行，不断地除去燃料系统的零部件上附着的污垢（如油状、胶状物质和炭沉积等），发挥清洁作用。它对污垢去除速度快，不论是低温还是高温区域，都能彻底清除燃烧系统的污垢。配方举例如表 5.33 所示。

表 5.33　汽车发动机清洗剂配方实例

组　分	质量分数 /%	组　分	质量分数 /%
油酸	10	丁醇	10
异丙醇胺	4	煤油	35.5
28% 氨水	5	机油	20
水	5	TX-10	0.5
丁基溶纤剂	10	—	—

4. 金属切削液

金属切削液也称金属润滑冷却液，使用金属切削液的目的就是为了降低切削时的切削力及刀具与工件之的摩擦，及时带走切削区内产生的热量以降低切削温度减少刀具磨损，提高刀具使用寿命，从而提高加工效率，保证工件精度和表面质量，达到最佳经济效果。切削液必须具备下列性能：

（1）贮存稳定性好，在加工过程和冷却系统中使用，在仓库贮存期内，切削液不应产生沉淀或分层。

（2）对于乳化液和合成型水基切削液，应具备良好的稳定性，不会析油、析皂，对细菌和霉菌有一定的抵抗能力，不易发臭变质，使用周期较长。

（3）对人体无害，无刺激性气味，便于回收，不会污染环境。废液经处理后能达到国家规定的工业污水排放标准。

金属切削液的主要成分是矿物油、表面活性剂、极压添加剂、防锈添加剂、防腐剂等。常用的表面活性剂是阴离子表面活性剂和非离子表面活性剂。在水溶性金属切削液中，表面活性剂用做乳化剂、润湿剂、润滑剂和洁净剂。在化学溶解型金属切削液中，表面活性剂主要用做降低表面张力、增加润滑性能以防止烧伤等。在金属切削液中，要求所用的表面活性剂必须对碱和盐有良好的稳定性。

在金属切削液中，矿物油必须是黏度低、渗透性好。实践证明，石蜡烃系矿物油较为理想。极压添加剂有硫、磷和氯的化合物。硫以硫化矿物油、硫化油脂形态加入，磷以有机磷和金属磷酸钠的形态加入。防锈剂有油溶性防锈剂和水溶性防锈剂两种。常用的是石油磺酸盐（钠、钡、钙盐），烷基苯磺酸盐、金属皂、氯化蜡和胺的衍生物，重铬酸钾、二乙醇胺，单乙醇胺、油酸三乙醇胺、十二烷基二乙醇酰胺，苯甲酸钠、甲苯酸胺、碳酸铵、碳酸钠、亚硝酸钠等。

冷却金属切削液的质量配方如表 5.34 所示。

表 5.34　冷却金属切削液的质量配方实例

配方一	质量分数 /%	配方二	质量分数 /%
磺化蓖麻油磷酸钠	6.0	N-C_{18}-N- 磺基珑拍酰天冬氨酸四钠盐	0.25～2.5
聚乙二醇 600（PEG600）	2.0	苯甲酸钠	0.1～0.15
三乙醇胺	1.0	碳酸钠	0.2～0.4
水	余量	C_{12}- 烷基苯磺酸三乙酸胺	0.5～1.0
—	—	PVC 乳酸	0.25～2.5
—	—	水	余量

表 5.34 中配方一适用于高速插齿等工序，代替机油、极压油等。配方二金属切削液稳定性好，可保存 3 个月不变质，可提高工具耐用性和被加工表面质量。

第四节　洗涤剂的生产技术

一、液体洗涤剂的生产技术

液体洗涤剂配制工艺非常简单，一般采用间歇式批量化生产工艺。这是因为液体洗涤剂产品品种繁多，根据市场需要可及时变化原料和工艺条件。液体洗涤剂的生产工艺流程主要是原料准备、混用或乳化、混合物料的后处理及成品包装。这些化工单元操作设备主要是带搅拌的混合罐、高效乳化设备、各种过滤器、各种计量设备、物料贮罐和灌装设备。液体洗涤剂的生产工艺虽然简单，但是工艺条件和产品质量控制是非常重要的。主要控制手段是物料质量的检验、用料的计量和配比、温度控制、黏度调节、pH和最后产品质量检验。

1. 原料处理

液体洗涤剂原料至少是两种甚至更多，熟悉所使用原料的物理化学特性，确定合适的物料配比和加料顺序是相当重要的。按照工艺要求选择适当原料，并做好原料预处理。如有些原料应预先加热熔化，有些原料用溶剂预溶，然后才加到混配罐中混合。所有物料的计量是十分重要的，工艺规定中应按加料量确定称量物料的准确度、计量方式和计量单位，然后选择计量设备，如计量泵、计量槽、秤、台秤等。有些原料要求预先处理，应预先滤去一些机械杂质，使用的主要溶剂（主要是水）应进行去离子处理等。液体洗涤剂生产设备的材质多选用不锈钢、搪瓷玻璃衬里等材料，其中若含有重金属、铁等杂质都可能对产品带来有害的影响。

2. 混配或乳化

为了制得均相透明的溶液型或乳液型液体洗涤剂产品，物料的混配或乳化是关键工序。在按照预先拟定的配方进行混配操作时，混配工序所用设备的结构、投料方式与顺序、混配工序的各项技术条件，都体现在最终产品的质量指标中。混配过程的投料顺序一般是先将规定量去离子水先投入锅内，调节温度的同时打开搅拌器，达 40～50℃ 时边加料边搅拌，先投入易溶解成分和增溶成分，如甲苯磺酸钠或其他易溶的表面活性剂，再投入 AES，AES 较难溶解，避免出现 AES 的凝胶。

用 LAS 与 AES 复合型活性剂配制液体洗涤剂时，应十分注意在过程中控制 pH 及黏度，若 pH > 8.5，再继续投入其他成分会出现混浊，使产品不易呈透明状。影响产品的黏度的因素很多，如各种原料投入量是否准确，原料中的杂质尤其是无机盐，各成分的配伍性，甚至加料顺序等都会严重影响产品的黏度和透明度。

混配工序操作温度不宜太高，投料过程一般温度约 40℃，投完全部原料后要在40～60℃ 继续搅拌至物料充分混合或乳化完全后为止。料液温度在降至 40℃ 以下时，在搅拌下分别加入防腐剂、着色剂、增溶剂等各种添加剂，最后加入香料，待搅拌均匀后送至下道工序。

3. 混合物料的后处理

此工序可以说是控制液体洗涤剂产品质量的最后一道关。无论生产透明溶液还是乳液，在包装前还要经过一些后处理，以保证产品质量或提高产品的稳定性。在混合和乳化操作时，要加入各种物料，难免带入或残留一些机械杂质，或产生一些絮状物，这些都会直接影响产品外观，所以物料包装前的过滤是必要的。经过乳化的液体，其稳定性较差，最好再经过均质工艺，使乳液中分散相的颗粒更细小、更均匀，得到更稳定的产品。由于搅拌作用和产品中表面活性剂的作用，有大量的微小气泡混合在产品中，气泡有不断冲向液面的作用力，可造成溶液稳定性较差，包装计量不准。一般采用抽真空排气工艺，快速将液体中的气泡排出。将物料在老化罐中静置贮存几个小时，在其性能稳定后再包装。对于绝大部分液体洗涤剂都是使用塑料瓶包装，要严格控制灌装量、做好封盖、记载批号、合格证等，包装质量同产品内在质量同等重要。

二、粉状洗涤剂的生产技术

粉状合成洗涤剂的产量占合成洗剂总产量的 80% 以上，制造粉状洗涤剂的方法主要有以下几种。

1. 喷雾干燥法

喷雾干燥法是先将活性物单体和助剂调制成一定黏度的料浆，用高压泵和喷射器喷成细小的雾状液滴，与 200～300℃ 的热风接触后，雾状的液滴在短时间内迅速失去水分成为干燥颗粒。按照料浆的雾状液滴与热风接触的方式，又分为顺流式和逆流式两种方法。

（1）顺流式喷雾干燥法是热风炉出来的热风，从塔的上部旋转进入塔内，料浆同样也是从塔顶喷下来，喷下来的料浆通过迅速旋转的转盘产生离心力而形成雾状液滴散落下来，从塔顶顺流而下，同时与热风接触，被干燥成颗粒。由于旋风分离器直接连接在排风机上，因而造成塔内呈负压，使干燥颗粒不会向上飞扬。从旋转圆盘甩出来的雾化料浆与热风接触时，忽然暴露在高温下，料浆中的水分和空气猛然脱离出去，形成干燥皮壳很薄的空心颗粒。

（2）逆流式喷雾干燥法是用高压泵将料浆送至塔顶，经喷嘴向下喷出，热风则是从塔底经过进热风口的导向板进入塔内，顺塔壁以旋转状态由下向上进入塔顶，通过旋风分离器排出，因与料浆液滴与来自塔下方的热风接触，在塔内徐徐下降，并与热风的流动是相向而行，故称为逆流式喷雾干燥。这种方式的喷雾干燥塔的高度一般 20m 以上。塔内温度分布是塔的热风入口附近的温度最高，离塔顶越近温度越低，即在料浆液滴喷射出来时，周围空气的温度较低，随着液滴的下降，逐渐受到较高温度的作用。由于料浆溢滴是边下降边干燥，先从表面开始干燥，逐渐形成颗粒，颗粒的表层也随之加厚。颗粒内部含的水分一经与热风入口处附近的高温相接触，因水分气化膨胀而把颗粒的干燥表皮冲破，成为圆球状的空心颗粒，采用逆流式喷雾干燥得到的洗衣粉颗粒一般比较硬，表观密度较大。这种干燥方式的优点在于操作条件控制适时，易于通过改变热风入量和在塔内旋转的程度，从而改变料浆液滴在塔内的停留时间，以便获得干燥适度（指含有适量水分）的颗粒。

生产工艺流程如图 5.1 所示。

气流式喷雾干燥法实际生产过程主要分为料浆的制备、喷雾干燥和成品包装等工序，其生产过程和工艺流程有：

（1）料浆的配制。料浆配制是否恰当，对产品的质量（指密实程度）和产量影响很大。洗涤剂活性物单体和各种助剂要严格按照配方中规定的比例和按一定的次序进行

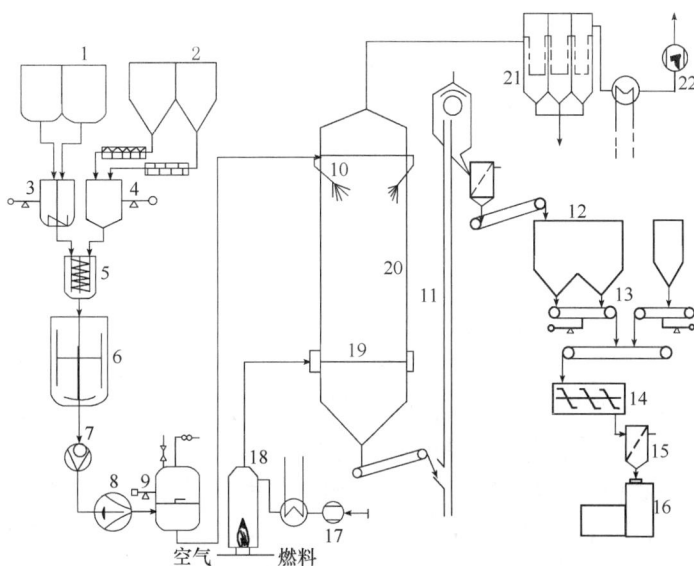

图 5.1　喷雾干燥法生产粉状洗涤剂的流程

1. 液体原料贮罐；2. 固体原料贮罐；3. 液体原料计量器；4. 固体原料计量器；5. 混合器；6. 中间贮罐；7. 加压泵；
8. 高压泵；9. 空气贮罐；10. 喷嘴；11. 气升管；12. 粉贮罐；13. 皮带计量输送器；14. 粉混合器；15. 筛子；
16. 包装机；17. 送风机；18. 燃烧器；19. 环状通风道；20. 喷粉塔；21. 袋式过滤器；22. 排风机

配料，并且不断进行搅拌和保持恒温。这是因为料浆是一个多组分的悬浮液，例如，组分中的三聚磷酸钠、纯碱、硅酸盐、硫酸钠等都吸水变成结晶体，三聚磷酸钠能迅速水合，亦能水解，它们的反应是比较复杂的。配制料浆最重要的是，料浆的流动性要好，总固体含量要高，使料浆均匀一致，适于喷粉。

各组分投料次序的先后和料浆的温度也会影响料浆的质量。一般的投料规律是先投难溶解料，后投易溶解料；先投轻料，后投重料；先投少料，后投多料。总的原则是每投入一种料，必须搅拌均匀后方可投入下一种料，以达到料浆的均匀性。料浆体保持一定温度有助于料浆中各组分的溶解和搅拌，并可控制结块，使容易进入均质状态。但是，如果温度太高，某些组分的溶解度反而降低，析出晶体，或者是加速水合和水解，例如，三聚磷酸钠的变化会使料浆发松变稠，流动性变差。一般是在 60～65℃，以不超过 70℃ 为宜。

料浆的稠度对喷雾操作和粉体质量也有一定的影响。料浆的稠度除了决定于助剂添加的数量与方式之外，也与料浆中夹杂空气泡的多少有关，而空气泡沫的产生又与搅拌时有无旋涡和表面搅动以及活性物单体的质量、投料方式等都互相关联。料浆中一定的含水量也是重要的，这里的水既起溶解作用，又起黏合作用，要尽可能采取措施使粉体成品中草药水分大都呈结晶水状态。在保证成品的流动性、不结块、表观密度、颗粒度的情况下，可适当提高粉体的水分。

（2）喷雾干燥。料浆经高压泵以 5.9～11.8MPa 的压力通过喷嘴，呈雾状喷入塔内，与高温热空气相遇，进行热交换。从雾状液滴的干燥历程来看，可以把空心粒状的形成从塔底分为表面蒸发、内部扩散与冷却老化三个阶段。一开始液滴表面，内部水分逐渐减少，这时液滴内部的扩散速度要比表面蒸发速度大一些，随着表面水分的不断蒸发，液滴下降，温度升高，热交换继续进行，这时表面逐渐形成一层弹性薄膜。随后，液滴下降，温度升高，热交换继续进行，这时表面蒸发速度增快，薄膜逐渐加厚，内部的蒸气压力增大，但蒸气通过薄膜比较困难，这样就把弹性膜鼓成空心粒状。最后，干燥的颗粒进入塔底冷风部分，这时温度下降，表面蒸发很慢，残留水分被三聚磷酸钠等无机盐吸收而成结晶颗粒，因老化而更加坚实。这就是洗衣粉经过塔式喷雾干燥形成空心粒状的过程，但这又必须在一定的条件下才能达到，这些条件有料浆的均匀性、料浆的温度与物理性能、喷雾的压力、干燥的方式、干燥塔的高度、气流状态等。一般的颗粒直径为 0.25～0.4mm，表观密度为 0.25～0.40g/mL。

喷粉塔应有足够的高度，以保证液滴有足够的时间在下降过程中充分干燥，并成为空心粒状。中国目前的逆流喷雾干燥塔的高度，直筒部分（有效高度）一般大于 20m。小于 20m 的塔，空心粒状颗粒形成不好，影响产品质量，如包括塔顶、塔底的高度在内，总高为 25～30m。塔径有 4m、5m 及 6m 三种，一般认为直径小于 5m 的不易操作，容易造成粘壁。大塔容易操作，成品质量较好，但是塔过大而产量过小时，热量利用就不经济。一般直径为 6m、高 20m 的喷粉塔，能获得年产量 15～18kt 的空心粒状产品。

2. 附聚成型法

用附聚成型法制造粉状合成洗涤剂，是近 10 多年发展起来的新技术。所谓附聚是指固体物料和液体物料在特定条件下相互聚集，成为一定的颗粒（附聚法）。与喷雾法相比，它的最大优点是省去了物料的溶解和半浆的蒸发步骤，省去了相应的若干调和，从而单位产量投资费用小，生产费用也低，三废污染最小，产品表观密度大，可用来生产新型的浓缩洗涤剂。根据原轻工业部日用化学工业科学研究所的资料表明，利用附聚成型法生产洗衣粉与国内高塔喷雾成型法相比，可节省能源 90%，建厂投资节省 80%，操作费用降低 70%，减少非离子活性物热分解损失 20%，减少三聚磷酸钠水解（成为焦磷酸钠和正磷酸钠）损耗 20%，同时减少生产用占地面积和节约水电。这种装置要求各组分理化性能恒定。料流控制准确，这是值得注意的。

生产工艺流程如图 5.2 所示。

先将各种粉体组分（过筛后）分别送入上部粉仓，其中少量组分先混合器进行混合。混合后的粉体物料与经过预热定量的几种液体组分同时进入机器进行附聚成型，再经老化，加酶加香进行后配制，最终产品至成品贮槽。

三、浆状合成洗涤的生产技术

浆状合成洗涤剂又称为洗衣膏，是我国部分地区很受人们喜爱的洗涤用品，尤其在农村拥有相当大的市场。浆状洗涤剂一般由表面活性剂、助洗剂和无机盐三部分构成。表面活性剂主要选用以 LAS 为代表的阴离子表面活性剂品种，辅以少量的非离子表面活性剂（如 AEO-9，OP-10 等），可占配方总量的 15%～30%；助洗剂仍为三聚磷酸钠、碳酸钠、硅酸钠和（或）焦磷酸钠等碱性助剂，占配方总量的 25%～40%；而无机盐则主要使用氯化钠和硫酸钠，其中氯化钠的增稠作用较硫酸钠要好，约占总配方量的 3% 左右，其余组成则为水，占 20%～40% 。浆状洗涤剂一般有两种制法，其工艺核心是如何在使配方中含有一定无机盐和水分的情况下，保持膏体的长时间稳定。

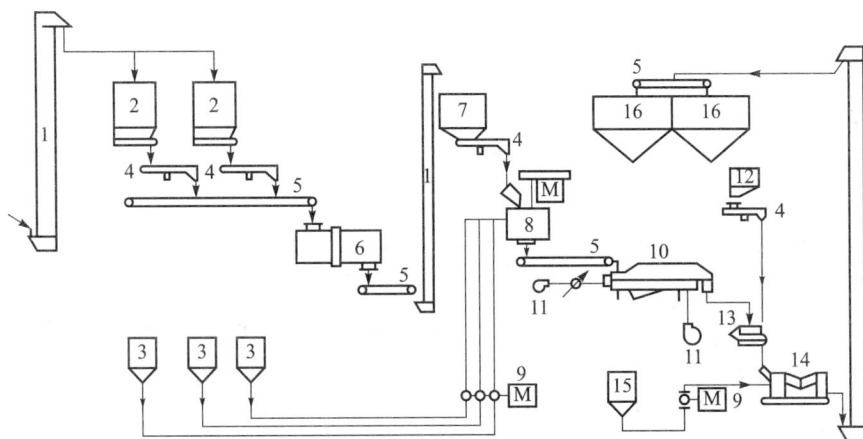

图 5.2　附聚成型工艺

1. 斗式提升机；2. 固体原料贮槽；3. 液体原料贮槽；4. 电子皮带秤；5. 皮带输送机；
6. 预混合器；7. 预混合料仓；8. 连续造粒机；9. 计量泵；10. 流化干燥床；11. 风机；
12. 酶贮槽；13. 旋转振动筛；14. 后配混合器；15. 香精贮槽；16. 成品粉仓

1. 羧甲基纤维素钠法

该法是利用羧甲基纤维素钠作为胶黏剂，再配以阴离子和非离子表面活性剂及无机盐。羧甲基纤维素钠易溶于水，并在水溶液中形成网状结构，能牢固地结合部分水；同时包覆大量的游离水，游离水又与无机盐组成网体骨架，使浆状膏体稳定。另一方面，表面活性剂在一定浓度下形成胶团，遇到无机盐后，胶团又聚集成有规则的层状胶束，该胶束亦能吸收大量的水，使浆状体的游离水减小，同样起着使膏体稳定的作用。配方中的 CMC 需单独溶解。如果备有带慢速搅拌器的混合器，则将 10 倍于 CMC 质量的水加入该容器，一边搅拌，一边慢慢地倒入 CMC，继续搅拌到所有 CMC 团块都分散为止。此项操作需与膏状物制造过程同时进行。如果没有配备这样的混合器，则溶液可以用同一方法在一个 200L 的桶中制造，用手动搅拌器一边进行搅拌，一边加入 CMC。这种分散液最好是在需要的前一天制备，以便 CMC 能通宵膨胀和溶解。CMC 分散液如果与铁或钢接触，便会腐蚀容器，同时被生成的铁锈所污染。因此，这种分散液必须在不腐蚀的容器（如不锈钢、石棉水泥或者是衬橡胶的钢容器）中制备。搅拌器本身也应该是耐腐蚀的。

2. 肥皂法

肥皂法是利用肥皂中高级脂肪酸钠的吸着作用，同时配以阴离子和非离子表面活性剂及无机盐等。肥皂分子的纤维结构及胶质作用使其能吸收其他微细物质，包覆游离水并产生凝聚，以减少整个浆状体系游离水的存在。经测试，以该法生成的浆状洗涤剂可耐 40℃高温 24h 而不变稀。

上述两种方法无论采用哪一种，制备过程的加料顺序应为：阴离子表面活性剂—水—羧甲基纤维素钠（或肥皂）—非离子表面活性剂—可溶性硅酸钠—碳酸钠—碳酸氢钠—三聚磷酸钠—乙醇—香料—色素—氯化钠。

在上述加料顺序中需注意非离子表面活性剂与可溶性硅酸钠不能同时加入，否则两者易形成难分散的凝胶体，使膏体不均匀；可溶性硅酸钠必须加在碳酸氢钠之前，使它能如期与硅酸钠作用，析出二氧化硅结合大量的水，使膏体稳定，氯化钠作为增稠剂，宜最后加入，方能有利于料浆的分散。

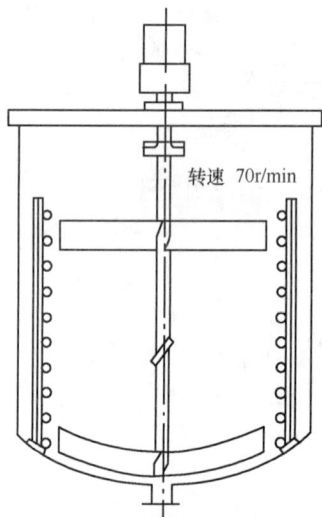

转速 70r/min

图 5.3　制造液体和膏状洗涤剂的中和器

膏状洗涤剂的制造可以在一种特殊设计的、带有冷却夹套的中和器中进行，如图 5.3 所示。中和器最好用不锈钢制造，但是如果采取预防措施，在制造过程中，膏状物的 pH 不下降到 7 以下，则亦可采用低碳钢制造。

当使用不锈钢中和器时，工艺过程大致相似，除了碳酸钠可以在开始时与水和 NaOH 一起加入外，并不需要采取特殊措施以防 pH 呈酸性。如果达到酸性的 pH，则加入 1～2LNaOH 溶液，便可恢复所希望的 pH 7.5～8.0。当需要一种高浓缩液体时，该膏状物的生产工艺略加改变即可，其办法是用乙醇胺来中和磺酸。在这种情况下，所需水（决定于所需的最终浓度）和乙醇胺均先加入容器，磺酸则在间歇搅拌下缓慢地加入，以防产生泡沫。反应是瞬间发生的，唯一的预防措施是避免产生泡沫和保持温度不致上升到 60℃ 以上。

小结

本章从分析洗涤作用的微观过程出发介绍了共同发挥洗涤作用的各种原料，如表面活性剂和各种洗涤助剂以及具有特殊作用的添加剂品种，通过具体的配方实例说明洗涤剂的品种、形态、应用范围和基本的生产方法。

思考题

1. 什么化学品称为洗涤剂？
2. 简述洗涤的基本过程和去污机理。
3. 洗涤剂的主要组成是什么？
4. 简述洗涤剂中表面活性剂的主要种类及其性能。
5. 简述洗涤剂中洗涤助剂的主要品种及其作用。
6. 叙述表面活性剂的协同效应。
7. 设计低磷、无磷洗衣粉配方各一个。

8. 液体洗涤剂的生产主要由哪几个操作程序所组成？

9. 为什么说混合是液体洗涤剂生产中的关键工序？

10. 粉状洗涤剂在进行配料操作时，应如何进行投料操作？

11. 喷雾干燥工艺具有哪些特点？

12. 高塔喷雾干燥生产洗衣粉时，应如何选择工艺条件？

第六章　食品添加剂

知识点和技能点

1. 食品添加剂的定义、使用标准、品种。
2. 防腐剂、杀菌剂、抗氧化剂、增稠剂、调味剂、营养强化剂等主要的食品添加剂品种的化学结构与作用机理之间的关系。
3. 食品添加剂和饲料添加剂的原料来源、化学合成或工业提取方法。
4. 食品添加剂和饲料添加剂的新品种、发展趋势。

学习目标

1. 掌握食品添加剂的定义、分类、使用要求。
2. 理解防腐剂、杀菌剂、乳化剂、抗氧化剂的作用机理和分子结构的内在关系。
3. 了解食用色素、增稠剂、营养强化剂的的品种，工业提取方法和使用目的以及使用范围。
4. 掌握饲料添加剂的品种及其作用。

第一节　概　　述

一、食品添加剂的定义

食品添加剂是以改善食品质量、方便加工、延长保存期、增加食品营养成分为目的，在食品加工、生产、贮运过程中添加的精细化学品。目前，世界各国还没有一个食品添加剂的统一定义。我国食品法中的定义为：食品添加剂是指为改善食品品质和色、香、味以及为防腐和加工工艺的需要而加入食品中的化学合成或天然物质。

食品添加剂一般不是食物，也不一定有营养价值，但必须符合上述定义的概念，既不影响食品的营养价值，且具有防止食品腐败变质、增强食品感官性状或提高食品质量的作用。随着人民生活水平的不断提高，对营养科学认识的不断深化，人们对食品提出了更新、更高的要求，而食品添加剂的加入就可以满足食品的方便化、高档化、多样化和营养化。可以说，现在所有的加工食品都含有食品添加剂，而且合理使用添加剂对人体健康以及食品都是有益无害的。因此，没有食品添加剂便没有现代的食品工业。在食品生产中只要按国家标准添加食品添加剂，消费者就可以放心食用。不断开发更新、更安全的食品添加剂一直是食品工业发展的重要课题。

二、食品添加剂的分类

食品添加剂有多种分类方法，如按来源分类、按应用特性分类、按功能分类等。

食品添加剂按照其原料和加工工艺不同可分为天然食品添加剂和人工合成食品添加剂两大类。天然食品添加剂是指以动植物或微生物的代谢产物为原料加工提纯而获得的天然物质；化学合成的食品添加剂是指采用化学手段，通过化学反应合成的食品添加剂。

食品添加剂按照其应用特性可以分为直接食品添加剂，如食用色素、甜味剂等；加工助剂，如消泡剂、脱膜剂等；间接添加剂，如用于食品容器和包装的一些添加剂。

食品添加剂最常见的分类方法是按其功能来分，我国的 GB 12493—1990《食品添加剂的分类和代码》将食品添加剂分为 21 大类。分别为酸度调节剂、抗结剂、消泡剂、抗氧化剂、漂白剂、膨松剂、胶糖基础剂、着色剂、护色剂、乳化剂、酶制剂、增味剂、面粉处理剂、被膜剂、水分保持剂、营养强化剂、防腐剂、稳定和凝固剂、甜味剂、增稠剂和其他。

三、对食品添加剂的一般要求

对于食品添加剂的要求，首先应该是对人类无毒无害，其次才是它对食品色、香、味等性质的改善和提高。因此，对食品添加剂的一般要求如下。

（1）安全无毒，食品添加剂应进行充分的毒理学鉴定，保证在允许使用的范围内长期摄入而对人体无害。食品添加剂进入人体后，应能参与人体正常的新陈代谢或能被正常解毒后完全排出体外或因不被消化吸收而完全排出体外，而不在人体内分解或与其他物质反应生成对人体有害的物质。

（2）对食品的营养物质不应有破坏作用，也不影响食品的质量及风味。

（3）食品添加剂应有助于食品的生产、加工、制造及贮运过程，具有保持食品营养价值，防止腐败变质，增强感官性能及提高产品质量等作用，并应在较低的使用量下具有显著效果，而不得用于掩盖食品腐败变质等缺陷。

（4）食品添加剂最好在达到使用效果后除去而不进入人体。

（5）食品添加剂添加于食品后应能被分析鉴定出来。

（6）价格低廉，原料来源丰富，使用方便，易于贮运管理。

四、食品添加剂的使用标准

由于食品添加剂毕竟不是食物的天然成分，少量长期摄入也有可能存在对机体的潜在危害。随着食品毒理学方法的发展，原来认为无害的食品添加剂近年来发现可能存在慢性毒性和致畸、致突变、致癌性的危害，故各国对此开始给予充分的重视。目前，国内外对待食品添加剂均持严格管理、加强评价和限制使用的态度。为了确保食品添加剂的食用安全，食品添加剂必须在允许范围和规定限量内使用，且对人体无害，也不应含有其他有毒杂质，对食品营养成分不应有破坏作用。同时，不得使用食品添加剂掩盖食品的缺陷或作为伪造的手段，不得由于使用食品添加剂而改变良好的加工措施和降低卫生要求。

理想的食品添加剂应是有益而无害的物质，但有些食品添加剂，特别是化学合成的食品添加剂往往具有一定的毒性。这种毒性不仅由物质本身的结构与性质所决定，而且与浓度、作用时间、接触途径与部位、物质的相互作用与机体机能状态有关。只有达到一定浓度或剂量，才显示出毒害作用。因此食品添加剂的使用应在严格控制下进行，即应严格遵守食品添加剂的使用标准，包括允许使用的食品添加剂品种、使用范围、使用目的（工艺效果）和最大使用量。食品添加剂在食品中的最大使用量是使用标准的主要数据，它是依据充分的毒理学评价和食品添加剂使用情况的实际调查而制定的。

毒理学评价除做必要的分析检验外，通常是通过动物毒性试验取得数据，包括急性毒性试验、亚急性毒性试验和慢性毒性试验。在慢性毒性试验中还包括一些特殊试验，如繁殖试验、致癌试验、致畸试验等。

评价食品添加剂的毒性，首要标准是日容许摄入量（ADI），ADI 指人一生连续摄入某物质而不致影响健康的每日最大允许摄入量，以每日每千克体重摄入的毫克数表示，单位为 mg/kg。

判断食品添加剂安全性的第二个常用指标是半数致死量（缩写 LD_{50}）。通常指能使一群试验动物中毒死亡一半所需的最低剂量，其单位是 mg/kg（体重），对食品添加剂，主要指经口的半数致死量。

第二节　常用食品添加剂

一、防腐剂

食品中含有丰富的营养物质，很适宜微生物生长繁殖，微生物侵入食品则导致食品腐败变质。防腐剂是抑制微生物繁殖，从而减少食品的腐败及延长食品保存期的一种添加剂，它还有防止食物中毒和杀菌的作用，已广泛应用于酱油、酱菜、饮料、葡萄酒、面包、糕点、罐头、果汁、蜜饯、果糖等诸多方面。

防腐剂分有机防腐剂和无机防腐剂两类。有机防腐剂主要有苯甲酸及其盐类、山梨酸及其盐类、对羟基苯甲酸酯类、丙酸及其盐类等。无机防腐剂主要有亚硫酸盐类、游离氯酸盐类、硝酸盐及亚硝酸盐类、二氧化硫等。

1. 几种常用的防腐剂品种

1）苯甲酸及其盐类

苯甲酸又称安息香酸，为无色无定形结晶性粉末，熔点为 121～123℃，易溶于乙醇，微溶于水。苯甲酸钠为白色结晶性粉末，易溶于水，在空气中稳定。可直接溶于水加入食品，此时苯甲酸钠转化为有效形式苯甲酸，但在酸性饮料中使用时应先溶解再加入柠檬酸，否则会出现絮状沉淀。由于苯甲酸主要与人体内氨基乙酸结合生成马尿酸，少量与葡萄糖醛酸化合都可经尿排出，故无毒性蓄积作用。但上述两种作用都是在肝脏内进行的，所以对肝功能衰弱者不宜食用含有苯甲酸的食品。苯甲酸抗菌效果受 pH 影响较大，一般最适 pH 为 2～4，此时对所有微生物有效。苯甲酸可干扰细菌细胞中酶的结构，尤其阻碍乙酰辅酶 A 的缩合反应，还可阻碍细胞膜的作用。常用于酸性食物和饮料。

苯甲酸的钠盐水溶性好，常代替苯甲酸作防腐剂使用，但其防腐效果不及苯甲酸，这是因为苯甲酸钠只有在游离出苯甲酸时才能发挥防腐作用。

2）山梨酸及其盐类

山梨酸又名花楸酸是一种不饱和脂肪酸，学名 2,4-己二烯酸，结构式为 $CH_3CH=CH—CH=CHCHCOOH$，为共轭二烯酸，有钾盐、钠盐和钙盐；山梨酸为无色针状结晶或白色结晶性粉末，有特殊酸味；熔点为 132～135℃，在空气中易被氧化变色；难溶于水，易溶于乙醇。其水溶液被加热时，易与水蒸气一起挥发。山梨酸及其盐类可与微生物酶系统中的巯基结合，破坏许多重要酶系的作用，从而起到抗菌防腐作用，山梨酸对阻止霉菌生长特别有效，其防腐效果在 pH＜55 时较好，随 pH 升高防腐效果降低，属酸型防腐剂。对霉菌、好气性菌、酵母有抑制作用，但对嫌气性芽孢形成菌与嗜酸乳杆菌几乎无效。山梨酸及其盐类毒性很低或无毒，与食盐相似，可在机体内被同化产生二氧化碳和水，是目前安全性最好的防腐剂，但价格较高。山梨酸钾是山梨酸与碳酸钾或氢氧化钾中和生成的盐，其水溶性比山梨酸好且溶解状态稳定，使用方便，但防腐效果稍差。另外山梨酸的钠盐、钙盐等也具有抗菌防腐性能。

3）对羟基苯甲酸酯类

对羟基苯甲酸酯类又称尼泊金酯，为对羟基苯甲酸与低碳醇所生成的酯，其中酯主要有甲酯、乙酯、丙酯、丁酯、异丁酯等。我国允许使用的品种为乙酯和丙酯。它们是一些无色或白色结晶，几乎无臭、无味，稍有涩感，难溶于水而溶于 NaOH 溶液及乙醇、乙醚等溶剂。对霉菌、酵母菌、细菌有广泛的抗菌作用。抗菌活力源于未电离分子的作用，烷基碳原子数越多，其抗菌作用越强，其效果不随 pH 变化而变化，但 pH 在 4～8 范围内效果更好。其抗菌机理出于抑制微生物细胞的呼吸酶系与电子传递酶系的活性，并破坏微生物的细胞膜结构，使细胞内的蛋白质变性，还可以与辅酶引起竞争性反应。由于其水溶性差及特殊的气味，因此不适于食品防腐。另外，由于它们的羟基被酯化，与淀粉共存会影响抗菌效果，生成盐类后可提高其溶解度。其钙盐稳定，钠盐易于吸湿而不稳定，主要用于药物和化妆品。

4）丙酸及其钠盐

丙酸的抑菌作用较弱，但对霉菌、需氧芽孢杆菌及革兰氏阴性杆菌有效，特别对引起食品发黏的菌类如枯草杆菌抑菌效果好。最小抑菌浓度在 pH 5.0 时为 0.01%，pH 6.5 时为 0.5%。

丙酸可以认为是食品的正常部分，也是人体代谢的正常中间产物，故基本无毒，国外多用于面包及糕点的防霉，日本规定最大使用量为 5g/kg 以下。

5）天然防腐剂

随着社会经济的发展，人们对于食品添加剂的要求越来越高，特别是在食品安全卫生方面更是如此。而目前的化学合成防腐剂均有一定毒性，因此，在开发安全、高效、经济的新型防腐剂的同时，充分利用天然防腐剂对食品安全卫生更为有利，也更符合消费者需要。天然食品防腐剂是食品工业今后发展的重要趋势之一。

自然界中具有防腐性能的物质很多，现简单介绍几种天然防腐剂：

① 溶菌酶。含有 129 个氨基酸，相对分子质量 17500，等电点 10.5～11.0。它能溶解许多细胞的细胞膜，对革兰氏阳性菌、枯草杆菌等有抗菌作用。因为羧基和硫酸会影响溶菌酶活性，所以一般与其他抗菌物质配合使用。

② 鱼精蛋白。是一种相对分子质量小（5000），结构简单的球形蛋白，含大量氨基酸，存在于鱼的精子细胞中。对枯草杆菌、干酪乳杆菌等均有良好抗菌作用，在碱性介质中抗菌力更强，其热稳定性很好，与其他食品添加剂如甘氨酸等复配后，抗菌效果更好，适用范围也更广。

③ 果胶分解产物。果胶存在于苹果、柑橘等水果和蔬菜中，是一种多糖物质，它被酶分解后，表现出良好的抗菌性能。

④ 海藻糖。是一种无毒低热值的二糖，存在于蘑菇、海虾、蜂蜜等中，其防腐作用由其抗干燥特性所决定，因此除防腐作用外，不会使食品品质发生变化。

⑤ 壳聚糖。是从虾壳、蟹壳中提取的一种天然多糖，对大肠杆菌、金黄色葡萄球菌等均有抗菌性，与醋酸钠配合使用，抗菌作用增强。

⑥ 其他。还有甘露聚糖、蚯蚓提取液、香辛料提取物及甜菜碱等多种天然抗菌物质也被开发并进行过大量研究，有些国家已批准用于食品中。

2. 影响防腐剂效果的因素

为了有效地使用防腐剂，应清楚造成食品变质的微生物种类，选用适宜的防腐剂。并尽量杜绝影响该防腐剂使用效果的因素，这样才能达到防腐的目的。下面就来讨论影响防腐的因素：

① pH 的影响。苯甲酸及山梨酸均属于酸型防腐剂，食品的 pH 对它们的防腐作用有很大的影响，pH 越低即酸度越大，防腐的效果越好。例如，苯甲酸对啤酒酵母能起完全抵制作用的最小浓度与 pH 的对应关系是：浓度为 0.013% 时，pH 为 3.0；浓度为 0.05% 时，pH 为 4.5；浓度为 0.2% 时，pH 为 5.5；浓度为 0.2% 时，pH 为 6。

② 食品染菌的程度。食品染菌程度严重与否，对防腐剂的效果影响很大。细菌的繁殖生长过程分四个时期：Ⅰ 为滞留适应期，Ⅱ 为对数生长期，Ⅲ 为最高生长期，Ⅳ 为衰亡期，其中 Ⅰ、Ⅱ 期为细菌生长的缓慢的诱导期。由于防腐剂只能通过延长微生物繁殖过程的诱导期来抑制微生物的生长，所以对已严重染菌的食品，防腐剂已无能为力，换句话说防腐剂可以保持新鲜食品不发生腐败变质，而不能使已腐败变质的食品（严重染菌）回复到新鲜状态。

③ 防腐剂在食品中的分散状况。防腐剂必须均匀地分散在食品中，尤其在大生产中更应如此，否则有的部位分布过少达不到防腐效果，而分布过多的部位又超过使用标准。

④ 加热。在加热杀菌时加入防腐剂，杀菌时间可以缩短。由于加热与防腐剂两者可以协同使用，而且防腐剂通常在食品的加热条件下不会分解，一般可在加热前添加。但是酸型防腐剂在酸性条件下易随水蒸气一同挥发，因而对酸性食品使用酸性防

腐剂时，应在食品加热冷却后加入。

⑤ 多种防腐剂合用。每种防腐剂都有自己的作用范围，在一些情况下，两种或两种以上的防腐剂合用，往往比单独使用更有效，如在饮料中合用苯甲酸钠和二氧化碳，如在果汁中并用苯甲酸和山梨酸，可以扩大抗菌范围，但应指出，防腐剂的合用不能超过最大限量。

二、杀菌剂

杀菌剂是用来杀灭微生物的物质，也属于防腐剂范畴。物质的杀菌与抑菌往往与浓度及作用时间有关，同一种抗菌物质，浓度高或作用时间长可以杀菌，浓度低或作用时间短则只能起抑菌作用。另外，同一种抗菌物质对不同种类微生物的作用也不完全相同，对某种微生物可起到杀菌作用的物质对其他微生物可能仅有抑菌作用。

用来作杀菌剂的物质主要有两类，即氧化型杀菌剂和还原型杀菌剂。还原型杀菌剂由于它的还原能力而具有杀菌作用和漂白作用，如亚硫酸及其盐类，我国食品添加剂使用卫生标准将其归为漂白剂类；氧化型杀菌剂是借助它本身的氧化能力而起杀菌作用，其杀菌消毒能力强，但化学性质较不稳定，易分解，作用不能持久，且有异臭味，所以很少直接用于食品，而多用于对设备、容器、半成品及水的杀菌、消毒，这方面的品种主要包括氯制剂和过氧化物。

（1）漂白粉，是次氯酸钙、氯化钙、氢氧化钙的混合物，一般组成为 $CaCl(ClO)Ca(OH)_2 \cdot H_2O$，具体组成因生产条件不同有些差异，起杀菌作用的有效氯含量为 30%～38%。

漂白粉水溶液中的有效氯具有很强的氧化杀菌和漂白作用。氯侵入微生物细胞的酶蛋白、或破坏核蛋白的疏基、或抑制其他对氧化作用敏感的酶类，导致微生物死亡。漂白粉对细菌的繁殖型细胞、芽孢、病毒、酵母、霉菌等多种微生物均有杀菌作用，高温、高浓度、长时间及低 pH 条件下杀菌作用增强。

（2）漂白精，即高纯度漂白粉，基本组成为 $3Ca(ClO)_2 \cdot 2Ca(OH)_2 \cdot 2H_2O$，有效氯含量在 60%～75% 以上，杀菌作用更强，主要用于果蔬杀菌及油脂漂白等。

（3）过醋酸，亦称过氧乙酸，分子式 CH_3COOOH，有强烈的醋酸气味，易分解生成氧、醋酸和水，对细菌、真菌、病毒等均有强杀菌作用，是广谱高效型杀菌剂，且在低温下仍有良好的杀菌性能。过醋酸由过氧化氢和冰醋酸在 H_2SO_4 存在下反应制成，大型生产可由乙醛氧化而成。

三、抗氧化剂

食品抗氧化剂是能阻止或延迟食品氧化，提高食品质量的稳定性和延长贮存期的物质。食品在加工和贮存过程中，将会发生一系列化学、生物变化，其中氧化反应尤为突出，它将使油脂及富脂食品色、香、味与营养等方面劣化。因此，防止油脂及富脂食品的氧化一直是食品工业中一个关键性的问题。在酶或某些金属等的催化作用下，食品中所含易于氧化的成分与空气中的氧反应，将发生氧化反应，生成一系列能引起食品"酸败"的物质，如醛、酮、醛酸、酮酸等，产生的这些有害物质，能引起食物中毒。因此，防止食品氧化成为食品工业中的重要问题。防止食品氧化可采取避光、降温、干燥、排气、充氮密封等措施，配合使用抗氧化剂可以获得更显著的效果。

食品抗氧化剂按来源不同可分为天然抗氧化剂和化学合成抗氧化剂。按溶解性不同可分为油溶性抗氧化剂和水溶性抗氧化剂。国际上普遍使用的油溶性抗氧化剂有丁基羟基茴香醚（BHA）、二丁基羟基甲苯（BHT）、没食子酸丙酯（PG）等。水溶性抗氧化剂有抗坏血酸及其盐类、异抗坏血酸及其盐类、二氧化硫及其盐类、茶多酚、植酸等。油溶性抗氧化剂可以均匀地分布在油脂中，对油脂及含油脂的食品具有很好的抗氧化作用。我国目前批准使用的抗氧化剂品种有 BHA、BHT、PG、异抗坏血酸钠和茶多酚。

也有一些物质，其本身虽没有抗氧化作用，但与抗氧化剂混合使用，却能增强抗氧化剂的效果，这些物质统称为抗氧化剂的增效剂。现已被广泛使用的增效剂有柠檬酸、酒石酸、苹果酸等。

下面为几种常用抗氧化剂品种：

1）丁基羟基茴香醚（BHA）

它通常是 2- 叔丁基 -4- 羟基苯甲醚（2-BHA）和 3- 叔丁基 -4- 羟基苯甲醚（3-BHA）的混合物，其结构式为

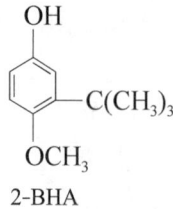

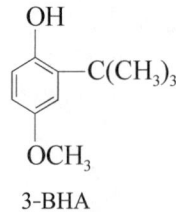

2-BHA　　　　　　　　3-BHA

通常为无色或微黄色蜡样结晶性粉末，稍有酚类的臭气和刺激性气味，熔点随 2-BHA 和 3-BHA 异构体所占比例不同而异，如含 2-BHA 为 95% 时的熔点为 62℃，一般在 57～65℃。BHA 难溶于水，易溶于乙醇、丙二醇和油脂中。对热相当稳定，在弱碱条件下不易破坏，广泛用作焙烤食品的抗氧化剂，它不像没食子酸丙酯类抗氧化剂那样会与金属离子作用着色，易溶于丙二醇成为乳化状态，使用方便，而且抗菌效力比对羟基苯甲酸丙酯还大。

2）二丁基羟基甲苯（BHT）

二丁基羟基甲苯又称 2，6- 二叔丁基对甲苯酚。

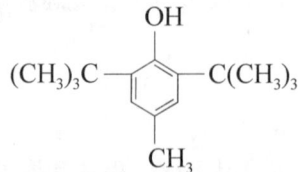

BHT 为无色或白色结晶粉末，无臭无味，熔点 69.5～71.5℃，不溶于水及甘油，能溶于许多溶剂中，对热和光稳定，不与金属离子反应着色。BHT 的抗氧化作用较强，耐热性好。通常的烹调温度对它的影响不大，用于长期保存食品和焙烤食品都很有效。与 BHA 或柠檬酸、抗坏血酸等复配使用可显著提高抗氧效果，安全性高于 BHA，且价廉。

3）L-抗坏血酸及其钠盐

L-抗坏血酸又称维生素 C，它是白色结晶，味酸，于 190～192℃分解。它是一种强还原剂，易被光、热、氧气所破坏，尤其在碱液中或有微量金属离子（Cu^{2+}、Cr^{2+}、Mn^{2+}、Zn^{2+}、Fe^{3+}）存在时，分解更快，但其干燥品比较稳定。

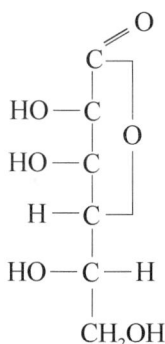

L-抗坏血酸

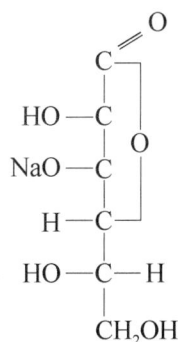

L-抗坏血酸钠

L-抗坏血酸结构中烯醇式羟基易氧化脱氢，使其具有强还原性，可消耗食品及环境中的氧，可还原高价金属离子使食品的氧化还原电位降低到还原区域，因此具有抗氧化作用，用于防止啤酒、果汁等退色、变色、风味变劣，还能抑制水果蔬菜的酶褐变，在肉制品中可防止变色及阻止产生亚硝胺，这对防止亚硝酸盐在肉制品中产生有致癌作用的二甲基亚硝胺具有重要意义。

维生素 C 及其钠盐用做抗氧剂在国外十分广泛，我国主要用做食品营养强化剂，而将其立体异构体抗坏血酸钠作为抗氧剂使用。

4）异抗坏血酸及其钠盐

异抗坏血酸是维生素 C 的一种立体异构体，在化学性质上与维生素 C 极为相似，但抗氧化能力远远超过抗坏血酸，它几乎没有抗坏血酸的生理活性作用，但不会影响人体对抗坏血酸的吸收和利用，人摄取异抗坏血酸后，在体内可转变为维生素 C。美国食品与药物管理局（FDA）将其列为一般公认安全物质。食品中加入异抗坏血酸除起到抗氧化作用外，还可保护维生素 C 不被氧化，保护了食品的营养作用。

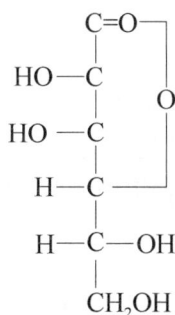

异抗坏血酸

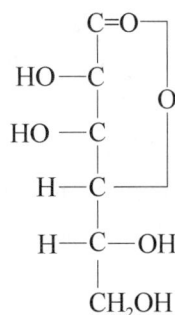

异抗坏血酸钠

异抗坏血酸钠是由异抗坏血酸与氢氧化钠或碳酸钠反应得到，为白色至黄白色晶体粉末，无臭，微有咸味，熔点 200℃以上（分解）。易溶于水，几乎不溶于乙醇，干燥状态下暴露于空气中相当稳定，但在水溶液中，当有空气、金属、光、热作用时则易氧化。它的抗氧化性能与异抗坏血酸相同，我国食品添加剂使用卫生标准将异抗坏血酸钠列为食品抗氧化剂，用于果蔬罐头、果酱、啤酒、果汁、肉及肉制品等。

5）生育酚混合浓缩物

生育酚即维生素 E。天然维生素 E 广泛存在于高等动植物体中，有防止动植物组织内的脂溶性成分氧化的功能，结构通式

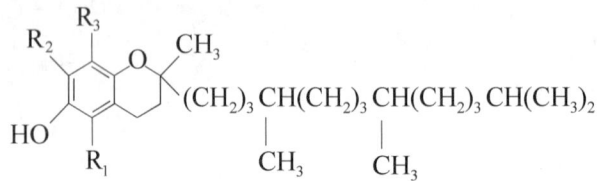

$$\text{HO} \underset{R_1}{\overset{R_2 \quad R_3}{\underset{\quad}{\bigcirc\!\!\!\bigcirc}}}\overset{O}{\underset{}{}} \overset{CH_3}{\underset{}{}} (CH_2)_3\,CH(CH_2)_3\,CH(CH_2)_3\,CH(CH_3)_2$$

天然维生素 E 有 α-、β-、γ-、δ-、ζ-、ε-、η-t 种异构体，作为抗氧化剂使用的生育酚是 t 种异构体的混合物，工业上以小麦胚芽油、米糠油、大豆油、棉籽油、亚麻仁油为原料，将其中不皂化用苯处理，除去沉淀物后再用乙醇进一步除去微量沉淀物后再进行真空蒸馏而得。因原料油及加工方法不同，产品的总浓度和同分异构体的组成也不一样，较纯的含生育酚总量可达 80% 以上，大豆油制取的生育酚组成为 α- 型 10%～20%，γ- 型 40%～60%，δ- 型 25%～40%。

生育酚混合浓缩物为黄色至褐色透明黏稠液体，相对密度为 0.932～0.955，不溶于水，溶于乙醇，可与丙酮、乙醚、氯仿及油脂混溶，属油溶型抗氧剂。它的抗氧化性能来自苯环上 6 位的羟基，羟基结合成酯后则失去抗氧化性。一般情况下生育酚对动物油脂的抗氧化效果比对植物油效果好，生育酚热稳定性好，在高温下仍然具有较好的抗氧化效果；生育酚的耐光、耐紫外线、耐放射线的性能也较 BHA、BHT 强，它具有防止维生素 A 在 γ 射线照射下的分解作用，防止 β- 胡萝卜素在紫外光照射下的分解作用及防止甜饼干在日照下的氧化作用；另外，近年来的研究结果表明，生育酚还有阻止咸肉中产生亚硝胺致癌物的作用。

6）茶多酚

茶多酚也称维多酚，是从绿茶中提取出来的一类多酚化合物，以儿茶素含量最高，占茶多酚总量的 60%～80%。茶叶中一般含有四种具有抗氧化能力的儿茶素：儿茶素（EC）、没食子儿茶素（EGC）、儿茶素没食子酸酯（ECG）和没食子儿茶素没食子酸酯（EGCG），抗氧化能力依次为 EGCG ＞ EGC ＞ ECG ＞ EC。儿茶素的抗氧化性能是由于儿茶素分子中的酚羟基在空气中容易氧化成酮，尤其是在碱性、高温及潮湿条件下氧化反应更易进行。茶多酚的抗氧化性能优于生育酚混合浓缩物和 BHA，与苹果酸、柠檬酸、酒石酸及抗坏血酸和生育酚都有良好的协同作用。

茶多酚的制法是将绿茶加入热水中浸提，经过滤、减压浓缩后加入等容量的三氯甲烷萃取，溶剂层用于制取咖啡碱，水层加入 3 倍容量的乙酸乙酯进行萃取，乙酸乙酯层经浓缩喷雾干燥后得粗品，再精制即得。产品为白褐色粉末，易溶于水、乙醇、乙酸乙

酯等。茶多酚对人体无毒且能杀菌消炎，强心降压，对促进人体维生素 C 积累有积极作用，对尼古丁、咖啡等有害生物碱还有解毒作用。因此，常饮茶有益人体健康。我国已将茶多酚列为食品抗氧剂，可用于油脂、火腿、糕点馅，最大使用量为 0.4g/kg。可先将其溶于乙醇，加入一定量柠檬酸配成溶液，然后喷涂或添加于食品。

茶多酚结构式为

$$R = R' = H(EC)$$
$$R = OH, R' = H(EGC)$$

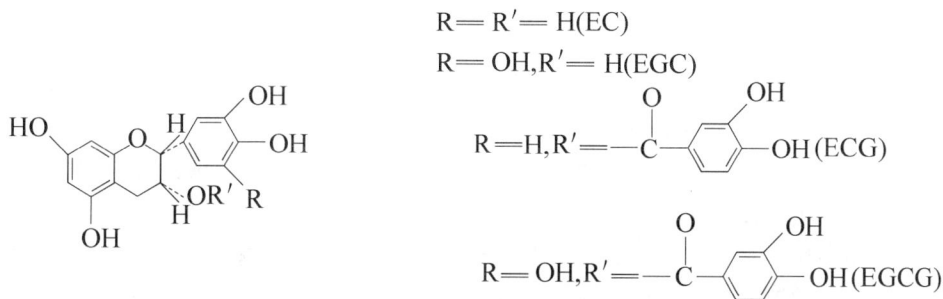

$$R = H, R' = -\overset{O}{\underset{\parallel}{C}} - \text{(ECG)}$$

$$R = OH, R' = -\overset{O}{\underset{\parallel}{C}} - \text{(EGCG)}$$

四、食用色素

很多天然食品都含有天然色素，但在加工、贮藏过程中，有的容易退色，有的容易变色。为了保持或改善食品的色泽，在食品加工中往往需要对食品进行人工着色。食用色素是以食品着色和改善食品色泽为目的的食品添加剂，它可以提高食品的商品价值，促进消费。

食用色素是色素的一种，即能被人适量食用的可使食物在一定程度上改变原有颜色的食品添加剂。食用色素也同食用香精一样，分为天然和人工合成两种。天然食用色素是直接从动植物组织中提取的色素，一般来说对人体是无害的，如红曲、叶绿素、姜黄素、胡萝卜素、苋菜红和糖色等就是其中的一部分。人工合成食用色素，是用煤焦油中分离出来的苯胺染料为原料制成的，故又称煤焦油色素或苯胺色素，如合成苋菜红、胭脂红及柠檬黄等。合成色素一般色泽鲜艳，着色力强，性质稳定，曾一度被广泛使用。随着食用色素安全性技术的发展，发现有的合成色素有以下缺陷：

（1）无营养价值。

（2）化学毒性直接危害人体健康。

（3）在人体代谢过程中产生有害物质。

（4）在合成过程中还可能被砷、铅等所污染。

因此允许使用的合成色素品种不断减少，而天然色素因其安全性高，有的还有一定的营养价值和药理作用，正受到人们的日益重视和普遍采用。

1. 天然色素

天然色素是指存在于自然资源中的有色物质，按其来源不同可分为植物色素、动物色素和微生物色素；按照化学结构不同，可分为四吡咯衍生物（或卟啉类衍生物）、异戊二烯衍生物、多酚类色素、酮类衍生物、醌类衍生物等；按溶解性质不同，又可分为水溶性色素和脂溶性色素。

目前食用天然色素是由自然资源中经物理提取等方法获得的天然色素物质。另外也可用化学方法合成出与天然色素结构相同的人工合成天然色素。

1）四吡咯衍生物类

这类化合物是由四个吡咯环的 α-碳原子通过次甲基（—CH—）相连而成的复杂的共轭体系，这个环系也叫卟啉（图6.1），呈平面型，在4个吡咯环中间的空隙里以共价键和配位键跟不同的金属元素结合，如在叶绿素中结合的是镁，在血红素中结合的是铁。同时4个吡咯环上的 β 位上还各有不同的取代基。这类化合物的分子中存在共轭双键闭合系统，因此有特殊的吸光能力，能呈现出各种颜色。叶绿素和血红素属于这一类化合卟啉结构物。

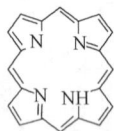

图 6.1　卟啉结构

（1）叶绿素及叶绿素铜钠盐。叶绿素是一切绿色植物绿色的来源，是植物进行光合作用所必需的催化剂。它是由叶绿酸、叶绿醇和甲醇构成的二醇酯（图6.2），当3位上的 R 为甲基时为叶绿素 a；为醛基时为叶绿素 b，通常（a∶b）=（3∶1）。叶绿素在植物细胞内与蛋白质结合成叶绿体，细胞死亡后叶绿素游离出来，由于叶绿素很不稳定，对光和热较为敏感。在酸性条件下分子中的镁原子可被氢原子取代生成暗绿色至绿褐色的脱镁叶绿素；在碱性溶液中叶绿素可水解生成颜色仍为鲜绿色的叶绿酸（盐）、叶绿醇和甲醇。叶绿酸盐为水溶性，比较稳定；在适当条件下叶绿素分子中的镁原子可以被铜、铁、锌等金属离子取代，生成物中以铜叶绿酸钠的色泽最为鲜亮，对光和热也很稳定，可以作为食品着色剂使用。

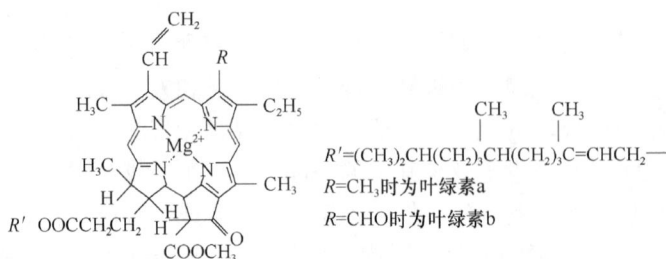

$R'=(CH_3)_2CH(CH_2)_3CH(CH_2)_3C=CHCH_2—$

R=CH₃时为叶绿素a
R=CHO时为叶绿素b

图 6.2　叶绿素的结构

（2）血红素，是高等动物血液和肌肉中的红色色素，是由一个铁原子和卟啉环构成的铁卟啉化合物。铁原子还可以配价键形式与蛋白质结合，1分子血红素和一条肽链组成的球蛋白结合成肌红蛋白；4分子血红素和1分子四条肽链组成的球蛋白结合成血红蛋白肌红蛋白图解见图6.3所示。铁原子配位数为6，因此铁剩余一个配位数结合氧、二氧化碳、氧化氮等物质。动物屠宰放血后，由于对肌肉组织供氧停止所以新鲜肉中的肌红；蛋白保持还原状态，使肌肉的颜色呈稍暗的紫红色，当鲜肉存放在空气中，肌红蛋白和血红蛋白与氧结合形成鲜红色的氧合肌红蛋白和氧合血红蛋白；氧合肌红蛋白在氧或氧化剂存在下，亚铁血红素被氧化成高铁血红素，形成棕褐色的变肌红蛋白，这就是新鲜肉在空气中久放肉色变成棕褐色的原因。

2）异戊二烯衍生物类——类胡萝卜素

类胡萝卜素是以异戊二烯残基为单元组成的共轭双键为基础的一类色素，属于多烯。类色素，广泛存在于植物的叶、花、果实、块根、块茎中，一些微生物也能合成，而动物体内一般不能合成类胡萝卜素。已知的类胡萝卜素达 300 种以上，颜色从黄、橙、红至紫色都有，不溶于水而溶于脂肪溶液，属于脂溶性色素。类胡萝卜素又可分为胡萝卜素类和叶黄素类。

　　胡萝卜素类着色物质主要是番茄红素和它的同分异构物 α-、β- 及 γ- 胡萝卜素，它们呈现红色、橙红色。番茄红素是番茄的主要色素物质，另外也存在于桃、杏、西瓜等水果中，胡萝卜中主要含有 α-、β- 胡萝卜素和少量番茄红素，β- 胡萝卜素在自然界中含量最多，分布也最广，它们的结构式如下：

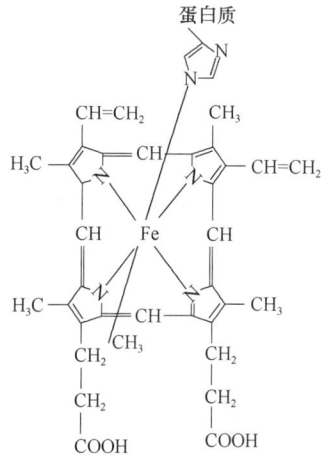

图 6.3　肌红蛋白结构

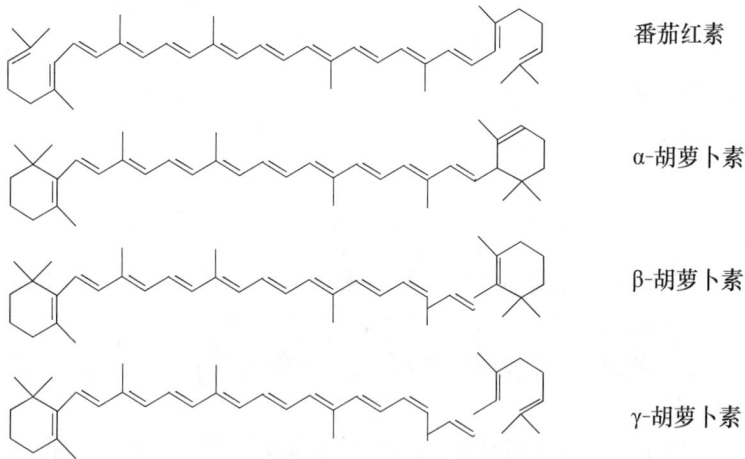

番茄红素

α-胡萝卜素

β-胡萝卜素

γ-胡萝卜素

　　叶黄素类多呈浅黄、黄、橙等颜色，在绿色叶子中的含量常为叶绿素 2 倍，常见的叶黄素主要有：

　　（1）叶黄素：3,3′- 二羟基 -α- 胡萝卜素，广泛存在于绿色叶子中。

　　（2）玉米黄素：3,3′- 二羟基 -β- 胡萝卜素，在玉米、桃、蘑菇中存在较多。

　　（3）隐黄素：3- 羟基 -β- 胡萝卜素，存在于黄玉米、南瓜、柑橘等中。

　　（4）番茄黄素：3- 羟基番茄红素，存在于番茄中。

　　（5）柑橘黄素：5,8- 环氧 -β- 胡萝卜素，存在于柑橘皮、辣椒等中。

　　（6）虾黄素：3,3′- 二羟基 -4,4′- 二酮 -β- 胡萝卜素，存在于虾、蟹、牡蛎、昆虫等体内，与蛋白质结合时为蓝色，虾黄素被氧化后变成砖红色的虾红素（3,3′,4,4′- 四酮 -β- 胡萝卜素）。

　　（7）辣椒红素，在红辣椒中存在较多。

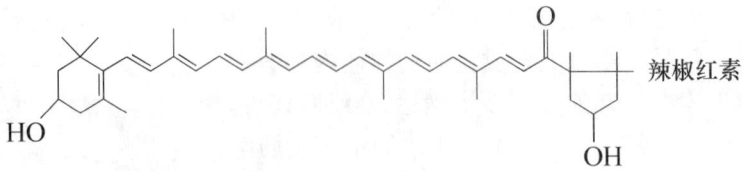

辣椒红素

（8）辣椒玉红素，也是红辣椒中主要色素。

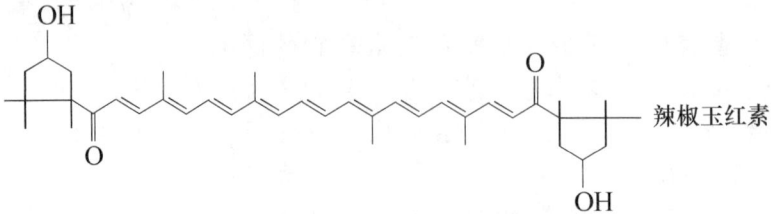

辣椒玉红素

类胡萝卜素还可通过糖苷键与还原糖结合，如藏花酸与2分子龙胆二糖结合而成的藏花素（又称栀子黄色素）是多年来唯一已知的类胡萝卜素糖苷。

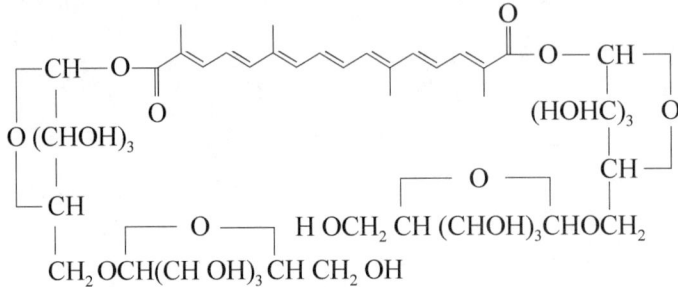

藏花素主要存在于藏红花和栀子中，近年来还从细菌中发现并分离出多种类胡萝卜类糖苷。

胡萝卜素类有很强的亲脂性，但它的含氧衍生物则随着分子内含氧基团数目的增多，亲脂性逐渐减弱。

类胡萝卜素是较早广泛用于油质食品着色的一类天然色素。我国已批准使用的此类食用色素有β-胡萝卜素、辣椒红色素、玉米黄色素和栀子黄色素等。

（1）β-胡萝卜素：为紫红色或暗红色晶体粉末，有轻微异味，不溶于水，在氯仿中溶解度为4.3g/100mL，低浓度时呈橙黄色至黄色，高浓度时呈橙红色，受光、热、空气等影响泽变浅，遇重金属离子特别是铁离子则退色。

采用胡萝卜或其他含胡萝卜素的天然物为原料，可用物理方法提取β-胡萝卜素。若从含油脂多的原料提取，须先皂化，不皂化物用石油醚萃取。浓缩的石油醚溶液中加二硫化碳或乙醇，即可析出粗β-胡萝卜素。

（2）玉米黄：是用正己烷由玉米淀粉的副产品黄蛋白中提取出来的，提取液经减压浓缩得血红色油状物，主要成分为玉米黄素和隐黄素，不溶于水，溶于石油醚、丙酮和油脂等，低于10℃时变为橘黄色半凝固油状物，稀溶液为柠檬黄色，耐光耐热性差，但耐金属离子性好，人体吸收后可转变为维生素A，是无毒物。

（3）辣椒红色素：是以红辣椒为原料，用酒精或丙酮反复提取后，以石油醚重结晶而得，主要成分是辣椒红素、辣椒玉红素和辣椒素，为深红色晶体粉末或膏体，不溶于水，溶于乙醇、油脂及有机溶剂，乳化分散性及耐热耐酸性均好，耐光性差，Fe^{3+}、Ca^{2+}、Co^{2+} 等可使其退色，与铜离子形成沉淀，无毒性。

（4）栀子蓝色素：是由栀子果实用水提取的黄色素，经食品加工用酶处理后形成蓝色素。

3）多酚类色素

这类化合物是 2-苯基苯并吡喃的衍生物，苯环上都具有 2 个或 2 个以上羟基，故称多酚类色素，是植物中主要的水溶性色素。最常见的有花黄素、花色素和儿茶素。

以下介绍几种以多酚类色素为主要成分的天然食品着色剂。

（1）红花黄色素：是红花中所含的黄色色素，结构如下：

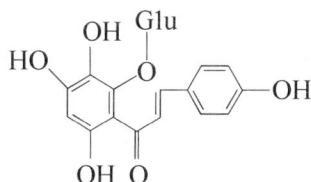

Glu 为葡萄糖基

红花黄色素为黄色均匀粉末，可溶于水、乙醇、丙二醇，不溶于油脂，pH 在 2～7 范围内色调稳定，耐光性良好，耐热性一般，铁离子可使其发黑，其他金属几乎无影响。制法是由菊科植物红花的干燥花瓣加水浸提后精制、浓缩、干燥而成。其残渣再用 NaOH 水溶液萃取还可提取出红花红色素。

（2）高粱红色素：主要成分为 5,7,4'-羟基黄酮。由高粱种子、高粱壳经水、乙醇、丙二醇配制的溶液浸提后，过滤、浓缩、干燥制成，为棕红色液体、糊状、块状、或粉末状物，略有特殊气味。溶于水，pH 在 4～12 范围内易溶，水溶液呈酸性时为棕红色液体，随 pH 增加颜色加深，不溶于石油醚、油脂等，对光、热稳定，但能与金属离子配合成盐。

（3）黑豆红色素：主要成分是矢车菊-3-葡萄糖苷，由黑豆种皮经乙醇提取后精制干燥制成，产品为紫红色粉末，易溶于水和稀乙醇溶液，酸性溶液呈红色，随 pH 增加，颜色加深，具有较强的耐光热性和着色效果。

（4）玫瑰茄红色素：主要成分为氯化飞燕草色素和氯化矢车菊色素。制法是将玫瑰茄的花萼用乙醇浸提，经过滤使色素萃取液与花萼分离。滤离的花萼粉碎后再用含 1% 盐酸的乙醇溶液提取，两次提取液合并后于 30℃下减压浓缩制成浓缩液或蒸干制成粉末。玫瑰茄红色素为玫瑰红色着色剂，可溶于水，耐热、耐光性良好，在饮料、糖果中能良好地着色，对 Fe、Ca 稳定性较差。

另外，葡萄皮红色素、越橘红色素、可可壳色素等主要成分也是多酚类色素物质。

4）酮类衍生物

这类化合物有红曲色素和姜黄素两类。

（1）红曲色素来源于微生物，是红曲霉菌丝所分泌的有色物质，主要有 6 种成分。

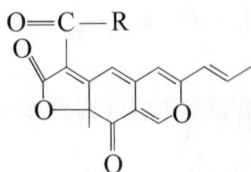

橙色　　　　　　　　　　　　黄色　　　　　　　　　　　紫色

R=C₅H₁₁　（红斑红曲素）　　R=C₅H₁₁　（红曲素）　　　R=C₅H₁₁　（红斑红曲胺）

R=C₇H₁₅　（红曲玉红素）　　R=C₇H₁₅　（黄红曲素）　　R=C₅H₁₅　（红曲玉红胺）

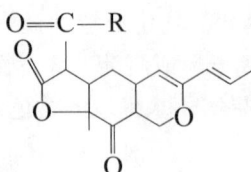

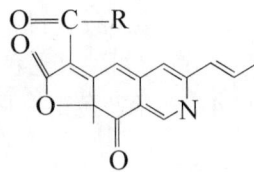

不同菌种分泌的红曲色素组成不同，具有实际意义的是醇溶性的红斑红色素和红曲玉红素。

红曲色素与其他食用天然色素相比稳定性极好，耐光、耐热性好，对 pH 稳定，几乎不受氧化剂、还原剂及金属离子的影响。红曲色素对蛋白质的染色性好，一旦染色后经水洗不退色。

（2）姜黄素存在于多年生的草本植物姜黄的根茎中，具有二酮结构：

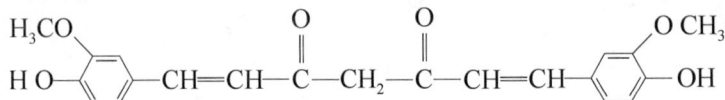

纯姜黄素为黄色结晶粉末，具有胡椒的芳香并稍有苦味，不溶于水，溶于乙醇和丙二醇，易溶于冰醋酸和碱液中，酸性及中性时为黄色，碱性时为红褐色，着色力强。

食用的姜黄色素系由植物姜黄的根茎干燥粉碎后用丙酮等有机溶剂提取、浓缩、干燥而得。

5）醌类衍生物

虫胶红色素和胭脂虫色素属此类。

（1）虫胶红色素属动物色素，是紫胶虫寄生在植物上所分泌的紫胶原胶中的一种色素，有溶于水和不溶于水两大类，均为蒽醌衍生物，溶于水者称为虫胶红酸，现已分离出虫胶红酸 A、B、C、D、E 五种成分：

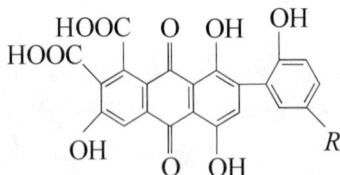

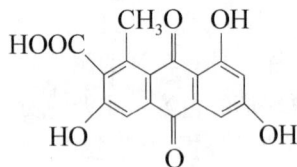

虫胶红酸（D）

A：R= —CH₂CH₂NHCOCH₃

B：R= —CH₂CH₂OH

C：R= —CH₂CH（NH₂）COOH

E：R= —CH₂CH₂NH₂

虫胶红又称紫胶红、紫草茸色素，为鲜红色粉末，微溶于水、丙二醇和乙醇，且纯度越高，在水中溶解度越低，能溶于 Na₂CO₃ 等碱性溶液，溶液色调随 pH 变化：

pH 3～5，橙红色；pH 5～7，红至紫红色；pH＞7，紫红色；pH＞12，退色。在酸性条件下对光、热稳定，对金属离子（特别是铁）敏感。

（2）胭脂虫色素是寄生于胭脂仙人掌上的胭脂虫体内的色素，主要成分为胭脂红酸，为蒽醌衍生物。

胭脂虫色素由雌性胭脂虫干体磨细后用水提取而得红色色素，红色菱形晶体或棕红色粉末，难溶于冷水而溶于热水、乙醇、碱水和稀酸。酸性时呈橙黄色，中性时呈红色，碱性时呈紫红色，对光、热稳定。安全性较高。

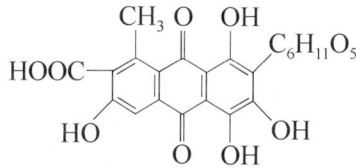

胭脂虫色素

6）甜菜花色素和甜菜黄素

（1）甜菜红色素。是存在于红甜菜（俗称紫菜头）中的有色物质。甜菜红色素中以甜菜苷为主，其余还有甜菜苷配基、前甜菜苷和它们的 C_{15} 异构体。

在碱性条件下，甜菜苷、甜菜苷配基或前甜菜苷配基可转变为甜菜黄素，在甜菜红色素水溶液中加入谷氨酸或谷氨酰胺，用 1mol 氨水调至 pH 9.8，则可得到甜菜黄素Ⅰ或Ⅱ。

甜菜红色素为红紫至深紫色液体、粉末或糊状物，有异臭，易溶于水，不溶于乙醇、丙二醇和乙酸、乙醚等有机溶剂，对光、热、氧及金属离子均敏感，抗坏血酸对它可起一定保护作用。

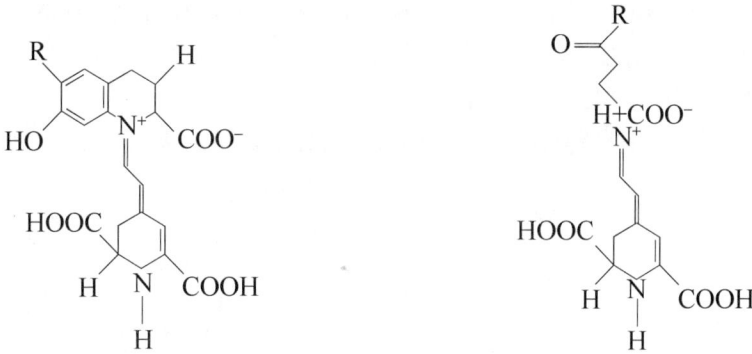

R= 葡萄糖基

R=OH：甜菜苷基

R= 葡萄糖 -6- 硫酸脂：前甜菜苷

R=NH₂：甜菜黄素Ⅰ

R=OH：甜菜黄素Ⅱ

（2）落葵红色素是落葵果实中提取的水溶性红色素，主要成分为甜菜苷，成本低，色价高，使用方便。

（3）天然苋菜红色素由红苋菜可食部分经水提取，乙醇精制而成。主要成分为苋菜苷和甜菜苷。

天然苋菜红为水溶性，溶液为紫红色澄清液。当 pH＞9 时，变为黄色，具有良好着色力，为无毒色素。

7）其他色素

酱色，也称焦糖色，由蔗糖、乳糖、淀粉等在高温下不完全分解、脱水、聚合而成的红褐色或黑褐色混合物。主要成分为异蔗聚糖、焦糖烷、焦糖烯和焦糖炔。具有焦糖香味和苦味，可溶于水。水溶液呈透明状红棕色。制法有不加铵盐生产法和加铵生产法，不加铵盐生产法是以蔗糖、转化糖、乳糖、麦芽糖浆等，在 160～180℃ 下加热约 3h 使之焦糖化，最后用碱中和而得，所用催化剂为酸碱或盐；如乙酸、柠檬酸、硫酸、氢氧化钠、氢氧化钙、碳酸氢钾或钠、硫酸钾／钠等。加铵法是以铵盐如亚硫酸铵作催化剂生产的，但因能生成强致癌物质 4- 甲基咪唑，故一般不能食用。

2. 合成色素

人工合成色素一般较天然色素色彩鲜艳，坚牢度大，性质稳定，着色力强，并且可以任意调色，因此使用方便，且成本较低，曾一度广泛应用，但合成色素多属于煤焦油染料，不仅毫无营养，而且大多数对人体有害，因此目前世界各国允许使用的合成色素已从 100 余种缩小到 10 余种，我国目前允许使用的合成色素有 8 种：

（1）苋菜红，又称蓝色酸性红，属偶氮染料，结构式为

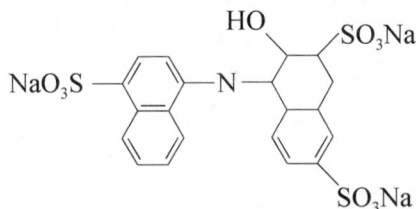

苋菜红为红色颗粒或粉末，无臭，0.01% 的水溶液呈红紫色，在碱性溶液中变成暗红色。易溶于水，稍溶于乙醇，不溶于油脂。对光、热稳定，耐酸性好但易为细菌分解。对氧化还原作用敏感，不宜用于发酵食品。

（2）胭脂红，又称丽春红 4R，也属偶氮类色素，结构式为

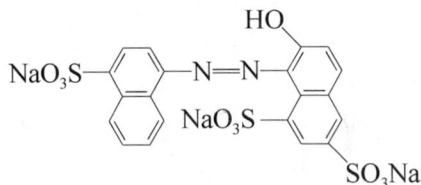

胭脂红为赤红色粉末，无臭，溶于水呈红色，不溶于乙醇和油脂，对光、酸稳定，但抗热及抗还原性弱，遇碱变为褐色，易被细菌分解。

（3）赤藓红，又称新晶酸性红、樱桃红，结构式为

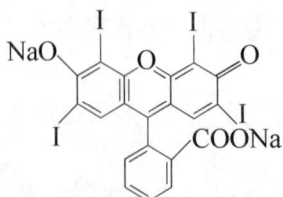

赤藓红为红色至红褐色粉末，无臭，易溶于水、乙醇、甘油，不溶于油脂。对碱稳定遇酸则沉淀。耐光性差，耐热耐还原性好。其制备方法采用荧光素碘化法，由间苯二酚、邻苯二甲酸酐及无水氯化锌加热熔融制得粗荧光素，经精制、碘化后，用 NaCl 盐析，精制而成。

（4）新红。结构式为

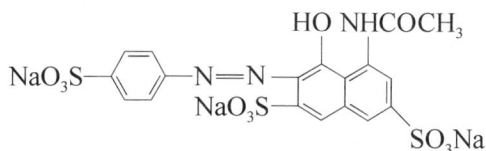

$$\text{NaO}_3\text{S}\!-\!\langle\text{苯环}\rangle\!-\!\text{N}\!=\!\text{N}\!-\!\langle\text{萘环，含 HO, NHCOCH}_3, \text{NaO}_3\text{S}, \text{SO}_3\text{Na}\rangle$$

新红为红色粉末，易溶于水，呈红色澄清溶液，微溶于乙醇，不溶于油脂。制备方法是由 1 分子对氨基苯磺酸经重氮化后与 1 分子乙酰 H 酸在碱性介质中偶合而成。

（5）柠檬黄。又称酒石黄，结构式为

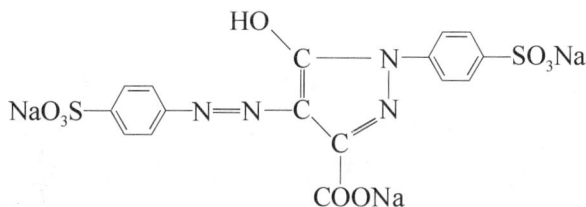

$$\text{NaO}_3\text{S}\!-\!\langle\text{苯环}\rangle\!-\!\text{N}\!=\!\text{N}\!-\!\langle\text{吡唑啉环，含 HO, N, SO}_3\text{Na, COONa}\rangle$$

柠檬黄为橙黄至黄色颗粒或粉末，无臭，0.1% 的水呈黄色，微溶于乙醇和油脂。耐光、热性强，在酒石酸中稳定，遇碱稍有变红，被还原时脱色。制法是将双羟基酒石酸钠与苯肼对磺酸缩合，碱化后用 NaCl 盐析，精制而成。

（6）日落黄。又称晚霞黄，结构式为

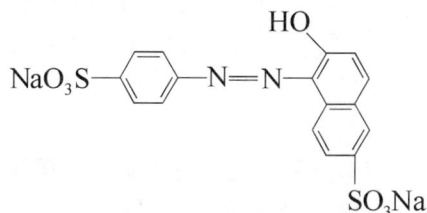

$$\text{NaO}_3\text{S}\!-\!\langle\text{苯环}\rangle\!-\!\text{N}\!=\!\text{N}\!-\!\langle\text{萘环，含 HO, SO}_3\text{Na}\rangle$$

日落黄为橙红色颗粒或粉末，无臭，吸湿性强。易溶于水呈橙色，微溶于乙醇。耐光热性强，在柠檬酸、酒石酸中稳定，遇碱变为褐红色，还原时褪色。制法是将对氨基苯磺酸重氮化后再与 2-萘酚-6-磺酸偶合，经 NaCl 盐析、精制而成。

（7）靛蓝。又称酸性靛蓝或磺化靛蓝，是 5,5′薛蓝素二磺酸的二钠盐，结构式为

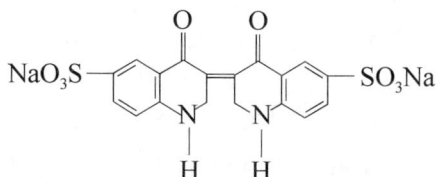

$$\text{NaO}_3\text{S}\!-\!\langle\text{靛蓝结构，含两个 O, 两个 NH, SO}_3\text{Na}\rangle$$

靛蓝为带铜色光泽的暗青色粉末，无臭，可溶于水、甘油，难溶于乙醇和油脂。0.05% 水溶液呈紫蓝色，对光、热、酸、碱及氧化作用均敏感。制法是用硫酸磺化靛蓝

素后用纯碱中和，再经 NaCl 盐析、精制而成。天然靛蓝的提取方法是将靛叶堆积，经常浇水使其发酵 2～3 个月，用臼捣实后拌入木灰、石灰和麸皮，再加水拌和，加热至 30～40℃躁露于空气中即成。

（8）亮蓝。结构式为

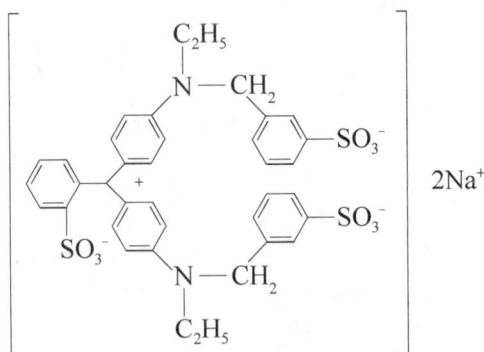

亮蓝为有金属光泽的紫红色颗粒或粉末，无臭。可溶于水、乙醇、甘油，耐光、热、酸、碱性强。水溶液中呈蓝色。制法是由邻苯甲醛磺酸与 α-（N-乙基苯胺）-间甲苯磺酸的缩合物用重铬酸钾或二氧化铅氧化后中和，再用 Na_2SO_4 盐析、精制而成。本品安全性较高。

（9）人工合成食用色素色淀。将硫酸铝、氯化铝等铝盐水溶液与碳酸钠、氢氧化钠等碱性物质发生作用，然后加入人工合成色素，使色素吸附于氢氧化铝，经过滤、干燥、粉碎可制得人工合成食用色素色淀。色淀几乎不溶于水和有机溶剂，可缓慢溶于含酸或含碱的水溶液，可用于油脂食品、粉末食品的糖衣、涂层等着色以及食品包装材料、儿童玩具、食用器具等着色。可以单独使用，也可两种或两种以上色淀配合使用，着色度与色淀粉末的细度和分散性有关。色淀的耐光、热性能一般比原色素有所改善。

（10）二氧化钛，白色无定形粉末，无臭、无味，不溶于水、盐酸、乙醇及其他有机溶剂。在人体内不吸收，不积累，无致癌性。可作为食用白色色素。

五、乳化剂和增稠剂

1. 乳化剂

能促使互不相溶的流体如油与水形成稳定乳浊液的物质称乳化剂。乳化剂的分子内具有亲水基和亲油基，易在水和油的界面形成吸附层，属于表面活性剂的一种。乳化剂除具有乳化作用外，还有分散、发泡、消泡和湿润的作用，所以成为近代食品工业中最受重视和最有发展前途的食品添加剂。它广泛用于面包、糕点、糖果、饮料等中。为了表示乳化剂的亲油和亲水能力，通常采用亲水亲油平衡值（HLB），以 40 表示亲水性最大，1 表示亲油性最大，即 HLB 越小亲油性越强，值越大亲水性越强，食品乳化剂用量约占食品添加剂总量的 50%，是食品工业中用量最大的添加剂。在长期的发展过程中形成了以脂肪酸多元醇酯及其衍生物和天然乳化剂大豆磷脂为主的食品乳化剂体系。

1）甘油酯及其衍生物

脂肪酸甘油酯是安全无害的食品添加剂，是用量最大的食品乳化剂，约占乳化剂总用量的 1/2～2/3。

脂肪酸甘油酯有单酯、二酯和三酯等三种，作为乳化剂用的主要是单酯，其 HLB 为 2～3，属油包水（W/O）型乳化剂，一般为白色或淡黄色粉末，片状或蜡状半流体和黏稠液体。无臭、无味或具有特异的气味。可溶于乙醇，与热水混合经强烈搅拌可以乳化。主要用于面包、饼干、糕点的加工，其次为人造奶油、黄油、糖果、巧克力等。因为甘油酯能提高面团的加工性，改善面包的组织结构，使其体积增大，组织松软，可口性强，延长保险期。

2）蔗糖脂肪酸酯

蔗糖脂肪酸酯一般是由脂肪酸的低碳醇酯和蔗糖进行酯交换而得。蔗糖分子中有 3 个羟基化学性质与伯醇类似，酯化反应即主要发生在这 3 个羟基上。控制酯化程度可以得到单酯含量不同的产品，HLB 可以为 1～16。除长链脂肪酸蔗糖酯外，还有低级脂肪酸酯，如乙酸异丁酸蔗糖酯，是由蔗糖与乙酸酐、异丁酸酐进行酯化反应而得，由于蔗糖分子中的 8 个羟基全部被酯化，故无乳化作用，具有较强的亲油性，主要起调节油相密度的作用。

3）山梨醇酐脂肪酸酯及其衍生物

山梨醇酐脂肪酸酯及其衍生物是白色或黄色的液体或蜡状的非离子表面活性剂。其 HLB 为 4～8。分子中含有亲水性的山梨糖醇和憎水性的脂肪酸，即油酸、硬脂酸（十八烷酸）等，即使溶解于水中，也不会分解成山梨糖醇酐和脂肪酸的离子。

脂肪酸山梨醇酯是一类乳化效率高的表面活性剂，将山梨醇与脂肪酸加热，进行酯化反应，并脱水而成脂肪酸山梨醇酐酯，或将山梨醇预先脱水，生成山梨醇酐，经精制后，再与脂肪酸进行酯化反应而制得。由于山梨醇酐上所结合的脂肪酸的种类和数量的不同，其酯分别具有不同的性质和用途，它在食品工业中的用量约占工业应用的 10%，主要用于面包、糕点、冰淇淋等乳化食品中，起乳化分散稳定作用。

4）丙二醇脂肪酸酯

丙二醇与脂肪酸酯化或与硬化油脂起酯交换反应可得单酯含量约为 80% 的丙二醇酯，经分子蒸馏可使单酯含量高于 90%。主要用于蛋糕和西点。本身乳化性能不很强，常与甘油脂肪酸酯复配使用，可提高乳化效果。

5）大豆磷脂

大豆磷脂又称磷脂或大豆卵磷脂，主要成分是卵磷脂（约 24%）、脑磷脂（约 25%）和肌醇磷脂（约 33%），此外尚含有 35%～40% 的油（最近已制成油分极少，无异臭淡黄色粉状或粒状产品）。本品为淡黄色或褐色透明或半透明的黏稠物质，不溶于水，溶于乙醚、氯仿、苯、石油醚、四氯化碳。大豆磷脂是制造大豆油时的副产品。将提取大豆原油的溶剂蒸发除去，再通入水蒸气，则磷脂沉淀分离，将沉淀分离的黄色乳浊液离心脱水后，在 60℃ 下减压干燥，再精制而得。

本品是唯一的天然乳化剂，用于人造奶油、冰淇淋、糖果、巧克力、饼干、面包和起酥油的乳化，在奶油硬糖中约添加 20%，乳脂糖中约添加 0.65%。本品不仅有乳化作用，还具有生化功能，可增加磷脂胆碱、胆胺、肌醇和有机磷，以补充人体营养的需要，因而广泛用于糖果、饼干、巧克力和人造黄油等食品中作为营养剂。

磷脂的主要成分是卵磷脂、脑磷脂和肌醇磷脂等，结构式为

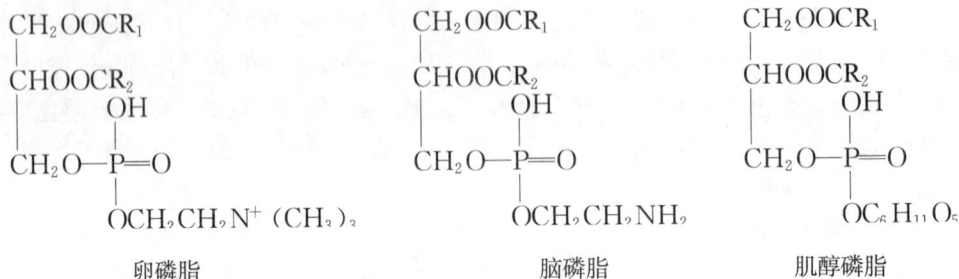

$$
\begin{array}{ccc}
\text{CH}_2\text{OOCR}_1 & \text{CH}_2\text{OOCR}_1 & \text{CH}_2\text{OOCR}_1 \\
| & | & | \\
\text{CHOOCR}_2 & \text{CHOOCR}_2 & \text{CHOOCR}_2 \\
\quad\quad\text{OH} & \quad\quad\text{OH} & \quad\quad\text{OH} \\
| & | & | \\
\text{CH}_2\text{O}-\overset{\displaystyle\|}{\text{P}}=\text{O} & \text{CH}_2\text{O}-\overset{\displaystyle\|}{\text{P}}=\text{O} & \text{CH}_2\text{O}-\overset{\displaystyle\|}{\text{P}}=\text{O} \\
| & | & | \\
\text{OCH}_2\text{CH}_2\text{N}^+(\text{CH}_3)_3 & \text{OCH}_2\text{CH}_2\text{NH}_2 & \text{OC}_6\text{H}_{11}\text{O}_5 \\
\text{卵磷脂} & \text{脑磷脂} & \text{肌醇磷脂}
\end{array}
$$

磷脂中各种成分的相对比例不同，使大豆磷脂的性能表现也不同。采用不同的提取方法可以制成一系列成分不同的磷脂乳化剂品种（包括油包水和水包油两种类型），用途广泛。

6）其他食品乳化剂

硬脂酰乳酸钠和硬脂酰乳酸钙分别为硬脂酰乳酸的相应盐和低分子乳酸聚合物及其相应盐的混合物。它们是阴离子型乳化剂，HLB 约为 5.1，亲油性较好。主要用于小麦粉和面包中，是优良的面团调理剂和面包软化剂等。

木糖醇酐硬脂酸酯性能与甘油单硬脂酸酯、山梨醇酐单硬脂酸酯相似，聚氧乙烯木糖醇酐单硬脂酸酯为亲水性乳化剂，后者还具有良好的润湿、渗透和扩散作用。另外田菁胶、槐豆胶等从植物中提取的天然多糖类亲水性高分子物质，在水中形成水溶性亲水胶，可使增稠、稳定和乳化性能明显提高。酪朊酸钠（即酪蛋白酸钠）也具有良好的乳化作用和稳定作用，为水溶性乳化剂，应用广泛。

2. 增稠剂

增稠剂也称为糊料、增黏剂。它能改善食品的物理性质，增加食品的黏度，赋予食品以黏滑的口感，还可以改变或稳定食品的稠度，保持食物水分，也可作为乳化剂、稳定剂。

增稠剂的作用原理是其分子结构中含有许多亲水基团，如羟基、羧基、碳基、氨基等，能与水分子发生水化作用，从而以分子状态高度分散于水中，形成高黏度的单相均匀分散体系。

增稠剂的种类很多，大多数系由含有多糖类黏质物的植物和海藻类制取，如淀粉、果胶、琼脂和海藻酸等，也有从蛋白质的动物原料制取，如明胶和酪蛋白等，少数是人工合成的，如聚丙烯酸钠。由于天然增稠剂安全无害，资源广泛，因此世界各国都在积极研究天然增稠剂的开发和应用。

1）淀粉及改性淀粉

淀粉是传统的增稠剂，广泛存在于植物的种子、根、茎之中。经原料处理、浸泡、破碎、过筛、分离、洗涤、干燥和整理等工艺过程制成。

淀粉的主要成分是葡萄糖聚合而成的多糖，聚合度在 100~30000。直链淀粉占 10%~20%，支链淀粉占 80%~90%。淀粉在水中加热到 55~60℃ 形成黏性半透明凝胶或胶体溶液，这个现象称为淀粉的黏化或糊化，其黏性随淀粉支链度增加而增大。食品中加入淀粉，可以增加食品的结着性和持水性。现代食品工业发展对淀粉的增稠稳定性能提出了更高的要求。例如，黏度稳定性（特别是在酸性、高盐浓度、搅拌下的稳定性更为重要）、低温稳定性、透明度及高保水性等。这些要求普通淀粉难以达到。因此，采用化学改性、物理改性、酶改性等方法制成了多种改性淀粉，如环状糊精、酸化淀粉；氧化淀粉、酯化淀粉、醚化淀粉、交联淀粉、预胶凝淀粉等，成为用途更广，效果更好的食品增稠剂和稳定剂。例如，羧甲基淀粉（钠）是淀粉用 NaOH 处理后与氯乙酸或丙烯腈反应制成的醚化淀粉，糊液黏度高，在碱性和弱酸性溶液中稳定。若在 NaOH 存在下，淀粉与环氧丙烷反应可得羟丙基淀粉，反应有干法和湿法两种，干法反应效率高，时间短，可制取高取代度淀粉。取代度增加，淀粉的亲水性也增加。

淀粉与磷酸盐反应可制取磷酸一酯、二酯和三酯淀粉。随单磷酸酯取代度增加淀粉更易糊化。与原淀粉相比有更高的黏度、透明度和胶黏性。改性淀粉的研究已有 100 多年的历史，已有上千种改性淀粉品种。

2）琼脂

琼脂是石花菜等红藻类植物的浸出物经干燥制成的多糖类物质，有条状和粉状两种产品。琼脂的主要成分是聚半乳糖苷，食用时不被酶分解，所以几乎没有营养价值。琼脂具有很高的吸水性和持水性，在冷水中不溶，浸泡时徐徐吸水膨胀软化，吸水率高达 20 倍。琼脂在热水中形成溶胶，冷却时凝结成透明的凝胶体。凝胶能力是琼脂品质的重要指标，优质琼脂的 0.1% 溶液即能凝胶，具有很强的黏性。琼脂耐热性也很好，热加工方便。琼脂生产首先是用水浸泡石花菜等原料并除去杂质，然后加硫酸或醋酸在 120℃、0.1MPa 压力、pH 3.5~4.5 条件下加热水解。水解液过滤净化后在 0~10℃ 冷却凝固，切条后晾干即成条状琼脂。粉末琼脂则是由 6%~7% 的胶液在 85℃ 下喷雾干燥制成。

3）果胶

果胶为乳白色或淡黄色的不定型粉末。味微酸无异味，含水 7%~10%，胶凝力达到 100~150 度。溶于水，不溶于乙醇和其他溶剂，在 174~180℃ 分解。其分子结构是直链状的多糖聚合体，结构单元为 D- 半乳糖醛酸。果胶的凝胶强度与分子质量和分子结构的酯化反应有关。部分半乳糖醛六位上的碳被甲氧基酯化，酯化的半乳糖醛羧基对总的半乳糖醛羧基的比值称为酯化度（简称 DE）。商品果胶按 DE 可分为两大类：一类是 DE > 50%，甲氧基含量 16.3%~7% 的为高甲氧基果胶即 HM 果胶；另一类是 DE < 5%，甲氧基含量小于 7% 的低甲氧基果胶即 LM 果胶。果胶广泛存在于水果、蔬菜及其他植物的细胞膜中，可由柑橘皮、苹果皮等提取。将果皮洗净加 18 倍热水，0.14% 盐酸，在 90~95℃ 萃取 30min，经压滤、真空浓缩后在 40℃ 以下加入乙醇使果胶沉淀，经洗涤、干燥、粉碎、过筛得果胶粉。

果胶是国内外广泛应用的食品增稠剂。HM 果胶的特点是胶凝强度大，时间短，要求可溶性固形物含量达到 50% 以上时方可形成胶冻。蛋糕制品、水果、软糖、蜜、冰淇淋、巧克力、饼干等作稳定剂和乳化增稠剂。LM 果胶在钙、镁、铝等离子存在时，即使可溶性固体物低至 1% 仍可形成胶冻，因此适合于低糖食品、水果制品、奶制品等。此外，LM 果胶还能阻止铅、汞、砷、放射性锶等有毒物质在肠道的吸收，因此，LM 果胶可作为重金属中毒的良好解毒剂。用于疗效食品可以降低血浆胆固醇，这对于糖尿病、高血压、肥胖病等的预防具有积极的意义。

4）明胶

明胶是由动物的皮、骨、韧带、肌腱及其他结缔组织含有的胶原蛋白经部分水解后得到的多肽聚合物。明胶生产有碱法、酸性、盐碱法和酶法四种。普遍采用的是碱法，将分类整理后的原料用碱水蒸煮，再用 HCl 中和后水洗，在 60～70℃熬制成胶水，再经防腐、漂白、凝胶、刨片、烘干制成成品。明胶为白色或浅黄色半透明；薄片或粉末，属于亲水性胶体，溶于热水，冷却后形成透明的、富有弹性和柔软性的热可逆凝胶，30℃左右溶化。水溶液长时间煮沸会分解而失去凝胶性。氯化物对明胶凝胶的透明性、黏度等均有影响，含量在 0.1% 以下时影响不大。在冷饮中利用明胶吸附水分的作用可作稳定剂，也可用于糖果中起凝胶作用或用做罐头食品的增稠剂以及酒类的澄清剂（明胶可将酒中浑浊微粒吸附聚集成块而除去）。

5）羧甲基纤维素钠

羧甲基纤维素钠（CMC）是葡萄糖聚合度为 100～200 的纤维素的羧甲基取代物。将纤维素用 NaOH 溶解后加一氯醋酸乙醇溶液反应，放冷后用 HCl 乙醇溶液中和，再经洗涤、分离、粉碎、干燥，可制成羧甲基纤维素钠。羧甲基纤维素钠不溶于乙醇、乙醚等有溶剂，易分散于水中成为溶胶，溶胶黏度随葡萄糖聚合物和溶液的 pH 不同而不同。聚合度越高，黏度越大；pH 大于 3 时随 pH 升高，黏度变大；pH 为 5～9 时黏度变化很小，pH 小于 3 时，有羧基游离出来，黏度变小。另外盐的存在会使其黏度下降，高于 80℃长时间加热黏度会降低并形成水不溶物。聚合度不同，其黏度亦不同，一般分为高黏度型（1% 水溶液，黏度 > 2Pa·s）；中黏度型（2% 水溶液，黏度 0.3～0.6Pa·s）；低黏度型（2% 水溶液，黏度 0.025～0.05Pa·s）。选择具有不同聚合度和取代度的羧甲基纤维素钠可在多种食品中起改善保水性和食品组织结构，防止析晶等增稠和稳定化作用。

6）海藻酸钠

海藻酸钠又名海带胶，具有良好的增稠性、成膜性、保形性、絮凝性及稳定性，作为食品添加剂，可改善食品结构，提高食品质量；在预防和治疗疾病方面，它具有降低人体的胆固醇含量、疏通血管、降低血液黏度、软化血管等作用，被人们誉为保健长寿食品。同时，其优良的成膜性使其可用作食品包装中的可食性薄膜，此外，在啤酒生产中作为铜的固化去除剂，能把蛋白质、单宁一起凝聚除去。

海藻酸存在于多种棕色海藻中。海藻酸为不溶性物质，在食品工业中直接应用得较少。我国 GB 2760—1996 批准使用的海藻酸钾、海藻酸钠和一种半合成物海藻酸丙二醇醋，在海藻酸盐中使用得最多的是海藻酸钠。海藻酸钠的分子式为 $(C_6H_7O_6Na)_n$，聚合度 n 一般在 180～930，其相对分子质量一般在 32000～200000。海藻酸钠为白色或淡黄色的粉末，几乎无臭、无味，不溶于乙醇、乙醚、三氯甲烷和酸（pH＜3），是亲水性高分子化合物，水合能力很强，有吸湿性，溶于热水和冷水，溶于水形成黏稠状胶体凝胶。

7）其他增稠剂

除以上介绍的增稠剂外，常用的食品增稠剂还有卡拉胶、黄原胶、阿拉伯胶等。黄原胶是一种生物高分子聚合物，由菌种发酵得到的高黏度液体；其他各类均为植物或藻类提取物。

六、调味剂

要得到色、香、味俱佳的食品，离不开食品调味剂。调味剂主要是增进食品对味觉的刺激，增加食欲，部分调味剂还有一定的营养价值和药理作用。调味剂包括酸味剂、咸味剂、甜味剂、鲜味剂、辛辣剂、苦味剂、香料和清凉剂等。

1. 酸味剂

赋予食品酸味为主要目的的添加剂总称为酸味剂。它既能抑制微生物，具有一定的防腐功能，又有助于溶解纤维素和钙、磷等矿物质，促进消化吸收。常用的酸味剂有柠檬酸、乳酸、磷酸、醋酸、酒石酸、富马酸、苹果酸等。

（1）醋酸。为无色透明液体，有强烈刺激味，味极酸。食醋是采用淀粉或饴糖为原料发酵制成的，含有 3%～5% 的醋酸，还含有其他的有机酸、糖、醇及酯类。醋酸是由乙醇发酵或乙烯氧化制成的。

（2）柠檬酸。又称枸橼酸，化学名称 3- 羟基 -3- 羧基 -1,5- 戊二酸。工业上以淀粉或糖蜜为原料，经黑曲酶发酵制成。为无色透明结晶或白色粉末，在大气中失去结晶水而风化。有酸味，溶于水、乙醇和醚。正常用量对人体无害。熔点为 153℃。其酸味柔美，除作酸味剂外，还用做防腐剂、抗氧化增效剂、酸化剂、增香剂和香料等，用途广泛，应用历史长，在酸味剂中占有重要地位。

（3）乳酸。乳酸学名为 2- 羟基丙酸，分子式为 $C_3H_6O_3$，广泛地存在于发酵食品、腌渍物、乳制品中，为无色或淡黄色黏稠状液体，几乎无臭，有较强的吸湿性，通常和乳酞乳酸以混合物的形式存在，在受热浓缩时缩合成乳酞乳酸，用热水稀释又成为乳酸。纯乳酸可溶于水、乙醇，微溶于乙醚，不溶于三氯甲烷、石油醚和二硫化碳。乳酸的酸味阈值为 40mg/L，它具有较强的杀菌能力，能防止杂菌生长，抑制异常发酵。乳酸是食品的正常成分，可参与人体的正常代谢，在糖果、饮料、罐头、果酱类食品中的使用量可根据正常生产需要使用。乳酸有替代柠檬酸作酸味剂的发展趋势。

（4）苹果酸。化学名称为 2- 羟基丁二酸，在苹果中含量最高（L 型）。为无色结晶或粉末，无臭，略带有刺激性的爽快酸味，微有苦涩感，酸味较柠檬酸强。苹果酸制法较多，如将苯催化氧化成顺丁烯二酸，再在加温下与水蒸气作用经分离制得 DL- 苹果酸；由发酵法可制 D- 苹果酸；以酒石酸为原料经氢碘酸还原也可制苹果酸。

苹果酸酸味柔和，持久性长，可全部或大部分取代柠檬酸。在低热量饮料中用苹果酸代替柠檬酸可以掩盖一些蔗糖替代品的后味，预计在新型食品和饮料中用途较大。我国苹果酸生产刚刚起步，今后会有较大的发展。

（5）酒石酸。酒石酸为白色结晶细粉，无臭，味酸，有旋光性，熔点为168～170℃，易溶于水，可溶于乙醇、甲醇，但难溶于乙醚。溶解度为120%（10℃水）。吸湿性比柠檬酸弱，酸味为柠檬酸的1.2～1.3倍。目前因为使用的以进口的天然酒石酸为主，与其他酸并用，可在果酱、饮料、罐头、糖果中使用，也可在速效蓬松剂中作酸味剂用。

（6）磷酸。熔点为43.5℃，为不稳定的结晶或透明浆状液体，其稀溶液有愉快的酸味，食品级磷酸的浓度在85%以上，密度为$1.69g/cm^3$，酸味度2.0～2.5（柠檬酸1.0）。其酸味不如有机酸好，有强烈的收敛味和涩味，因此在饮料中只能部分代替柠檬酸和苹果酸，用于非水果型饮料如可乐型饮料，在制糖过程中蔗糖的澄清和酵母营养剂等。

工业上磷酸的生产方法有热法和湿法，而生产食品级磷酸通常采用热法，即将磷矿石在电炉中制取元素磷（工业上称为黄磷），再经氧化水合制得磷酸。

2. 甜味剂

能够赋予食品甜味的物质称为甜味剂。一些甜味剂不仅赋予食品甜味，而且具有较高的营养价值和供给人体热量，称为营养型甜味剂。有些甜味剂不提供或提供很少热量（只有同重量蔗糖热值的2%）称为非营养型甜味剂。

营养型甜味剂中的蔗糖、果糖、葡萄糖、麦芽糖等属于食品原糖，因此对其使用没有限制。我国食品添加剂使用卫生标准中列入的甜味剂有糖精钠、甜叶菊糖苷、甜蜜素、麦芽糖醇、D-山梨糖醇、甘草、木糖醇、帕拉金糖、乙酰磺胺酸钾。甜味剂按其来源分为天然甜味剂和合成甜味剂两种。近年来，非营养型天然甜味剂受到人们广泛欢迎。

主要的甜味剂品种如下：

（1）糖精钠。化学名称为邻磺酰苯甲酰亚胺钠，结构式为

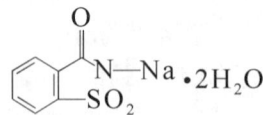

$$\text{（结构式）} \cdot 2H_2O$$

其为无色至白色结晶或晶状粉末，无臭，稀浓度味甜，浓度大于0.026%则味苦，易溶于水，难溶于乙醇，甜度约为蔗糖的500倍，属化学合成非营养型甜味剂，对于其毒副作用争论多年，但目前仍未能肯定其毒性。

（2）甜叶菊糖苷。是由植物甜叶菊中提取出来的非营养型天然甜味剂。甜度约为蔗糖的300倍，是天然甜味剂中最接近蔗糖的一种，甜味纯正，残留时间长，后味可口，有轻快凉爽感，并有较好的耐热、耐酸碱性，且不被微生物利用，不发酵，不变色。

$$\begin{array}{c}CH_2OH\\ \text{（结构式）}\end{array}$$

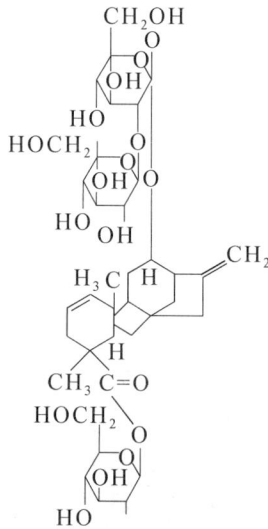

甜叶菊原产于南美洲，1971 年日本首先引种成功，并使原料鲜叶中的甜味成分提高 1 倍。1978 年我国从日本引种甜叶菊，现在已在 20 多个省市大面积种植。

（3）环己基氨基磺酸钠（甜蜜素）。结构式为

$$\bigcirc\!\!-\!NHSO_3Na$$

甜度为蔗糖的 40～50 倍，为人工合成非营养型甜味剂。由氨基磺酸钠与环己基胺加热反应制得，成品为白色结晶或晶体粉末，易溶于水，难溶于乙醇。

（4）天冬酰苯丙氨酸甲酯（甜味素）。结构式为

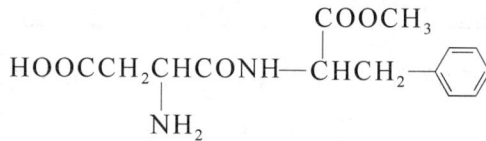

$$HOOCCH_2CHCONH\!-\!CHCH_2\!-\!\bigcirc$$

由 L- 天冬氨酸和 L- 苯丙氨酸甲酯缩合而成（最近有报道用 L- 苯丙氨酸代替 L- 丙氨酸，而使成本下降 30%）。产品为白色结晶性粉末，微溶于水（约 1%）和乙醇，水溶液中不稳定易分解而失去甜味，干燥状态可长期保存。甜味素的甜味纯正，性质最接近蔗糖，甜度为蔗糖的 150～200 倍，以甜度计热量仅为蔗糖的 1/200，其最大缺点是热稳定性较差，不宜用于焙烤、油炸食品。

另外天冬氨酸与其他氨基酸也能形成具有甜味的二肽衍生物。要使二肽衍生物具有甜味，必须具备的条件是：

① 肽的氨基端须是天冬氨酸，其氨基与羧基游离。

② 二肽的氨基须是 L- 型。

③ 另一氨基酸为中性氨基酸。

④ 有酯基。例如，天冬氨酰蛋氨酸甲酯，天冬氨酰丝氨酸乙酯等。

（5）甘草，别名甜甘草、粉甘草，是豆科植物甘草的干燥根和茎，其甜味成分主要是甘草甜素，由甘草酸和 2 分子葡萄糖醛酸组成。结构式为

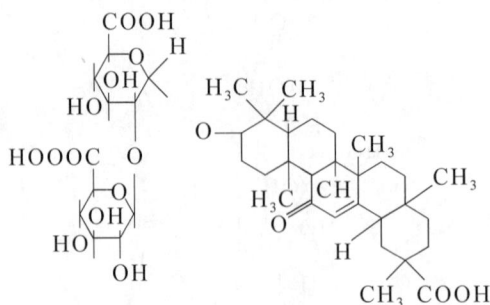

将甘草切碎，经水浸，取滤液蒸发浓缩可得甘草膏和甘草粉末。甘草粉末为浅黄色，味甜略带苦，水溶液为浅黄色，浓溶液为黑褐色，有特殊香气。我国自古以来将甘草作为药材和调味料使用，正常使用对人体无害。

（6）二氢查耳酮衍生物。一些黄酮类糖苷，如柑橘中含有的柚苷、橙皮苷等在碱性条件下还原生成开环化合物二氢查耳酮的衍生物，具有很强的甜味，是蔗糖的100～200 倍。具有甜味二氢查耳酮类衍生物如表 6.1 所示。

表 6.1　具有甜味二氢查耳酮类衍生物的结构与甜度

二氢查耳酮衍生物	R	X	Y	Z	甜　度
柚皮苷	新橙皮糖	H	H	OH	100
新橙皮苷	新橙皮糖	H	OH	OCH$_3$	1000
高新橙皮苷	新橙皮糖	H	OH	OC$_2$H$_6$	1000
4-o- 正丙基新圣草柠檬苷	新橙皮糖	H	OH	OC$_3$H$_7$	2000
洋李苷	新橙皮糖	H	H	OH	40

二氢查耳酮类衍生物甜度高，后味无苦味，毒性小。黄酮类糖苷在未成熟的柑橘果实中含量很高，采用酶化学和化学反应相结合的方法，可生产二氢查耳酮类甜味剂，使未成熟的柑橘也能充分利用。

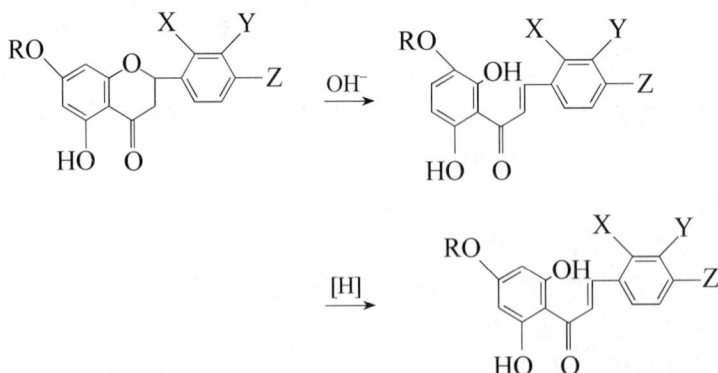

（7）糖醇类。此类甜味剂品种较多，如麦芽糖醇、山梨醇、木糖醇等。它们是由麦芽糖、葡萄糖和木糖经催化加氢制得的。木糖醇甜度与蔗糖相仿。麦芽糖醇和山梨糖醇甜度分别为蔗糖的 75%～95% 和 50%～70%；木糖醇和山梨醇的热量与蔗糖相同，麦芽

糖醇热量为蔗糖的 1/8；木糖醇进入人体后不需胰岛素就能进入细胞被利用，还有利于防止龋齿，麦芽糖醇食用后血糖不会升高，也不增加胆固醇和中性脂肪的含量。山梨糖醇在血液中不能转化成葡萄糖，不受胰岛素影响，它们均可作为好的疗效食品，适合糖尿病、高血压等病人食用。

3. 鲜味剂

鲜味剂主要指能增强食品风味的物质，鲜味剂亦称增味剂或风味增强剂，可增强食品的鲜味，引起强烈食欲。常用的鲜味剂有谷氨酸钠（味精）、核苷酸及其盐类、天冬酰氨酸钠以及琥珀酸二钠盐等。

（1）谷氨酸钠。俗称味精，是 α- 氨基戊二酸的一钠盐（或称谷氨酸一钠盐），其中 L- 型谷氨酸一钠具有强烈的肉类鲜味（D- 型无鲜味）。L- 型谷氨酸存在于植物蛋白中，尤其是在麦类谷蛋白中含量最高，所以面筋在过去是制取谷氨酸钠的主要原料。现在味精的生产主要是采用发酵法，以糖类（淀粉或葡萄糖）为主要原料，适当加入一些硫酸铵、氨水、尿素等作为氮源，在特殊的微生物作用下发酵制成谷氨酸，中和到一定的 pH，即得谷氨酸钠。

谷氨酸同时具有鲜味和酸味，中和成一钠盐后酸味消失而鲜味显著；谷氨酸为二元酸，其二钠盐 pH 为 9.2，无鲜味。作为味精的谷氨酸一钠盐含有 1 分子结晶水，易溶于水中，其水溶液有浓厚的鲜味，与食盐共存时鲜味尤其显著，食盐是味精的助鲜剂。

味精是否对人体有不良影响曾经长期讨论过，1988 年 FAO/WHO 联合食品添加剂委员会第 19 次会议肯定了谷氨酸钠的安全性，取消了对它的食用限量。

（2）鲜味核苷酸。其结构特点如下：

① 嘌呤核第六个碳原子上存在羟基（—OH）。

② 核糖第五个碳原子上存在磷酸基。磷酸基与核糖的 2 位或 3 位结合的核苷酸，无鲜味，具有嘧啶骨架的核苷酸类也没有鲜味。

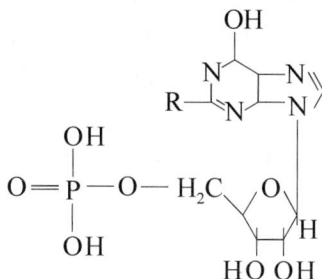

R=H，$5'$-磷酸 - 肌苷酸（$5'$-IMP）

R=NH$_2$，$5'$-磷酸 - 鸟苷酸（$5'$-GMP）

R=OH，$5'$-磷酸 - 黄苷酸（$5'$-XMP）

按照这一规律，合成了一些 2 位含硫的核苷酸，均有很强的鲜味（表 6.2）。

表6.2　2-取代-5-核苷酸的鲜味相对强度

2-取代基	鲜味相对强度	2-取代基	鲜味相对强度
—H	1.00	—S（CH$_2$）$_2$CH（CH$_3$）$_2$	6.10
—NH$_2$	2.30	—S（CH$_2$）$_2$OCH$_2$CH$_3$	11.80
—OH	0.53	—SCH$_2$◻	17.30
—SCH$_3$	8.20	—SCH$_2$CH$_3$	6.90

5′-鸟苷酸（5′-GMP）存在于少数植物体内，如香菇和酵母等；而5′-肌苷酸（5′-IMP）在各种动物体中均含有。在供食用的动物（畜、禽、鱼、贝）肉中，鲜味核苷酸主要是由肌肉中的三磷酸腺苷（ATP）降解产生的。

呈鲜味的核苷酸中，5′-IMP和5′-GMP鲜味较强，二者混合使用具有协同增效作用。5′-核苷酸单独在纯水中并无鲜味，与味精共存时可增强味精的鲜度，以味精和5′-核苷酸按1∶1混合时鲜味最强，1g味精和1g5′-鸟苷酸相当于60g味精的鲜度。

鲜味核苷酸的工业制备可采取核酸酶解法，即用5′-磷酸二酯酶分解核糖核酸（RNA）；也可采用发酵法，即糖经发酵生产核苷再进一步磷酸化成核苷酸。

我国批准使用的鲜味核苷酸有5′-鸟苷酸二钠和鲜味核苷酸二钠（即5′-鸟苷酸二钠+5′-肌苷酸二钠）。

5′-鸟苷酸二钠为无色至白色结晶或晶状粉末，平均含有7个分子结晶水，有特殊的香菇鲜味，易溶于水，微溶于乙醇，在一般食品加工条件下对酸、碱、盐和热稳定。

鲜味核苷酸二钠盐是肌苷酸钠和鸟苷酸钠各半的混合物，肌苷酸钠为无色至白色结晶体，平均含有7.5个分子的结晶水，有特殊鲜海鱼滋味，易溶于水，微溶于乙醇，不潮解，对酸、碱、盐及热性能稳定，但遇动植物中的磷酸酯酶可分解失去鲜味。

（3）琥珀酸二钠，即丁二酸二钠（NaOOCCH$_2$CH$_2$COONa），具有特异的贝类鲜味，与味精和鲜味核苷酸二钠复配使用效果更好。

（4）天冬酰胺酸钠，亦称 L-天冬氨酸钠，化学名称为2-氨基丁二酸一钠［HOOCCH$_2$CH（NH$_2$）COONa·H$_2$O］，为白色晶体粉末，味甘甜带清淡鲜味，易溶于水，不溶于乙醇，对光、热、氧稳定。竹笋等植物性鲜味食物的鲜味即来自于天冬酰胺酸钠。

4. 咸味剂

咸味是中性盐所显示的味，只有氯化钠才产生纯粹的咸味，一般说来盐的阴离子和阳离子的分子质量越大越有增大苦味的倾向，如KBr和NH$_4$I有咸苦味，MgCl$_2$、KI等是苦味的。

咸味的产生虽与阴、阳离子互相依存有关，但阳离子易被味感受器蛋白质的羧基或磷酸基吸附而呈咸味，故咸味与盐离解出阳离子关系更密切，而阴离子则影响咸味强弱和副味，咸味强弱与味神经对各种阴离子感应的相对大小有关。

食盐是人类普遍采用的咸味剂，它的主要成分 NaCl 是人体及动物生理上必需的成分，同时起食品防腐作用，但过量摄取可导致体内电解质失去平衡而引起高血压等疾病。国外试验证明饮食中降低钠盐摄入量而增加钾盐摄入量能有效降低年轻人高血压发病率，因此采用 KCl 部分替代 NaCl 制成低钠或减钠盐，但这种替代品对食品味道稍有影响。国外还研制成功了一种称为 Zyest 的新型食盐代用品，属酵母型咸味剂，是用谷物酒精连续加压发酵生长培养酵母，再由酵母制取的。它可使食盐用量减少一半以上，且具防腐作用；日本研制了一种称为乌氨酰牛磺酸的人造食盐，味道很难与食盐区别。

5. 其他呈味物质

1）苦味物质

单纯的苦味是不可口的，但苦味不仅能对味感受器起强有力的刺激作用，而且与其他呈味物质调配得当，可以起到丰富和改进食品风味的作用。例如，苦瓜、莲子、啤酒等都是具有一定苦味的美味食品。

有苦味的物质分子内一般含有 $-NO_2$、$-SH$、$-S-$、$-S-S-$、$-SO_3H$、$=C=S$ 基等。无机盐类中钙、镁、铵等离子也能产生苦味。苦味物质分子中存在分子内氢键，使整个分子的疏水性增高，可能是产生苦味的原因。

苦味是最易感知的一种味感。苦味物质种类很多，但与食品有关系的种类较少。

（1）咖啡碱、可可碱和茶碱。它们是嘌呤类衍生物，是食品中主要的生物碱类苦味物质。

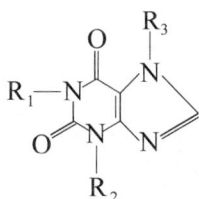

咖啡碱：$R_1=R_2=R_3=R_4$

可可碱：$R_1=H$，$R_2=R_3=CH_3$

茶碱：$R_1=R_2=CH_3$，$R_3=H$

可可碱主要存在于茶叶、可可中，能溶于热水，难溶于冷水和乙醇；茶碱存在于茶叶中，含量极微，易溶于沸水，微溶于冷水；咖啡碱在咖啡和茶叶中含量较多，能溶于水、乙醇，易溶于热水。

（2）α- 酸和异 α- 酸。α- 酸又称甲种苦味酸，在新鲜酒花中含量为 2%～8%，具有强烈的苦味及很强的防腐能力，占啤酒中苦味物质的 85% 左右。α- 酸是多种混合物，在酒花与麦芽汁共煮过程中，酒花中的 α- 酸 40%～60% 异构化成异 α- 酸，它更易溶于麦芽汁中，是啤酒中最重要的苦味物质。

（3）柚皮苷及新橙皮苷。它们是柑橘类果实中的主要苦味物质，属黄酮类糖苷，以新橙皮糖为糖苷基的黄酮类糖苷都有苦味，将新橙皮糖苷水解后苦味消失，据此可利用酶制剂水解柚皮苷和新橙皮苷以脱去橙汁苦味。

$$R= —CH_2CH（CH_3)_2, —CH(CH_3)_2$$

α- 酸

异 α- 酸

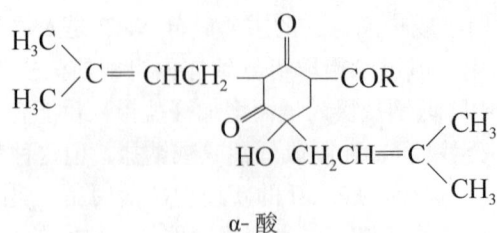

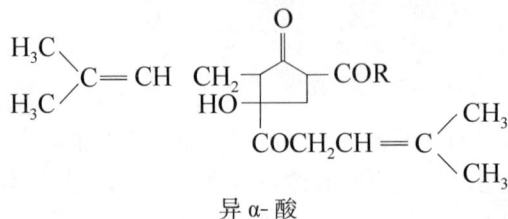

（4）胆汁。是动物肝脏分泌并贮存在胆囊中的一种液体，味极苦，加工中稍不注意破损胆囊即可导致无法洗净的苦味，胆汁主要成分为胆酸、鹅胆酸及脱氧胆酸。

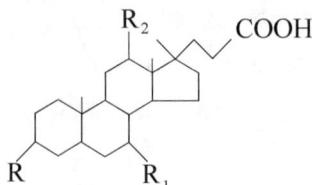

鹅胆酸：R=R$_1$=OH，R$_2$=H

鹅胆酸：R=R$_1$=OH，R$_2$=H
脱氧胆酸：R=R$_2$=OH，R$_1$=H
胆酸：R=R$_1$=R$_2$=OH

2）辣味物质

适当的辣味可以增进食欲，促进消化液分泌并具有杀菌作用。辣味物质大多具有酰。

氨基、酮基、异氰基等官能团，多为疏水性强的化合物。辣味按其刺激性不同分为两种，即热辣味和辛辣味。热辣味或称火辣味，在口腔中引起一种灼烧感；辛辣味除作用于口腔黏膜以外还有一定的挥发性，能刺激嗅觉器官，既有冲鼻刺激感，例如，葱、姜、蒜、芥子等的辛辣味，实际上是对味感和嗅觉器官起双重刺激作用（表6.3）。

表6.3 辣味物质化学结构

化合物	结构式	存 在
辣椒素	H$_3$CO—⟨⟩—CH$_2$NHCO(CH$_2$)$_4$CH=CH–CH(CH$_3$)$_2$ HO	辣椒
二氢辣椒素	H$_3$CO—⟨⟩—CH$_2$NHCO(CH$_2$)$_4$CH$_2$CH$_2$–CH(CH$_3$)$_2$ HO	辣椒

续表

化合物	结构式	存　在
山椒素	$CH_3(CH=CH)_3CH_2CH_2CH=CHCONHCH_2CH\langle^{CH_3}_{CH_3}$	青椒
姜酮	H₃CO—〈苯环〉—CH₂CH₂CCH₃ (O), HO	生姜
姜醇（姜辣素）	H₃CO—〈苯环〉—CH₂CH₂CCH₂CH(CH₂)₄CH₃ (O,OH), HO	生姜
胡椒碱	O,O〈苯环〉—CH=CH—CH=CH—C—N〈哌啶〉	胡椒
丙烯芥子油	$CH_2=CHCH_2NCS$	花椒，黑芥子
二丙烯基二硫化物	$CH_2=CHCH_2SSCH_2CH=CH_2$	蒜
丙基烯丙基二硫化物	$CH_2=CHCH_2SSCH_2CH_2CH_3$	蒜
二丙基二硫化物	$CH_3CH_2CH_2SSCH_2CH_2CH_3$	蒜、葱
甲基正丙二硫化物	$CH_3SSCH_2CH_2CH_3$	葱
S-甲基半胱氨酸亚砜	$CH_3SCH_2CHCOOH$ (O, NH₂)	萝卜、甘蓝等

3）涩味物质

当口腔黏膜蛋白质被凝固引起收敛时感到的味是涩味。它不是作用于味蕾而是刺激触觉神经末梢引起的。

涩味的主要化学成分是多酚类化合物，其次是铁、明矾、醛类、酚类等物质。有些水果或蔬菜中存在果酸、香豆素、奎宁酸等也引起涩味。柿子中以无色花色素为基本结构的多酚类化合物，就是柿子涩味的来源。另外，茶叶中（特别是绿茶）含有多酚类化合物因而也有涩味。

七、营养强化剂

以增强和补充食品的营养为目的而使用的添加剂称为营养强化剂，也称为食品强化剂。强化剂可分为维生素强化剂、氨基酸强化剂、矿物质和微量元素强化剂等三大类。一般说来，人体所必需的营养成分在正常食物中有广泛的分布，合理搭配饮食可以获得足够的营养。但食品在加工贮运及烹调过程中往往会有一部分营养物质遭到破坏和损失。另外，一些特殊人员，如长期处于特殊工作环境中的人员和老弱病幼人员也需补充某些营养物质。因此，在食物中适当地配入强化剂以提高食品的营养价值是有必要的。添加营养强化剂的食品即为强化食品。营养强化剂主要包括氨基酸、维生素和矿物质。

1. 维生素

维生素是维持人体正常代谢和机能所必需的一类微量营养素。维生素缺乏会导致机体病变。例如，缺乏维生素 C，会使毛细血管变脆，渗透性变大，易引起出血、骨质变脆、坏血病等；缺乏维生素 D 会导致佝偻病、骨质软化病、幼儿发育不良和畸形等。

维生素均为低分子有机化合物，种类繁多、化学结构和生理功能各异，因此无法按化学结构或功能进行分类。目前依据溶解性将维生素分为水溶性和脂溶性两类。水溶性维生素包括维生素 B 族和 C 族；脂溶性维生素有维生素 A、维生素 D、维生素 E、维生素 K。维生素强化剂主要是维生素 A、维生素 B_1、维生素 B_2、维生素 B_5、维生素 C 和维生素 D_2、维生素 D_3 制剂。

1）维生素 A

维生素 A 是所有具有视黄醇生物活性的 β- 紫罗兰酮衍生物的统称，又称抗干眼醇或抗干眼病维生素，有维生素 A_1 和维生素 A_2 两种。主要来源是动物肝脏、鱼肝油、禽蛋等。常用的是维生素 A_1 的制剂。维生素 A_1 即视黄醇，结构式为

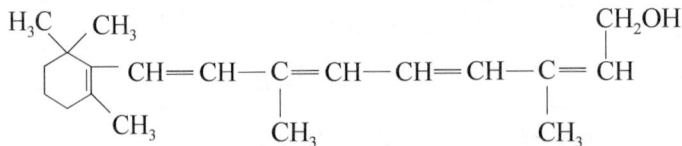

天然维生素 A 可从鳕鱼、鲑鱼、金龟鱼等鱼的肝脏提取肝油，经分子蒸馏法在高真空和 110～270℃下蒸馏浓缩，再经层析精制而得。合成品由 β- 紫罗兰酮与氯乙酸甲酯加甲醇钠，经缩合、环化、水解、重排、异构化后，再加六碳醇加成，经催化氢化、酯化、溴化和脱溴化氢而成。一般不用纯品做添加剂而使用维生素 A 油或维生素 AD 鱼肝油。

2）维生素 B_1

维生素 B_1，即硫胺素，又名抗脚气病维生素，结构式为

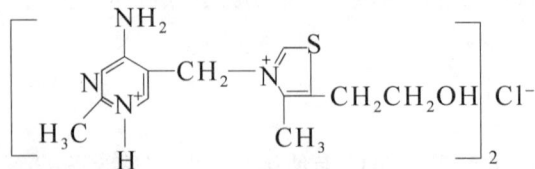

维生素 B_1 广泛分布于食物中，如动物的肝、肾、心及猪肉中，麦谷类的表皮含 B_1 量也较多。缺乏维生素 B_1 除易患脚气病、神经炎外，常感觉肌肉无力，神经痛，有心律不齐、消化不良等症状，因而常用维生素 B_1 强化面包和饼干。

维生素 B_2 即核黄素，结构式为

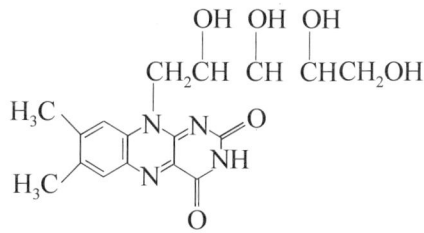

维生素 B_2 存在于小米、大豆、绿叶菜、肉、肝、蛋、乳等多种食物中，在体内参与氧化还原过程，缺乏时会引起口角炎、舌炎、唇炎、脂溢性皮炎等症。将小麦等发酵后可直接提取维生素 B_2，工业生产可由 3,4- 二甲基苯胺与 D- 核糖合成。

3）维生素 C

维生素 C 除作为营养强化剂外还常用做抗氧剂。又名抗坏血酸。白色结晶，存在于新鲜的蔬菜、水果中。在体内参与糖的代谢与氧化还原过程，加速血液凝度，刺激造血功能，并有阻止致癌物质（亚硝酸）生成的作用。维生素 C 为水溶性维生素，在油脂食品中须改用维生素 C 的脂肪酸酯。

4）维生素 D

维生素 D 是所有具有胆钙化醇（维生素 D_3）生物活性的类固醇的统称。能防治佝偻病，具有这种作用的维生素已发现多种，较重要的是维生素 D_2 和维生素 D_3，常用作食品强化剂添加于乳制品及火腿香肠中。

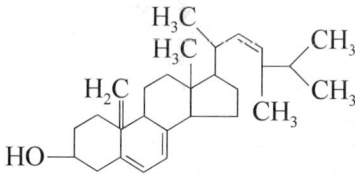

维生素 D_2

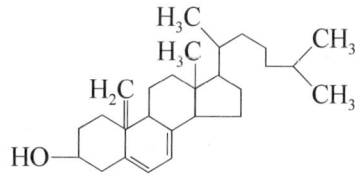

维生素 D_3

2. 氨基酸

氨基酸是合成蛋白质的基本结构单元，蛋白质是生命活动不可缺少的物质。构成人体蛋白质的20多种氨基酸中大多数可在人体内合成，只有8种氨基酸（表6.4）在体内无法合成而必须从食物中摄取。若是这些氨基酸的摄入种类或数量不足，就不能有效地合成人体蛋白质，因此称这8种氨基酸为人体必需氨基酸，包括赖氨酸、亮氨酸、异亮氨酸、苯丙氨酸、蛋氨酸、苏氨酸、色氨酸和缬氨酸。由于在儿童期内组氨酸和精氨酸的合成量常不能满足儿童生长发育的需要，因此在儿童食品中还需加入精氨酸和组氨酸。

另外，人体对必需氨基酸的吸收是按一定比例进行的，如果食物中一种或两种必需氨基酸含量特别低，则会影响其他氨基酸的吸收利用率，即所谓氨基酸平衡问题。因此在食品中补充该食品严重缺乏的某种氨基酸，可以促进其他氨基酸的吸收利用，提高该种食品的蛋白质品质。例如，大米和面粉蛋白质品质低于动物蛋白的重要原因之一是赖氨酸含量偏低，通过食品加工过程添补赖氨酸或混合赖氨酸含量较高的其他谷物，可使其成为类似鸡蛋蛋白的一种理想蛋白质。

表 6.4　人体必需氨基酸

氨基酸	结构式
L- 盐酸赖氨酸	HCl·H$_2$NCH$_2$CH$_2$CH$_2$CH$_2$CHCOOH 　　　　　　　　　　　　　　　| 　　　　　　　　　　　　　　NH$_2$
L- 异亮氨酸	CH$_3$CH$_2$CH—CHCOOH 　　　　　　|　　　| 　　　　　CH$_3$　NH$_2$
L- 亮氨酸	CH$_3$CHCH$_2$CHCOOH 　　　|　　　　| 　　CH$_3$　　NH$_2$
DL- 蛋氨酸	H$_3$CSCH$_2$CH$_2$CHCOOH 　　　　　　　　| 　　　　　　　NH$_2$
L- 苯丙氨酸	⬡—CH$_2$CHCOOH 　　　　　　| 　　　　　NH$_2$
L- 苏氨酸	CH$_3$CH—CHCOOH 　　|　　　| 　OH　NH$_2$
L- 色氨酸	CH$_2$CHCOOH 　　　| 　　NH$_2$
L- 缬氨酸	(CH$_3$)$_2$CHCHCOOH 　　　　　　| 　　　　　NH$_2$

3. 矿物质

　　人体内含有 80 多种化学元素，除碳、氢、氧、氮（约占体重 96%）主要以有机化合物形式存在外，其余统称为矿物质也称无机盐。它们对人体细胞的代谢、某些酶的合成、蛋白质和激素的构成及生理作用方式起着重要作用，因此其营养价值并不亚于蛋白质、脂肪、淀粉和维生素等。矿物质中含量较多（大于 0.005%）的常量元素有 Ca、Mg、K、Na、P 和 Cl；含量较少的微量元素，目前已确认为人体生理必需的有 14 种，即 Fe、Zn、Cu、I、Mn、Mo、Co、Se、Cr、Ni、Sn、Si、V。一般食物中矿物质含量能够满足人体需要，但要钙、铁、碘、锌较为缺少，需要通过对食品进行强化加以补充，如在食盐中加碘制成的加碘食盐可以补充碘元素，Ca、Fe、Zn 的强化经常采用其有机酸盐或无机酸盐，钙盐有硫酸钙、乳酸钙、葡萄糖酸钙以及活性钙、生物碳酸钙等；铁盐有硫酸亚铁、柠檬酸亚铁、乳酸亚铁和葡萄糖酸亚铁等；锌盐有硫酸锌、乳酸锌、葡萄糖酸锌、氧化锌等。

八、其他添加剂

1. 发色剂和发色助剂

发色剂是指本身无着色作用，但能与食品中的发色物质作用而使其稳定并在加工保存过程中不致分解、脱色或退色，或与食品中无色基团作用而产生鲜艳色彩的一类化合物。如亚硝酸盐与肉类中的色素作用而使肉制品保持稳定的鲜艳红色（参见食用色素有关章节），硝酸盐被硝酸盐还原菌还原成亚硝酸盐后起发色作用。常用的发色剂有亚硝酸钠（钾）和硝酸钠（钾）等。由于硝酸有氧化性，能使亚硝基氧化而抑制了亚硝基肌红蛋白的生成，同时也使部分肌红蛋白被氧化成褐色高铁肌红蛋白，因此在使用硝酸盐与亚硝酸盐的同时并用 L- 抗坏血酸等还原物质，可以防止上述氧化过程的发生，使发色剂效果更佳。这类还原物质称为发色助剂，主要有抗坏血酸及其钠盐、异抗坏血酸及其钠盐和烟酰胺等。

上述发色剂和发色助剂广泛用于肉类腌制品，然而在食品加工使用时，极易生成有很强致癌性的亚硝胺化合物，从食品卫生的角度出发，已引起人们高度重视，在保证发色的前提下，要严格控制硝酸盐和亚硝酸盐的使用量，并限制在最低水平。为此可采用如下办法：

（1）添加氨基酸和肽的组成物，不仅有发色效果，亦可减少亚硝酸钠用量，而且具有防止生成亚硝胺化合物的功能。

（2）在腌肉中直接加入一氧化氮溶液，同时加入抗坏血酸，亚硝酸根残留量很少，色泽亦很好。

（3）将抗坏血酸与磷酸盐、柠檬酸及盐、L- 谷氨酸及山梨糖等混合使用，可增强抗坏血酸作用，并抑制其氧化。

（4）利用甜菜红色素同时添加抗坏血酸，可使肉制品发色和风味与亚硝酸盐作用相同，完全有可能取代亚硝酸盐。

2. 漂白剂

漂白剂是能抑制食品发色，使食品褪色或免于褐变的添加剂，有氧化漂白剂和还原漂白剂两类。国内多用还原漂白剂。

氧化漂白剂主要为双氧水和次氯酸钠；还原漂白剂主要为亚硫酸盐类和二氧化硫，亦有用异抗坏血酸和 L- 抗坏血酸钠作漂白剂的，但异抗坏血酸主要是作为抗氧剂，L-抗坏血酸主要是作为营养剂，故在此不多介绍。乙二胺四乙酸盐（EDTA）和甲醛合次硫酸氢钠（吊白粉）虽然漂白效果较好，但对人体有毒，国外已明令禁用。

常用的漂白剂有二氧化硫、无水亚硫酸钠、焦亚硫酸钠和低亚硫酸钠（保险粉）等。

（1）二氧化硫，这是无色有强烈刺激臭味的气体，在（2～3）$\times 10^5$Pa 的压力下可液化。无水二氧化硫易溶于水，生成不稳定的亚硫酸。二氧化硫可用做明胶、甜菜糖的漂白剂及干果、干菜、蜜饯等的熏蒸漂白剂。

（2）硫酸钠，有无水和带七个结晶水的两种，均可用作食品漂白剂。亚硫酸钠的制备是在碳酸钠溶液中通入 SO_2 气体，使其饱和后，再经中和、结晶而得到的。

（3）焦亚硫酸钠，为单斜晶系白色结晶，水溶液呈弱酸性，加热时缓慢分解，在空气中徐徐氧化成硫酸钠。焦亚硫酸钠具有较强的还原性，主要用作食品加工中的漂白剂和保藏剂，国内多用其作为饼干的面团改良剂。

（4）保险粉（低亚硫酸钠 $Na_2S_2O_4$）为白色带光泽的晶体粉末，性质极不稳定，易氧化和分解析出硫。为了提高其稳定性，通常需要添加稳定剂。低亚硫酸钠的还原性和漂白能力是亚硫酸盐中最高的，主要用在食糖、糖果、饼干等的生产中。

第三节　苯甲酸钠的生产

苯甲酸钠，别名：安息香酸钠。分子式：$C_7H_5O_2Na$，相对分子质量：144.11，结构式：⬡—COONa 外观为白色粉末、颗粒或结晶性粉末，无臭或微带臭气，味微甜带咸易受潮，溶于水，微溶于乙醇，在酸性溶液中形成苯甲酸，抗菌性与苯甲酸相同，毒性：LD_{50}（大白鼠经口）2000mg/kg。主要用于食品防腐、防霉、化妆品、药物的防腐和缓蚀剂，钢铁的防锈以及有机合成等。产品用内衬聚乙烯塑料袋的铁桶、编织袋、纸袋或包装。规格为 20kg/袋、25kg/袋、50kg/桶、500kg/包、600kg/包或依客户要求的包装，贮存于干燥库房中，包装必须严密，勿使受潮变质，防止有害物质污染，运输过程中不得与有毒物质同车装运，防止日晒、雨淋和有毒物质污染。

质量指标和质量等级：

1）外观：

（1）粉状：40-100 目白色粉末。

（2）柱状：直径 1.2～1.4mm 长度不一的柱形颗粒。

（3）球状：直径 1.0～2.0mm 球形颗粒。

2）质量指标

苯甲酸钠质量标准如表 6.5 所示。

表 6.5　苯甲酸钠质量标准

指标名称 ＼ 指标值／版本	英国药典 BP2000	食品添加剂 GB1902—94	中国药典 ChP2000	美国标准 FCCIV	美国药典 USP24
含量（干基）/% ≥	99.0～100.5	99.0	99.0	99.0～100.5	99.0～100.5
干燥失重 /% ≤	2.0	1.5	1.5	1.5	1.5
酸碱度 *	符合规定	符合规定	符合规定	符合规定	符合规定
溶液的外观	通过试验	—	—	—	—
重金属（以 Pb 计）/（mg/kg）≤	10	0.001%	0.001%	10	0.001%
砷（以 As 计）/% ≤	—	0.0002	0.0005	—	—
氯化物（以 Cl 计）/（mg/kg）≤	200	0.050%	—	—	—

续表

指标名称＼指标值＼版本	英国药典 BP2000	食品添加剂 GB1902—94	中国药典 ChP2000	美国标准 FCCIV	美国药典 USP24
氯化合物（以 Cl 计）/（mg/kg）≤	300	—	—	—	—
硫酸盐（以 SO_4 计）/% ≤	—	0.1	—	—	—
易氧化物	—	通过试验	—	—	—
邻苯二甲酸	—	通过试验	—	—	—
溶状	—	符合规定	—	—	—

* FCC、USP 标准中为碱度。

一、生产原理

1. 主反应

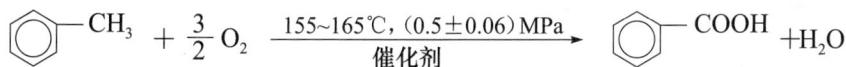

中和：

或：

2. 副反应

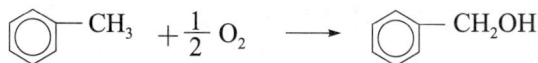

二、工艺流程

　　在催化剂的作用下，利用空气将甲苯氧化，所得氧化液经蒸馏回收未反应之甲苯后得到粗苯甲酸。粗苯甲酸再经过减压精馏提纯得液态苯甲酸，液态苯甲酸与液碱进行中和反应、脱色、浓缩、干燥、粉碎或造粒干燥制得苯甲酸钠成品。具体的工艺过程如下所述。

1. 氧化工序

　　将甲苯和环烷酸钴（0.1%～0.3%）投入氧化塔内，加热升温至120～140℃通入空气进行反应，反应温度控制在 155～165℃，反应压力控制在 0.44～0.56MPa，当氧化塔中液料的苯甲酸含量达到 50%～62% 时即停止反应，利用压力将物料压至蒸馏锅内进行蒸馏，得到含量为 92% 以上的苯甲酸粗品，反应废气经活性炭纤维吸附后放空，回收的甲苯分层除水后重新利用。

2. 精馏工序

将蒸馏后的粗品进入精馏釜内，加热升温，开启真空泵，进行减压精馏，控制适当的回流比，保持正常出料速度，每处理一定批次粗品后放掉塔釜残液。

3. 中和工序

将液碱与精馏所得的苯甲酸投入中和锅进行中和反应，将料液 pH 调至规定范围内，投入活性炭进行脱色、沉降，将清液放入压滤釜，利用蒸汽或空气加压，通过滤筒过滤掉活性炭后，进入浓缩锅。在浓缩锅内调好物料的浓度、酸碱度。

4. 干燥、粉碎工序

利用滚筒干燥得到片状苯甲酸钠，通过粉碎得到粉状苯甲酸钠。

5. 造粒工序

1）柱形颗粒

在滚筒干燥时，保持物料含有一定量水分，通过造粒机成形后进入干燥器内干燥得到颗粒苯甲酸钠。

2）球形颗粒

把一定浓度的液料喷入造粒塔，在造粒塔内干燥、成形得到球形颗粒苯甲酸钠。

6. 熔融结晶工序

将液料在结晶塔内循环结晶，然后升温发汗，待汗液含量达到规定指标后将塔内物料熔化后放入成品槽，经过冷却结晶、粉碎得到成品。

7. 苯甲醛回收工序

将苯甲酸精馏的低沸物收集起来，通过离心分离、碱洗得到粗苯甲醛，再通过精馏提纯得到苯甲醛成品。

8. 粗苯甲酸苄酯回收工序

将苯甲酸精馏的脚料倒入苯甲酸苄酯精馏釜内，精馏提纯得到粗苯甲酸苄酯。

生产工艺示意图如图 6.4 所示。

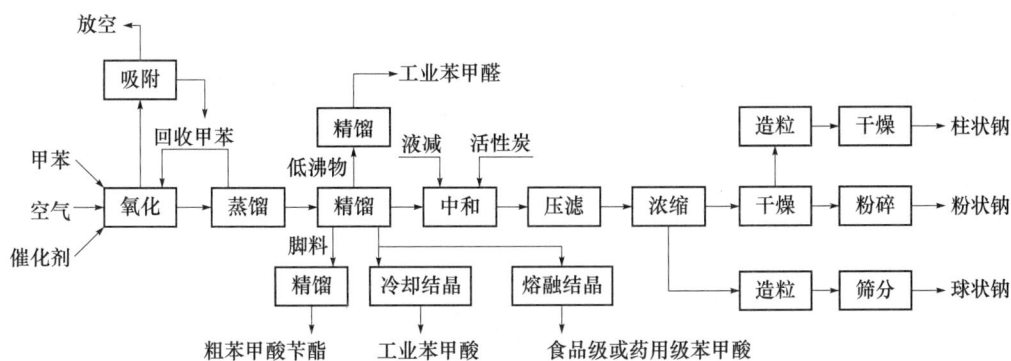

图 6.4 粗苯甲酸苄酯回收工艺流程

三、工艺控制参数（表 6.6）

表 6.6 工艺控制参数

工艺过程	控 制 点	范 围	方 法	检查频次
氧化	甲苯投料量	12～14t	液位计	1 次 / 批
	催化剂量	20～25kg	磅秤	1 次 / 批
	反应正常通风量	1100～1350m³/h	孔板流量计	1 次 /h
	氧化塔温度	155～165℃	热电阻	1 次 /h
	塔内压力	0.44～0.56MPa	压力表	1 次 /h
	氧化塔压料时酸含量	50%～62%	化验	1～2 次 / 批
	粗品酸含量 或甲苯含量（色谱）	≥92% ≤1%	化验 色谱	1～2 次 / 批
精馏	釜温	170～215℃	温度计	1 次 /h
	塔顶温度	160～190℃	温度计	1 次 /h
	釜内真空度	0.082～0.094MPa	真空表	1 次 /h
中和	液碱投料量	1.3～1.5m³	液面计	1 次 / 批
	苯甲酸投料量	2.0t	电子秤	1 次 / 批
	活性炭投料量	40～60kg	按包计	1 次 / 批
	中和料酸碱度	≤0.20mL/g	化验	1 次 / 批
	中和料澄清度	合格	化验	1 次 / 批
	中和料色度	浅于 Y6	化验	1 次 / 批
	中和料色号	≤120#	化验	1 次 / 批
	压滤釜压力	0.1～0.2MPa（微孔） 0.3～0.5MPa（袋式）	压力表	1 次 / 批
	活性炭脚子含量	≤20%	化验	1 次 / 班
	滚筒蒸汽压力	≥0.5MPa	压力表	1 次 /30min
	成品毛重	依客户要求	磅秤	1 次 / 包

续表

工艺过程	控制点	范　围	方　法	检查频次
柱钠	蒸汽压力	0.3～0.75MPa	压力表	1次/0.5h
	进口风温	140～170℃	温度计	1次/0.5h
	出口风温	70～110℃	温度计	1次/0.5h
	热油温度	240～260℃	温度计	1次/0.5h
球钠	底段温度	140～160℃	温度计	1次/0.5h
	进料量	100～600L/h	流量计	1次/0.5h
	压缩空气压力	0.2～0.4MPa	压力表	1次/0.5h
	压缩空气流量	30～100m³/h	流量计	1次/0.5h
	热油温度	260～280℃	温度计	1次/0.5h
	投料量	100～200kg	磅秤	1次/批

四、主要设备一览表

1. 氧化工序（表 6.7）

表 6.7　氧化工序

序号	编　号	设备名称	规格型号	材质	数量
1	0401-6 7 55 93	氧化塔	$\phi 1500 \times 15000 \times 12$	1Cr18Ni9Ti	3
2	0401-93	氧化塔	$\phi 1500 \times 18000 \times 14$	不锈钢	1
3	0401-22	新鲜甲苯槽	容积21m³	碳钢	1
4	0401-1 58	回收甲苯槽	$\phi 2200 \times 4000 \times 8$	不锈钢	2
15	0401-32 33	蒸馏锅	$\phi 1800 \times 3000 \times 8$	不锈钢	2
16	0401-63 64	蒸馏锅	$\phi 1500 \times 2500 \times 12$	不锈钢	2
17	0401-40 41	蒸馏冷凝器	15m³	不锈钢	2
18	0401-71 72	蒸馏冷凝器	$\phi 900 \times 1000 \times 14$	不锈钢	2
19	0401-11	粗品贮槽	$\phi 1600 \times 8000 \times 12$	不锈钢	1
20	0401-12	粗品贮槽	$\phi 1600 \times 6900 \times 12$	不锈钢	1
29	0401-（24-31）	氧化多级泵	4DA-8	铸铁	8
30	0401-56 57 95	氧化多级泵	6DA-8	铸铁	3

2. 精馏工序（表 6.8）

表 6.8　精馏工序

序号	编　号	设备名称	规格型号	材　质	数量
31	0402-2 6 10 77 87	精馏釜	5000L	钛	5
32	0402-63	精馏釜	7000L	钛	1
33	0402-9 75	精馏塔	$\Phi 700 \times 15000 \times 10$	钛	4
34	0402-1 5 88	精馏塔	$\Phi 700 \times 15000 \times 10$	不锈钢	3
35	0402-62	精馏塔	$\Phi 1000 \times 15000 \times 12$	钛	1
39	0402-34 36 37 42 55 60 86	低位泵	IS80-50-200 附电机 Y160M$_2$-2，15kW	铸钛	7

3. 中和工序（表6.9）

表6.9 中和工序

序 号	编 号	设备名称	规格型号	材 质	数 量
40	0404-6 7 57	中和锅	Φ1800×2200×12	1Cr18Ni9Ti	3
41	0404-11 12 53	压滤釜	Φ1500×1600×8	1Cr18Ni9Ti	3
42	0404-13 14 46 59 60 67 107—112	滤筒	500L	1Cr18Ni9Ti	12
43	0404-8 9 10	浓缩锅	5000L	搪瓷	3
44	0404-54	浓缩锅	3000L	搪瓷	1
45	0404-（15-22）	滚筒	Φ1500×2000×18	1Cr18Ni9Ti	8
46	0404-（61-64）	滚筒	Φ1000×1500×16	1Cr18Ni9Ti	4
47	0404-29 30 46	粉碎机	锤式	1Cr18Ni9Ti	3
48	0404-65 83	造粒机	Φ1950×560×650mm	1Cr18Ni9Ti	1
49	0404-48 84	振动筛	Φ1000×800	不锈钢	2
50	0404-51	加热器	SRZF8×8	不锈钢	1

4. 造粒工序（表6.10)

表6.10 造粒工序

序 号	编 号	设备名称	规格型号	材 质	数 量
54	0404-97 118	造粒塔	Φ1500×5370×6	不锈钢	2
57	0404-99	筛机	03A-Ⅲ	不锈钢	1

五、生产中的异常现象及处理（表6.11）

表6.11 生产中的异常现象及处理

工序	异常现象	原 因	处理方法及预防措施
氧化	氧化塔死料（氧化塔温升不起，氧化液呈红褐色）	1. 甲苯氧化是自由基反应。过氧化物是反应的重要中间产物，在水和苯甲酸存在的情况下，过氧化物会与醇、酚、醌及胺这些物质结合，失去活性，使反应受抑制而导致不能继续进行 2. 催化剂的使用可大大加快自由基和过氧化物的形成，从而缩短氧化反应诱导期，加快反应速度。如果催化剂本身无活性或活性较低，那么反应进行缓慢，并因其他因素（如水、杂质存在）导致反应不能进行	将塔内物料压入蒸馏釜，蒸馏回收甲苯 1. 使用合格的催化剂 2. 避免将水、大量的苯甲酸等杂质投入氧化塔 3. 保证冷凝器等设备完好，以避免水进入氧化反应体系 4. 原料甲苯中不含酚、胺、醌类等有害物质

续表

工序	异常现象	原　　　因	处理方法及预防措施
精馏	精馏来料不正常	1. 真空管道不畅通 2. 加热系统供热不足 3. 捕集器太满 4. 塔系统漏真空	1. 疏通管道 2. 检查供热系统提高供热量 3. 切换捕集器检查漏点
	液料质量不好	1. 粗品质量差 2. 釜温过高或泛塔 3. 回流不够 4. 冷凝温度过低	1. 加长全回流时间，加大回流 2. 控制塔温 3. 加大回流比 4. 控制冷凝器温度
中和	水分含量较高	1. 料子浓度偏高或偏低 2. 蒸汽压力不够 3. 疏水器故障 4. 料子含油质 5. 进料速度过快 6. 滚筒刮刀位不对	1. 控制好料子浓度 2. 蒸汽压低于 0.55MPa 时停车 3. 开旁通放死水 4. 控制精馏酸质量 5. 控制进料速度 6. 调整刮刀

六、安全技术规程

1. 物料的安全要求

1）甲苯

易燃液体，其蒸气与空气可形成爆炸性混合物。遇明火高热能引起燃烧和爆炸，与氧化剂（硝酸等）能发生强烈反应，流速过快容易产生和积聚静电。生产及贮存场所严禁明火，贮运时远离火种热源，槽内温度不宜超过 30℃，防止阳光直射。保持容器密封，不能与氧化剂接触存放。灌装时注意流速（不超过 3m/s），且有接地装置，防止静电积聚。其蒸气比空气中重，能在较低处扩散到相当远的地方，遇明火高热会引着回燃。本品有毒，对环境有严重危害，对空气、水、环境可造成污染。对人体的危害途径是吸入、食入、经皮肤吸收，对皮肤、黏膜有刺激性，对中枢神经系统有麻醉作用。

灭火方法：容器着火用水喷淋，如火场容器变色或从安全泄压装置中产生声音必须马上撤离现场。灭火时站在上风防止中毒，必要时佩戴防毒面具，可用干粉、CO_2、砂土灭火，用水灭火无效。

急救措施：皮肤接触应用肥皂水或清水彻底冲洗，眼睛接触要提起眼睑，用流动清水冲洗，严重者就医。吸入要迅速脱离现场至空气新鲜处，保持呼吸道畅通，呼吸困难或停止应立即给输氧和人工呼吸并就医。误食要饮足够量温水催吐就医。

防护措施：空气中浓度超标时应佩戴过滤式防毒面具，事态严重的抢救或撤离时应佩戴氧气呼吸器。眼睛防护时戴化学防护眼睛，手防护戴乳胶手套。

泄漏应急处理：要迅速撤离泄漏污染区人员至安全区，严格限制出入。切断火源。

应急处理人员应佩戴防毒面具尽可能切断泄漏源，防止进入下水道等限制性空间。小量泄漏可用活性炭或其他惰性材料吸收。大量泄漏可用泡沫覆盖降低蒸气危害，用防爆泵转移至槽车或专用收集器。

2）液碱

氢氧化钠具有强腐蚀性，对人员的危害为接触性腐蚀，对皮肤及眼睛有侵蚀作用，搬运液碱时应戴胶手套和护目镜。本品应避免长期暴露于空气中，防止变质。

急救方法：皮肤接触应立即脱去污染衣着，用流动清水冲洗并涂抹 3% 硼酸溶液，眼睛接触应用流动清水冲洗并立即就医处理，误食入立即就医处理。

3）苯甲酸

其微晶或粉尘刺激皮肤和呼吸系统，对人体的危害主要是吸入和食入。其蒸气对上呼吸道、眼和皮肤产生刺激，在一般情况下接触无明显危害性。生产时应有良好的排风系统和消除粉尘措施。当处理熔融的苯甲酸时应极小心，避免溅在皮肤上，否则将很快凝固，急剧地烫伤皮肤，所以操作时应戴护目镜和穿工作服，把所有皮肤覆盖起来。

急救措施：皮肤接触用流动清水冲洗，眼睛接触应提起眼睑，用流动清水冲洗就医。不慎吸入后应立即脱离现场至空气新鲜处。误食入后饮足量温水催吐就医。

4）苯甲醛

本品易燃，有毒。对眼睛、呼吸道黏膜有一定的刺激作用。

急救措施：皮肤接触用流动清水冲洗，眼睛接触立即提起眼睑用流动清水冲洗，吸入迅速脱离现场至空气新鲜处，必要时就医，误食立即饮足量的温水催吐，就医。

消防措施：严禁明火和高温，可用雾状水、干粉、CO_2 灭火，灭火时应站在上风，必要时佩戴防毒面具。

5）苯甲酸苄酯

本品可燃、低毒。对眼睛、皮肤、黏膜和上呼吸道有刺激作用。

急救措施：皮肤接触用流动清水冲洗，眼睛接触立即提起眼睑用流动清水冲洗，吸入迅速脱离现场至空气新鲜处，必要时就医，误食立即饮足量的温水催吐，就医。

消防措施：严禁明火高温。可用雾状水、干粉、CO_2 灭火。

6）苯甲酸钠

易受潮。贮存于干燥通风处，避免与有害物质接触。

7）环烷酸钴

有毒，操作时应戴乳胶手套。

2. 生产安全技术规定

（1）严格控制氧化塔外空气压力大于 0.6～0.7MPa，防止氧化塔内物料倒吸。

（2）严格控制氧化反应温度为 155～165℃，反应压力为 0.44～0.56MPa。

（3）严禁甲苯槽发生泄漏，并不得暴晒和用铁器敲击，甲苯泵、甲苯管道应防止泄漏。

（4）精馏停止生产时，塔系统应放空，防止塔内形成正压。

（5）严格控制精馏开泵时釜温小于 180℃，防止泛塔。

（6）严格控制精馏内物料不超过规定量，防止发生溢料。

（7）严格控制压滤釜压力在 0.3～0.5MPa。

3. 机电设备的安全技术规定

（1）氧化工序的火灾危险性属甲类范围，电器、仪表设备的选型与安装应符合防火防爆要求。

（2）压力容器应按规定设置压力指示计和安全防爆装置。

（3）输送甲苯的管道要有导除静电的接地装置，接地电阻值小于 100Ω。

（4）检修和动火时，严格按《化工企业安全管理制度》有关规定执行。

4. 劳动保护和劳动环境的安全规定

（1）在粉尘较多环境中工作人员应戴防护面罩，接触液碱工作人员应穿戴好防护用品，岗位操作人员按规定穿戴劳保用品。

（2）定期检测生产区域空气中甲苯的含量，最高允许值为 $100mg/m^3$。

5. 其他

（1）生产岗位应备足适用的消防器材，并放在固定的地方，岗位操作人员应会使用。

（2）各岗位人员必须经过培训，考试合格后方可持证上岗及独立操作。

小结

食品添加剂是用于改善食品品质和色、香、味以及为防腐和加工方便而加入的化学合成或天然的物质。本章重点介绍了防腐剂、杀菌剂、抗氧化剂、食用色素、乳化剂、增稠剂、营养强化剂等食品添加剂品种，着重讨论了这些品种的代表性产物的化学结构、使用功效、作用机理以及使用范围等。

思考题

1. 什么是食品添加剂，其作用有哪些？

2. 按照使用目的和用途分，食品添加剂可分为哪些？

3. 食品添加剂的一般要求是什么？

4. 常用防腐剂的品种有哪些？

5. 影响防腐剂防腐效果的因素是什么？

6. 常用的抗氧化剂有哪些？

7. 如何提取天然抗氧化剂茶多酚？

8. 常用的天然色素有哪些？

9. 增稠剂的作用机理是什么？各类增稠剂的主要特点是什么？

10. 调味剂包括哪些添加剂？

11. 什么是营养强化剂？其主要品种有哪些？

第七章 涂 料

知识点和技能点

1. 有机溶剂、无机填料、颜料、高分子合成树脂的属性和性能。
2. 溶剂性涂料、水性涂料、粉末涂料的特性、组成和配方设计的基本原理。
3. 涂料生产的一般工艺技术和设备。
4. 涂料用合成树脂的聚合反应、工艺技术。
5. 涂料的检测技术。

学习目标

1. 掌握涂料的分类方法，熟悉涂料生产的原料来源和品种特性。
2. 掌握涂料的组成、不同品种的涂料配方设计原理。
3. 熟悉涂料的生产方法。

第一节 概 述

涂料是一种可借特定的施工方法涂覆在物体表面上，经固化形成连续性涂膜的材料，通过它可以对被涂物体进行保护、装饰和其他特殊的作用。

涂料的历史悠久，我国自古就有用"油漆"来保护埋在土壤中棺木的方法，以后发展了用植物油与天然树脂熬炼，即用天然树脂改性干性植物油，漆膜的性能得到提高。多年来，"油漆"一词已经成为涂料的代名词。涂料和油漆实际上没有什么区别，可以理解为同一种东西的两种称呼。中国消费者习惯把水性涂料称为涂料，油性树脂涂料称为油漆。

涂料的发展走过了天然树脂、人造树脂、合成树脂的发展阶段，其使用范围也从原始的装饰目的扩大到材料的保护和功能材料的领域。20世纪20年代随着酚醛树脂、醇酸树脂的出现，涂料进入了合成树脂的时期，油漆的质量水平达到新的高度，并逐步发展成为十几大类涂料。到了近代，工业化给全球带来严峻的环境问题。涂料的制造和施工，特别是施工现场有机溶剂的排放以及有毒颜料的使用造成严重的环境污染。同时，有机溶剂的大量挥发也造成了资源的浪费，使用低（VOC）和无 VOC 涂料是全球共同的呼声，应运而生的是含溶剂较少的和不含溶剂的高固分涂料、水性涂料、以反应性（活性）溶剂代替挥发性溶剂的无溶剂涂料、辐射固化涂料和粉末涂料。现代涂料正逐步成为一类多功能性的工程材料。

一、涂料的作用与分类

1. 涂料的作用

（1）保护作用。金属、木材等材料长期暴露在空气中，会受到水分、气体、微生物、紫外线的侵蚀，涂上涂料后形成漆膜能防止材料磨损以及隔绝外界的有害影响从而延长其使用期限。对金属来说，有些涂料还能起缓蚀作用，例如，磷化底漆可使金属表面钝化。一座钢铁结构桥梁，如果用涂料保护并维修得当，则可以有百年以上的寿命。

（2）装饰作用。在涂料中加入颜料可赋予涂膜颜色，涂装后可增加物品表面的色彩和光泽，修饰表面的粗糙和缺陷，改善物品的外观质量，提高其商品价值。例如，房屋、家具、日常用品涂上涂料使人感到美观舒适，品质提高。

（3）色彩标志。目前，应用涂料作标志的色彩在国际上已逐渐标准化。各种化学品、危险品的容器可利用涂料的颜色作为标志；各种管道、机械设备也可以用各种颜色的涂料作为标志；道路划线、交通运输也需要用不同色彩的涂料来表示警告、危险、停止、前进等信号。

（4）特殊用途。除保护、装饰及标志作用外，涂层还可赋予绝缘、防污、阻尼、阻燃、导电、导磁、防辐射等特殊功能。这些方面的用途日益广泛，如船底被海生物附着后就会影响航行速度，用船底防污漆就可使海生物不再附着；导电的涂料可移去静电，而电阻大的涂料却可用于加热保温的目的；空间计划中需要能吸收或反射辐射的涂料；导弹外壳的涂料在其进入大气层时能消耗掉自身同时也能使摩擦生成的强热消散，从而保护了导弹外壳；吸收声音的涂料可使潜艇增加下潜深度。

2. 涂料的分类

涂料用途广泛，种类很多，分类方法很多，通常有以下几种分类方法：

（1）按用途分。有建筑涂料、汽车漆、船舶漆、防锈涂料、绝缘涂料、木器涂料、耐热涂料、防污涂料、导电涂料、防火涂料等。

（2）按涂层作用分。有底漆、腻子、面漆、罩光漆等。

（3）按施工方法分。有刷用涂料、喷涂涂料、静电喷涂涂料、电泳漆、烘漆、浸渍漆等。

（4）按成膜物质分。有油基涂料、硝基涂料、醇酸树脂涂料、丙烯酸酯树脂涂料、环氧树脂涂料、聚氨酯涂料等。

（5）以涂料的形态分类。有固态涂料，即粉末涂料；液态涂料，包括有溶剂涂料和无溶剂涂料两类。有溶剂涂料又分为溶剂型、溶剂分散型和水性涂料（包括水溶型、水乳胶型、胶体分散型）。无溶剂涂料包括通称的无溶剂型涂料和增塑剂分散型涂料（塑性溶胶）。

（6）以涂料干燥方式分类。有挥发干燥型（非转换型）和转化干燥型（反应型）涂料两大类，后者可分为自干型、烘烤型、多组分分装型、蒸气固化型、辐射固化型涂料等。

（7）按涂膜光泽度分类。有光漆、半光漆和无光漆。

（8）按涂膜性质分类。有罩光漆、防锈漆、绝缘漆、导电漆、可剥漆等。

二、涂料的组成

涂料是由成膜物质、颜料、填料、溶剂和助剂等按一定配比配制而成的。

1. 成膜物质

成膜物质是涂料的基础成分，又称基料、漆料，是能黏着于物体表面并形成涂膜的一类物质。成膜物质一般包括油脂、天然树脂、合成树脂。

天然树脂及其加工产品，主要有松香及其衍生物（石灰松香、松香甘油酯、顺丁烯二酸松香甘油酯）、纤维素衍生物（硝酸纤维素、醋酸纤维素、醋丁纤维素、乙基纤维素、苄基纤维素等）、氯化天然橡胶、虫胶、天然沥青等。

合成树脂常用酚醛树脂、沥青、醇酸树脂、氨基树脂、纤维素、过氯乙烯树脂、烯类树脂、丙烯酸类树脂、聚酯树脂、环氧树脂、聚氨酯树脂、元素有机化合物、橡胶、其他（无机高分子，二甲苯树脂等）。

成膜物质一般分为两大类：第一类在成膜过程中组成结构不发生变化，即成膜物质与涂膜的组成结构相同，这类成膜物质称为非转化型成膜物质，它们具有热塑性、受热软化、冷却后又变硬等特点。另一类是指在成膜过程中组成结构发生变化，既成膜物质形成与原来组成结构完全不相同的涂膜，称为转化型成膜物质，这类成膜物质在热、氧或其他物质作用下能够聚合成与原来组成不同的不溶不熔的网状高聚物。

2. 颜料和填料

颜料能赋予涂料以颜色和遮盖力，提高涂层的机械性能和耐久性；有的能使涂层具有防锈、防污、磁性、导电等功能。颜料的颗粒大小为 $0.2 \sim 100 \mu m$，其形状可以是球状、鳞片状和棒状。一般通常用的颜料是 $0.2 \sim 10 \mu m$ 的微细粉末，不溶于溶剂、水和油类。

颜料按成分分类可分为无机颜料和有机颜料，依性能可分为着色颜料、体质颜料和功能性颜料，它不能单独成膜。着色颜料应用广泛，品种也非常多。体质颜料也称为填料，其加入的目的并不在于着色和遮盖力，一般是用来提高着色颜料的着色效果和降低成本，常用硫酸钡、硫酸钙、碳酸钙、二氧化硅、滑石粉、高岭土、硅灰石、云母粉等。功能性颜料如防锈颜料、消光颜料、防污颜料、电磁波衰减颜料等发展很快，占有越来越重要的地位。

常用的无机颜料有钛白（含 80% 以上的 TiO_2 以及少量其他无机组分如氧化铝、水合氧化铝或二氧化硅等。分金红石型钛白和锐钛型钛白）、锌白（ZnO）、锌钡白（又名立德粉，主要由 28%～30% 的 ZnS 和 70%～72% 的 $BaSO_4$ 组成）、硫化锌、铁系颜料（如铁红、铁黄、铁黑等）、铬系绿色颜料、镉系颜料、炭黑、群青以及铝粉、锌粉、铜粉等金属颜料；常用的有机颜料按结构分类有偶氮颜料、酞菁颜料、喹吖啶酮颜料、还原颜料等。

涂料的性能受颜料以下性能的影响：

（1）颜料的形状。

（2）颜料的颗粒大小及其分布。

（3）颜料的体积分数。

（4）颜料在涂料中分散的效果。

3. 助剂

助剂对涂料或涂膜的某一特定方面的性能起改进作用，所以不同涂料的品种使用不同的助剂，即使是同一型号的涂料由于使用方法、目的或性能要求不同，也需要使用不同的助剂。一种涂料也可以使用多种助剂，以发挥其不同的作用，所以助剂的使用是根据涂料和涂膜的不同要求而决定的。

尽管用量很少，但是助剂却是涂料中不可缺少的部分。助剂的种类很多，其功能大致有两个，一是改进生产工艺，改善施工条件，提高成膜性能，这类助剂包括流平剂、流变剂、防沉剂、增稠剂、抗结皮剂、催干剂、消泡剂、消光剂、增光剂、偶联剂、润滑分散剂、乳化剂等。二是赋予涂膜以特殊功能，包括防污剂、防霉剂、导电剂（含抗静电剂）。

1）流平剂

涂料在涂装后有一个流动及干燥成膜的过程。涂膜能达到平整光滑的特性称为流平性。流平性不好的涂膜易出现缩孔、橘皮、针孔、流挂等缺陷，可以通过添加流平剂来改善流平性。流平剂的作用原理在于降低涂料与底材之间的表面张力，使二者具有良好的润滑性；调整黏度、延长流平时间。常用的流平剂有芳烃、酮类、酯类等高沸点溶剂类、平均分子质量在 6000～20000 的纯丙烯酸树脂及其改性产物、聚甲氧基苯基硅氧烷以及聚醚、聚酯改性的有机硅树脂等。

2）流变剂、防沉剂

流变性与流平性是两个相对独立的性质。对于涂料体系来讲，比较理想的情况是在施工时的高剪切速率下有较低的黏度，以利用涂料流平易于施工；在施工后的低剪切速率下应有较高黏度，防止颜料沉降和涂膜流挂。因此需要添加流变助剂，调整涂膜厚度，提高颜料的再分散性（防止沉淀），改善刷痕和流平性。流变剂与防沉剂的目的各有所重，但都具有以上功能，因此可以放在一起介绍。

3）消光剂和增光剂

由于被涂物的使用目的和环境不同，对涂膜的光泽也有不同的要求。轿车、飞机、轮船的外壳表面要求光泽度高，以显示豪华高贵的气派；而医院、学校则要求室内光线柔和，以突出安静、优雅的气氛；军事设施装备出于隐蔽的目的而要求半光或无光外层。消光和增光是控制装饰涂料表面光泽的重要手段。

消光剂可以使涂膜表面产生一定的粗糙度，降低其表面光泽，一般在选择消光剂时要尽量使消光剂与成膜物质二者的折光指数相近。常用的消光剂有金属皂（硬脂酸铝、硬脂酸锌）、改性油、蜡、硅藻土、合成二氧化硅等。

与消光剂相反，增光剂能够降低涂膜的表面粗糙度，提高光泽。一般来说，能够提高流平性的物质可作为增光剂。另外，能够改善颜料的润湿分散性的助剂（如有机胺类和一些非离子表面活性剂等）也可以提高涂膜的光泽度。

4）催干剂

催干剂是专门用于不饱和油类的油基树脂涂料，促进油类的氧化聚合而达到缩短固化成膜时间的助剂。常用的催干剂是铁、钴、锰、铅、锌等金属的有机皂类，有机酸可使用环烷酸、植物油酸、辛酸、松香、合成树脂酸等。以环烷酸使用最普遍，在涂料中一般都使用几种环烷酸皂的混合物作催干剂。

5）润湿分散剂

颜料在涂料体系中以悬浮体的形式存在，不能溶于溶剂，因此颜料的分散成了涂料生产的重要环节。除了树脂、颜料、溶剂之间相互配合外，往往还要加入润湿分散剂才能达到颜料均匀分散的目的。润湿分散剂都是一种表面活性剂，可以吸附在颜料颗粒表面，产生电荷斥力或空间位阻，防止颜料的有害絮凝，使分散体系处于稳定状态。

6）偶联剂

偶联剂分子中有两种或两种以上的活性官能团，可以把两种不同类型化学结构及亲和力相差较大的材料在界面间连接起来，起到"桥"一样稳定的连接作用，从而使颜料填料与成膜物质紧密结合，提高涂膜的附着力等物理机械性能。常用的偶联剂有有机硅和有机钛酸酯两类。

4. 溶剂

习惯上所说的溶剂包括能溶解成膜物质的溶剂、能稀释成膜物质溶液的稀释剂和能分散成膜物质的分散剂。现代涂料中有些品种应用了一些既能溶解或分散成膜物质，又能在成膜过程中与成膜物质发生化学反应，形成新物质而存留于涂料中的化合物。原则上它们也属于溶剂组分，被称为反应性溶剂或活性稀释剂，传统涂料中的溶剂通常是可挥发性液体，习惯上称为挥发分。水、无机化合物和有机化合物都可以作为溶剂，其中有机化合物品种最多，常用的有脂肪烃、芳香烃、醇、酯、醚、酮、氯烃类等，称为有机溶剂。

在一般的液体涂料中，溶剂的含量相当大，在热塑性涂料中，它一般约占50%甚至50%以上（体积比）；在热固性涂料中，它占30%~50%。有的溶剂在涂料生产中加入，有的在施工时加入，后者常称为稀释剂或稀料，有的涂料中所含的溶剂是单一溶剂品种，有的涂料使用多个溶剂品种。溶剂的选用除要考虑溶解性外，还要考虑到挥发速度、闪点、沸点等多种因素。

有机溶剂在涂料生产尤其是施工中造成环境的污染以及资源的浪费，这是涂料发展中需要解决的问题。

三、涂料的固化机理

涂料具有黏结力和内聚力。一般来说，内聚力是"向内的"力，黏合力则是"向外的"力。具有高度"内向"力的物质就不再有更多的黏合力。低极性、高内聚力的物质（如聚乙烯）有很好的机械性质，但黏结力很差。这种物质由于不能黏附在基质上，作为涂料是没有价值的；而内聚物质又常常很难溶解，有低度的内聚就有低度薄膜强度及薄膜完整性。例如，高胶黏性的压敏黏合剂事实上可以黏附于任何基质，但都不能给塑料带提供任何保护作用。这种黏附膜对摩擦没有任何抵抗力，不具有硬度和张力强度，没有溶剂抵抗力和冲击抵抗力，而且对气体是可渗透的，所有这些性质都是由于它是低内聚力物质所致，因此也不可能用做涂料。

涂料的固化机理：涂料被涂于物件表面后形成了可流动的液态薄层，通称为湿膜"，湿膜按照不同的机理，通过不同的方法才可能形成连续的"干膜"。这个由"湿膜"变为"干膜"的过程通常称为干燥或固化。在干燥或固化的过程中首先发生了形态的变化，即流动性和黏度变化，通常在施工时黏度约在 $0.051Pa \cdot s$，而涂膜全干后，黏度至少需达到 $10^7Pa \cdot s$ 以上，所以任何一种液态涂料的干燥或固化都经历黏度变化的过程，就连粉末涂料也要发生形态的变化，即从分散的粒子凝聚为连续的涂膜。在由湿膜转化为干膜的过程中，涂料中的主要成膜物在结构上的变化情况，被称为成膜固化机理。一般将成膜固化机理分为两大类，即物理方式成膜和化学方式成膜。

1. 物理成膜机理

物理成膜包括溶剂或分散物质的挥发成膜和聚合物粒子凝聚成膜两种形式。

溶剂或分散物质的挥发成膜是指主要成膜物质在湿膜和干膜中结构未发生变化，涂膜的干燥速度和干燥程度直接与所用溶剂或分散介质的挥发力相关，同时也与溶剂在涂膜中的扩散程度及成膜物质的化学结构、分子质量和玻璃化温度有关。

聚合物粒子凝聚成膜是指成膜物质的高聚物粒子在一定的条件下相互凝聚而成为连续的固态涂膜。在分散介质挥发的同时产生高聚物粒子的接近，接触，挤压变形而聚集起来，最后由粒子状态的聚集变为分子状态的聚集。

2. 化学成膜机理

化学成膜方式一般分为链锁聚合反应成膜和逐步聚合反应成膜两种形式。

1）链锁聚合反应成膜。

（1）氧化聚合形成。涂膜中的成膜物质，在催干剂作用下，破坏抗氧化剂和脂肪酸（或其他）活性，以靠空气中的氧将主要成膜物质双键 α 碳原子的活性转移和双键的位移，形成过氧化氢基或 1,4- 过氧化环的游离基，从而产生氧化聚合，使油分子逐步互相牵连结合，分子不断增大，最终生成聚合度不等的高分子胶体的过程。

（2）引发剂引发聚合形式。涂膜中引发剂产生自由基，自由基将不饱和双键打开，产生链式反应而形成大分子涂膜。

（3）能量引发聚合形式。含有共价键的化合物或聚合物在外界能量激发下，生成共价键的单体或聚合物生成自由基，在以秒计的时间内完成加聚反应，使涂料固化成膜。

2）逐步聚合反应成膜

（1）缩聚反应成膜。主要成膜反应的官能团在成膜过程中，按照缩聚反应机理成膜。

（2）氢转移聚合反应形成。含有氨基、酰胺基、羟甲基、环氧基、异氰酸基发生氢转移聚合反应的官能团的成膜物质组成的涂料。

（3）外加交联剂到固化形式，如双组分聚酯漆。

涂料在贮存期间必须保持化学上稳定，固化反应必须要求发生在涂料施工以后进行。为了达到这个目的，可以有两种方法。第一种方法是采用将相互能发生反应的组分分罐包装。在使用时现用现配，但有时这种方法在施工时比较麻烦。因此也有用溶剂将两种组分充分稀释，使其相互间的反应进行得十分缓慢，而当涂料施工后，溶剂挥发而使反应性组分的浓度提高，反应才能很快进行，当然这种涂料贮存期是不会很长的。另一种方法是选用在常温下互不发生反应，而只有在高温下或受辐射时才发生反应的组分。不论用哪种方法，这种交联型涂料的反应性组分一般是黏性的、分子量较小的聚合物或简易化合物，它们只有在施工后发生交联反应才能变为硬干的涂膜。属于这种机理的涂料有以氨基树脂交联的热固性醇酸树脂、聚酯和丙烯酸涂料等。

四、涂料的命名

目前，世界上还没有统一的分类命名方法。我国采用《涂料产品分类和型号》，以主要成膜物质为基础的分类方法，将涂料分为17类。命名原则是：

涂料命名＝颜色或颜料名称＋主要成膜物质名＋基本名称

如成膜物基料中含有多种成膜物时，选取起主要作用的成膜物质命名。必要时也可选两种成膜物质，主要成膜物质名称在前，次要者在后。

五、涂料的发展趋势

近年来，涂料工业在产品品种、技术装备、涂装施工等方面经过了较大的变化，涂料工业在产品和技术方面的主要目标是：

（1）涂料品种向高固体分、水性和粉末等省能型涂料转变。

（2）涂装工程的合理化、紫外光固化、电子束固化和低温快速固化的推广。

（3）涂料制造技术的改进，如能量和原材料消耗的降低、溶剂和涂料的回收等。

（4）涂装作业环境的改善、污染的减少等。

（5）从摆脱对石油化工原料的依赖出发，开发无机涂料。

今后，涂料工业将朝以下三个方向发展：

（1）传统的溶剂型涂料将逐渐被高固体性涂料、水性涂料、粉末涂料、无溶剂涂料等品种所取代，如美国的溶剂型涂料产量由1979年占总量的77.9%下降至2007年的32.7%。

（2）为适应社会发展的需求，涂料品种将向多样化、系列化和高质量发展。建筑用涂料、汽车用涂料、家庭用涂料将是涂料的重要消费领域；为适应航空、宇航的发展，耐热涂料也将得到重点发展；为减少对石油的依赖，无机涂料的开发和使用将不断扩大。

（3）涂料生产技术和施工技术将进一步提高，能源和原材料的消耗将大幅度降低。

第二节 涂料用合成树脂

涂料用树脂的品种很多，性能各异，主要包括醇酸/聚酯树脂、聚氨酯树脂、丙烯酸树脂、氨基树脂、环氧树脂、丙烯酸树脂等，选择涂料用树脂主要基于树脂的结构和性能，被涂敷基材的种类（木质基材、金属、砖石、皮革等）和使用环境（室外、室内、高温、低温、UV 环境、酸碱条件等）以及性能/价格比等因素。

一、醇酸树脂

醇酸树脂是产量最大、品种最多、用途最广的涂料用合成树脂。自从 1927 年发明醇酸树脂以来，涂料工业开始摆脱了以干性油与天然树脂并合熬炼制漆的传统旧法而真正成为化学工业的一个部门。它所用的原料简单，生产工艺简便，性能大大提高，因而得到了飞快的发展。

用醇酸树脂制成的涂料，具有以下的特点：

（1）漆膜干燥后形成高度网状结构，不易老化，耐候性好，光泽持久不退。

（2）漆膜柔韧坚牢，耐摩擦。

（3）抗矿物油、抗醇类溶剂性良好，烘烤后的漆膜耐水性、绝缘性、耐油性都大大提高。

醇酸树脂涂料也存在一些缺点：

（1）成膜快，但完全干燥的时间长。

（2）耐水性差，不耐碱。

（3）醇酸树脂虽不是油脂漆，但基本上还未脱离脂肪酸衍生物的范围，对防湿热、防霉菌和盐雾等"三防"性能上还不能完全得到保证，因此在品种选择时都应加以考虑。

醇酸树脂是多元醇（如甘油、季戊四醇、乙二醇、三羟甲基丙烷等）、多元羧酸（如邻苯二甲酸酐、顺丁烯二酸酐等）和脂肪酸（通常直接用植物性油脂）缩聚而得的高分子化合物。醇酸树脂生产常用的原料如表 7.1 所示。

表 7.1 生产醇酸树脂常用的原料

多元醇	多元酸	脂肪酸（油脂）	多元醇	多元酸	脂肪酸（油脂）
乙二醇	邻苯二甲酸酐	桐油	三羟甲基丙烷	顺-丁烯二酸酐	豆油
新戊二醇	间苯二甲酸	亚麻油	季戊四醇	偏苯三甲酸酐	椰子油
丙三醇（甘油）	对苯二甲酸	梓油	—	—	—

甘油与甘油三酸酯（油脂）进行酯交换，得到甘油一酸酯、甘油二酸酯以及油脂的混合物：

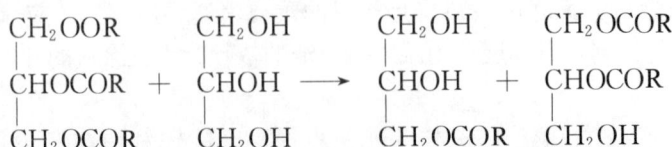

$$
\begin{array}{ccccccc}
CH_2OOR & & CH_2OH & & CH_2OH & & CH_2OCOR \\
| & & | & & | & & | \\
CHOCOR & + & CHOH & \longrightarrow & CHOH & + & CHOCOR \\
| & & | & & | & & | \\
CH_2OCOR & & CH_2OH & & CH_2OCOR & & CH_2OH
\end{array}
$$

甘油一酸酯、二酸酯和邻苯二甲酸酐进行酯化缩聚，所得醇酸树脂是近似于线性的高分子化合物。

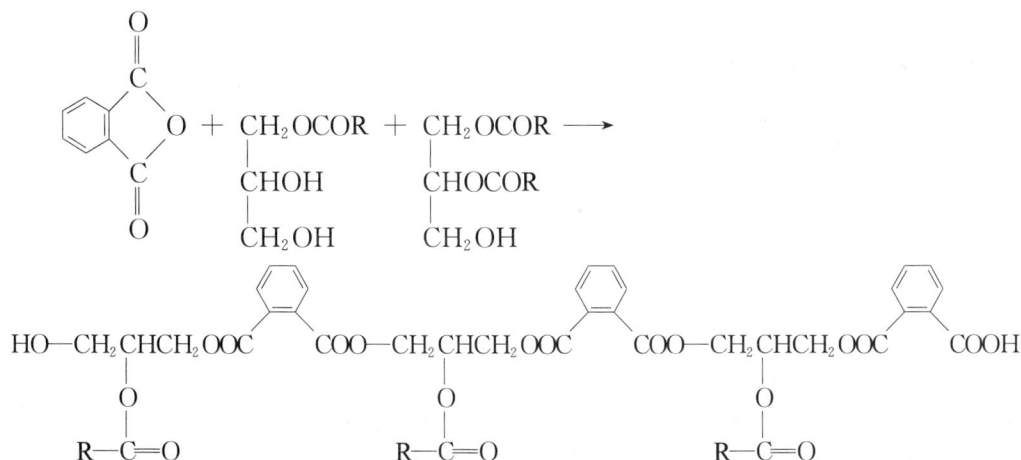

式中，R 表示脂肪酸基引入的不饱和烃基，例如，

油酸：$CH_3(CH_2)_7CH=CH(CH_2)_7COOH$

亚油酸：$CH_3(CH_2)_4CH=CHCH_2CH=CH(CH_2)_7COOH$

亚麻油：$CH_3CH_2CH=CHCH_2CH=CHCH_2CH=CH(CH_2)_7COOH$

桐油：$CH_3(CH_2)_3CH=CHCH=CHCH=CH(CH_2)_7COOH$

蓖麻油酸：$CH_3(CH_2)_5CHCH_2CH=CH(CH_2)_7COOH$
$\qquad\qquad\quad |$
$\qquad\qquad\ \ HO$

醇酸树脂是以多元醇与多元酸的酯为主链、以脂肪酸或其他一元酸为侧链的高分子化合物，分子链中具有酯基、羧基、羟基以及脂肪酸基的双键，其中羟基、羧基使树脂涂膜具有良好的附着力，羧基还能提高树脂对颜料的润湿能力，羟基、羧基可使树脂涂膜耐水性变差，但可使其与具有反应性官能团的成膜物质作用，改善醇酸树脂的性能，如氨基—醇酸树脂。

生产醇酸树脂的油脂，多是含较多不饱和双键的天然植物油。根据所含双键数分为干性油、半干性油和不干性油。双键数平均在 6 个以上的为干性油、4～6 个的为半干性油、4 个以下的为不干性油。干性油如桐油、梓油、亚麻油等；半干性油如豆油、葵花子油、棉籽油等；不干性油，如蓖麻油、椰子油、米糠油等。工业上，以碘值表示油脂的不饱和度，不同植物油碘值见表 7.2。

表 7.2 不同植物油碘值

油脂	碘值	油脂	碘值	油脂	碘值
桐油	155～167	脱水蓖麻油	125～140	松浆油	125～150
亚麻油	170～190	豆油	114～137	棉籽油	98～115
花生油	108	蓖麻油	81～91	椰子油	8

根据所用油脂的不同，醇酸树脂分为干性、不干性油醇酸树脂。干性是指醇酸树脂

的固化性能，它源自于脂肪酸基中双键在空气中的氧化聚合反应。干性油醇酸树脂涂布后，可在室温和空气氧作用下干燥成膜；不干性油醇酸树脂在空气中不能干燥成膜，故不能单独用作成膜物质，但可与其他成膜物质混合使用，改善涂膜性质，如蓖麻油醇酸树脂、椰子油醇酸树脂等。

醇酸树脂中含油量，以油度（%）表示：

$$油度（\%）=\frac{油的用量}{树脂的理论产量}\times100\%$$

油度可区分为短、中、长和特长，如表 7.3 所示。

表 7.3 醇酸树脂的油度（或苯二甲酸酐含量）**区分值**

油度	油量 /%	苯二甲酸酐 /%	油度	油量 /%	苯二甲酸酐 /%
短	35～45	> 35	长	60～70	20～30
中	45～60	30～40	特长	> 70	< 20

醇酸树脂的性质，取决于油脂种类、油度（脂肪酸含量）、醇酸树脂分子中残留的羟基和羧基等。油度越长则涂膜富有弹性、比较柔韧耐久，较多地表现出油的特性，适用室外用品涂装；油度越短则涂膜较硬脆，光泽、保色、抗摩擦性较好，易打磨，耐久性差，表现出较多的树脂特性，适用于室内用品的涂装；长、中油度的醇酸树脂易溶于脂肪烃、芳香烃和松节油，超长油度的醇酸树脂的干燥速度慢、易刷涂，用于油墨和调色基料。油度的长短不同，醇酸树脂的主要性能特点、用途也不同，如表 7.4 所示。

表 7.4 不同油度醇酸树脂的主要性能特点和用途

树脂种类	油度 /%	主要性能特点	主要用途
短油度醇酸树脂	35～45	烘干干燥快，其附着力、耐候性、光泽、硬度、保光性及抗摩擦性好	烘漆，用于汽车、玩具、机器部件等面漆
中油度醇酸树脂	46～60	干燥很快，极好的光泽、耐候性、弹性，漆膜凝固干硬快，可刷涂或喷涂	自干或烘干磁漆、底漆、金属装饰、建筑、车辆、家具等方面用的漆
长油度醇酸树脂	60～70	干燥性能较好，漆膜富有弹性，具有良好的光泽，保色性和耐候性好，其硬度、抗摩擦性等不及中油度醇酸树脂，具有良好的刷涂性	钢铁结构以及室内外建筑用漆，也可用于增强乳胶漆

不同油脂对其树脂涂膜的干性、保色性和保光性等影响不同，碘值为 125～135 或更高的油脂，可制得室温自干的醇酸树脂；碘值低于 125～135 的油脂，所制得的醇酸树脂的干性较差；以高碘值油脂（如亚麻油）制得醇酸树脂干得快，涂膜的硬度及光泽较强，但易泛黄。桐油因其反应过快，常与其他油脂混用；豆油醇酸树脂的干性较慢，

但泛黄性较小；蓖麻油为不干性油，脱水蓖麻油含有共轭双键，可用做干性树脂生产，但其醇酸树脂干后发黏，故常与其他树脂混用。醇酸树脂分子含的脂肪酸基很多，易于氧化聚合成膜。故干性较差的油（如豆油、松浆油等），也可制得干性较好的醇酸树脂。提高温度可加速脂肪酸基的氧化聚合。高温干燥的醇酸树脂涂膜耐久性较好，常用于制造烘漆。

二、酚醛树脂及氨基树脂

1. 酚醛树脂

在涂料工业中，酚醛树脂是发展最早、价格低廉的合成树脂之一，主要用于代替天然树脂和干性油配制涂料，具有硬度高、快干、光泽好、耐水、耐油、耐碱和电气绝缘等特点，广泛用于木器家具、建筑、船舶、机械、电器及防化学腐蚀等方面。酚醛树脂因其颜色较深，使用中涂膜易泛黄，而不宜用于制造白色及浅色涂料。

酚醛树脂涂料是以松香改性的酚醛树脂或油溶性酚醛树脂与干性油一起熬炼，制成不同油度的涂料，再加入催干剂、溶剂、颜料等而制成，品种多、用途广。

酚醛树脂是酚类与甲醛在酸或碱催化作用下缩合聚合而得。松香改性的酚醛树脂是碱催化的酚醛树脂与松香反应，再用甘油或季戊四醇等多元醇酯化而得的红棕色透明固体。松香改性酚醛树脂的软化点较高，一般为 110~130℃，油溶性好，酚醛树脂含量高（5%~30%），则较多显示酚醛树脂性能。

油溶性纯酚醛树脂，无需改性即可溶于热油，其生产采用含 3 个碳原子以上的烷基或芳基的取代酚，应用较多的是对叔丁基酚或对苯基酚等。

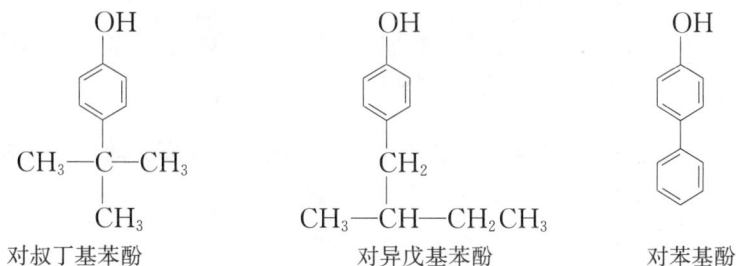

对叔丁基苯酚　　　　　　　　对异戊基苯酚　　　　　　　　对苯基酚

在涂膜干燥、硬度、耐水、耐化学药品等方面，油溶性纯酚醛树脂涂料优于松香改性酚醛树脂涂料，适用于水下、室外、防腐等方面，可与醇酸树脂、环氧树脂等相混溶、相互拼用以改进性能。

2. 氨基树脂

氨基树脂是指含氨基或酰胺基的化合物（如尿素、三聚氰胺、N-烃基取代三聚氰胺）与甲醛反应形成的热固性树脂，主要有三聚氰胺甲醛树脂、脲醛树脂等。

1）脲醛树脂

在碱或酸作用下，尿素与甲醛加成，生成羟甲基脲。在酸的作用下羟甲基脲醚化、缩聚形成脲醛树脂：

$$\underset{\substack{|\\ NH_2}}{\overset{\substack{NH_2\\|}}{C}}=O \xrightarrow{2HCHO} \underset{\substack{|\\ H-N-CH_2OH}}{\overset{\substack{H-N-CH_2OH\\|}}{C}}=O \xrightarrow{C_4H_9OH} \left[\underset{\substack{|\\ H-N-CH_2-O-}}{\overset{\substack{H-N-CH_2OC_4H_9\\|}}{C}}=O\right]_n$$

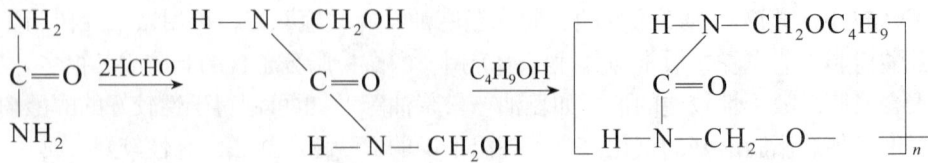

脲醛树脂附着力好、原料价廉易得，但其硬度、耐水性、耐化学药品性、耐热及耐候性等不及三聚氰胺甲醛树脂。

2）三聚氰胺甲醛树脂

三聚氰胺分子中的 3 个氨基含有 6 个活泼氢，在酸催化剂作用下，可与 1～6 分子的甲醛反应，生成相应的多羟甲基三聚氰胺，一般是 1mol 三聚氰胺和 4～5mol 的甲醛反应：

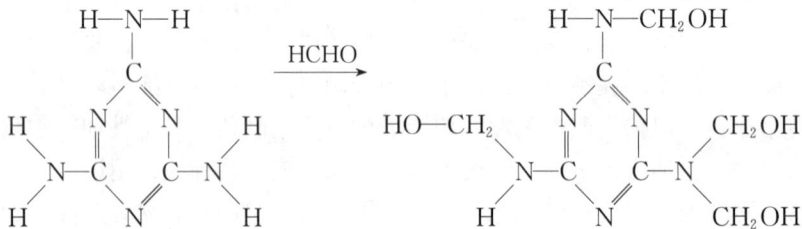

$$\text{(三聚氰胺结构)} \xrightarrow{HCHO} \text{(多羟甲基三聚氰胺结构)}$$

多羟甲基三聚氰胺的低聚物具有亲水性，不溶于有机溶剂，常用醇类进行醚化改性，如在硝酸作用下用丁醇醚化：

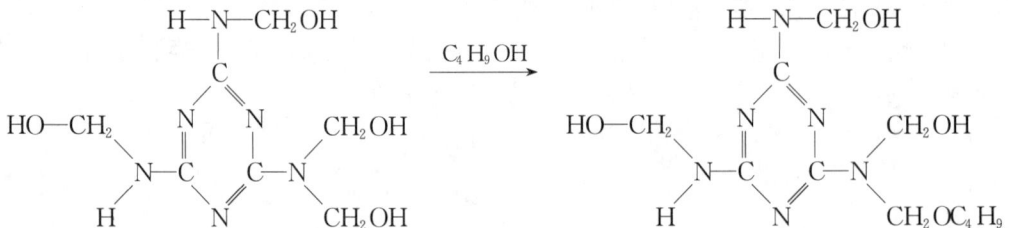

$$\text{(多羟甲基三聚氰胺结构)} \xrightarrow{C_4H_9OH} \text{(丁醇醚化产物结构)}$$

多羟甲基三聚氰胺，通过自身缩聚及与丁醇醚化，形成多分散性聚合物，即涂料用三聚氰胺甲醛树脂，其结构示意如下：

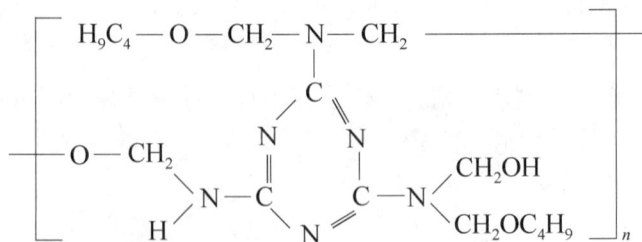

$$\left[\text{(三聚氰胺甲醛树脂结构示意)}\right]_n$$

三聚氰胺甲醛树脂自身固化，其速率较慢，需要较高的温度，少量的酸具有催化作用；与醇酸树脂合用，较易固化，温度较低。三聚氰胺甲醛树脂固化，主要是其分子中丁氧基、羟甲基与醇酸树脂分子中的羟基缩合，脱水或脱醇形成醚键。

以氨基树脂为成膜物质配制的涂料，具有附着力好，涂膜硬度高、坚韧、机械强度高，涂膜饱满、色泽好，较好的耐候性、耐化学药品性及良好的电气绝缘性等特点，广泛用于车辆、家具、金属制品、医疗器械、机电设备等方面。

三、环氧树脂

环氧树脂以其独特的附着力、涂膜保色性、耐化学腐蚀、耐溶剂性、热稳定性和电绝缘性等特点，成为涂料用四大主要合成树脂品种之一。

1. 环氧树脂及其性质

环氧树脂是含有一个以上环氧基团的高分子化合物的混合物：

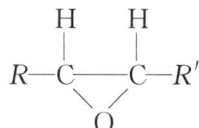

$$R-\overset{\overset{H}{|}}{C}\underset{\underset{O}{\diagdown\diagup}}{}\overset{\overset{H}{|}}{C}-R'$$

R、R' 或二者均为六元脂肪环时，称脂肪环氧树脂；当 R 或 R' 为不饱和脂肪酸时（如油酸）称为环氧化油；当 R 为 H，R' 为多元酸时，称为缩水甘油酯型环氧树脂；若 R 为 H，R' 为多元羟基酚，则称为缩水甘油醚型环氧树脂。工业上，产量最大、用途最广的环氧树脂是双酚 A 型：

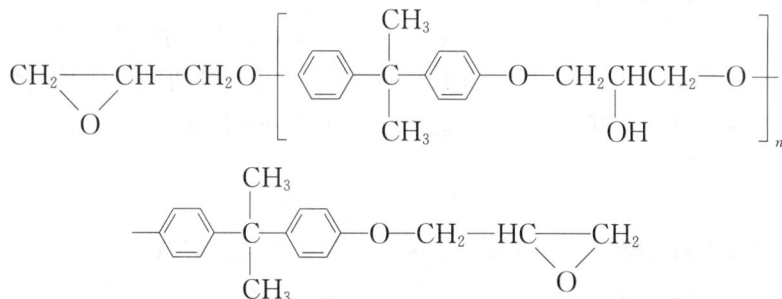

$$CH_2-CH-CH_2O\left[\right]_n$$

双酚 A 型环氧树脂是环氧氯丙烷与双酚 A 在碱存在下的缩聚产物，按其分子质量高低，分为高、中、低三种。在室温下，低分子质量环氧树脂呈液态，高分子质量环氧树脂呈固态。常用的双酚 A 型环氧树脂，如表 7.5 所示。

表 7.5　几种常用双酚 A 型环氧树脂

型　号	软化点 /℃	环氧值	平均相对分子质量
E-12	85～95	0.09～0.15	1500
E-20	64～76	0.18～0.22	900～1000
E-42	20～28	0.38～0.45	450～500
E-44	14～22	0.40～0.47	400～450
E-51	黏性液体	0.48～0.54	350～400

环氧树脂分子链中因含有许多羟基和醚键，对金属、陶土、玻璃、混凝土、木材等具有优良的附着力；环氧树脂中无酯基，故耐碱性能突出；分子链中含有苯环可使涂膜

坚硬，因含有便于分子链旋转的醚键，又具有一定的韧性；固化后转化为热固性树脂涂膜而具有优良的耐油类浸渍性，固化后体积收缩率仅为 2% 左右。

2. 环氧树脂指标

（1）环氧值（A），指 100g 环氧树脂含有环氧基的物质的量，如相对分子质量为 340 的环氧树脂，若分子两端均为环氧基，则 $A=0.58\text{mol}/100\text{g}$。

（2）环氧指数（B），指 1kg 环氧树脂含有环氧基的物质的量，$B=10A$。

（3）环氧当量（C），含 1mol 环氧基的树脂的质量称为环氧当量，单位是 g/mol。环氧树脂的分子质量越高，其环氧当量越大。

环氧值、环氧指数及环氧当量三者间的关系为

$$环氧当量（C）=1000/环氧指数（B）=100/环氧值（A）$$

（4）羟基值（F），100g 环氧树脂含羟基的物质的量，称为羟基值。如相对分子质量为 1000 的环氧树脂，分子中含有 4 个羟基，其羟基值为 0.4mol/100g。

（5）羟基当量（H），含 1mol 羟基的树脂的质量称为环氧当量，单位是 g/mol。羟基值（F）与羟基当量（H）的关系：

$$羟基当量（H）=100/羟基值（F）$$

（6）酯化当量（E），酯化 1mol 单羧酸所需环氧树脂的质量，称为酯化当量，单位是 g/mol。环氧树脂中的羟基和环氧基均能与羧酸进行酯化，1 个环氧基酯化相当于 2 个羟基，故酯化当量可表示为

$$酯化当量（E）=100/（2A+F）$$

通过羟基值和环氧值，可计算环氧树脂酯化当量的近似值。

3. 环氧树脂的固化

涂料用环氧树脂是热塑性的，分子中的环氧基、羟基可与含活泼氢的化合物或树脂反应形成热固性高分子涂膜。含有活泼氢的化合物或树脂如多元胺、多元酸、多元硫醇、聚酰胺树脂、酚醛树脂和氨基树脂等，可直接参与交联反应并结合在树脂中，使热塑性树脂转变为热固性树脂，故称做固化剂。因此固化剂主要有：

（1）胺类，乙二胺、己二胺、二乙烯三胺、三乙烯四胺、二乙氨基丙胺和间苯二胺等。

（2）酸酐类，顺丁烯二酸酐、邻苯二甲酸酐等。

（3）合成树脂类，酚醛树脂、低分子量的聚酰胺树脂等。

（4）潜伏性固化剂，将其加热至一定温度才显示活性，使环氧树脂固化，而在一般温度条件下是稳定的，例如，双氰胺使环氧树脂固化的温度为 145～165℃，三氟化硼乙胺络合物在 100℃ 以上才使环氧树脂固化。

4. 环氧树脂涂料

环氧树脂涂料按状态分，有溶剂型、无溶剂型（固态或液态）以及水性涂料；按固化方法分，有单组分、双组分和多组分自干型，单组分和双组分固体或液体烘烤型，辐

射固化型涂料；按成膜物质分，有酯化与未酯化之分。通常的环氧树脂涂料，即未酯化环氧树脂涂料，其种类较多，如表7.6所示。

表7.6　未酯化环氧树脂涂料

胺固化环氧树脂	聚酰胺固化环氧树脂涂料	合成树脂固化环氧树脂涂料	环氧树脂无溶剂涂料	环氧树脂涂料粉末涂料
双组分，脂肪族多元胺固化	聚酰胺树脂固化	合成树脂固化	活性稀释剂稀释并固化	高温固化
—	涂膜附着力强、柔韧性好、固化速度慢	优良的耐酸、耐碱性	无溶剂、少污染、省资源，可减少涂装层数	附着力及耐腐蚀性能优良，无公害，省工时，易于流水线自动化施工
用于有关大型设备的内壁涂层	—	—	—	—
室温干燥成膜	室温干燥成膜	烘干成膜	室温或烘烤成膜	高温烘烤成膜

酯化环氧树脂涂料或称环氧酯涂料，由环氧树脂与植物油经酯化而得。环氧树脂的环氧基和羟基与脂肪酸的羧基酯化反应生成环氧酯：

$$CH_2\!-\!CH\!\!\sim\!\!\sim +RCOOH \xrightarrow{\ 130\sim180℃\ } RCOO\!-\!CH_2\!-\!\underset{OH}{CH}\!\!\sim\!\!\sim$$

$$\sim\!\!\sim\!OCH_2CHCH_2O\underset{OH}{\sim}\!\!\sim +RCOOH \xrightarrow{\ 200\sim400℃\ } \sim\!\!\sim\!-OCH_2\underset{OOCR}{CHCH_2}\!\!\sim\!\!\sim +H_2O$$

碱催化剂可加速这一反应。酯化多采用熔融法或溶剂法，在二氧化碳保护下进行，当酯化达到一定酸值和黏度后，冷却，加入溶剂稀释后，即得环氧酯涂料。

环氧树脂与不同的脂肪酸酯化，可得不同品种的环氧酯涂料。脂肪酸与环氧树脂的配比不同，酯化环氧树脂的油度也不同，如表7.7所示。

表7.7　酯化当量与油度的关系

环氧树脂酯化当量/（mol/g）	脂肪酸当量	脂肪酸当量/%	油度	溶剂
1	<0.3	≤30	极短	芳烃+丁醇
1	0.3～0.5	30～50	短	芳烃
1	0.5～0.7	50～70	中	芳烃+脂肪烃
1	0.7～0.9	70～90	长	脂肪烃

酯化环氧树脂可用于生产清漆、底漆、腻子、磁漆。环氧酯涂料所用环氧树脂相对分子质量一般在1500左右，有烘干型和常温干燥型。烘干型常采用短油度或极短油度的不干性油（如蓖麻油酸、椰子油酸等），常温干燥型主要采用中、长油度的干性油

（如亚麻油酸、桐油酸等），还需加入催干剂。

环氧酯涂料的附着力强、韧性好、便于施工、贮存稳定性好，与其他树脂的混溶性好，加入酚醛树脂、氨基树脂等可改善其性能。

四、聚氨酯树脂

1. 聚氨酯及其性能

聚氨酯是多异氰酸酯和含羟基的化合物经逐步加成聚合而得的高分子化合物，其分子链中含有氨基甲酸酯（—NH—COO—）的重复链节，并含有酯键、醚键、脲和酰胺基，分子结构中羰基的氧原子，还可与氨基上的氢形成环状或非环状氢键。

聚氨酯分子中极性很强的异氰酸酯基、酯键、脲、酰胺基等，可使聚氨酯涂膜具有良好的附着力；而非环状或环状氢键在外力作用下，可吸收能量（20～25kJ/mol 氢键）以避免化学键的断裂，当外力消除后可重新形成氢键。因此，聚氨酯树脂的断裂伸长率、耐磨性和韧性等均优于其他树脂，涂膜光亮、坚硬、耐磨，耐化学腐蚀性、耐热性能优异，弹性从极坚硬到极柔韧，并根据需要调节其组成配比。由于异氰酸酯基活性较高，因此聚氨酯可在高温下烘干，也可在低温下固化，即使在 0℃下也能固化，具有常温固化速度快、施工季节长等优点。

聚氨酯的性能与多元醇的结构有关，由聚醚多元醇制备的聚氨酯，其涂膜的弹性高、耐水性能好、黏度低，但户外耐久性能较差；聚酯多元醇制备的聚氨酯户外耐久性能好，但含有酯键其耐水性较差。改变多元醇的配比或采用不同的多元醇，可在较大范围内调节聚氨酯的性能。聚氨酯可与多种合成树脂并用，制备不同要求的涂料。

2. 聚氨酯树脂的生产原料

生产聚氨酯树脂的原料，主要有二异氰酸酯或多异氰酸酯，二元醇或多元醇及其他助剂。芳香族异氰酸酯，主要有甲苯二异氰酸酯（TDI）、二苯甲烷二异氰酸酯（MDI）、六亚甲基二异氰酸酯（HDI）等；脂肪族异氰酸酯，主要有异佛尔酮二异氰酸酯（IPDI）、四甲基苯二亚甲基二异氰酸酯、二环己基甲烷二异氰酸酯（HMDI）等。

3. 聚氨酯涂料

聚氨酯涂料是以聚氨酯树脂为成膜物质制造的涂料，其性能优异、应用十分广泛，如船舶甲板、地板、超音速飞机等的表面用漆，高级木器、钢琴及大型客机等表面涂装用漆，石油化工设备的防腐涂料等。

聚氨酯涂料有单、双包装之分，按成膜物质化学组成及固化机理，分为五种。

（1）羟基固化型聚氨酯涂料（双包装），是双组分涂料。一个组分是含有羟基的聚酯、聚醚、环氧树脂等；另一组分是含有异氰酸基的加成物或预聚物。使用时，将两个组分按一定比例混合，使异氰酸基（—N＝C＝O）与羟基反应而固化。此种涂料性能优良、品种最多、用途广泛，主要用于金属、水泥、木材、橡胶以及皮革等材料的涂布，有清漆、底漆和磁漆等品种。

（2）湿固化型聚氨酯涂料（单包装），由多异氰酸酯与多羟基聚酯或聚醚反应而得。成膜物质分子结构中含游离的—N≡C≡O基，可与水反应形成脲键，故可在湿度较大的空气中固化，其固化速率与空气湿度有关，湿度小固化慢，湿度大固化快。因固化反应产生二氧化碳，容易使涂膜产生针孔、麻点等，故此种涂料的喷涂次数较多。

（3）封闭型聚氨酯涂料（单包装），是以苯酚、酮肟、醇、己内酰胺等为封闭剂，将二异氰酸酯或其加成产物的游离—N≡C≡O基临时封闭，然后再与聚酯或聚醚混合配制而成。此种涂料为单包装，室温下无反应活性，不受潮气影响，贮存期稳定，避免了异氰酸酯的危害。使用时，将涂膜烘烤至150℃，解除封闭剂，使恢复活性的—N≡C≡O基与聚酯的羟基反应，形成聚氨酯涂膜。高温烘烤形成的涂膜，具有优良的绝缘性、耐水、耐溶剂性及良好的机械性能，主要用作绝缘漆。

（4）催化固化型聚氨酯涂料（双包装），为避免空气湿度的影响、方便施工、保证较快干燥成膜而采用的一种聚氨酯涂料，即利用催化剂，使预聚物中的异氰酸酯基（—N≡C≡O）与空气中的水反应成膜，常用催化剂为二甲基乙醇胺、环烷酸钴等。所用催化剂单独包装，故此种涂料为双包装型，品种多为清漆，其特点是干燥快，附着力、光泽、耐磨以及耐水性好，用于木材、混凝土表面等。

（5）聚氨酯改性油涂料（单包装），是将干性油先与多元醇进行酯交换，再与二异氰酸酯反应，即以甲苯二异氰酸酯替代苯酐与甘油一、二脂肪酸酯反应，所得树脂分子链中含氨基甲酸酯基，而不含游离—N≡C≡O基，固化干燥与醇酸树脂相同，但比醇酸树脂干燥快、耐磨、耐油和耐碱，适用于室内木材、水泥表面的涂覆维修和防腐。

应当注意的是，聚氨酯涂料的保光、保色性较差，不宜用于制造浅色涂料。异氰酸酯的毒性，尤其是芳香族异氰酸酯的毒性很大，需要加强施工保护，其贮存稳定性较差。双组分双包装的聚氨酯涂料，施工比较麻烦。

五、丙烯酸树脂

丙烯酸酯树脂是丙烯酸涂料的成膜物质，丙烯酸树脂是丙烯酸酯类或甲基丙烯酸酯类的均聚物，或与其他烯烃的共聚物。

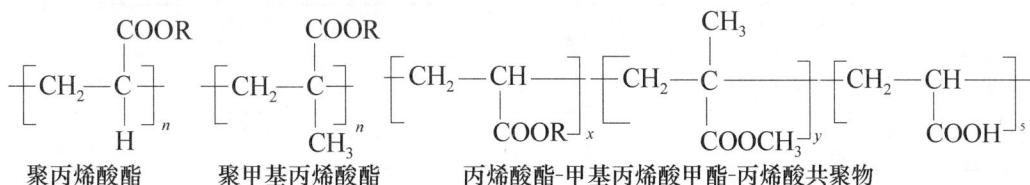

$$\left[CH_2-\underset{H}{\overset{COOR}{C}}\right]_n \quad \left[CH_2-\underset{CH_3}{\overset{COOR}{C}}\right]_n \quad \left[CH_2-\underset{COOR}{CH}\right]_x\left[CH_2-\underset{COOCH_3}{\overset{CH_3}{C}}\right]_y\left[CH_2-\underset{COOH}{CH}\right]_s$$

聚丙烯酸酯　　　聚甲基丙烯酸酯　　　丙烯酸酯-甲基丙烯酸甲酯-丙烯酸共聚物

丙烯酸树脂以其无色、透明、耐候性、耐化学品性、耐高温、耐低温性及良好的柔韧性等，在汽车、家电、金属制品、仪器仪表、建筑、塑料制品等方面有着广泛的用途。

1. 丙烯酸树脂及其合成

丙烯酸树脂有热塑性和热固性两种。热塑性丙烯酸树脂涂料，依靠溶剂挥发干燥成膜，其涂膜可溶、可熔，用于制造丙烯酸树脂清漆、磁漆和底漆。表7.8为合成热塑性丙烯酸酯树脂的典型配方。

表 7.8　合成热塑性丙烯酸酯树脂的配方实例

原料及涂膜性能	配方 1	配方 2	配方 3	配方 4	配方 5
甲基丙烯酸甲酯 /kg	23.5	24.74	25.14	26.8	30.32
甲基丙烯酸丁酯 /kg	63.3	45.1	49.5	54.68	29.54
甲基丙烯酸 /kg	4.22	5.0	5	5	5
丙烯腈 /kg	9.04	5.0	5	5	5
醋酸乙烯酯 /kg	—	20.0	15	8.3	—
苯乙烯 /kg	—	—	—	—	30
过氧化二苯甲酰 /kg	0.46	0.4	0.4	0.4	0.4
涂膜硬度 /kg	较好	较好	差	好	好
涂膜耐水性 /kg	好	好	较好	差	差

配方中的甲基丙烯酸甲酯、丁酯可提高涂膜的柔韧性，少量的丙烯酸或甲基丙烯酸可改善涂膜的附着力，少量的丙烯腈可提高涂膜的耐溶剂和耐油性能。

在热塑性丙烯酸酯树脂中，加入少量的增塑剂或与其他树脂混溶合用，可改善丙烯酸酯树脂涂料某些性能。如硝酸纤维素可增加其抗张强度和耐磨性能，有利于涂膜的抛光打蜡；三聚氰胺甲醛树脂可改善涂膜的硬度；醋丁纤维素可能提高其耐候性以及流平性能，常用的溶剂有酯、酮、芳烃和醇的混合溶剂（表 7.9 和表 7.10）。特点是干燥快、涂膜无色透明、户外耐光性能好、受热发黏、耐溶剂性差，常用作户外使用的铜、铝金属表面装饰与防护涂层。

表 7.9　热塑性丙烯酸清漆配方实例

原　料	质量比	原　料	质量比
丙烯酸共聚物（固含量 50%）/kg	65	邻苯二甲酸丁苄酯	3
甲苯 /kg	15	甲乙酮	16

表 7.10　热塑性丙烯酸磁漆 B-04-6 配方实例

原　料	质量比	原　料	质量比
丙烯酸树脂	1	磷酸三甲酯	0.16
三聚氰胺甲醛树脂	0.125	钛白粉	0.44
邻苯二甲酸二丁酯	0.016	溶剂	4.70

2. 热固性丙烯酸酯涂料

热固性丙烯酸酯树脂分子侧链上具有羟基、羧基、环氧基、酰胺基、N-羟甲基酰胺等官能团，在一定温度（或加入少量催化剂）下，侧链的官能团可自相反应而交联固化成膜，也可与交联剂或其他树脂交联固化成膜。前者称自交联固化丙烯酸树脂，后者称交联剂固化丙烯酸树脂。交联剂既可在制漆时加入，也可制成双组分包装，在施工前加入。使用不同的交联剂，丙烯酸酯树脂涂料的性能不同。常用交联剂主要有氨基树脂、环氧树脂、多异氰酸酯、多元酸及多元胺等。

热固性丙烯酸酯树脂的合成，常采用滴加单体和引发剂的混合液，在溶剂回流温度下进行共聚的工艺，转化率达到 95% 时即可终止反应。所得树脂相对分子质量比热塑性树脂小，黏度较低，制成漆的固含量较高，其性能比热塑性丙烯酸酯树脂涂料优异。热固性丙烯酸酯树脂涂料，主要用于装饰性较高的轿车、电冰箱、缝纫机等，其制漆工艺与其他溶剂型涂料基本相同，施工方法主要是喷涂，也可采用刷涂。表 7.11 为热固性丙烯酸酯磁漆的配方之一。

表 7.11　热固性丙烯酸酯磁漆配方实例

原　料	轿车漆	白烘漆	原料	轿车漆	白烘漆
含羟基的丙烯酸酯树脂（50%）/kg	55	—	1% 硅油	0.2	
含丁氧甲基酰胺基丙烯酸酯树脂（50%）/kg	—	50	二甲苯	4.8	10
低密度三聚氰胺甲醛树脂（60%）/kg	19	10	环己酮	6.0	10
钛白及配色颜料 /kg	15	20	—	—	—

丙烯酸酯涂料有乳胶型、溶剂型和粉末型，粉末型热固性丙烯酸酯涂料具有广阔的发展前景。

六、其他合成树脂

其他合成树脂主要有有机硅树脂、氯化橡胶、烃类树脂、乙烯类树脂和氟类聚合物等。

有机硅树脂主要是指含有以硅氧键（Si—O）为主链的聚有机硅烷。

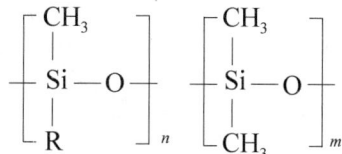

$$\left[\begin{matrix} CH_3 \\ | \\ Si-O \\ | \\ R \end{matrix}\right]_n \left[\begin{matrix} CH_3 \\ | \\ Si-O \\ | \\ CH_3 \end{matrix}\right]_m$$

R 为烃基取代基，如苯基、甲基、乙基、丙基、丁基等聚有机硅氧烷结构。

取代基不同，聚有机硅氧烷的性能不同。通常有机硅树脂含有苯基和甲基两种取代基，如表 7.12 所示。

表 7.12　有机硅树脂的主要性能

取代基	主要性能
高甲基含量	柔软、憎水性、失重少、低温柔软性、耐化学药品性、固化速度快、耐电弧性、保光泽性、耐热振荡性、UV 和 IR 稳定性
高苯基含量	热稳定性、耐氧化性、热塑性、包装稳定性、韧性、空气干燥性、溶解性

有机硅树脂的耐热性、户外稳定性、憎水性、耐紫外光、保光性和电绝缘性等性能突出。作为耐热涂料，其清漆可耐 200～250℃，加入金属粉、玻璃料等耐热填料配制的涂料，可耐 300～700℃的高温。含氟有机硅树脂具有极好耐热性、耐化学药品性、耐溶剂性以及优良的机械性能，在 200℃以上使用可达几千小时，广泛用于航空用涂料。

氯化橡胶一般是含氯 65%～68% 的改性天然橡胶，具有良好的涂层黏结性、耐酸碱性、耐盐水性及低渗透性、阻燃性等，主要用于制造船舶用涂料、耐化学药品和防腐涂料、防火涂料、砖石、游泳池用涂料、交通标志用涂料等。

氯化橡胶用作成膜物质，要考虑其耐光性、耐热性及贮存稳定性。为改善其耐热性，可加入环氧化物、环氧化油与酸接受剂；为改善其光稳定性，可加入增塑剂或增塑树脂；为改善其贮存稳定性，可加入亚磷酸二铅盐等稳定剂。

烃类树脂包括由裂解石油馏分、松节油馏分、煤焦油及其他醇烯类单体衍生的低分子热塑性树脂，如石油树脂、苯并呋喃-茚树脂、聚环戊二烯树脂、萜烯树脂、聚苯乙烯树脂等，此类树脂具有中性结构，耐酸碱性和相容性好、易加工、价格低廉，在涂料中主要用于底漆、门廊和甲板漆、混凝土涂料、金属罐头涂料、铜铝制件的涂层、金属面漆、船舶用涂料等。

氟类聚合物因其含氟-碳键，而具有优良耐高温性、耐化学药品性、耐有机溶剂、耐磨、憎油、憎水、表面不黏和防污性好等特点，但其流动性较差，不溶于多数有机溶剂，施工性差。改性含氟树脂，如氟化聚氨酯、氟化丙烯酸酯、氟化环氧树脂、氟化醇酸树脂等，既保留了氟聚合物的优点，又改善了其加工性能。

乙烯类树脂，如氯乙烯-醋酸乙烯酯共聚物、聚乙烯醇缩甲醛和缩丁醛等。聚乙烯醇缩丁醛主要用于木材封闭漆和木器漆、金属或船舶的磷化底漆、预涂底漆。氯乙烯-醋酸乙烯酯共聚物，用于啤酒瓶、食品罐、金属箔及线缆涂料、化工防腐涂料，船底、海上钻井平台、码头航标等水下设施的防污涂料。氯乙烯-醋酸乙烯酯共聚物是由氯乙烯与醋酸乙烯酯共聚而得，反应式如下：

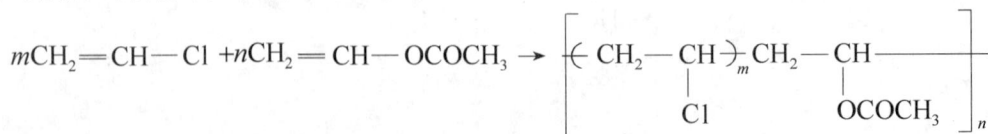

$$m\text{CH}_2\!=\!\text{CH}\!-\!\text{Cl} + n\text{CH}_2\!=\!\text{CH}\!-\!\text{OCOCH}_3 \longrightarrow \left[\!\!\left(\text{CH}_2\!-\!\underset{\underset{\text{Cl}}{|}}{\text{CH}}\right)_{\!\!m}\!\!\text{CH}_2\!-\!\underset{\underset{\text{OCOCH}_3}{|}}{\text{CH}}\right]_{\!n}$$

第三节　涂料的生产技术

涂料生产一般包括成膜物质的生产和涂料的生产。

涂料产品品种虽然很多,它们的制备过程基本可分为两部分:第一部分是半成品漆料的制备——成膜物质的生产,第二部分是成品的完成——涂料的配制。

半成品漆料的制备(成膜物质的生产),包括油的精制和炼制、专用树脂的制备、漆料的制造三部分。这部分的生产过程主要是经过化学反应完成的。涂料工业使用的树脂,其规格虽和塑料工业、合成纤维工业所用者不同,但其制造原理相同。

成品的完成(涂料的配制)包括清漆的制备和色漆的制备两部分:它们的生产过程是漆料和其他原料的物理性分散过程。清漆的制备包括配制和过滤;色漆的生产过程包括混合、研磨、过滤等化工单元操作。涂料配制的一般工艺过程示意图如图 7.1 所示。

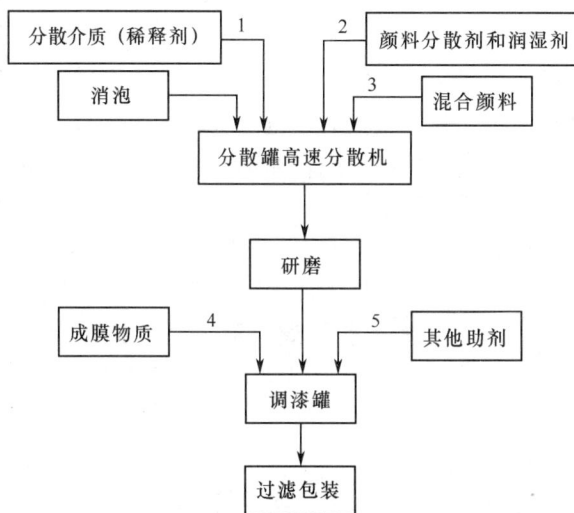

图 7.1 涂料生产的一般工艺过程示意

1~5 表示加料顺序

一、成膜物质的生产

1. 油的精制

制造涂料用的植物油主要是将油籽用压榨法取得的。植物油粗油中除纯油脂外,还含有一些杂质,主要是游离脂肪酸、磷脂(主要是卵磷脂)、糖、蛋白质、蜡质、色素等。不同种类的植物油杂质含量不同。桐油中一般含量很少,亚麻籽油、豆油等含量就较多。这些杂质对制成的涂料的质量是有害的,它们能妨碍油的干燥速度,能使制成涂料的涂膜颜色变深变暗,增加涂膜的透水性,也增加了生产的困难,而且油在炼制过程中,这些杂质一部分受热焦化黏附釜壁,加大了清洗的工作量;一部分分散在油中,不易滤净,残留在油中,影响涂料的性能。因此,为了保证涂料的质量,植物油粗油在使用前须加以精制除去大部分杂质。涂料工业除桐油因含杂质较少而直接使用外,其他油料都是精制后才使用的。

油脂精制的方法很多,涂料工业中通常采用的有热处理、碱处理和吸附处理。

1）热处理

热处理是将油加热至适当温度，使油中一部分色素破坏而使油的颜色变浅，这种方法较简便，适宜于游离脂肪酸含量较少的油料。

2）碱精制法

一般用的碱为氢氧化钠（烧碱）。用碱量一般是按油中所含游离脂肪酸量计算的。但为了使杂质能够尽量地除去，提高精制效果，通常用碱都过量一些，一般相当于油中游离脂肪酸含量的 100%～150%。碱的浓度一般在 10% 左右，具体用碱量和碱的浓度都是先经过小型试验后确定的。

在处理油量不大时，一般采用间歇式精制法。油放入附有蒸气加热和变速搅拌装置的漂油釜中，加热，在搅拌状况下加入碱液，油中杂质与碱作用生成皂脚，经过沉降，放出皂脚，油用水洗后，再经过加热脱去水分，经过压滤机滤净，得到碱精制油。这种方法设备简单，操作简便。油料用量大时，也可采用连续式精制法，油与碱液按比例经过混合通过高速离心精油机进行精制，原料油不断加入，精制油不断流出，皂脚也自动分出。这个方法效率高，但设备操作复杂。

碱精制后产生的皂脚还带有少量油分，可利用高速离心机将油分离出来加以利用。最后剩余物可用于制皂。碱精制法比热处理法用油的损耗大。蓖麻油不宜用碱精制。

碱精制法可以显著降低油中游离脂肪酸含量，脱除磷酯、蛋白质，并可除去部分色素，效果很好，但脱色漂白作用不够理想。精制含游离脂肪酸较多的油都采用碱精制法。

3）吸附精制法

吸附精制法主要靠吸附剂对油的作用来实现精制的目的。一般用的吸附剂是经济易得的活性白土。将油加入漂油釜中加热到 100℃ 左右，加入适量的活性白土。活性白土的数量根据油的质量和预计得到精制油的质量而定，一般为 1%～6%。油和活性白土在釜中混合搅拌保持一定时间以后，用压滤机过滤，得到颜色很浅的精制油。漂土浆中仍含有一定数量的油分，用淡碱液加以处理，可将油分出来，从而提高油的得率。吸附精制法油的损耗较大。现在涂料工业中制造醇酸树脂等用的油是采取碱和活性白土两次精制得到，一般油基涂料用的油采取碱精制法一次精制而得。

2. 油的炼制

精制干性油直接涂在物件表面上，也能干结成膜，但干得很慢，有的要 5～6d，且涂膜很软，光泽不强，抗水性也不好，不符合涂料要求，因此制造油性和油基涂料所用的油大都先经过炼制过程，提高其性能。经过炼制的油做油性涂料时就是它的漆料，做油基涂料时就是它的漆料的一种半成品。

通常油的炼制方法有空气氧化法和加热聚合法。空气氧化法制得的油称为氧化油，加热聚合法制得的油称为聚合油。

空气氧化法是将油加热到一定的温度（150℃ 以下）吹入空气，使空气中的氧与油结合，同时也起部分聚合作用，改变了油分子的结构，因而促进了油的干性，提高了油的稠度。加热反应的时间不同，就得到不同黏度的氧化油。

加热聚合法是将油加热到较高温度，一般在290～300℃保持一定时间，至需要的稠度停止（温度不能超过310℃，否则油能自燃）。油在长时间高温条件下，油分子间会发生聚合作用，改变了分子结构，从而起到促进油的干性，改进涂膜外观的作用。在炼制过程中，如果没有隔绝空气，也会有氧化作用产生，但不起主要作用。

要得到较高稠度的炼制油，空气氧化法所需时间较长，因此现多采用加热聚合法炼制。

涂料工厂中生产多种规格的聚合油，用以制造油性和油基涂料。

3. 漆料的制备

不同类型的漆料有不同的生产过程。油性涂料用的漆料，就是经过炼制得到的氧化油、聚合油，它们可以直接制造油性涂料。油基涂料和酚醛涂料的漆料是用油（包括聚合油）和树脂经过炼制过程制备的。树脂涂料的漆料是经过树脂溶解、混合过程制备的。下面主要介绍油基漆料（包括酚醛漆料）和树脂漆料的制备过程。

1）油基漆料的制备

制备油基漆料通常采用热炼法。它是将精制油或聚合油和树脂在高温下进行反应，然后冷却加入溶剂制得的。油和树脂在高温下结合起来，并聚合成高分子化合物。

掌握油和树脂的聚合程度是热炼过程的关键。影响热炼快慢的因素很多，主要是所用油和树脂的种类和它们的配比以及热炼时的温度。

不同的油聚合速度不同，如桐油分子结构中含有共轭双键，最易聚合，在282℃下8min内即能成为胶状物；温度过低，桐油聚合不完全，制成涂料的涂膜易生"晶纹"。松香酯类和松香改性的酚醛树脂制备漆料时多采取280～290℃的热炼温度；反应型油溶性酚醛树脂与桐油炼制时，则需控制在230℃左右，不宜过高，炼制时间还需严格控制；而亚麻籽油则需几十小时。

油基漆料是在热炼锅中制备的。热炼锅有移动锅和固定锅两种形式。移动锅一般容量较小，多为圆柱形，装于特制推车架上，以便移动，其容量最多几百立升，再大则不便移动，所以只适宜小批量品种生产。固定锅是目前通用的热炼锅，它的形式构造和制备醇酸树脂的反应釜基本相同，适宜炼制大批量的漆料。

油基漆料的热炼，一般采取急速升温到270℃以上，严格按照规定温度和时间控制，炼制达到终点时快速移入冷却罐冷却，在适当温度加入相应溶剂稀释。加入溶剂的温度应低于溶剂的沸点。稀释后用压滤机、离心机过滤，备用于配制各种涂料。

2）树脂漆料的制备

涂料工业自己生产的树脂，为了方便使用，在最后制备过程将其用溶剂稀释为树脂溶液，直接作为漆料使用，而由其他部门供应的树脂则需先制成漆料再用以配制涂料，这种树脂大部分为固体。漆料的制备主要是树脂的溶解过程，即将树脂按规定的组成比例加入溶剂进行溶解，经过滤即成。通常用的溶解罐为密闭式带有搅拌装置、蒸气夹套、冷凝装置。多在常温溶解，以减少溶剂的挥发。对个别树脂，为了加速溶解，可以在夹套内通以蒸气，加热溶解。对于配制个别黏度较大的树脂溶液，也可以采用捏合机。过滤设备和制备油基漆料的相同。

现在涂料中多数树脂涂料都是几种树脂合用的，通常是将所用几种树脂分别配成树脂溶液，在配制涂料时按比例使用。对于个别的树脂采用将两种或几种树脂溶液在一定温度下进行回流，以使其互相融合。这种方法是在带有蒸气夹套、回流冷凝装置的搪瓷或不锈钢制的反应釜中进行。

通常为了简化手续，在制造树脂漆料的同时也可以加入按规定组成比例的辅助材料，直接制成树脂清漆。

二、涂料的生产

（一）清漆的生产

清漆不含颜料，主要用于家具的涂装和色漆罩光，清漆涂膜干燥快，涂膜透明、光亮而坚硬，耐候性、耐油性较好，但耐水性较差。

清漆的生产过程比较简单，基本是在已制得的漆料的基础上，根据清漆的性能要求，加入一些辅助材料配制的过程，所以它的主要工序就是配制和过滤，然后包装成为成品。

油基清漆的制备，基本可和油基漆料同时完成，在油基漆料炼制完成加入溶剂时，同时加入一些适量的催干剂，然后过滤、包装。

树脂清漆的制备，系在树脂溶液中加入适量的辅助材料，如增塑剂、催干剂等混合均匀，如系几种树脂配制成的，则可将几种树脂溶液按照确定的比例混合配制。经过过滤（采用压滤机或离心机）、包装而得成品。

例如，醇酸树脂清漆的生产，其典型的配方（kg）和性能如表 7.13 所示。

表 7.13　醇酸树脂清漆典型配方实例

项　目		配方 1	配方 2
组成 /%	中油度醇酸树脂（50%）	84.00	—
	长油度醇酸树脂（50%）	—	88.50
	环烷酸钴（4%）	0.45	0.25
	环烷酸锌（3%）	0.35	0.30
	环烷酸钙（2%）	2.40	0.3
	环烷酸锰（3%）	—	0.05
	环烷酸铅（10%）	—	0.60
	二甲苯	12.8	10.00
主要指标	颜色（铁-钴比色）/ 号	< 12	< 14
	外观	透明	透明
	黏度（涂 -4 杯）/s	40～60	40～80
	不挥发分 /%	≥ 45	≥ 45
	干燥时间（25℃）/h	—	—
	表干	≤ 6	≤ 5
	实干	≤ 18	≤ 24
	酸值	≤ 12	≤ 8

配方中环烷酸钴作为铅催干剂，可使漆膜干透，催干剂常用几种混合使用。二甲苯用作溶剂，有时也采用 200 号油漆溶剂油，或加入松油等可增加清漆的稳定性。

以上可以看出，清漆的生产过程基本上是各组成按比例的调配过程。

（二）色漆的生产

色漆是由成膜物质和一定数量的颜料及其他助剂，经研磨调配而成的有色涂料，分为底漆和面漆。

底漆又分为头道底漆、腻子、二道底漆和防锈漆，头道底漆是涂装于物体表面的第一层涂料，要求能为第二涂层提供良好的附着基础。涂膜细密坚牢，对金属表面具有防锈功能。腻子呈稠厚的浆状，涂在头道漆之上，用于填补被涂物体表面的缺陷如空洞、缝隙等，干燥后打磨平整，提高物体表面的装饰性，要求坚牢不裂、硬而易磨。打磨后的腻子表面粗糙、有小针眼，二道漆可予以填补，二道漆干透后也要打磨平整。

面漆具有遮盖和改变物体表面颜色等功能，在整个涂层中发挥主要装饰和保护作用。面漆主要是磁漆，分有光、半光及无光等品种，有光色漆的品种数量最多。

色漆的品种虽然很多，但它们的生产原理都是一致的，就是把颜料均匀"分散"在漆料中。这种"分散"过程是属于机械的处理，没有化学反应，但是在具体的生产工艺上必须给予高度的重视，因为分散的好坏影响着色漆的性能：

第一，色漆首先要求颜色均匀一致，如果颜料在漆料中分散不均，就会造成颜色深浅不一，影响装饰目的。

第二，颜料是固体，一般比较重，在色漆中如果混合分散不均，就会在贮存过程中沉底结块。

第三，因为色漆涂成涂膜，一般每层厚度在 $20\mu m$ 左右 $\left(1\mu m=\dfrac{1}{1000}\ mm\right)$，颜料的粒子本身有大有小，颜料粒子经常是好多个小粒子团结成一团的，如果分散得不均匀，色漆中就会有较大的颜料团分散不开。这样涂成涂膜后颜料团会突出涂膜面来，使涂膜粗糙不均（这就是常说的涂料细度不够），既影响平整，又会使光泽减弱。对于面漆，如果表面有大颗粒，不能构成均匀一致的涂膜，在受外界的影响时会使涂膜首先从这里破坏，很快失掉保护能力。

在生产颜料时，虽然尽量把颜料粒子做得很小，但是每个颜料粒子都被一层薄薄的空气层包围着，而且常常有多数粒子聚集在一起，形成许多大的颜料团。要把颜料一粒一粒地均匀分散在漆料之中，就先要打碎这些颜料团，再让漆料把颜料表面的空气挤跑，用漆料把颜料粒子包起来（这种现象叫做湿润）。颜料的粒子，并不都是很小的，还有部分影响涂膜质量的较大颗粒，需要破碎成小粒子。还有些颜料具有不易湿润的特性。这些工作并不是简单地混合一下就可以办到，而要借助于强有力的机械作用。所以生产色漆的工艺过程首先是混合，即在混合机中用搅拌的力量使漆料初步地把颜料包围起来，达到初步湿润的效果；其次是研磨，其目的是借用外力将颜料团或者大颗粒破碎开，更均匀地被漆料湿润。为了提高机械的生产效率，一般加入一些表面活性剂来帮助颜料的分散。表面活性剂的品种也很多，选用时要注意与颜料和漆料的性能相适应。

在生产中用色漆的"细度"指标来表示分散均匀程度。细度的意义就是在色漆中的颜料允许的最大颗粒的大小程度，通常以微米（μm）表示，例如，要求一种色漆的细度在 20μm 以下，即这种色漆中颜料的最大粒子的大小应该在 20μm 以下。不同色漆各有不同的性能要求，对其的细度要求也就不一样，因此选用的设备和加工方法也不同，要求的微米数越小，说明它的细度越高。

从经济的观点来看，要求在最短的时间内使颜料分散均匀。色漆的细度要高，除了选用较细的原料，研磨效能高的设备以外，还要考虑加工方法。在同一台研磨设备上颜料和漆料混合成较稠的浆状物，比做成较稀的浆状物效率要高的多。因此在生产较稀薄黏稠度的品种时，通常是将颜料先用小部分漆料配合，经过混合、研磨达到细度要求以后，再将其余漆料或溶剂加入，这样可以提高生产效率，另外还可以减少漆料或溶剂在操作过程中的挥发损失。

因此，生产稠厚浆状色漆如厚漆、腻子等的生产工序，就只包括混合、研磨两道工序。生产黏稠液状色漆如调和漆、磁漆等的工序，一般为混合、研磨、调漆（将其余漆料加入漆浆中调匀）、过滤等四道工序。

1）混合工序

混合工序是将配好的颜料和漆料进行混合，既起到使颜料初步湿润分散作用，同时也为下一道研磨做准备。在涂料工业中采用的混合设备有边碾机和拌和机。边碾机普通用单滚的，利用滚在机盘内旋转碾压的作用，使颜料和漆料混合均匀，拌和机通常用可换桶式。为了达到强力混合，在直立式拌和机上装有垂直式搅拌翅，采用桶与搅拌翅都转动，而且做相反方向转动的方式，使产生更大的扭切力。

为了提高混合效率，涂料工业近年推广使用了高速搅拌机，它可以变速运转，在低速下进行搅拌，可以对稠厚浆状物起到混合的作用。它在高速下（3000r/min 左右）产生强大的剪切力，可使颜料均匀地分散在漆料中，同时起到混合、研磨和调漆作用。目前已有个别的颜料品种，可以不经过研磨，直接用高速搅拌机均匀分散在漆料中得到合格的产品，简化了工艺。

2）研磨工序

现在通常使用的研磨设备属于滚磨机类型，有单滚机、三滚机、五滚机。以三滚机应用最普遍。球磨机也常使用。

3）调漆工序

对于浆状的色漆如厚漆等，经过混合、研磨两道工序，即可包装为成品。对于黏稠液状色漆，还须加入前两工序中未加入的成分，经过调漆得到成品。调漆工序的主要设备为调漆机，是用搅拌方式将漆浆分散在其他液料之中。在调漆工序主要进行各项质量指标的调整工作，如颜色的深浅、稠度的大小等，以达到最后产品的质量要求。

4）过滤工序

为了进一步清除未研磨细的颜料粗粒子和在生产过程中混入色漆中的杂质（如漆皮等），以提高色漆细度，在调漆完成后，还要经过一道过滤。经常采用的过滤工具，简单的为铜丝网或绢丝网做成箩筛，或用离心机（3000r/min 左右）。经过过滤以后的色漆，即可包装。

（三）乳胶漆的生产

乳胶漆的生产包括乳胶制备和乳胶漆的制备两个工序。

1. 乳胶制备

乳胶制备是在带有搅拌装置、蒸气加热、冷却装置和蒸气冷凝器的搪瓷衬里或不锈钢反应釜中进行。

例如，全丙烯酸酯类乳胶漆是由各种丙烯酸酯（包括甲基丙烯酸酯）共聚所得乳液配制。丙烯酸酯的共聚反应：

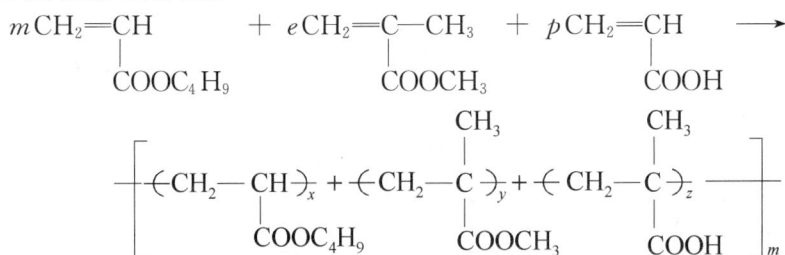

$$m\,CH_2{=}CH \quad + \quad e\,CH_2{=}C{-}CH_3 \quad + \quad p\,CH_2{=}CH \longrightarrow$$
$$\underset{COOC_4H_9}{\big|} \qquad\qquad \underset{COOCH_3}{\big|} \qquad\qquad \underset{COOH}{\big|}$$

$$\left[{-}\left(CH_2{-}\underset{COOC_4H_9}{\overset{}{CH}}\right)_x + \left(CH_2{-}\underset{COOCH_3}{\overset{CH_3}{C}}\right)_y + \left(CH_2{-}\underset{COOH}{\overset{CH_3}{C}}\right)_z{-}\right]_m$$

共聚乳液的生产，多采用单体滴加法。其共聚乳液配方如表 7.14 所示。

表 7.14　乳胶共聚乳液配方实例

原　料	配比 /kg	原　料	配比 /kg
甲基丙烯酸甲酯	33	去离子水	125
丙烯酸丁酯	65	烷基苯聚醚磺酸钠	3
甲基丙烯酸	2	过硫酸铵	0.4

工艺操作是先将乳化剂在水中溶解，然后加热升温至 60℃，加入过硫酸铵和 10% 的单体，升温至 70℃。若无显著放热，反应逐步升温直至放热反应开始，温度升至 80～82℃时，缓慢而均匀地将剩余的混合单体于 2～2.5h 滴入釜中，以滴加速度控制回流量和温度。加完单体后在 0.5h 内将温度升至 97℃，保持 0.5h，冷却、降温，用氨水调节其 pH 至 8～9 即可。

2. 乳胶漆的制备

乳胶漆由聚合物乳液、颜料及助剂配制而成，所用助剂较多，如分散剂、润湿剂、增稠剂、成膜助剂、防冻剂、消泡剂、防霉剂、防锈剂等。

乳胶漆多为白色或浅色，颜料常用钛白粉。钛白粉有锐钛型、金红石型。金红石型的耐候性优于锐钛型，多用于外墙涂料，内用涂料多采用锐钛型。内用平光乳胶漆的颜基比（质量比），一般为 1～2.5 或更高。乳液用量少，涂膜的耐水、耐洗刷性能则较差，而外用涂料的颜基较小，一般为 1～1.5。表 7.15 是内用平光醋酸乙烯酯乳胶漆的配方实例。

表 7.15 内用平光醋酸乙烯酯乳胶漆配方实例

物料名称	配方 1	配方 2	配方 3	配方 4
聚醋酸乙烯乳液（50%）/kg	42	36	30	26
钛白粉 /kg	26	10	7.5	20
锌钡白 /kg	—	18	7.5	—
碳酸钙 /kg	—	—	—	10
硫酸钡 /kg	—	—	15	—
滑石粉 /kg	8	8	5	—
瓷土粉 /kg	—	—	—	9
乙二醇 /kg	—	—	3	—
磷酸三丁酯 /kg	—	—	0.4	—
一缩二乙二醇丁醚醋酸酯 /kg	—	—	—	2
羧甲基纤维素 /kg	0.1	0.1	0.17	—
羧乙基纤维素 /kg	—	—	—	0.3
聚甲基丙烯酸钠 /kg	0.08	0.08		
六偏磷酸钠 /kg	0.15	0.15	0.2	0.1
五氯酚钠 /kg	—	0.1	0.2	0.3
苯甲酸钠 /kg	—	—	0.17	
亚硝酸钠 /kg	0.3	0.3	0.02	—
醋酸苯汞 /kg	0.1	—	—	—
水 /kg	23.37	27.27	30.84	32.3
颜基比 /kg	1.62	2	2.33	3

配方的调节变化是根据不同的要求及经济因素等综合考虑的。例如，配方 1 的钛白粉用量较多，颜基比较小，涂膜的遮盖力较强，耐洗刷性较好；配方 2 以锌钡白代替部分钛白粉，较为经济；配方 3 使用了较多的体质颜料，乳液用量较少，故其遮盖力和耐洗刷性能较差，但其价格便宜；配方 4 主要用于室内，其白度遮盖力较好、对洗刷要求不高，故其颜料比例大。

乳胶漆的主要生产设备有高速分散机、球磨机和砂磨机等，图 7.2 为小型涂料厂的生产工艺流程与设备示意图。

通常是先将水、白色颜料、体质颜料、分散剂、润湿剂及增稠剂的一部或全部混合，研磨，达到细度要求后，加入聚醋酸乙烯酯乳液及其他组分，搅拌均匀即得成品。

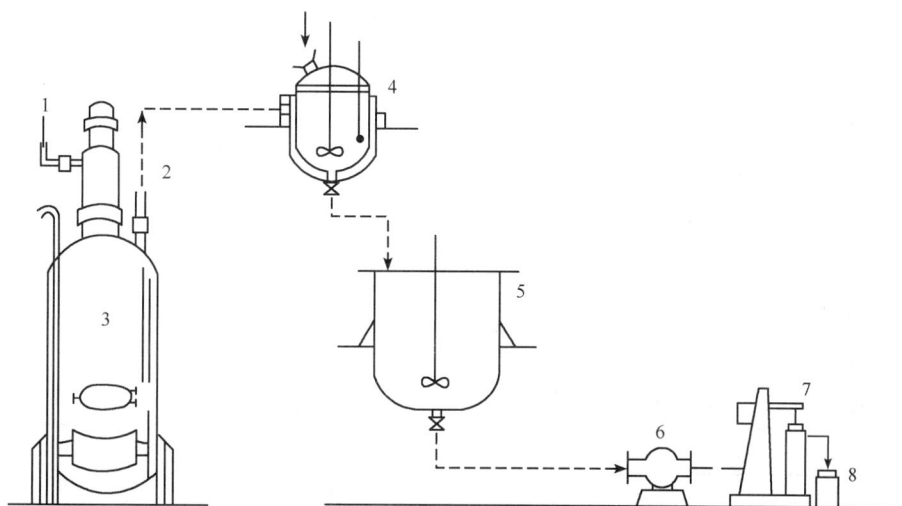

图 7.2 乳胶漆生产的工艺流程与设备示意图

1.水；2.汽；3.锅炉；4.反应釜；5.搅拌罐；6.齿轮泵；7.砂磨机；8.包装桶

有色乳胶漆是将各种颜料分色研磨成色浆，最后在白色涂料中加入色浆，调配成所需颜色。

现有的乳胶漆主要有三种类型：

1）丁苯乳胶漆

丁苯乳胶漆是由丁二烯和苯乙烯进行乳液聚合制得的乳胶制成的，是应用最早的乳胶漆。由于它的涂膜易变黄，对墙面附着力不好等缺点，现已被较其性能好的聚醋酸乙烯酯乳胶漆所代替。

2）聚醋酸乙烯酯乳胶漆

聚醋酸乙烯酯乳胶漆用作室内灰面墙漆，比丁苯乳胶漆有更好的保色性和附着力，它还具有一定程度的耐候性，适合室外使用，对木面和旧漆膜也有一定的附着力，因此得到广泛的应用。

3）聚丙烯酸酯类乳胶漆

聚丙烯酸酯类乳胶漆是由不同的丙烯酸和甲基丙烯酸衍生物按不同比例共聚而得到的不同品种的乳胶漆。它们的户外耐久性比前两种类型优越，因此可作为室外木面和抹灰面建筑用涂料，但价格较贵。

(四) 粉末涂料的生产

粉末涂料呈固体粉末状，多采用静电喷涂法施工，具有公害小、省工时、易于自动化流水作业等特点，近年来发展较快。

粉末涂料包括热塑性和热固性两类，其主要品种与性能如表 7.16 所示。

热塑性粉末涂料制造过程和应用方法相对较简单，不涉及复杂的固化机理，原材料易得，且性能满足许多应用要求，因而具有一定的市场。尤其是某些热塑性粉末涂料具有某些优异的性能，如具有优良的耐溶剂性（聚烯烃），极好的耐候性（如聚偏氟乙烯），

表 7.16　粉末涂料的主要品种与性能

性　能	聚氯乙烯	尼　龙	聚　酯	聚乙烯醇	丙烯酸酯
底漆	需要	需要	不需要	需要	需要
熔点 /℃	130～150	186	160～170	120～130	165～170
工件预热（流化床技术）/℃	230～290	250～310	250～300	200～230	225～250
密度 /（g/cm³）	1.2～1.35	1.0～1.15	1.3～1.4	0.9～1.0	0.92～1.12
附着力	优良	优	优	良	优良
光泽（60℃）/%	40～90	25～95	60～95	60～80	60～80
硬度	30～55	70～80	75～85	30～50	40～60
柔韧性（3mm）	通过	通过	通过	通过	通过
耐冲击性	优	优	优 - 良	优 - 良	良
耐盐雾	良	良	良	优 - 良	良
耐候性	良	良	优	差	差
耐湿性	优	优	良	良	优
耐酸性	优	中	良	优	优
耐碱性	优	优	良	优	优
耐溶剂性	中	优	中	优	优

优良的耐磨性（聚酰胺），相对好的价格 / 性能比（聚氯乙烯）和外观（聚酯）。但热塑性粉末涂料也有一些缺点，如高熔融温度、低颜料用量、耐溶剂性一般较差、与金属表面黏结性差，因而需要使用底漆。热塑性粉末涂料可用流化床涂覆，膜厚 130～300μm，也可用静电喷涂，膜厚 80～130μm。涂膜较厚的原因是由于树脂的分子质量大、粉碎加工困难、粉末粒度粗引起的。

　　热塑性粉末涂料中的一些缺陷，如与基材的黏结性差、颜填料加入量少等均可在热固性粉末涂料中得到解决。这是因为热固性树脂总是涉及交联固化反应，所用的聚合物分子质量可以较低、熔融黏度低，因此可以分散更多的颜填料；同时交联固化反应可能在树脂主链上引进极性基团，因而大大改善了涂层的黏结性；另外，交联固化也进一步改善了涂层的耐溶剂性。

　　在粉末涂料中，最早开发的是环氧粉末涂料，此外，还有聚酯粉末和丙烯酸酯粉末等。环氧粉末涂料的附着力和耐腐蚀性能优良，但保光性和耐候性较差，改性品种有聚酯环氧粉末、丙烯酸酯 - 环氧粉末等。

　　环氧粉末涂料的组成是环氧树脂、固化剂、颜料以及各种助剂。常用环氧树脂为高分子质量的固体树脂，如环氧值为 0.1 左右，熔点为 90℃左右的双酚 A 型环氧树脂。固化剂也是固体的，并要求在涂料的制造过程和贮存期内稳定，在喷涂后高温烘烤时发挥固化作用，常用的固化剂为双氰胺、邻苯二甲酸酐、三氟化硼乙胺络合物。固化促进剂有咪唑、多元胺锌盐和镉盐的配合物，适用于酸酐的有辛酸亚锡、羟基吡啶等；流平剂有聚乙烯醇缩丁醛、醋丁纤维素、低分子量的聚丙烯酸酯等（表 7.17）。

表 7.17 环氧粉末涂料的配方实例

原　料	质量比	原　料	质量比
环氧树脂 /kg	58	双氰胺	2.5
颜料 /kg	36	聚乙烯醇缩丁醛	3.5

固化条件：180～200℃，20～30min

粉末涂料生产方法，有干法和湿法两类。干法是以固体粉末为原料，分干混法和熔融混合法；湿法以有机溶剂或水为介质，有喷雾干燥法、沉淀法和蒸发法。

粉末涂料生产的主要设备有双螺杆混料挤出机、空气分级磨（ACM 磨）和预混器等。生产工艺主要包括预混合、熔融混合挤出、细粉碎、粉末收集及过筛等（图 7.3）。

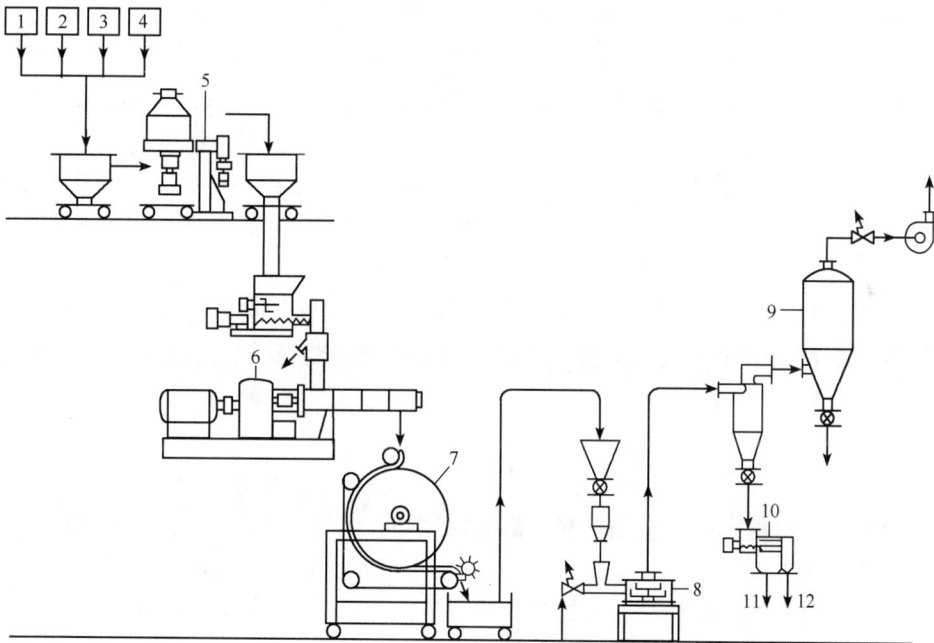

图 7.3　熔融法制备粉末涂料生产工艺流程图

1. 树脂；2. 颜料；3. 填料；4. 添加剂 / 固化剂；5. 预混机；6. 双螺杆混料挤出机；7. 冷却、破碎；
8. 研磨；9. 滤尘器；10. 筛分；11. 成品；12. 大粒径产品

1. 原材料的预混合

粉末涂料用树脂、颜料、填料、固化剂及添加剂在预混前必须准确称量，才能保证每批次预混料的同一性。树脂应无胶化粒子、填料、颜料不允许有大颗粒。

预混合工序是在混合机中完成的，使各组分在混合机中混合均匀，为进入挤出机熔融挤压、均匀分散创造必要的条件。

预混合是在干粉状态下进行的。混合机选型的要求是：

（1）各组分能均匀分散。

（2）混合后的物料温度不能太高，以防物料结块。

（3）混合时间短、能满足挤出机连续生产的要求。

（4）预混过程应在密闭状态下进行，应能防止粉尘逸出。

（5）便于清洁，以满足换色的需要。

2. 挤出机中的熔融混合

熔融混合是粉末涂料生产的关键工序。粉末涂料用的原材料经预混合后进入挤出机，在挤出机里，树脂、固化剂等可熔组分被熔化，通过挤出机的挤压、搅拌作用，可熔组分与不可熔组分被均匀分散，增强了树脂对颜料、填料表面的浸润。

3. 细粉碎与粉末收集

细粉碎是控制粉末粒度分布的重要环节，粒度分布对粉末的静电带电性、涂装时的沉积效率、粉末的流动性、涂料的熔融流动性、涂膜针孔的形成等都有影响。球磨机、锤式粉碎机、立式空气分级磨等都可作细粉碎设备。球磨机工效低，应用较少，应用最多的是立式空气分级磨。

从粉碎机里经空气流吹出来的粉末，可用旋风收尘器或编织物收尘器收集。旋风收尘器是常用的方法，花钱少，容易清洗，但粉末回收率为 95%～98%，其余的粉末粒子很小，可用编织物过滤或作废料处理。

单用编织物过滤几乎有 100% 的效率，用机械振动或反吹风的办法可连续回收粉末。虽然编织物过滤比旋风收尘器效果好，但编织物很难清洁，每次生产后需要洗涤，费时很多。

4. 过筛

多数粉末涂料生产厂，在细粉碎后都需要过筛，以保证不存在超粒度的粉末，筛孔一般在 105～125μm。

现在应用较多的是振动筛，有的振动频率达 2800 次 / 分钟，可使细粉能快速通过。

小结

涂料的基本组成有成膜物质、颜料、填料、各种助剂、溶剂。依据成膜物质的不同，涂料分为油基涂料、硝基涂料、醇酸树脂涂料、丙烯酸酯树脂涂料、环氧树脂涂料、聚氨酯涂料等；按涂层作用分有底漆、腻子、面漆、罩光漆等。成膜物质现今大部分采用高分子合成物质，因此成膜物质的合成与生产是涂料生产中的一个重要环节。涂料所用的各种助剂是改善涂料性能的重要组成部分，每一种助剂都具有特殊的不可替代作用；涂料依据采用的溶剂不同和多少分为有机溶剂型涂料（油漆）、水性涂料、粉末涂料，其中水性涂料、粉末涂料是当今涂料推广和研发的重点。涂料的生产工艺主要涉及成膜物质的合成、涂料的配方设计和混合、研磨、过滤等工序。

思考题

1. 什么是涂料？它有何作用？

2. 涂料的基本组成是什么？

3. 对涂料的性能有哪些基本的要求？

4. 涂料用的助剂有哪些品种？各种助剂在涂料中有何作用？

5. 简述涂料的固化机理。

6. 合成树脂是涂料中常用的成膜物质，举例说明其主要品种。

7. 简述醇酸树脂的合成原理及合成所需的原料。

8. 简述干性油、半干性油、不干性油的基本含义。

9. 双酚 A 环氧树脂有何优缺点？简述其合成方法。

10. 涂料生产的基本工艺过程主要由哪些工序构成？

11. 什么是清漆？它与色漆有何不同？又有何作用？

12. 什么是乳胶涂料？它有何优越性？

13. 涂料的施工程序一般有哪些步骤？

14. 研磨在涂料生产中有何作用？常用研磨设备有哪些？

15. 粉末涂料的生产主要有哪些工艺过程？

16. 什么是水性涂料？

17. 写出一个水性涂料的配方，并说明配方中各成分的作用。

第八章 黏合剂

知识点和技能点

1. 黏合剂的基本组成；胶接原理；配方设计依据。
2. 热固性与热塑性树脂黏合剂的主要类别和应用。
3. 厌氧胶、压敏胶的组成和特性，制备方法。
4. 热固性、热塑性树脂的合成方法。
5. 黏合剂的发展趋势。

学习目标

1. 熟悉黏合剂的主要特点、黏合剂分类方法，了解黏合剂的应用领域和发展趋势。
2. 初步掌握黏合剂的胶接原理及与此原理有关的吸附理论、扩散理论、静电理论等。
3. 明确黏合剂的主要组成及其作用。
4. 掌握热固型黏合剂中环氧树脂黏合剂的性能、组成、配制方法、使用条件及应用范围。
5. 了解热塑性树脂黏合剂的类型、组成及使用对象。
6. 了解其他黏合剂的发展现状。

第一节 概 述

凡是能形成一薄膜（层），靠此膜将一物体与另一物体的表面紧密地连接起来，起着传递应力的作用和满足一定物理、化学性能要求的非金属物质称为黏合剂，又称胶黏剂或黏结剂，简称胶。

用胶进行各种材料连接的工艺就是胶接技术，简称胶接。被胶接材料称"被黏物"。

胶接是人类使用的古老而普通的连接方式，日常生活中使用的糨糊、胶水等都是黏合剂。随着工农业的日益发展，这些黏合剂已远远不能适应生产发展的需要。自20世纪40年代以来，伴随着高分子化学，特别是石油化工的迅速发展，人们合成了一系列性能优良、新型的黏合剂，它们不仅可用于相同材料间的胶接，还可用于不同材料之间的胶接，已广泛的应用于各个领域。

一、黏合剂的特点

黏合剂与电焊、铆接等传统连接方式相比，具有一些独特的优点，因而得以广泛使用。

（1）比焊、铆、螺栓等连接使物体增重小。

（2）黏合面大，应力分布均匀，耐疲劳强度高。

（3）能适应各种复杂构件，各种形状表面的胶接。

（4）密封性好，可以节省密封部件。

（5）黏合剂有较好的耐水、耐热、耐化学药品腐蚀的特性，还可防锈、绝缘等。

（6）生产成本低、生产效率高。

由于黏合剂大都是高分子化合物，所以也有一些不足之处：

（1）有些黏合剂的胶接过程较复杂，要加温加压，固化时间长，被黏合物胶接前必须对胶接面进行处理和保持清洁。

（2）受光、氧、水等环境因素作用而老化，同时，导热、导电性能不良。

（3）一些黏合剂具有毒性、易燃。

（4）对黏接质量目前尚缺乏完善的无损检测方法。

二、黏合剂的分类

黏合剂分类方法很多，说法不一，也无统一分类方法，为便于研究和应用，可做如下几种分类：

（1）按来源分：天然黏合剂和合成黏合剂，如表 8.1 所示。

表 8.1　黏合剂的分类

天然黏合剂	动物胶	皮胶、骨胶、虫胶、鱼胶、血蛋白
	植物胶	淀粉、糊精、松香、天然树胶、橡胶、阿拉伯树胶
	矿物胶	硅酸盐、磷酸盐、沥青、硫磺、琥珀
合成黏合剂	无机胶	氧化铜 - 磷酸、水泥、无机 - 有机聚合物
	热固性树脂胶	环氧树脂、酚醛、脲醛树脂、聚氨酯有机硅树脂、三聚氰胺树脂
	热塑性树脂胶	各种纤维素、乙烯类聚合物、聚酰胺
	橡胶胶	氯丁橡胶、丁腈橡胶、SBS 等
	特种胶	压敏胶、点焊胶、导电胶

（2）按胶接强度分：结构黏合剂和非结构黏合剂。结构黏合剂胶合后，能承受较大的应力，而非结构黏合剂不能承受较大的负荷。

（3）按流变性质分：热固性黏合剂、热塑性胶合剂、橡胶黏合剂、混合型黏合剂。

（4）按基料性质分：有机黏合剂、无机黏合剂。

（5）按使用特性分：

① 水溶型黏合剂：用水作溶剂的黏合剂，主要有淀粉、糊精、聚乙烯醇、羧甲基纤维素等。

② 热熔型黏合剂：通过加热使黏合剂熔化后使用，是一种固体黏合剂。一般热塑性树脂均可使用，如聚氨酯、聚苯乙烯、聚丙烯酸酯、乙烯 - 醋酸乙烯共聚物等。

③ 溶剂型黏合剂：不溶于水而溶于某种溶剂的黏合剂，如虫胶、丁基橡胶等。

④ 乳液型黏合剂：多在水中呈悬浮状，如醋酸乙烯树脂、丙烯酸树脂、氯化橡胶等。

⑤ 无溶剂液体黏合剂：在常温下呈黏稠液体状，如环氧树脂等。

三、黏合剂的应用

我国合成胶黏剂生产企业比较分散，有 2000 多家，并有数百家专门生产通用品种如脲醛树脂胶黏剂、聚醋酸乙烯胶黏剂、聚丙烯酸树脂胶黏剂等。合成胶黏剂主要用于木材加工、建筑、装饰、汽车、制鞋、包装、纺织、电子、印刷装订等领域。目前，我国每年进口合成胶黏剂近 20 万 t，品种包括热熔胶黏剂、有机硅密封胶黏剂、聚丙烯酸胶黏剂、聚氨酯胶黏剂、汽车用聚氯乙烯可塑胶黏剂等。同时，每年出口合成胶黏剂约 2 万 t，主要是聚醋酸乙烯、聚乙烯醇缩甲醛及压敏胶黏剂。

（1）木材加工用胶黏剂。用于中密度纤维板、石膏板、胶合板和刨花板等。

（2）建筑用胶黏剂。主要用于建筑工程装饰、密封或结构之间的黏接。随着高层建筑、室内装饰的发展，建筑用胶黏剂用量急剧增加。在国内，建筑装饰用胶黏剂如聚醋酸乙烯、聚丙烯酸、VAE 乳液等基本上可满足需要，但建筑用密封胶黏剂、结构胶黏剂部分还需从国外进口。

（3）密封胶黏剂。主要用于门、窗及装配式房屋预制件的连接处。过去用桐油与石灰拌制后作为密封剂，现在规定两层以上楼房必须用合成胶黏剂。高档密封胶黏剂为有机硅及聚氨酯胶黏剂，中档的为氯丁橡胶类胶黏剂、聚丙烯酸等。在我国的建筑用胶黏剂市场上，有机硅胶黏剂、聚氨酯密封胶黏剂应是今后发展的方向，目前其占据建筑密封胶黏剂的销售量为 30% 左右。

（4）建筑结构用胶黏剂。主要用于结构单元之间的连接。如钢筋混凝土结构外部修补，金属补强固定以及建筑现场施工，一般考虑采用环氧树脂系列胶黏剂。

（5）汽车用胶黏剂。分为四种，即车体用、车内装饰用、挡风玻璃用以及车体底盘用胶黏剂。目前我国汽车用胶黏剂年消耗量约为 4 万 t，其中使用量最大的是聚氯乙烯可塑胶黏剂、氯丁橡胶胶黏剂及沥青系列胶黏剂。

（6）制鞋用胶黏剂。年消费量约为 12.5 万 t，其中氯丁橡胶类胶黏剂需要 11 万 t，聚氨酯胶黏剂约 15 万 t。由于氯丁橡胶类胶黏剂需用苯类作溶剂，而苯类对人体有害，应限制发展，因此为满足制鞋业发展需求，采用聚氨酯系列胶黏剂将是方向。

（7）包装用胶黏剂。主要是用于制作压敏胶带与压敏标签，对纸、塑料、金属等包装材料表面进行黏合。纸的包装材料用胶黏剂为聚醋酸乙烯乳液。塑料与金属包装材料用胶黏剂为聚丙烯酸乳液、VAE 乳液、聚氨酯胶黏剂及氰基丙烯酸酯胶黏剂。

（8）电子用胶黏剂。消耗量较少，目前每年不到 1 万 t，大部分用于集成电路及电子产品，现主要用环氧树脂、不饱和聚酯树脂、有机硅胶黏剂。用于 5μm 厚电子元件的封端胶黏剂可以自己供给，但 3μm 厚电子元件用胶黏剂需从国外进口。

胶黏剂除了能应用于传统的黏结以外还有一些新的、巧妙的应用。如 Cohesion 技术有限公司最近宣布他们开发出一种可以用于心脏黏接的 Coseal 密封剂，并已成功地用于临床。胶黏剂在医学方面的应用被誉为胶黏剂工业的新增长点。

四、黏合剂的发展趋势

黏合剂工业已成为当今世界各国竞相发展的富有生气的工业。各国都在根据市场需要，开发、研制新品种和新的黏结技术。如在合成胶黏剂方面，利用分子设计开发高性能胶黏剂，采用接枝、共聚、掺混、互穿网络聚合物（IPM）等技术改善胶黏剂的性能；对于胶黏机理的研究有了新的进展；施胶设备和工具也有了新的发展，如胶黏与机械相结合的连接方式、胶黏与电刷镀等技术结合，形成了新的复合修复技术等。现在，人们期望将黏合剂应用到生命体领域，设想能黏结组织，当组织愈合后即可分解排出体外的黏合剂。同时在航天、电脑等领域对导电胶的需求正在增加。近年来，各国在开发胶黏剂品种方面都投入很大，发展迅速，出现了一些快固化、单组分、高强度、耐高温、无溶剂、低黏度、不污染、省能源、多功能等各具特点的胶黏剂。

2007 年我国合成胶黏剂需求量约 400 万 t，其中汽车、电子、包装、建筑领域的应用有较大增长。有机硅、聚氨酯、环氧树脂等高性能胶黏剂以及热熔胶、VAE 乳液、丙烯酸乳液等环保安全型胶黏剂有较大增长。针对我国合成胶黏剂行业实际情况，业内人士认为，今后发展重点有七方面：一是发展低甲醛释放量的脲醛树脂胶黏剂。此类胶黏剂产量目前约占总产量的 1/3，但生产工艺水平一般，必须进一步改进技术和降低生产成本。二是发展聚酰胺胶黏剂。聚酰胺胶黏剂在汽车、建筑、制鞋、包装领域有广泛的应用前景，这是一种很有发展前途和具有较大潜在市场的品种。三是有机硅胶黏剂。当前世界发达国家在建筑行业主要采用有机硅密封胶黏剂，并逐步成为主导品种。四是汽车用聚氯乙烯可塑胶黏剂。在汽车生产中，聚氯乙烯可塑胶黏剂已是主要的胶黏剂。五是热熔胶黏剂。热熔胶黏剂主要用于服装、包装及印刷领域，国内产量较少，部分依靠进口。六是环氧树脂胶黏剂。目前国产电子及建筑用环氧树脂胶黏剂质量较差，主要依赖进口。七是安全玻璃用聚乙烯醇缩丁醛胶黏剂。此类胶黏剂主要用于建筑与汽车行业。

第二节 胶 接 理 论

一、实现胶接的条件

胶接强度的大小取决于黏合剂的组成及其性质、被胶接件的性质和表面状态、胶接工艺条件（如固化温度、压力、胶层厚度）的控制等。

通常在一定范围内，胶接层厚度减小，其强度则增大，这说明胶接过程不能只看成相界面上的一种简单的物理化学过程，而是和被胶接件及黏合剂组织结构有着相互联系的过程。胶接接头受到外力作用时，由于其胶接强度和内聚强度的不同，其胶接件的断裂情况可能有四种形式（图 8.1）。

这四种断裂情况中第（d）种情况是最理想的胶接，在实际工作中，应力争达到这种情况，而避免出现第（c）情况的发生。当胶接件出现第（a）情况时，应改进黏合剂

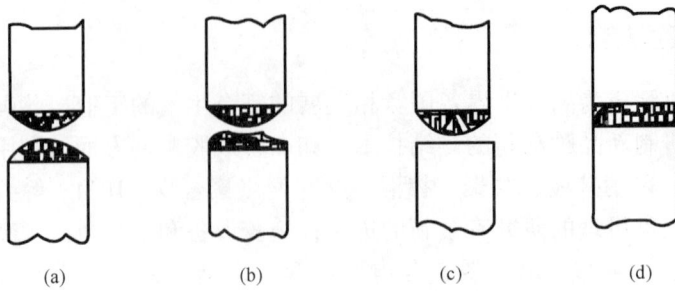

图 8.1　胶接件断裂形式

性能，提高其内聚强度。第（b）情况一般能得到较好的胶接强度。在满足了一定的胶接强度情况下，第（a）、（b）种方式的断裂情况最多。若要实现牢固的胶接，必须使胶接件实现良好的黏附，同时，胶层本身应具有较高的内聚强度。

　　为了保证两物体紧密地黏附并有足够的强度，被黏合物表面必须能被胶液充分地润湿，即胶接件表面能被胶液所黏附、覆盖。为了提高润湿能力，需对胶接面进行表面处理。

　　表面处理是胶接工艺的重要环节。表面处理方法可分为两类：一是净化表面，即除去不利于胶接的污染物；另一类是改变表面的物理化学性质，通过表面处理进行活化，得到良好的润湿效果，从而达到提高胶接强度的目的。

二、胶接理论

　　为什么薄薄的一层黏合剂能把两种物体牢固的黏合在一起？人们从不同的角度进行了研究，得出了一些理论，并被国内外普遍给予了确认。

1. 吸附理论

　　吸附一般分为化学吸附和物理吸附两种，化学吸附是指形成化学键的吸附，而物理吸附是两胶接件材料通过分子间力作用的结果。

　　吸附理论认为，胶接的形成可分为二个阶段：第一阶段是黏合剂大分子通过微布朗运动迁移至被胶接物表面，黏合剂中分子的极性基团向被胶接物中的极性基团靠近。第二阶段是吸附过程，当黏合剂与黏合物之间的距离很小时（小于 0.5nm），分子间范德华力发生作用而吸附。根据计算，两平面距离为 0.3～0.4nm 时，范德华力可达 10^3～$10^4 kg/cm^2$，此力远远大于黏合剂所能达的黏合强度。

　　从吸附理论可知：要想黏合好，黏合剂与被黏物之间必须充分接触，这可采用溶液法和加热法来实现。事实证明，一般高温固化比低温固化黏合效果好，而且黏合强度高。因此，这种理论目前最受支持。

2. 扩散理论

　　这种理论认为：被黏物表面与黏合剂分子之间仅相互紧密接触还是不够的，必须互相扩散才能形成牢固的吸附，溶解度性能相近的高聚物分子间能很好地相互扩散，故有较好的黏附性能。显然，相互扩散的结果使更多的黏合剂分子与被黏物分子间更加接近，亦增强了它们的物理吸附作用。

黏合剂是由具有链状结构的聚合分子所组成。如果被黏物也是高分子材料，在一定条件下由于分子或链段的微布朗运动使黏合剂分子和被黏物分子互相扩散是可能的，互相扩散实质上就是在界面发生互溶。这样黏合剂和被黏物之间界面消失了，变成了一个过渡区域，这对于胶接接头的机械性能是极为有利的。

扩散理论可以解释塑料、纸张等的胶接现象，但这一理论也有其局限性：高分子黏合剂与无机物显然不能互相扩散，即使是高分子物质之间，互相扩散受各种条件限制也很大。

3. 静电理论

前苏联学者根据剥离某些黏结接头时产生的放电现象，将黏合剂与被黏结材料系统看作一个电容器。当两种不同的高分子接触时，就会产生双电层，即相当于电容器的两"极板"，由于双电层的存在，所以当黏合剂层从被黏物表面剥离时，两个移动表面之间便产生电势差，这种电热差随着被剥离的距离增大而增大，当达到一定极限时，便产生放电现象。这时，黏结功就等于电容器瞬时间放电的能量，黏结功在数值上与实测的黏结强度接近。如果将黏结接头以极慢速度剥离时，由于存在表面电导，电荷从两极漏失，剥离功就较小；快速剥离时，由于电荷没有漏失机会，剥离功就偏高。但静电理论也有一定的局限性，不能完全解释导电黏合剂为什么具有较高的黏结强度，不能解释采用非极性黏合剂黏结非极性高分子材料，有些高分子材料进行黏结时，并无放电现象，但其强度却很高。

4. 润湿理论

本书前面章节已论述了表面活性剂的润湿作用，其机理也适用于黏合剂的作用过程。由于液体表面上的分子受力不平衡，产生了一个指向物体内部的力，这种力叫表面张力。不同液体对不同固体的润湿程度也不同，对于一定体积的固体或液体来说，它们总是趋向于表面积为最小的状态。黏合剂只有在与被黏物体具有良好润湿的情况下，才能真正接触，并为它们产生物理化学结合创造条件。

通常，表面张力小的物质能够很好地润湿表面张力大的物质，而表面张力大的物质不能润湿表面张力小的物质。根据这个原理，人们可以在胶黏剂中加入适量的表面活性剂以降低其表面张力，提高黏合剂对被黏材料的润湿能力，这样可使黏合剂和被黏材料结合更好。

在黏结实践中，人们可以根据上述机理，对被黏接表面进行化学处理，使黏结效果更好，提高其黏结剪切强度。

上述的各种理论是目前较为人们接受的一部分，每种理论都只反映出黏合剂本质的一个侧面，因此都有一定局限性。总的来说，胶接理论到目前为止尚没有一套完整的机理，这是由于胶接现象本身的复杂性和实验研究的局限性所致；相信通过进一步实践、研究，它一定能够更加完整，更加合乎事物的本质。

第三节　黏合剂的组成及其性能指标

一、黏合剂的组成

人们最早使用的黏合剂大多数来源于自然界的黏合物质，如动物性的鱼胶、骨胶等，植物性的淀粉、糊精等。这些黏合剂除用水作溶剂之外，组成很简单。近 40 年来，人们大量采用了合成树脂黏合剂以后，单一组分的黏合剂已经不能满足使用上的要求，需将多组分材料混合在一起，经过一定的物理、化学作用而达到适合黏合剂性能的要求。黏合剂实际是一种混合物，它包括以下组分。

1. 基料

基料又称黏料，是黏合剂的主要而又必需的成分，亦为黏合物的骨架，它对黏合剂的性能起着主要作用和决定性影响。通常有以下物质可作为各种黏合剂的基料：

（1）天然高分子化合物，如淀粉、蛋白质、骨胶、天然橡胶。

（2）合成高分子树脂，其种类极多。有热固性树脂，如酚醛树脂、环氧树脂等；有热塑性树脂，如聚苯乙烯等；有属弹性材料，如氯丁橡胶等。所有这些合成材料均可以根据需要作为黏合剂的基料使用，还可以采用二者的共聚体或机械混合物。

（3）无机化合物，如某些磷酸盐、硅酸盐等。

2. 固化剂和硫化剂

固化剂又称硬化剂、熟化剂或变定剂。在黏合过程中。视其所起的作用，又可称为交联剂、催化剂或活化剂。它们可以直接与主体黏合物质进行反应，使原来的热塑性线型主体黏合物质变成坚韧和坚硬的体形网状结构。一般来说，用量过小起不到填料所要达到的目的，用量较大对黏合剂强度又有一定影响。因此，用量一般要满足以下要求：

（1）控制黏合剂到一定的黏度。

（2）保证填料能充分润湿。

（3）达到黏合性能的要求。

常用固化剂品种较多，有胺类固化剂如乙二胺，酸酐固化剂如邻苯二甲酸酐等。近年来将分子筛和微包囊用于黏合剂的固化剂，使用安全方便。

橡胶的硫化剂很多，分有机硫化剂（如硝基化合物）和无机硫化物（如金属氧化物等）。

3. 填料

填料用于降低热膨胀系数和收缩率，增加热导率、耐热性和机械强度，提高耐火性和形状稳定性，消除制件成型应力，使黏合剂的耐化学药品性能得到改善，降低吸水性，增长胶的使用寿命及改变黏合剂的流动性，同时降低成本。

填料的种类很多，无机物、有机物、金属、非金属粉末均可，只要不含水和结晶水，不与固化剂及其他组分起不良作用。一般说，金属及其氧化物填料可以增加硬度，改进机械性能。纤维填料如短纤维石棉可以增加抗冲击强度、抗压屈服强度、降低抗张强度。云母、石棉等可以改进电性能。铝粉可提高导热系数。一些填料还有着色性能。

黏合剂的填料在黏度、湿含量、酸价等方面都有严格要求。填料的用量视不同黏合剂的胶接强度要求而不同，同一填料对不同黏合剂的影响也不同。同时，填料的加入不利于胶的涂布施工，丧失胶的透明度，容易造成气孔等缺陷。由于填料增加了硬度，也使后加工困难，因此，填料的用量应根据黏接要求严格按比例加入。

4. 增塑剂和增韧剂

增塑剂能够增进固化体系的塑性，它在黏合剂中能提高弹性和改进耐寒性。增塑剂黏度低、沸点高，因而能增加树脂的流动性，有利于润湿、扩散和吸附，有的增塑剂使黏合剂机械强度下降。

增韧剂是一种单官能团或多官能团的化合物。它能与胶料起反应成为固化体系的一部分结构，对改进胶的脆性、开裂等效果较好，能提高胶的抗冲击强度和伸长率。

增塑剂和增韧剂与基料必须具有良好的相容性。

5. 增黏剂

增黏剂又称为偶联剂，是黏合剂主要成分之一，用于提高难黏合或不黏合的两个表面间的黏合能力，同时，它使黏合剂的耐老化及韧性也提高，其结构与所黏合材料有关，一般以硅烷和松香树脂及其衍生物为主要品种。

6. 稀释剂和溶剂

稀释剂是一种能降低黏合剂黏度的易流动液体，加入它可以使黏合剂具有良好的渗透力，能改善胶的工艺性能，降低胶的活性，从而延长黏合剂的使用期。活性稀释剂还能提高黏合剂的弹性和改进其耐寒性。稀释剂还能降低成本和降低黏结强度。

溶剂的作用与非活性稀释剂作用基本相同，只是稀释程度上有所差别。

7. 其他添加剂

其他添加剂有防老剂、抗氧化剂、着色剂等。黏合剂的组成实质上是黏合剂的配方问题，与所需黏合的材料、工作环境、性能要求等多种因素有关。每种特定的黏合剂组成（配方）都具有其特有的性能，只有对每一个组分进行严格的选择，才能符合应用的要求。

二、黏合剂的性能指标

黏合剂的性能分为工艺性能和物理机械性能。工艺性能系指使用黏合剂时涂布性、流动性与使用寿命等。物理机械性能指外观、状态、黏度、有效贮存期、胶接强度、耐介质性能、耐老化性能。

（1）胶接强度，这是黏合剂的一个主要指标。常用胶接强度有抗剪强度、抗拉强度、不均匀扯离强度（单位：kg/cm^2）、抗剥强度（单位：kg/cm）。

（2）耐温性能，一般指黏合剂在规定温度范围内性能变化情况，包括耐高温性能、耐低温性能和耐高、低温交变性能。

（3）耐介质性能，指黏接件在指定介质中于一定温度下浸渍一段时间后其强度变化情况。介质可能是水、有机溶剂、碱、酸、盐等。

（4）耐老化性，指黏合剂随着使用时间的增长，其性能逐渐变化，最后失去胶接强度的变化快慢。

第四节　热固性树脂黏合剂

热固性树脂黏合剂由热固性树脂为基料配制而成。这类黏合剂主要有酚醛系、脲醛系、三聚氰胺系、环氧树脂系、聚氨酯系等（表 8.2）。

表 8.2　主要热固性树脂黏合剂

黏合剂	形态（溶剂）	用　途	优　点	缺　点
苯酚系	液体（水） 液体（醇）	胶合板、砂纸、砂布	耐热性好 室外耐久性好	有色，热压温度高，有脆性
间苯二酚系	液体（水）	层压材料	室温固化 室外耐久性高	有色，价格高
脲系	液体（水）	胶合板、木器	适于木器、点焊	易污染、易老化
三聚氰胺系	液体（水） 粉末	胶合板	无色、耐水性好、加热黏合速度快	室温固化慢，贮存期短
环氧树脂系	液体（无）	金属、塑料、橡胶、水泥材料	室温固化，无溶剂	剥离强度低
不饱和树脂系	液体	水泥材料	室温固化，无溶剂	与空气接触面难固化
聚氨酯系	液体（醋酸酯）	橡胶、塑料、金属材料	室温固化，适用于硬、软材料，耐低温	受湿气影响
聚芳香烃系	薄膜	高温金属结构	能耐 500℃	固化困难

在这些黏合剂中，以环氧树脂最有代表性。本节将做重点介绍。

一、环氧树脂黏合剂

凡含有环氧基团 $\left(\!-\!\overset{\displaystyle O}{\underset{\displaystyle |}{C}}\!-\!\overset{\displaystyle O}{\underset{\displaystyle |}{C}}\!-\!\right)$ 的树脂总称为环氧树脂。最简单的环氧树脂可采用双酚 A- 甘油醚代表：

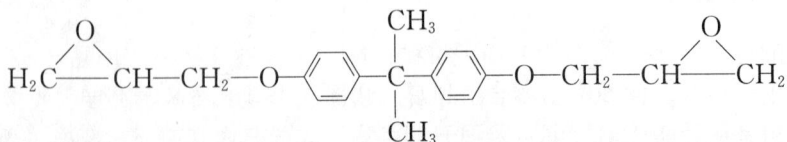

$$H_2C\overset{O}{\overbrace{}}CH\!-\!CH_2\!-\!O\!-\!\!\!\bigcirc\!\!\!-\!\!\overset{\overset{\displaystyle CH_3}{|}}{\underset{\underset{\displaystyle CH_3}{|}}{C}}\!\!-\!\!\!\bigcirc\!\!\!-\!O\!-\!CH_2\!-\!CH\overset{O}{\overbrace{}}CH_2$$

工业上应用最广的即为上式代表的液体环氧树脂。

一般双酚 A 型环氧树脂的通式为

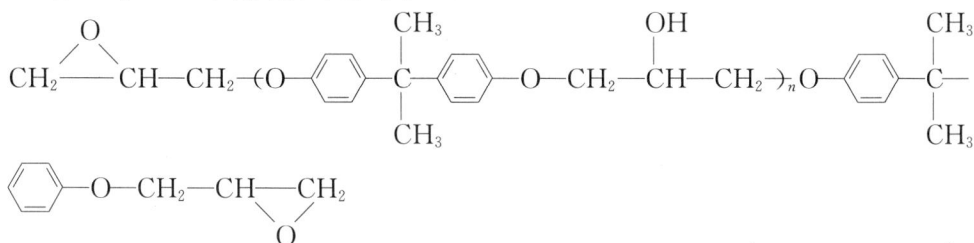

$$CH_2 \underset{\diagdown O \diagup}{-} CH-CH_2-(O-\bigcirc-\underset{CH_3}{\overset{CH_3}{\underset{|}{\overset{|}{C}}}}-\bigcirc-O-CH_2-\underset{\overset{|}{OH}}{CH}-CH_2-)_n O-\bigcirc-\underset{CH_3}{\overset{CH_3}{\underset{|}{\overset{|}{C}}}}$$

$$\bigcirc-O-CH_2-CH-CH_2$$
$$\underset{\diagdown O \diagup}{}$$

环氧树脂由于具有羟基（—OH）、醚基（—O—）和环氧基$\left(\underset{\diagdown O \diagup}{-CH-CH-}\right)$等，因此它具有很多优良的特性。

1. 环氧树脂的特性

（1）高密度的黏合力。环氧树脂含有羟基和醚基，能使相邻界面产生电磁力，具有很高的黏合强度。同时，其极性基团环氧基等还能与被黏合物表面的游离键起反应生成化学键，从而增强了黏合力。

（2）良好的工艺性。环氧树脂的黏度、固化时间及温度、适用期等可以按要求任意调整。

（3）韧性高。它的韧性比同样固化的酚醛树脂高 7 倍。

（4）稳定性好。环氧树脂不仅耐酸、碱，同时耐油性、耐溶剂性、耐热湿性均好。

（5）收缩率低。环氧树脂固化时不产生低分子副产物，而且液态时高度缔合，其收缩率小于 20%。若适当加入填料，收缩率小至 0.1% 左右，是热固性树脂中收缩率最低的一种树脂。

（6）多变性。环氧树脂既能与很多改性剂相混溶，又有很多固化剂可供使用。固化环氧树脂能加工成各种不同的黏合剂。

2. 环氧树脂的固化剂

用做黏合剂的环氧树脂有液态和固态两种。液态的为低分子质量线型环氧树脂，固态的多为低分子质量和高分子质量的混合物。混合型环氧树脂润湿能力好，黏合力强。

线型热塑性环氧树脂本身不会固化，也不能直接作黏合剂，必须在使用时加入固化剂，在一定外界条件作用下，使它成为不溶解、不熔化的体型结构的热固性树脂。

用于环氧树脂的固化剂种类有十几种。一般有胺类固化剂、酸酐固化剂、咪唑类固化剂、高分子固化剂、潜伏性固化剂和改性固化剂等。

1）胺类固化剂

这是一类应用量较大的固化剂。理论上每个伯胺可以与 2 个环氧基反应，因此胺类固化剂用量十分重要。用量过多，在调胶及涂胶过程中就可能固化或半固化，黏合质量不好；用量过少，固化反应速度缓慢或不完全，黏合强度不够。一般可用下面的公式计算伯、仲胺对环氧树脂的用量。

$$G = \frac{M}{H_n} E$$

式中：G——100g 双酚 A 环氧树脂中固化剂的克数；

M——胺固化剂的相对分子质量；

H_n——氨基上活泼氢的总数；

E——环氧树脂的环氧值。

叔胺能起催化作用。一般用量在 5% 以下。

2）有机酸及酸酐类固化剂

有机酸及酸酐类固化剂的用量仅次于胺类固化剂，其固化树脂具有优良的物理、电和化学性能。它能提供中等或较高的热变形温度，特别是某些酸酐所提供的热变形温度超过芳香胺所提供的最佳温度，达 250℃ 或更高些。

有机酸及酸酐固化剂的优点是毒性小，固化过程中放热少，除了耐化学腐蚀性略低外，其他性能与胺类固化剂相同。

有机酸酐有三类：固体酸酐（如邻苯二甲酸酐）、液体酸酐（如甲基邻苯二甲酸酐）、氯代衍生物（如氯菌酸酐）。

酸酐的用量由酸酐基团与环氧基团（双酚 A 型树脂）进行反应来计算。

用量（克固化剂 /100 克树脂）＝K·酸酐相对分子质量·树脂环氧值

K 值：0.6～1。酸酐的活性不同，K 值不同。

3）咪唑类固化剂

这是近年来新开发的环氧树脂固化剂，无毒或低毒。用量少，所得产品性能好。由于价格高，通常作固化促进剂。主要品种有 2- 甲基咪唑（XIV）和 2- 乙基 -4- 甲基咪唑（XV）。

4）潜伏性固化剂

因多数胺类固化剂使用寿命短（一般 15min 到 4d），而酸酐类固化剂又多为固体，固化条件一般为 120℃、4h 以上，使用不方便。为使黏合剂使用寿命增长和使用方便，就采用氟化硼与胺类的络合物或用微形包囊把胺包裹起来，使胺变成不活泼的固化剂，在加热或加压情况下可以把胺游离出来，变成活泼的胺而起固化作用，所以称潜伏性固化剂。它的产物有耐热、耐化学药品、防潮、机械强度高、韧性好、使用及保管期长的优点。

潜伏性固化剂主要代表为双氰胺。在室温下它相当稳定，适用期可达 6 个月，与树脂在 30min 内即可很快固化。

3. 环氧树脂黏合剂的组成

环氧树脂黏合剂以环氧树脂和固化剂为主要部分，以树脂改性剂、稀释剂、填料、增塑剂和增韧剂等为辅助组分。

（1）树脂改性剂。环氧树脂具有很好的黏合性能，但在特定用途中，其热变形温度、曲挠强度、耐冲击强度有所不足。通常多采用酚醛类、脲醛类、聚酯类、呋喃类等树脂使环氧树脂改性，以提高其热机械性能，降低成本。

　　由于这类树脂的分子结构中均含有羟基或氨基，故又是环氧树脂的固化剂。聚酰胺树脂还用于柔性环氧树脂作增韧剂。

　　（2）稀释剂。它用于降低树脂黏度，增加对被黏合材料润湿性能和添加更多填料的组分。常用的稀释剂有活性稀释剂（如环氧某油基树脂ⅩⅡ）和非活性稀释剂（如二甲苯）。

　　（3）填料。环氧树脂加入填料可以降低成本，降低热膨胀系数和收缩率，增加导热性，改变表面硬度，减少放热作用，改善黏合剂的操作特性。要求填料对树脂和固化剂必须是惰性。它一般为中性或微碱性。常用的填料有石棉、硅石、云母、石英、铅粉和金属氧化物等。

　　（4）增塑剂和增韧剂。它们的目的是提高环氧树脂柔韧性和抗冲击强度以及其他有关性能。不与树脂或固化剂起反应的是增塑剂，起反应的是增韧剂。一般要求它们都必须能与环氧树脂及其他添加剂混溶。常用的增塑剂有邻苯二甲酸酯类、磷酸酯类等。常用的增韧剂有聚酰胺树脂、聚硫化物等。

　　（5）增黏剂。它用于提高不黏或难黏材料之间的物质，以及提高固化体系耐水性能，如硅烷偶联剂等。

　　4. 几种常见环氧树脂黏合剂（表8.3，组分用量/g）

表8.3　几种常见环氧树脂黏合剂

黏合剂	配　方		制备及固化	特　点
	组分	配比		
环氧通用黏合剂	（E）-51环氧树脂	100	温室/48h 30℃/（2~3h）	室温即可固化，使用方便，使用期短，需现用现配。胶接铝合金剪切强度180kg/cm²
	邻苯二甲酸二丁酯	20		
	氧化铝粉	100		
	乙二胺	8		
R-122环氧树脂黏合剂	二氧化双环戊二烯	100	120℃/1h 160℃/2h	剪切强度（铝片）为131~158kg/cm²。温度升高，剪切强度有所提高；固化物耐热性好，硬度大，电性及耐老化性好，遇火有自熄性，但耐冲击力差，多高温使用
	顺丁烯二酸酐	51		
	甘油	75		
	氧化铝粉	130		
D-17环氧树脂黏合剂	环氧化聚丁二烯树脂	100	100℃/2h 15℃/4h	韧性好，耐冲击能力强，剪切强度（Al片）250kg/cm²。高温下电性能变化不大，但收缩率较大。其用于金属及非金属材料的胶接，对橡胶制品及玻璃钢的黏结性优于一般黏合剂
	己二酸甘油酯	60		
J-37胶	（E）-44环氧树脂	100	按比例配制，低温保存。固化为80℃时6h	本胶用于黏接金属、玻璃钢等材料
	间苯二胺	15		
	邻苯二胺	15		
HYJ-29胶	（E）-51环氧树脂C	100	依次称量，混合均匀。固化：70℃下3h	用于黏接金属和玻璃钢
	气相法白炭黑	2~5		
	液体羧基丁腈橡胶	16		
	2-乙基-4-甲基咪唑	8		
	三氧化三铝粉	25		

5. 环氧树脂黏合剂的生产工艺

下面以环氧树脂胶黏剂生产为例说明胶黏剂生产的一般过程。

对于大型生产厂家，一般黏料与固化剂都由自己合成，对于小型胶黏剂生产厂家，一般只需购置现成的树脂、固化剂、填料、辅助材料等混合包装即可。

胶黏剂设备选型一般根据工艺要求及市场供应情况，按照技术上先进、经济上合理、生产上适用的原则，提出可供选择的方案，择优而选购所需设备的运作。具体考虑的内容有：设备生产效率，工艺质量保证程度，可靠性，维修性，安全性，环保性，能源、材料消耗低，使用寿命长等。

1）黏料及固化剂的合成

目前国内生产量最大的液态双酚 A 型环氧树脂 E-44 配方如下：

双酚 A	114g	氢氧化钠（30%） 129g
环氧氯丙烷	125g	纯苯 适量

将双酚 A 和环氧氯丙烷按配比量投入反应釜中，开动搅拌，升温到 70℃维持 0.5h 使其溶解。然后冷却到 50～55℃，在 5h 内均匀滴加配方重量的 2/3 氢氧化钠溶液。滴加完毕，于 55～65℃下继续维持反应 4h。反应结束后减压回收过量的环氧氯丙烷（真空度为 -0.09MPa、温度≤85℃）。回收的环氧氯丙烷经静止分层之后可循环使用。回收结束后加入苯，再加入剩下的 1/3 质量份氢氧化钠水溶液，于 65～75℃下反应 3h。反应结束后加入苯，在 60℃，溶解 10min，然后倒入分液槽，静止分层，放去下层盐和盐水。用 60℃热水洗涤直至溶液 pH 呈中性为止。然后再吸入反应釜中，加热回流分水至蒸出的苯清晰无水为止。将此树脂苯溶液用砂芯漏斗抽滤。滤液再倒入槽中进行脱苯。先常压脱苯至液温达 120℃，再减压脱苯至液温达 140～145℃，无苯馏出即可。得到的环氧树脂软化点为 17℃，环氧值为 0.44 当量 /100g，其生产流程如图 8.2 所示。

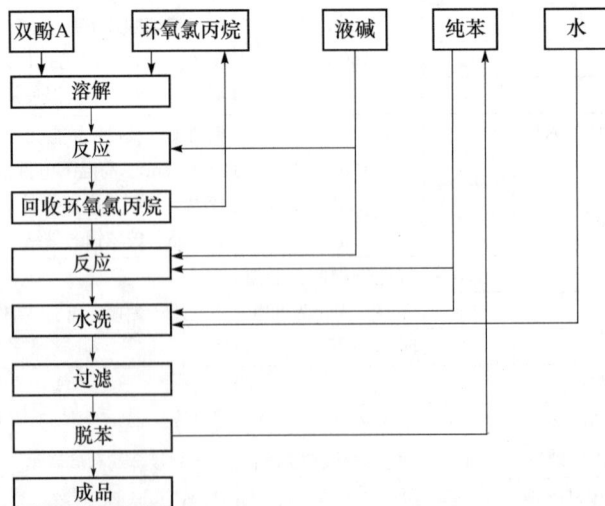

图 8.2　液态双酚 A 型环氧树脂 E-44 的生产过程

2）双组分环氧胶的生产

所谓双组分胶，就是环氧树脂和改性剂等作为一种组分，而固化剂和促进剂为另一组分，两组分分别包装贮存，使用时再按一定的比例混合。单组分胶是将固化剂预先加入环氧树脂中，构成一体，可以直接使用，不需要再调配。

无论是双组分还是单组分环氧胶的配制，大都按如下程序进行。

原材料及器具准备→按配方准确称量→混合搅拌均匀→检查与检验→包装。

双组分环氧胶生产工艺过程如图 8.3 所示。

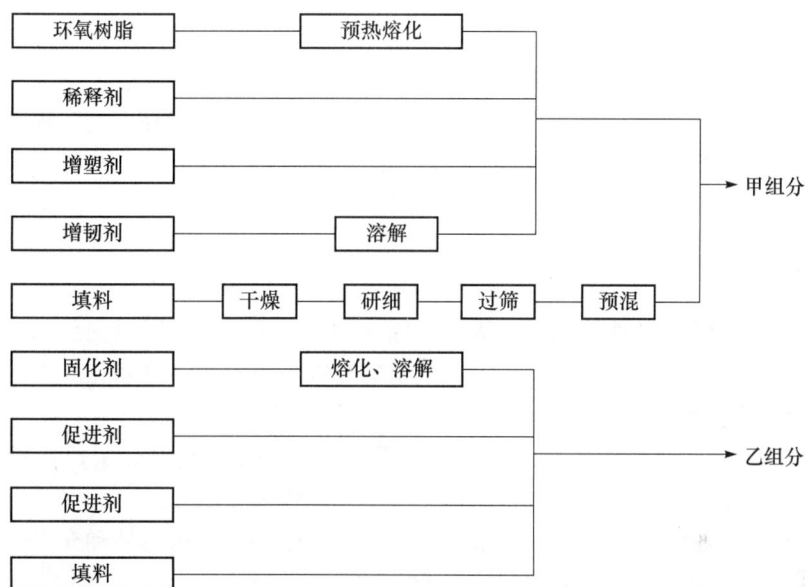

图 8.3　双组分环氧胶生产工艺

常用的环氧树脂一般黏度较大，在室温低于 15℃时很黏稠，不便于取出或与其他组分混合，可以用加热的方法降低黏度，增加流动性。但加热温度不要超过 60℃。对于环氧树脂，可以加热熔化，或以溶剂溶解，或是研细过筛之后，再与其他组分混合。

对于填料，应在加入前于 110～150℃烘干 2h，以除去水分及所吸附的气体。有的填料须在 600～900℃高温下进行活化。填料的干燥最好是现用现烘，也可预先干燥之后，放入密闭的容器内贮存，但放置时间也不宜太久。

对于固体固化剂，最好变成液体，其方法是加热熔化或溶剂溶解，也可制成过冷液体，如间苯二胺。若是以固态形式加入环氧树脂内，则需研细过筛（一般为 200 目以上），以利分散均匀。

配制环氧胶的反应釜或搅拌器可以是金属或搪瓷的，为了减少环氧树脂与器壁的黏连，便于清洗，应镀铬抛光或涂以硅树脂漆。

应当注意，配胶用的容器、搅拌器或其他辅助工具，都要求洁净干燥，无油污或脏物。取用甲、乙二组分的工具不可串用，否则造成局部混合固化，影响胶黏剂质量。

甲、乙两组分分别混合均匀后，下一步就是分别包装，包装要求方便、耐用，可采用牙膏管状、注射器状、塑料桶（盒）、金属桶（盒）等形式包装。包装要密封性好，取用方便。

二、酚醛树脂黏合剂

酚醛树脂黏合剂是一类使用最早，也是目前使用较广的合成黏合剂之一，广泛用于胶接金属、木材、塑料等各种材料中，其主要成分是由酚醛类和醛类缩合而得到的产物。因原料的配比和缩合条件不同，则生成不同性能的酚醛树脂。作为黏合剂的酚醛树脂主要是由苯酚和过量的甲醛在碱性介质中缩聚得到的产物，这些产物相互使用生成甲阶酚醛树脂。制备黏合剂主要是这种树脂。由于它含有极性羟基，故对含纤维素（如木材、木质压板等）的材料胶接力强，对金属、玻璃和其他材料的胶接力也极优。常用的有以下几种：酚醛树脂黏合剂、酚醛 - 缩醛黏合剂、酚醛 - 丁腈黏合剂、酚醛 - 有机硅黏合剂。对于这些比较"老"而且人们比较熟悉的黏合剂，这方面的参考书很多，这里不再一一详细介绍。

三、脲醛树脂黏合剂

脲醛树脂是一种热固性树脂，不需加入固化剂，只要加热就可以固化，但固化时可加入酸作催化剂，也可以在里面加入填料及增塑剂以防止固化时收缩和产生内应力。

脲醛树脂可分为两大类：一类为粉状，另一类为液体。

脲醛树脂黏合剂的耐光性好，毒性小，没有颜色，但耐水性和耐热性没有酚醛胶好。没有改性的脲醛树脂不溶于有机溶剂，也不和增塑剂相溶。

在脲醛树脂中加入三聚氰胺可提高它的耐水性、耐油性、耐热性和介电性能。通过改性后的脲醛树脂可溶于芳香族溶剂。

脲醛树胶黏合剂多用于胶接木材和胶合板等。它在固化前能溶于水，固化后耐水性好，不发霉，耐热、耐微生物侵蚀，胶接强度比天然胶好。

四、聚氨酯黏合剂

聚氨酯黏合剂是以多异氰酸酯和聚酯树脂为主体材料的黏合剂的总称。

在分子式结构中有多个—NH—$\overset{\overset{\textstyle O}{\|}}{C}$—O—基和—NCO—基的都称聚氨基甲酸酯，简称聚氨酯。它是多元异氰酸酯和多元醇相互作用的产物。根据原料所含官能团及其数目的不同，可以制得线性或体型聚合物，利用这一性质，可分别生产塑料、涂布和黏合剂等。

聚氨酯黏合剂按化学特性可分为三类：

第一类为异氰酸酯的自聚体，通常做成单组分黏合剂，以固化剂引起交联作用而固化。典型代表为三苯基甲烷三异氰酸酯（TTI），主要用于橡胶黏合。

第二类为异氰酸酯与含多个羟基的化合物部分反应制得的黏合剂，属于结构型黏合剂，用于金属与金属、金属与陶瓷、木材与木材和橡胶与塑料的胶接等。

第三类为改性的聚氨酯黏合剂，以二异氰酸酯与二元醇的聚醚或聚酯反应，可制成带羟基的线性结构聚氨酯，在固化剂的存在下，通过另一端基团—NCO—交联而固化。

聚氨酯黏合剂有较好的剥离强度和耐震性能，并且对酸、碱、溶剂、油和燃油等有一定的抗耐作用。另一突出特性是低温性能好，具有较好的耐疲劳性能和耐老化性能，但耐紫外光、耐热性较差。它广泛用于金属、皮革、橡胶、塑料、陶瓷等的黏合，尤其在制鞋工业上应用特别成功。对那些不能用其他黏合剂黏结的鞋类原料，尤为有效。此外，它还广泛用于汽车工业作密封材料。

第五节　热塑性树脂黏合剂

以热塑性树脂为基料的黏合剂包括醋酸乙烯系、乙烯 - 醋酸乙烯系、丙烯酸系、聚乙烯醇及其衍生物等（表 8.4）。

表 8.4　热塑性树脂黏合剂

黏合剂	形态（溶剂）	用　途	优　点	缺　点
醋酸乙烯系	乳胶（水）液体（醇）	木器、纸制品、书籍、无纺布、发泡聚乙烯	黏合速度快，无色，初期黏度高	耐碱、耐热性较低、有蠕变性
乙烯 - 醋酸乙烯系	乳胶（水）固体	聚氯乙烯板纸制品	蠕变性低、黏合速度快，适用范围广	不适用于低温下的快速黏合
聚乙烯醇	液体（水）	纸制品	价廉、干燥快、挠曲性好	
丙烯酸系	乳胶、液体	压敏制品、无纺布、聚氯乙烯板	无色，耐久性高，挠曲性好	略有臭味
氯乙烯系	液体（呋喃）	硬质聚乙烯板及管	速干性	溶剂有着火危险
聚酰胺系	固体、薄膜	固体、薄膜	剥离强度高	耐热、耐水性低
乙氰基丙烯酸酯	液体	电气电子部分、机械部件	快速黏接、适用范围广	耐久性较差

这种黏合剂具有很好的弹性，但相对而言，耐热性较差，因此在应用上受到一些限制，主要用途是进行各种金属材料非受力结构的胶接。

热塑性树脂一般是线型结构，易软化，黏流，冷却后硬化。这种过程可以反复转变，而基本上不改变分子结构和不影响其性能，且在有机溶剂中溶解性好。基于这些特性，在黏合剂品种中，又发展了热熔胶黏剂和溶液胶黏剂，并且这两种黏合剂用量急剧增加。

一、热熔胶黏剂

热熔胶黏剂简称热熔胶，它是一种无溶剂的固态胶黏剂，胶接时，先将黏合剂加热至熔融态再使用。胶接接头在冷却过程中形成，故称这类黏合剂为热熔胶。

石蜡、沥青、松香是最早使用的热熔胶。以合成树脂为基料配制的新型热熔胶是近十几年来发展起来的，是目前发展速度较快的一类胶黏剂。它广泛用于包装、书籍装订、制鞋、胶装、家具、塑料等的胶接、粘贴或密封。

热熔胶有以下特点：

（1）快速胶接只需几秒钟，多则几分钟就可固化。

（2）不含溶剂，因此有利于运输、贮存、保管。

（3）装卸方便，热熔胶的固化过程是可逆的物理过程，胶料具有韧性，可以通过加热和冷却进行反复地拆卸和装配。

（4）生产成本低。

缺点是：其耐热性不高，胶接强度一般低于化学反应的黏合剂。

大量使用的热熔胶的主要组分是以热塑性乙烯 - 醋酸乙烯共聚树脂（EVA）和少量其他树脂为基料，添加增黏剂和石蜡等配制而成。按不同需要，可适量加入增塑剂、抗氧化剂和填料，为获得良好的使用效果，配合的各组分应具有良好的互溶性。

目前在书刊装订中广泛使用的 EVA 树脂胶黏剂就是典型的热熔胶。配方如表 8.5 所示。

表 8.5　EVA 树脂胶黏剂配方实例（质量分数）

组　分	配　比 /%	组　分	配　比 /%
EVA	54	石蜡	10
松香甘油酯	18	BHT 抗氧剂	0.9
聚合松香	18	—	—

此胶特点是能瞬时固化（5～30s），胶膜柔弹性好，具有优越曲挠性能，故可以减少工序，提高效率，达到书籍装订联动化。

二、丙烯酸酯系黏合剂

丙烯酸酯系黏合剂是热塑性树脂溶液黏合剂的突出代表，应用及发展非常迅速。这类黏合剂包括丙烯酸乳液黏合剂、氰基丙烯酸酯黏合剂、厌氧黏合剂和第二代丙烯酸酯黏合剂。

1. 丙烯酸乳液黏合剂

丙烯酸乳液黏合剂是以丙烯酸高级酯为主要成分，与少量丙烯酸（或甲基丙烯酸）和其他活性单体（如醋酸乙烯）在引发剂存在下，经乳液共聚合而得到的乳液型黏合型。其特点是：耐水性、耐老化性优良，柔韧性好，不用增塑剂，黏合强度高。在丙烯酸乳液树脂加入少量三聚氰胺，则可以更加提高其耐水性和耐溶剂性。

丙烯酸乳液黏合剂主要应用于纺织、造纸、皮革等。在黏合剂工业中主要用于压敏黏合剂、磁带磁粉黏合剂等。

2. 氰基丙烯酸酯黏合剂

这种黏合剂在 20 世纪 50 年代末出现。由 α - 氰基丙烯酸酯单体和少量稳定剂、增塑剂等配制而成。它又是一种快速固化胶，故又称瞬干胶。其特点是：快速固化，一般在 5~180s 后即可很好黏合，24h 后达最高强度，且固化时不需加热加压，也无需固化剂。固化后抗拉强度高，但脆性大，抗冲击强度和抗剥离强度均偏低。同时具有难闻的刺激性气味，对眼、鼻的黏膜有刺激作用，故使用时应在通风状况下进行。

由于氰基丙烯酸酯黏合剂的特点，近年来发展十分迅速。目前，国内外科技人员对其缺点加强研制工作，已初步取得一些成果，预计不久会有新的进展。

3. 厌氧黏合剂

丙烯酸酯置于空气或氧气中时，由于大量氧的抑制作用而不易聚合，在隔绝空气后，极微量氧却可使其聚合。由于其固化时必须在隔氧条件下进行，故称这类黏合剂为厌氧黏合剂。厌氧黏合剂多用于结构件的螺栓、螺帽或螺钉以及端面密封，故又称螺纹紧固剂或厌氧密封剂。

厌氧胶一般组成为基料（甲基丙烯酸酯或丙烯酸酯以及它们的衍生物）70%~90%、交联剂（丙烯酸）30% 左右、催化剂（过氧化氢异丙苯）2%~5%、促进剂（二甲基苯胺）2% 左右、稳定剂（对苯醌）0.1% 左右以及增黏剂等（表 8.6）。

表 8.6　厌氧剂配方实例

配　方	组　分	质量分数 /%	组　分	质量分数 /%
Y-150 厌氧胶配方	环氧丙烯酸双酯	100	丙烯酸	2
	过氧化氢二异丙苯	5	三乙胺	2
	糖精	0.3	白炭黑	0.5
国产铁锚 300 厌氧胶配方	甲基丙烯酸双酯	100	二甲苯丙胺	2
	过氧化氢二异丙苯	2	对苯二醌	适量

由于该黏合剂为常温固化非结构黏合剂，特别是黏度小，润湿性好，不含或稍含少量溶剂，固化时收缩性小，贮存稳定，使用方便。使用时对黏合面清净程度要求高。

厌氧黏合剂的胶层韧性不高，室温固化时间长。近年来国外已改进新的催化剂和添加剂，不断提高了密封性，而且提高了其抗冲击强度和耐热性能，故有着广阔的前景。

4. 第二代丙烯酸酯黏合剂

第二代丙烯酸酯黏合剂又称为活性丙烯酸酯黏合剂或韧性丙烯酸酯黏合剂，是 20世纪 70 年代中期出现的。

活性丙烯酸酯黏合剂是以丙烯酸酯或甲基丙烯酸酯为基料，以氯化聚乙烯、丁腈橡胶等为树脂改性剂，在引发剂过氧异丙基苯引发下聚合而成。其特点是：黏合表面无需处理，固化快，黏合强度高，配方品种多，操作方便，且能用于塑料与金属的黏合。缺点是黏合强度受到引发剂浓度等条件影响大，适用期短。

近些年来，国外还研制了聚合时不受空气或氧气的影响的好氧丙烯酸酯黏合剂。它的多变性更为广泛，用于多孔表面和宽缝部件的黏合以及金属、玻璃、塑料等的黏合。

第六节　橡胶黏合剂

橡胶黏合剂主要用途是橡胶制品的胶接以及橡胶与金属、木材、玻璃或其他材料的胶接。

随着合成橡胶种类和配合技术的迅速发展，橡胶黏合剂品种不断增加，质量不断提高，应用越来越广泛。目前世界上橡胶总消耗量的 5% 以上用于黏合剂。

橡胶黏合剂的品种分为天然橡胶黏合剂和合成橡胶黏合剂。目前使用的大多是经过合成改性的橡胶黏合剂，它又分为两类：结构型黏合剂和非结构型黏合剂。结构型又分溶剂胶液型和薄膜胶带型。它们多为并用体系，如橡胶 - 环氧黏合剂。非结构型又分溶剂型（硫化和不硫化）、压敏薄膜型、水乳胶液型。非结构黏合剂多为单体橡胶体系。若是并用体系其配合剂中树脂用量也较小。

一、氯丁橡胶黏合剂

氯丁橡胶黏合剂属于非结构黏合剂，其用量约占合成橡胶黏合剂总量 70% 以上，是橡胶黏合剂中最主要的一种。

由于氯丁橡胶具有很好的内聚力、中等极性和结晶性，因而它具有其他橡胶黏合剂所没有的良好特性。其基本配方如表 8.7 所示。

表 8.7　氯丁橡胶配方实例 /kg

组　分	配　比
氯丁橡胶混炼胶	100
对叔丁酚甲醛树脂	80
乙酸乙酯：汽油 =2：1	400
二环己胺	1

通过对硫化剂和促进剂的调节，可以配成各种不同牌号的黏合剂品种。

氯丁胶黏合剂主要特点有以下几个方面：

（1）具有突出的挠曲性。

（2）能耐燃、耐氧、耐水、耐油、耐化学药品等，耐老化性能较好，且无毒或低毒。

（3）黏合强度高，应用范围广，使用方便。

氯丁橡胶黏合剂广泛应用于建筑、鞋业、电子、汽车、造船等方面。

氯丁橡胶黏合剂使用时要求场地清洁，被黏物干燥，无油污，相对湿度小于 80%，涂布温度为 15~35℃，其主要牌号有 AC 型、AD 型、CG 型、AF 型等。

二、丁腈橡胶黏合剂

丁腈橡胶黏合剂是近年来获得普遍发展和广泛应用的一种非结构型橡胶黏合剂。具有很高的极性和耐油性，且具有适宜的耐热、耐磨、耐老化性，但耐寒性能差，对亲水的物质黏合性很强，胶黏物有较高的机械强度。但由于丁腈黏合剂的黏性较差，胶黏膜结晶速度慢。硫化时间长，因而它的应用受到了限制。

丁腈橡胶黏合剂的主要成分是丁二烯和丙烯腈经乳液聚合制得的丁腈胶乳或丁腈橡胶。为了获得较高的胶接强度和较好弹性，往往将丁腈橡胶与其他树脂混合。丁腈橡胶黏合剂的品种很多。

通常用的丁腈橡胶黏合剂系由 100 份丁腈橡胶和 50～100 份酚醛树脂配制而成，因含量 20%～30%，褐色、有溶剂臭味，耐碱、油，耐溶剂性较好，适用于皮革、木材、布、金属等的黏合。

当酚醛树脂的配比在两倍以上时，即可用做金属结构型黏合剂。如在 120～150℃下加热加压固化，则可用于飞机金属结构的黏合剂。

丁腈乳胶黏合剂通常以丁腈胶乳为基料，以硫磺、氧化镁为配合剂，酪素为增黏剂制成。

三、丁苯橡胶黏合剂

丁苯橡胶黏合剂是由丁苯橡胶和各种烃类溶剂所组成。为提高它的胶接强度，常在这种黏合剂中加入松香、多异氰硫酸等。这种黏合剂是近 30 年才出现的，由于它极性小，黏性不如氯丁、丁腈等类黏合剂，故没有氯丁黏合剂那样广泛使用，其主要基料是丁苯橡胶即由丁二烯和苯乙烯共聚得到的高分子化合物。因苯乙烯以含量不同其性能不同。其黏合剂主要特点是：在常用烃类溶剂中溶解性较好。在固体含量较高时，溶液的相对黏度较低；可作快干溶液黏合剂使用，兼具有良好的弹性，低温曲挠性好。目前用于包装装潢的后加工处理覆膜使用的黏合剂即为此种黏合剂。

四、压敏胶

压敏胶也是由合成聚合物为主要成分配制的黏合剂。它与前面介绍的几种胶相比，有很多不同之处，对压力敏感，用接触压力就能把被黏物胶接住，压敏胶长期处于弹性状态。目前压敏胶发展迅速，已形成独立的一类黏合剂。

1. 压敏胶的组成

压敏胶是一类黏性很强的黏合剂，用接触压力就能把材料胶接住。把胶涂在各种载体上，加工成长条状胶带，卷制成卷供应，如电工用绝缘胶布，办公用玻璃纸胶带等都是常用的压敏胶带。目前广为使用的不干胶商标就是一种压敏胶，它具有使用方便、不损坏商品、美观大方等优点，在包装上得到了广泛应用。

压敏胶中除了基料外，还要加入增黏剂等辅助物质。

（1）基料。橡胶或合成树脂等材料，其作用是给予胶层足够的内聚强度和黏结力，用量为 30%～50%。

（2）增黏剂有松香及其衍生物，萜烯树脂及石油树脂，如松香酯、氢化松香、酚醛树脂、醇酸树脂等，其作用是增加胶层黏附力，其用量为 20%～40%。

（3）增塑剂。所用的增塑剂为一般加工用的增塑剂。其作用是增加胶层的快黏性，其用量为 0～10%。

（4）防老剂。一般橡胶、塑料的防老剂均可以使用，用量为 0～2%。

（5）填料。所用的填料一般为塑料用的填料，如石蜡、氧化锌、氢氧化铝等，其作用是提高胶层内聚强度，降低成本，用量为 0～40%。

另外，对有些压敏胶，还需要加入黏度调节剂、硫化剂及溶剂等。

2. 压敏胶的特点

压敏胶黏附在物体上后，长期不会干涸，它既对材料有良好的黏附性能，又能在很小的压力下迅速胶接。同时，除去胶带时，不在被黏物表面留下余胶痕迹。

目前广为使用的压敏胶带有单面压敏胶带、双面压敏胶带和可转移压敏胶带三种。

单面压敏胶带就是将胶涂在基材的一面，然后卷制而成。为了使用时胶带易于揭开，基材的另一面要进行防黏处理，喷上一层聚乙烯薄膜或涂上一层硅橡胶。

单面压敏胶带只能将胶带本身黏到其他材料上去，如果要胶接二种材料，则需要双面胶带。双面胶带多选用很薄的韧性好的材料作基材，基材两面都涂上胶，制卷时，中间隔一层隔离膜。

可转移压敏胶带是一种可将胶膜转移到需要胶接的被黏物上的胶。

压敏胶主要优点是携带方便，使用简单，黏性好，无毒。但使用温度不高（80℃以下）。今后将向着耐热、耐油、耐寒等方向发展。

3. 压敏胶的配方实例（表 8.8）

表 8.8　通用型胶黏带配方实例

组　分	配比 /kg	组　分	配比 /kg
丙烯酸辛酯	75	丙烯酸	40
乙酸乙烯酯	20	N-羟甲基丙烯酰胺	1

依上述配方，采用乳液聚合或溶液聚合制得共聚物，不加增黏剂，直接涂布于压敏胶带基材上。电绝缘胶带用的压敏胶配方如表 8.9 所示。

表 8.9　压敏胶配方实例

组　分	配比 /kg	组　分	配比 /kg
丁苯橡胶	100	酯化松香树脂	40
酚醛树脂	12	氧化锌	5
颜料	0.3	白蜡油	25

小结

本章重点介绍了黏合剂的组成、黏结机理、黏合剂品种。黏合剂一般由基料（主要为高分子合成树脂）、填料、助剂、溶剂等组成，对助剂的品种和助剂在黏合剂中所发挥的作用给予了明确的说明。对于热塑性树脂黏合剂、热固性树脂黏合剂、橡胶黏合剂的特点和配方设计方法给予了具体的示例说明。

思考题

1. 什么是胶黏剂？它有何特点？
2. 简述胶黏剂的分类、应用和发展趋势。
3. 胶接理论有哪几种？
4. 合成胶黏剂有哪些主要组成部分？各有什么作用？试举例说明。
5. 在黏合剂中起黏合作用的主要有哪些材料，举例说明。
6. 黏合剂使用的哪些溶剂是绿色环保的？
7. 对于聚合材料而言，影响黏合剂性能的因素有哪些？
8. 怎样理解黏合和黏合力的形成？
9. 黏合剂的性能指标有哪些？
10. 何为厌氧胶？何为压敏胶？两者的基本组成和主要黏接物质是什么？
11. 设计一个橡胶黏合剂的配方，并说明其生产工序和使用范围。

第九章 染 料

📖 **知识点和技能点**

1. 染料显色机理和分子结构的关系。
2. 染料的命名方法。
3. 染料合成的一般单元反应原理和官能团的反应活性。
4. 染料的一般生产工艺技术。
5. 染料的商品化技术。

📖 **学习目标**

1. 了解染料的各种分类方法，各种染料的发展及非纤维染料在工业中的应用。
2. 掌握染料显色与分子结构的关系，明确发色基团、助色基团在染色中的功能。
3. 掌握偶氮染料、蒽醌染料、靛属染料、酞菁染料、碳鎓染料及其他染料的化学结构特征及典型的染料品种。
4. 熟悉分散染料、活性染料、直接染料、冰染染料、硫化染料、还原染料、媒染染料、氧化染料、酸性染料、碱性染料等概念，染色原理及其主要品种制备方法。

第一节 概 述

染料是指能使纤维和其他物质较牢固着色的有机化合物。染料工业是一个古老的工业，发展较早，从第一次人工合成染料算起，已有 150 多年的历史。现在染料工业以其品种多、门类齐全在整个化学工业中占有重要的地位。

染料过去主要应用于纺织、皮革、毛皮、造纸和油墨等领域。现在，染料也广泛地应用于化妆品、食品、摄影材料、文具以及指示剂、生物着色剂等方面。随着科学技术的发展，染料在非纺织工业中的应用越来越广，非纺织工业所用染料在整个染料工业中所占的比例呈明显的上升趋势。在发达的工业国家，用于纺织工业的染料占 70%，非纺织工业用量占 30%；而在发展中国家和地区，纺织工业用染料高达 85%。

一、染料的分类

染料的分类方法可按其来源、化学结构、染色方法和用途多种方法分类。

1）按染料的来源分类

根据染料的来源分类可分为天然染料和合成染料。天然染料是从植物中提取的染料（如靛蓝、茜素）和从动物体内提取的染料，其中以植物天然染料占绝大多数。

2）按染料的化学结构分类

根据染料的化学结构一般可分为偶氮染料、蒽醌染料、靛系染料、硫化染料、芳甲烷染料、醌亚胺染料、喹啉染料、酞菁染料、多甲川染料、亚硝基染料、硝基染料、羟酮染料、黄酮染料等。

3）按染料的染色方法分类

这种分类方法包括纤维素纤维用染料：直接染料、冰染染料、硫化染料、还原染料、活性染料、媒染染料、氧化染料；蛋白质纤维用染料：酸性染料、铬媒染料、羊毛用活性染料；合成纤维用染料：分散染料、阳离子染料、溶剂染料等。

此外，还有非纤维用染料，如指示剂、文具用墨水、压敏色素、食用色素、生物用色素、光色互变色素和激光染料等。

二、染料的显色

1. 发色团与助色团理论

根据维特（O.N.Witt）发色团与助色团理论（1876），有机化合物结构中至少需要有某些不饱和基团存在时才能发色，这些基团称之为发色基团。常见染料分子中的发色基团有：

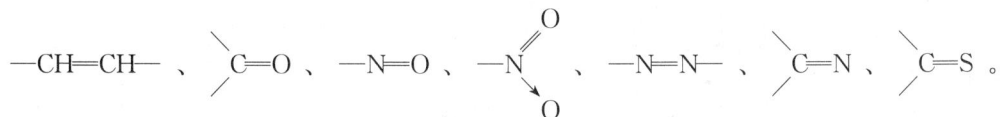

$$—CH{=}CH— \,、\, {\diagdown}C{=}O \,、\, —N{=}O \,、\, —N{\diagup O \atop \diagdown O} \,、\, —N{=}N— \,、\, {\diagdown}C{=}N \,、\, {\diagdown}C{=}S 。$$

维特的发色团与助色团理论在历史上对染料化学的发展起过重要的作用，也正是这个原因，维特的发色团与助色团这两个名称现在还在被广泛的使用着，不过它们的含义已经有了根本的变化。

含有发色团的分子称为发色体或色原体。发色团被引入的越少，颜色越浅；发色团被引入的越多，颜色越深。以下情况可使颜色加深：

（1）增加侧链内的烯基数目。

（2）增加羧基的数目，特别是增加彼此直接联结的羧基。

（3）以萘环代替偶氮染料中的苯环。

（4）把一定的取代基加入分子内。

但是，如果染料分子中仅仅只有生色基团，或仅由发色体显色，颜色并不鲜艳，对各种纤维的亲和力也不一定高。当染料分子中引入某些基团后，可提高染料的显色，称这种基团为助色团，助色团是指能够加强发色团的生色作用，并增加染料与被染物的结合力的各种基团，主要的助色团有—NH_2、—NHR、—NR_2、—OH、—OR 等。

此外，像磺酸基（—SO_3H）、羧基（—COOH）等这类特殊的助色团，它们对发色并无显著影响，但可以使染料具有溶性或对某些纤维具有亲和力，能使染色操作方便，或提高染料的各种牢度。

在酸性橙 GG（Ⅰ）中，发色基团为偶氮（—N=N—）基团，发色体为（Ⅱ），助色基团为羟基（—OH）、磺酸基（—SO_3Na）。

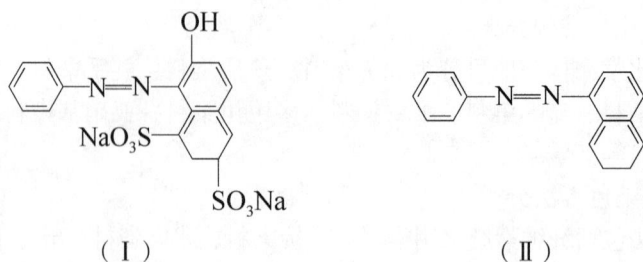

（Ⅰ）　　　　　　　　　　　　　　（Ⅱ）

　　染料的显色除与发色基团和助色基团的种类和数目有关外，还受到染料分子中其他取代基的影响。取代基极性的强弱，取代基的数目、位置、取代基是吸电性还是给电性基团以及空间效应都直接影响染料颜色的变化。

　　例如，偶氮染料的发色团为偶氮基（—N≡N—），常以偶氮苯作为母体，它是很弱的淡黄色。若在偶氮苯的某一个苯环上引入吸电子基，而在另一个苯环上引入给电子基时，会使染料的颜色加深。当染料分子中的给电子基的给电性很强，吸电子基的吸电性也较强时，可使染料分子的极性增强，产生深色效应，颜色进一步加深，偶氮苯及其取代物的颜色变化就是一个极好的例子。

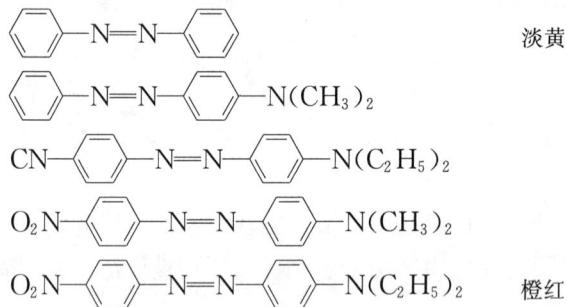

　　吸电子基吸电子性最强的是硝基，给电子性甲基小于乙基，所以上述颜色从上到下逐步加深。

　　同样道理，当染料分子中引入的取代基数量增加时，如在上述各分子左边的苯环上引入更多的吸电子基，而在分子中另一边苯环上引入更多的给电子基，则分子极性会进一步增强，染料颜色加深。

2. 醌构理论

　　醌构理论认为染料之所以有颜色，是因为其分子中有醌结构存在。醌型结构可视为分子的发色团。这个理论只能用来解释三芳基甲烷类及醌亚胺类染料，对于偶氮苯类的有色化合物不适用。

3. 近代发色理论

　　根据量子化学及休克尔分子轨道理论，有机化合物呈现不同的颜色是由于该物质吸收不同波长的电磁波而使其内部的电子发生跃迁所致。能够作为染料的有机化合物，它的内部电子跃迁所需的激化能必须在可见光（400~760nm）范围内。物质的颜色主要是物质中的电子在可见光作用下发生 $\Pi \rightarrow \Pi^*$（或伴随有 $n \rightarrow \Pi^*$）跃迁的结果，因此研究物质的颜色和结构的关系可归结为研究共轭体系中 Π 电子的性质，即染料对可见光的吸收主要是由其分子中的 Π 电子运动状态所决定的。

4. 颜色的深浅和浓淡

物质的颜色的深浅是指物质吸收的光波在光谱中的位置而言，物质吸收的光波波长越短，则颜色越浅。物质颜色的浓淡是表示同一种染料的颜色强度，即物质吸收一定波长光线的量的多少。人们把能增加染料吸收波长的效应称为深色效应，把增加染料吸收强度的效应叫浓色效应，反之，把降低吸收波长的效应称为浅色效应，把降低吸收强度的效应叫减色效应。

三、染料、染料中间体的命名

染料和染料中间体一般不使用其化学名称，这是由于它们的化学结构复杂，化学名称较长，使用不方便；另一方面有些染料的结构目前还不清楚，无法按化学命名法称呼。因此，我国常根据染料性质及使用方法对染料命名，而染料中间体多使用其商品名。

（一）染料的命名

我国染料名称常由"冠称"、"色称"、"字尾"三部分组成。

1. 冠称

为了使染料名称能比较详细地反映染料在应用方面的特征，采用染料应用分类法对染料加以冠称，并分为 31 类，即酸性、弱酸性、酸性络合、中性、酸性媒介、直接、直接耐晒、直接铜盐、直接重氮、阳离子、还原、可溶性还原、硫化、可溶性硫化、氧化、毛皮、油溶、醇溶、食用、分散、活性、混纺、酞菁素、色酚、色基、色盐、快色素、颜料、色淀、耐晒色淀、染料色浆。

2. 色称

用于表明染料在织物及纤维上染色后所呈现的色泽，染料常使用的色称有 30 个，还使用了"嫩"、"艳"、"深"来形容色泽的深浅，例如，嫩黄、黄、深黄、金黄、橙、大红、红、桃红、玫瑰、品红、红紫、枣红、紫、翠蓝、湖蓝、艳蓝、蓝、深蓝、艳绿、黄棕、棕、深棕、橄榄、橄榄绿、草绿、灰、黑。

3. 字尾

为了进一步说明染料的性能或色光、用途，常用英文大写字母放在染料中文名尾部。用 B 代表蓝光；C 代表耐氯、棉用；D 代表稍暗、印花用；E 代表匀染性好；F 代表亮、坚牢度高；G 代表黄光或绿光；J 代表荧光；L 代表耐光度较好；P 代表适用于印花；S 代表升华牢度化；T 表示深；K 表示冷染（中国活性染料 K 表示热染）；N 表示新型或标准；M 表示混合物；X 表示高浓度（中国活性染料 X 表示冷染）；R 代表红光，……有时还用字母代表染料的类型，它放在字尾的前部，与其他字母用破折号隔开。如活性艳蓝 KN—R，其中，KN 代表活性染料类别、R 代表染料色光。

（二）染料中间体的商品名

染料中间体多使用其商品名代替化学名称，表 9.1 列举了一些常见染料中间体的商品名。

表 9.1　染料中间体商品名与学名对照表

商品名	化学名
1，2，4 酸	1- 氨基 -2- 萘酚 -4- 磺酸
1，2，4 酸氧体	1,2- 二羟基重氮 -4- 磺酸
2，3 酸	2- 萘酚 -3- 甲酸
2，4，6 酸	2- 氨基 -4- 甲基苯酚 -6- 磺酸
2B 酸	2- 氯 -4- 甲基胺 -6- 磺酸
DSD 酸	4,4′- 二氨基均二苯乙烯 -2,2′- 二磺酸
G 酸盐	2- 萘酚 -6,8- 二磺酸钠
H 酸	1- 氨基 -8- 萘酚 -3,6- 二磺酸
J 酸	2- 氨基 -5- 萘酚 -7- 磺酸
K 酸（盐）	1- 氨基 -8- 萘酚 -4,6- 二磺酸（钠）
L 酸	1- 萘酚 -5- 磺酸
NW 酸（尼文酸）	1- 萘酚 -4- 磺酸
r 酸	2- 氨基 -8- 萘酚 -6- 磺酸
R 酸（盐）	2- 萘酚 -3,6- 二磺酸
S 酸	1- 氨基 -8- 萘酚 -4- 磺酸
SS 酸（2S 盐）	1- 氨基 -8- 萘酚 -2,4- 二磺酸
乙基 r 酸	2- 乙基 -8- 萘酚 -6- 磺酸
乙酰 H 酸	1- 乙酰氨基 -8- 萘酚 -3,6- 二磺酸
双丁酸	二（5- 羟基 -7- 磺酸基 -2- 萘基）胺
水杨酸	邻羟基苯甲酸
四乙基米氏	4,4- 二（二乙氨基）二苯甲酮
四甲基米氏酮	4,4- 二（二甲氨基）二苯甲酮

四、染料工业发展趋势

近年来，随着纺织、印染、油墨、油漆、塑料以及其他高分子等相关行业的快速增长，大大促进了染料工业的发展。目前我国有 300 多家染料生产企业可以正常生产，不仅是世界第一染料生产大国，而且是世界第一染料出口大国，已经成为世界染料生产、贸易的中心。

由于染料工业的主要服务对象——纺织工业在近期内不会发生革命性的变化，21世纪的染料工业科研开发仍将围绕着适应纺织纤维的渐进式发展、适应新印染技术的开发、老产品性能的改进及满足不断严格的环保法规等四个方面进行：

（1）纤维的不断改进将要求提供可以满足其着色要求的新型染料。虽然纺织行业在近期内不会有全新的纤维类别出现，但对现有纤维性能的改进将会不断进行。这些改进后的纤维品种将会提出一些与以往不同的着色要求，这必然会促使染料工业为其提供与之相适应的新型染料，因此，一些具有色泽鲜艳、发色强度高、移染性、覆盖性、匀染性、染深性和各项牢度均好的杂环缩合分散染料，杂环偶氮分散染料及各类复配分散染料将会被开发出来，以适应超细涤纶纤维的着色需要。适应其他超细合成纤维，如锦纶、腈纶、丙纶等着色需要的新型染料也会不断投放市场。此外，用于其他诸如异型、复合、变形和改性等新颖合成纤维着色的染料也会因市场的需要而被开发出来。

（2）提高老产品性能的要求将促使人们不断开发新产品。尽管一些老产品已投放市场很长时间，也广为用户所接受，但它们或多或少都存在着一些不足之处，需要染料生产厂商去进行不断地改进，如一些分散染料在染色性能、牢度及发色强度等方面还有一些不足之处。预计今后一段时间内一些具有较高的耐光牢度、高发色强度及更适用混纺织物染色工艺的分散染料仍将是染料工业的开发重点。

（3）新的印染技术将要求染料工业提供与之相适应的新产品。出于提高印染质量和工效、节能降耗及降低污染等方面的考虑，印染行业也在不断地开发新的印染技术和工艺，这必然会要求染料工业提供与之相适应的产品，从而促进染料行业的科研开发工作。近期出现的印染技术主要有分散染料超临界二氧化碳流体染色、热转移印花技术、非水系统染色技术及喷墨印花技术等。

（4）功能性染料开发和生产将继续受到重视。所谓功能性染料是一类作用已不仅仅局限于为其他产品着色的染料。人们对它们的利用更侧重于利用其特有的光电、化学及物理等物性。这类染料包括热敏染料、压敏染料、激光染料、液晶染料等，主要用于电子及信息领域。由于这类染料具有较高的附加价值，而且其服务对象又是发展迅速的朝阳产业，因而受到染料界的广泛关注，在发达国家已经形成了一定的市场规模。在本世纪，功能性染料将继续以较快的速度发展，成为染料产品中的重要一类。

（5）日益提高的公众环保意识和愈加严格的环保法规，要求染料工业研制更多对环境友好的产品。染料工业是化学工业中污染较为严重的一个分支，生产中排放的"三废"一直是业内人士为之头疼的一个问题。近年来又出现了某些偶氮染料的禁用问题，使染料工业进一步感受到了环境保护工作的迫切性。预计在21世纪，染料行业出于环保目的而进行的开发工作将是一出重头戏。这项工作将主要集中在以下两个方面：一是研制对人体有害或"三废"较难治理的产品的代用品种；二是开发一些新的生产工艺和技术，把"三废"消灭在生产过程中，以减少"三废"的排放量。21世纪，环境友好产品的开发能力将是染料生产公司在竞争中取胜的关键，也将是我国染料工业产品能否突破发达国家绿色壁垒而进入国际市场的重要手段。

第二节　合成染料的结构及性能

一、偶氮染料

染料分子中含有偶氮基（—N=N—），并以此作为主要发色基团的染料称为偶氮染料。根据被染纤维的种类，偶氮染料可分为酸性偶氮染料、直接偶氮染料、分散偶氮染料及阳离子偶氮染料。

酸性偶氮染料是指在偶氮染料中引入酸性基团，如磺酸基。酸性基团能对具有多肽键的纤维即丝绸、羊毛、尼龙等在酸性条件下染色，避免损害被染物。分散性偶氮染料用于聚酯纤维染色。阳离子偶氮染料多用于丙烯腈系列纤维染色。

偶氮染料的制备方法多是将芳香族伯胺在酸性条件下与亚硝酸盐反应，制成重氮化合物，再与其他芳胺、酚类、萘酚类合成偶氮基。

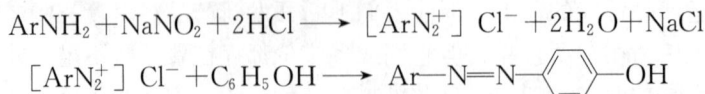

$$ArNH_2 + NaNO_2 + 2HCl \longrightarrow [ArN_2^+] \, Cl^- + 2H_2O + NaCl$$

$$[ArN_2^+] \, Cl^- + C_6H_5OH \longrightarrow Ar-N=N-\langle\!\!\!\!\bigcirc\!\!\!\!\rangle-OH$$

根据偶氮分子中含有偶氮基的数目，又可分为单偶氮、双偶氮及多偶氮染料。例如，

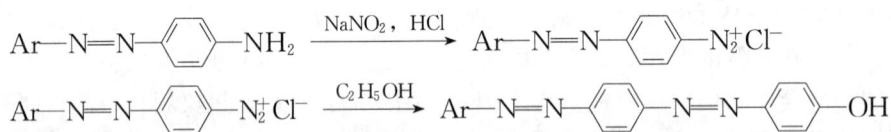

$$Ar-N=N-\langle\!\!\bigcirc\!\!\rangle-NH_2 \xrightarrow{NaNO_2,\ HCl} Ar-N=N-\langle\!\!\bigcirc\!\!\rangle-N_2^+Cl^-$$

$$Ar-N=N-\langle\!\!\bigcirc\!\!\rangle-N_2^+Cl^- \xrightarrow{C_2H_5OH} Ar-N=N-\langle\!\!\bigcirc\!\!\rangle-N=N-\langle\!\!\bigcirc\!\!\rangle-OH$$

当偶氮基两侧的各自邻位含有—OH，—NH₂、—COOH 基团以及含有邻羟基苯甲酸结构，并与金属离子络合时，可形成两个五元环的金属络合染料。

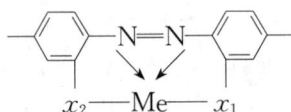

Me：Cu、Cr、Co；

x_1、x_2：O、CO₂、NH。

二、蒽醌染料

凡染料的分子结构中含有蒽醌结构者都称为蒽醌染料。蒽醌染料品种较多，均可看作蒽醌的取代物或衍生物。常见的蒽醌染料见表 9.2。

表 9.2 蒽醌类染料分类及常见染料

分 类	染料举例	分 类	染料举例
还原染料	还原蓝 RNS	活性染料	活性艳蓝 X-BR
媒染染料	茜素	分散染料	分散耐晒桃红 B，分散红 3B
酸性染料	酸性蒽醌艳蓝	—	—

蒽醌染料大多数色泽鲜艳、色谱范围广、化学稳定性好、牢度较好。但是，由于蒽醌染料多在蒽醌环上 α 位有氨基、取代氨基及羟基，因此，当大气中含有氮氧化合物、硫化物时，蒽醌染料易被氧化而褪色。

由于蒽醌染料在合成过程中多使用汞盐作催化剂，导致环境污染，现在多采用其他分散染料取代蒽醌分散染料。如用分散红 343 代替分散红 3B、用分散蓝 165 代替分散蓝 2BLN。

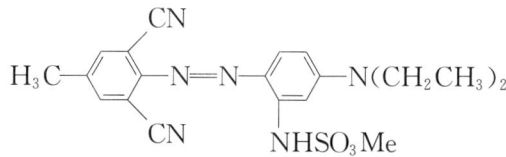

分散红 343

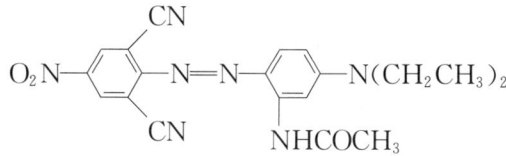

分散蓝 165

三、靛属染料

染料分子中具有 $\begin{array}{c}—CO \qquad CO-\\ C=C\end{array}$ 发色基团，并具有与靛蓝相似结构的染料称为靛属染料。这类染料的结构主要是吲哚衍生物或硫茚衍生物。在发色基团中，如果 $C=C$ 上为亚氨基 $=NH$ 者属靛蓝，若结构中含硫原子则称为硫靛蓝。这类染料属还原染料，在使用时通过还原使 $C=O$ 转化为隐色体，溶于水并吸附在纤维上。经空气氧化后又生成不溶于水的染料。常用于棉、羊毛的染色。靛属染料颜色齐全，品种有橙、红、紫、蓝、棕色等，如靛蓝、溴靛蓝、还原棕 RRD 等。

四、酞菁染料

酞菁染料可认为是由四个吡咯核组成，而具有"▦"结构的染料，染料中一般含有铜、锌、铬、镍、锰等金属原子，这类染料多为不同色泽的蓝色或绿色络合物。具有高度的耐晒牢度。多用于棉、丝、纸的染色，常见的酞菁染料有酞菁绿 G、耐晒天蓝 GL 等。

在工业上，酞菁可由邻苯二甲酸酐与邻苯二甲腈合成制备。酞菁分子中的 4 个苯环易发生取代反应，磺化反应。当苯环上的氢原子全部被氯原子取代后，得到酞菁绿 G。

五、碳鎓离子染料

碳鎓离子染料包括苯甲烷类、呫吨类、花青类及醌亚胺四种系列的染料。苯甲烷类包括二苯甲烷和三苯甲烷染料。碱性嫩黄 O 为最早发现的苯二甲烷染料，现在可由二甲苯胺合成：

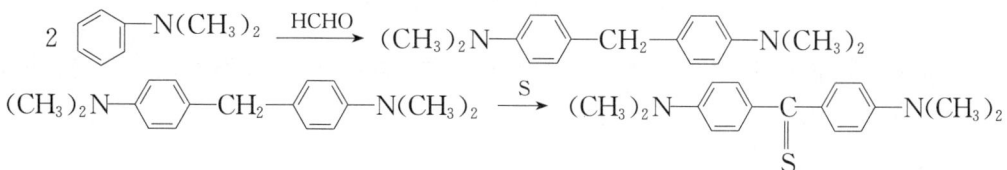

碱性嫩黄 O 可溶于水，由于耐晒、耐洗牢度低，常用于牢度要求不高的纸张、皮革、杂品大的染色。近几年来，主要开发其衍生物作为压敏复写纸的发色剂。例如，

$$R_2N-\!\!\!\!\bigcirc\!\!\!\!-CH-\!\!\!\!\bigcirc\!\!\!\!-NR_2\,,X=SO_2R、\quad N\!\!\begin{array}{c}R\\\diagdown\\\diagup\\R\end{array}\ 等。$$
$$\qquad\qquad\qquad\quad X$$

最具有代表性的三苯甲烷染料是碱性染料甲基紫。三苯甲烷染料为水溶性，染色时能得到其他染料难以得到的鲜艳紫色。耐晒、牢固度对棉、羊毛、丝绸等较差，但用于纤维较好。三苯甲烷类染料中的碱性无色母体部分，近年来被作为压敏色素大量用于复写纸上。

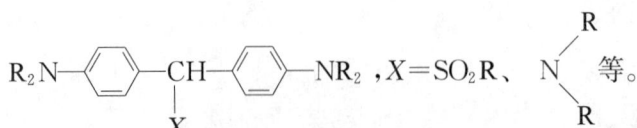

无色 → 酸性物质 → 蓝紫色

花青染料是指喹啉环上具有次甲基（—CH═）键的一系列染料。现常将含氮杂环取代喹啉、偶氮次甲基取代甲基的染料也归于花青类。主要作为照相用增感剂，现在已开始作为激光、光电池用光电变化色素、医用色素、光化学反应催化剂等。

具有呫吨环 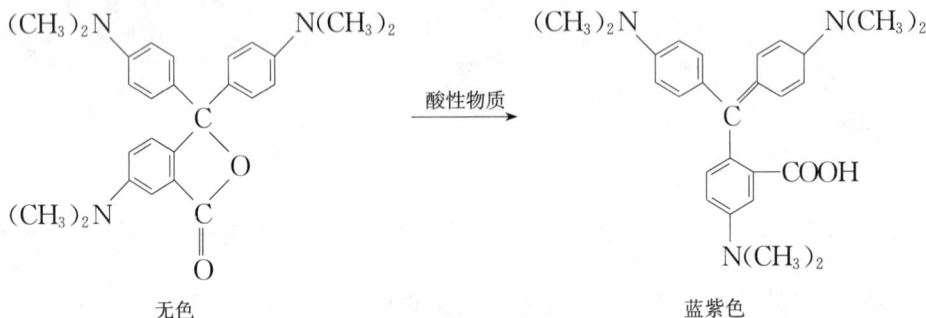 结构的染料称为呫吨染料。类似二苯甲烷或三苯甲烷的衍生物。这类染料多是在呫吨环上有助色基团。染料呈碱性，色泽很鲜艳，水溶液具有强烈荧光，牢固度较差。当引入磺酸基团时，得到酸性染料。通过改进结构，提高牢度可制得分散染料、有机颜料、活性染料和压敏染料，常见的呫吨染料有曙红G、若丹明B。

吖嗪染料、噁嗪染料和噻嗪染料在结构上非常近似，它们都含发色基团（$\diagdown C\!=\!N\!-\,$），所以称为醌亚胺染料。1856年由伯金最早合成的苯胺紫即为吖嗪染料。吖嗪染料大多是呈碱性，引入磺酸基后显酸性。吖嗪染料颜色齐全，有橙、桃红、紫、蓝、黑等。噁嗪类的亚甲蓝与其他染料相比，牢度好。除可用于丝绸、羊毛及纸张外，还具有杀菌作用，可作诊断试剂、消毒剂、防腐剂。

第三节　常见合成染料

合成染料数量很多，本节按照染料工业中经常使用的染色方法分类法，介绍一些常见的染料及其合成路线。

一、直接染料

直接染料是指分子内含有水溶性基团，且可溶于水，染料对纤维有亲和力，有较高直接性，染色时不需媒染剂，可直接染着于纤维上的一种染料。它广泛用于纤维素纤维及蛋白质纤维及其混纺织物的染色上。

直接染料以偶氮型的双偶氮及三偶氮染料为主，过去联苯胺系直接染料约占直接染料产量一半，由于联苯胺有致癌性，已逐步被代用物质所替代，目前联苯胺的替代染料品种已日趋齐备。

双偶氮直接染料多为黄、红、蓝色，三偶氮染料除蓝色外还有绿色、棕色和黑色。

1. 直接铜盐蓝 BR

直接铜盐蓝 BR 能溶于水呈深紫色，易溶于乙醇呈红光紫色，主要用于棉、麻、蚕丝、棉纶等织物的染色。常以联大茴香胺、NW 酸、N-苯基丁酸为原料合成。

1）重氮化

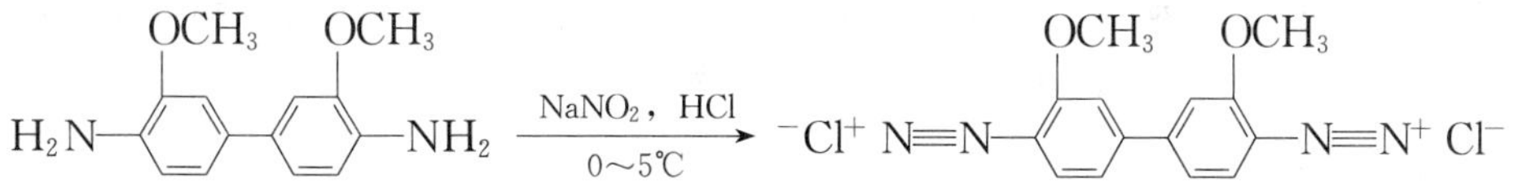

$$\text{H}_2\text{N} \underset{\text{OCH}_3}{\overset{\text{OCH}_3}{\bigcirc\text{—}\bigcirc}} \text{NH}_2 \xrightarrow[0\sim5℃]{\text{NaNO}_2，\text{HCl}} {}^-\text{Cl}^+\text{N}{=}\text{N} \underset{\text{OCH}_3}{\overset{\text{OCH}_3}{\bigcirc\text{—}\bigcirc}} \text{N}{=}\text{N}^+\text{Cl}^-$$

2）成盐

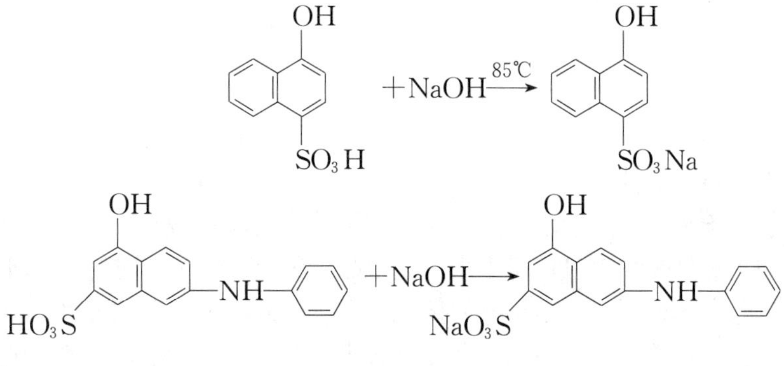

（萘环结构）$+\text{NaOH} \xrightarrow{85℃}$（萘环结构）

（萘环结构，HO$_3$S）$+\text{NaOH} \longrightarrow$（萘环结构，NaO$_3$S）

3）偶合

（结构式）$\xrightarrow{\text{Na}_2\text{CO}_3}$（偶合产物结构式）

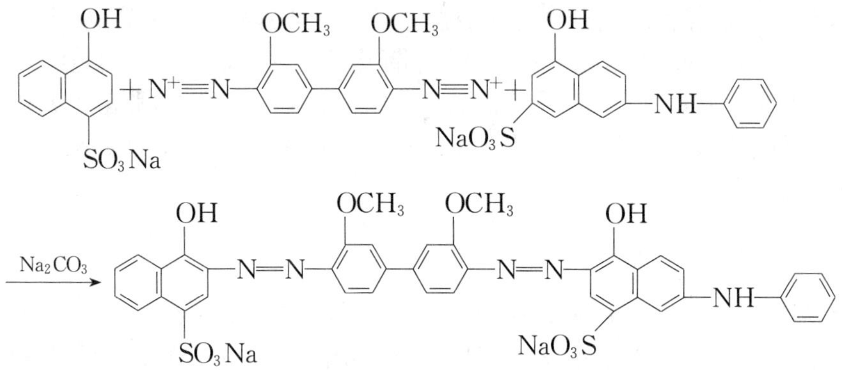

2. 直接耐酸大红 4BS

本品为深红棕色粉末，溶于水成大红色溶液，用于染棉麻、蚕丝、羊毛和黏胶纤维，又用于染棉毛混纺织品。少量用于造纸工业。染品遇酸不易变色。由苯胺和氨基乙酰苯胺分别重氮化后，与猩红酸在碱性介质中偶合而成。其分子结构式如下：

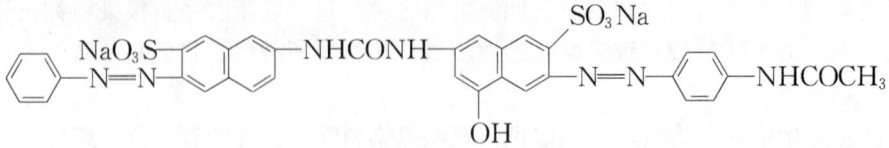

3. 直接耐晒黑 G

本品为黑色均匀粉末，溶于水，水溶液加 10% 硫酸溶液呈微红色，加入浓烧碱液呈绿光蓝色。在中性或弱碱性溶液中，适合用于棉、黏胶等物的染色，也可用于蚕丝、皮革的染色。

本品是一个四偶氮染料，制备过程需用亚硝酸钠经二次重氮化，用 H 酸、对硝基苯胺、间苯二胺经三次偶合才能完成。其分子结构式为

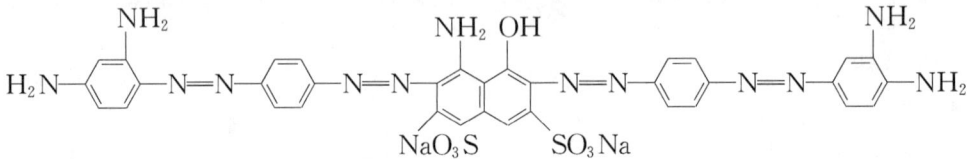

二、酸性染料

酸性染料即指在酸性（或中性）介质中进行染色的染料。染料分子中含有磺酸、羧酸等基团。能溶于水，可用于动物性纤维（如羊毛或蚕丝）、聚酰胺纤维以及部分皮革、皮毛、纸张或工艺品等，也可用于墨水、化妆品、肥皂的着色。对纤维素纤维（棉、麻等）一般无着色力。根据化学结构有偶氮、蒽醌、三芳基甲烷、酞菁等染料；根据染色时介质的不同有：强酸性、弱酸性、酸性金属媒染及酸性金属络合染料。强酸性染料也常称酸性染料。

酸性染料多是芳香族化合物的磺酸盐。强酸性染料分子结构简单、分子质量小，含 $—SO_3^-$、$—COO^-$ 基团对非亲水性的羊毛制品亲和力小，能匀染，但色泽不深，耐洗牢度也差。同时，强酸性介质对羊毛制品易损伤。弱酸性染料是在强酸性染料中引入大分子基团（如芳砜基、长碳链）增大分子质量，对羊毛亲和力大，在弱酸性条件下染色坚牢度高，色泽较深。

1. 酸性红 B

本品为暗红色粉末。遇浓硫酸呈紫色，将其稀释后得品红色沉淀。溶于水为蓝光红色溶液，在一定程度上溶于酒精呈红色，难溶于丙酮。遇浓硝酸呈深红色转红光黄色。本品水溶液加浓盐酸呈红色，加氢氧化钠液呈红光橙棕色。染色时遇铜离子色泽略暗。主要用于羊毛和蚕丝的染色。该品可用 1,4- 氨基萘磺酸与 NW 酸偶合而得。

1）重氮化

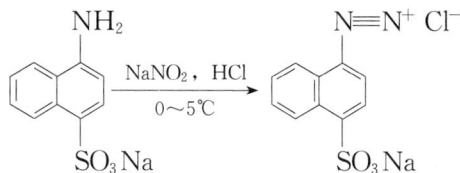

2）偶合

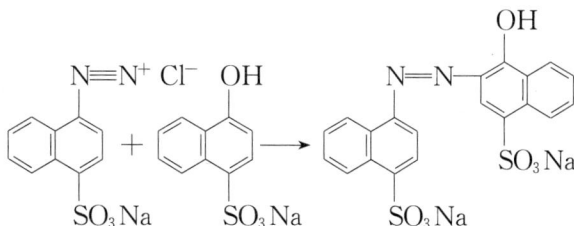

2. 酸性嫩黄 2G

本品为浅黄色粉末，溶于水呈绿光黄色，微溶于乙醇、丙酮，不溶于其他有机溶剂。溶于浓硫酸中为绿光黄色，将其稀释后不生成沉淀，遇浓硝酸呈红光黄色。其水溶液加盐酸不变色，加氢氧化钠液几乎不变色。其水溶液加雕白块则褪色，但在空气中氧化，溶液又显出红光紫色。染色时遇铜、铁离子色泽稍红而暗。主要用于羊毛或蚕丝的染色，匀染性好。由氨基磺酸钠与 1-（2′,5′-二氯 -4′-磺酸基苯基）-3-甲吡唑酮偶合制取。

1）重氮化

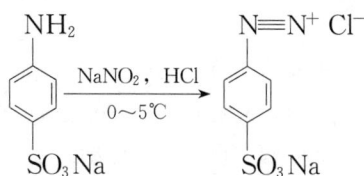

2）偶合

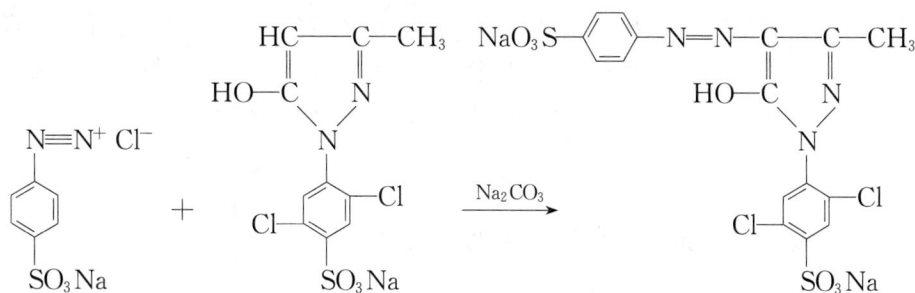

3. 酸性嫩黄 G

本品为黄色粉末。易溶于水、乙醇、丙酮和溶纤素。溶于乙醇呈黄色。微溶于苯，不溶于其他有机溶剂。遇浓硫酸呈黄色。其水溶液加 10% 的硫酸或加氢氧化钠无变化，染色时遇铜离子色泽较红，遇铁离子色泽较暗。拔染性及匀染性均好。由苯胺经重氮化后与 1- 对磺酸苯基 -3- 甲基吡唑酮 -[5] 偶合而得。其分子结构式为

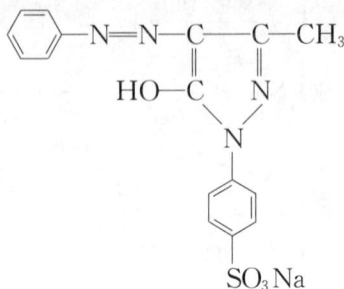

4. 弱酸性黑 BG

本品为蓝光黑色粉末，溶于水中呈紫色至蓝黑色。染色时，对羊毛织物呈现较好的黑色，匀染性好，牢度高，可由 2- 甲氧基 -4- 硝基苯胺重氮化，在酸性条件下与 N- 苯基 -γ 酸偶合，再经中和、盐析而得。其结构式为

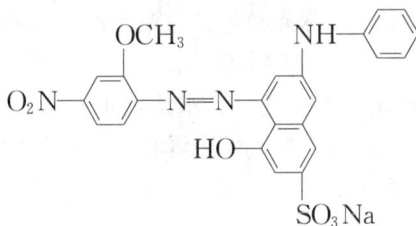

三、分散染料

分散染料是一类不溶于水和难溶于水的非离子染料。通常需要用分散剂将这类染料配制成高度分散性的溶液，再于纤维中扩散吸收进行染色。这类染料主要用于聚酯纤维染色。

分散染料从染色方法上分为 S 型、E 型及 SE 型。S 型耐升化牢度好，适用于热溶法染色；E 型匀染性好，但耐升化牢度较低，适用于竭染法染色，染料利用率高；SE 型的耐升华牢度介于二者之间，可以在较低的热溶温度下染色。

根据分散染料的化学结构可将其分为单偶氮型及蒽醌型两大类。此外，还有萘醌型、芪型、氧杂萘邻醌型。现在国外研究、开发了一些杂环分散染料，这类染料色谱齐全，合成工艺简单，色光鲜艳，牢固度好，是很有发展前途的一种结构类型染料。

（一）偶氮型分散染料

偶氮型分散染料在分散染料中约占 60%，其通式为

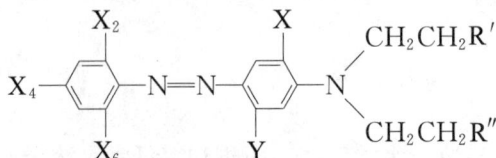

式中：X——H、Cl、CH₃O、Br；

Y——H、C₂H₅CONH、CH₃CONH；

X₂——Cl、H、CN、Br、NO₂；

X₄——NO₂；

X₆——H、Cl、NO₂、Br、CN；

R′——OH、CH₃COO、CN；

R″——OH、CH₃COO、CN、H。

1. 分散黄棕 2RFL

分散黄棕 2RFL 又名分散黄棕 H-2RL、S-2RFL，棕褐色粉状，适用于涤纶和混纺织物的染色和印花。是高温型分散染料中的主色，常与分散红玉 S-2GFL、分散深蓝 HGL 组成三原色，拼染深灰、深咖啡、黄棕、草绿等色，各种牢度不受树脂整理和热定型的影响。偶氮型分散染料分散黄棕 2RFL 由对硝基苯胺经氯化、重氮化，制成 2, 6- 二氯 -4- 硝基苯胺重氮盐，作为重氮组分。另由苯胺经氰化、羟乙基化、酯化，制得 N- 氰乙基 -N- 乙酰氧乙基苯胺，作为偶合组分。最后将两组分进行偶合。

1）重氮组分制备

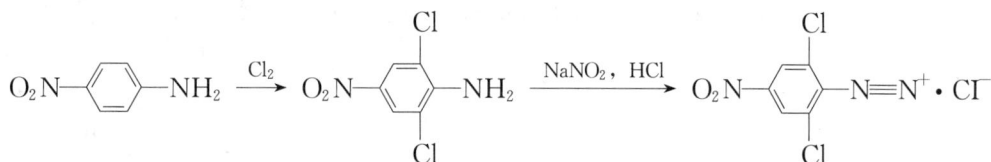

2）偶合组分制备

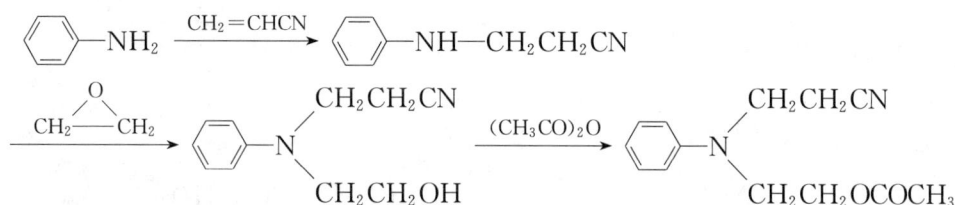

3）染料合成

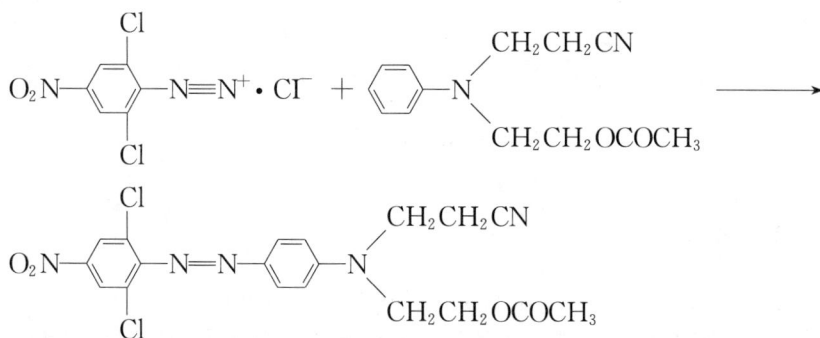

2. 分散红玉 S-2GFL

分散红玉 S-2GFL 又名分散红玉 2GFL 、H-2GFL，深红色粉末。用于涤纶及其混纺织物染色和印花，也可用于二乙酸纤维、锦纶的染色，不适用于腈纶。常以硝基苯胺为原料合成。

1）重氮组成制备

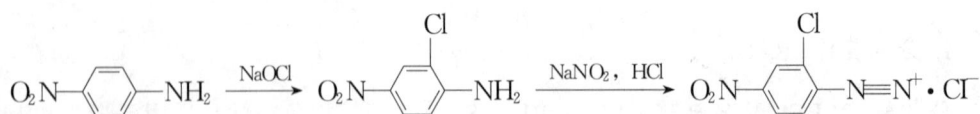

2）偶合组分制备

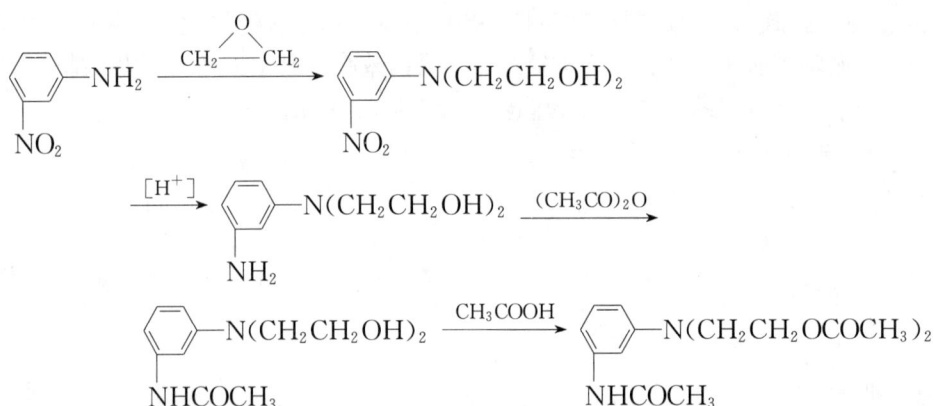

3）染料合成

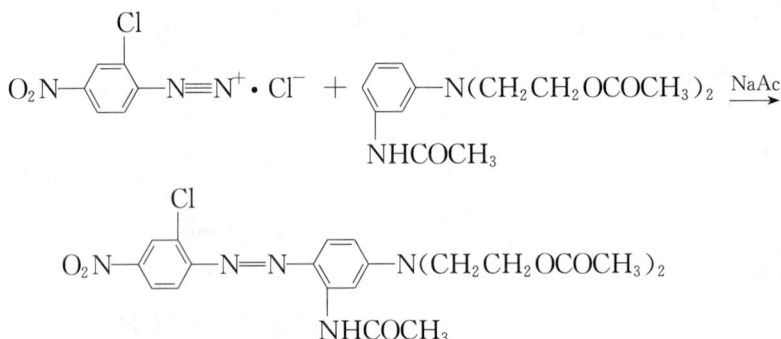

3. 分散藏红 S-2GL

分散藏红 S-2GL 又名分散深蓝 HGL 、S-GL，蓝灰色粉末，是高温型分散染料中染深蓝、藏青的主要染料，升华牢度高，耐干热定型，广泛用于绦棉布的热熔轧染。高温高压染深色性好，但对碱敏感，染浴应保持 pH5 ～ 6。合成时以 2,4- 二硝基氯苯和 2,4- 二硝基苯胺为原料，其反应过程与上述相似。分散藏青 S-2GL 结构式为

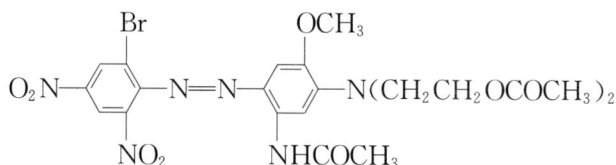

（二）蒽醌型分散染料

蒽醌型分散染料色谱包括红、紫、蓝等色，在深色品种中占重要的地位。这类染料比一般偶氮型分散染料牢度高，而且色泽比较鲜艳，但制造工艺复杂，大多数要使用重金属盐，特别是汞盐作助剂，易引起环境污染。这类染料一般有四种类型，其通式为

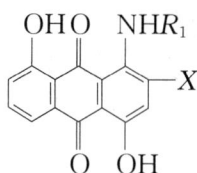

（Ⅰ）

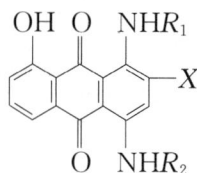

（Ⅱ）

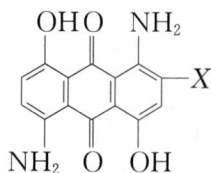

（Ⅲ）

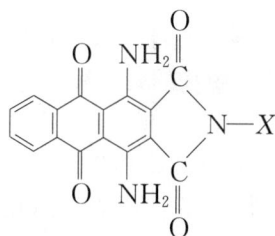

（Ⅳ）

蒽醌分子中各种取代基的引入都易引起颜色的变化。在蒽醌分子中 α 位上引入给电子基比吸电子基产生的深色效应要强。若 2 个 α 位上都引入给电子基时，则分子发色进一步加深。当两个基团同时引入到一个苯环上深色效应尤为显著。各基团对颜色的影响次序为：

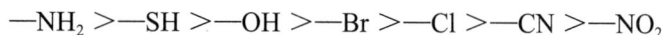

若在（Ⅰ）、（Ⅱ）、（Ⅲ）式中 R 基团为氢、甲基、苯基所取代则颜色明显加深，而其 X 基团的变化对发色影响并不太大。

在（Ⅰ）式中当 X=H，R 分别为氢、甲基、苯基时，染料颜色分别为蓝光红色、紫色红光蓝色。（Ⅱ）式中当 X=H 时，R_1、R_2 同时为氢时显紫红色，同为苯时为绿色，R_1、R_2 分别为氢和苯基时为蓝色。

常见的蒽醌型分散染料及组成如表9.3所示。

表9.3　蒽醌型分散染料结构及组成

类　型	名　称	R_1	X	R_2
Ⅰ	分散蓝 RRL	⟨苯环⟩—CH$_3$	H	—
	分散红 3B	H	O—⟨苯环⟩	—
	分散红 RLZ	H	O—CH$_3$	—
Ⅱ	分散蓝 B	CH$_3$	H	CH$_3$
	分散桃红 R$_3$L	H	O—⟨苯环⟩	SO$_2$—⟨苯环⟩—CH$_3$
	分散蓝 FFR	CH$_3$	H	CH$_2$CH$_2$OH
Ⅲ	分散蓝 2BLN	—	Br	—
	分散蓝 S-GBL	—	⟨苯环⟩—OR	—
Ⅳ	分散翠蓝 S-GL	—	CH$_2$CHCH$_2$OCH$_3$	—
	分散翠蓝 HBF	—	CH$_3$	—

1. 分散红 3B

分散红 3B 又名分散红 FB、3BD，为紫红色粉末，不溶于水但均匀分散在水中。适用于涤纶及其缝纺织物的染色和印花，也可用于乙酸纤维和锦纶的染色，还可用于塑料着色。

分散红 3B 常与分散黄 RGFL、分散蓝 2BLN 组成三原色，拼染什色。

分散红 3B 由 1- 氨基蒽醌经卤化、水解、苯氧基化而制得，其原料配比（质量）为 1- 氨基蒽醌：溴素：硼酸：苯酚：发烟硫酸：次氯酸钠：碳酸钾：亚硫酸钠 ＝ 1 : 0.8 : 0.64 : 0.8 : 5.48 : 0.29 : 0.32 : 0.20 。

反应原理和工艺过程如下：

1）卤化

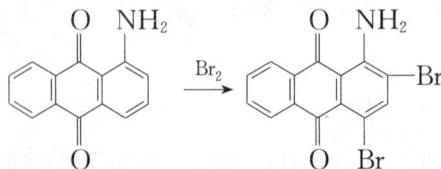

将经砂磨锅研细的 1- 氨基蒽醌放入溴化锅中，加水和盐酸，搅拌均匀，经夹套冰盐水冷却至 20℃以下，加入溴素进行溴化反应。此时一部分溴素生成溴化氢，再加入次氯酸钠溶液使溴化氢转变为溴素，搅拌至反应完全后，加入亚硫酸钠以破坏过量的溴素，使之生成溴化钠。过滤，滤饼用清水洗至中性后烘干。

2）水解

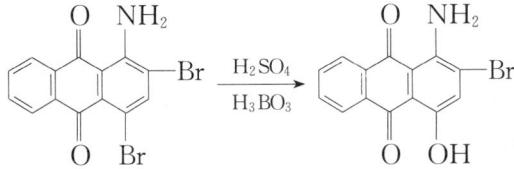

在水解锅中加入发烟硫酸、硼酸，搅拌使其溶解完全，再加入已烘干的溴化物，升温至120℃，保温搅拌至反应完全，冷却至50℃。放入已放有冰水的稀释槽中，搅拌均匀，放入过滤机过滤，洗至中性、烘干。

3）苯氧基化

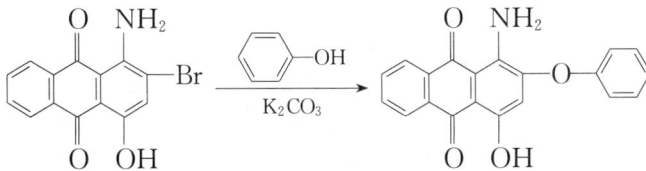

在缩合锅中加入苯酚和碳酸钾，加热至120℃，在搅拌下加入烘干的水解物料，在140～145℃搅拌反应完全。密闭设备，进行真空蒸馏脱去苯酚，含苯酚的废水送回收工段回收苯酚，然后加水打浆，过滤，洗至中性。

4）后处理

在砂磨锅内加入水和扩散剂，搅拌下加入滤饼，在90℃砂磨均匀，经干燥拼混成分散红3B成品。整个生产的工艺流程如图9.1所示。

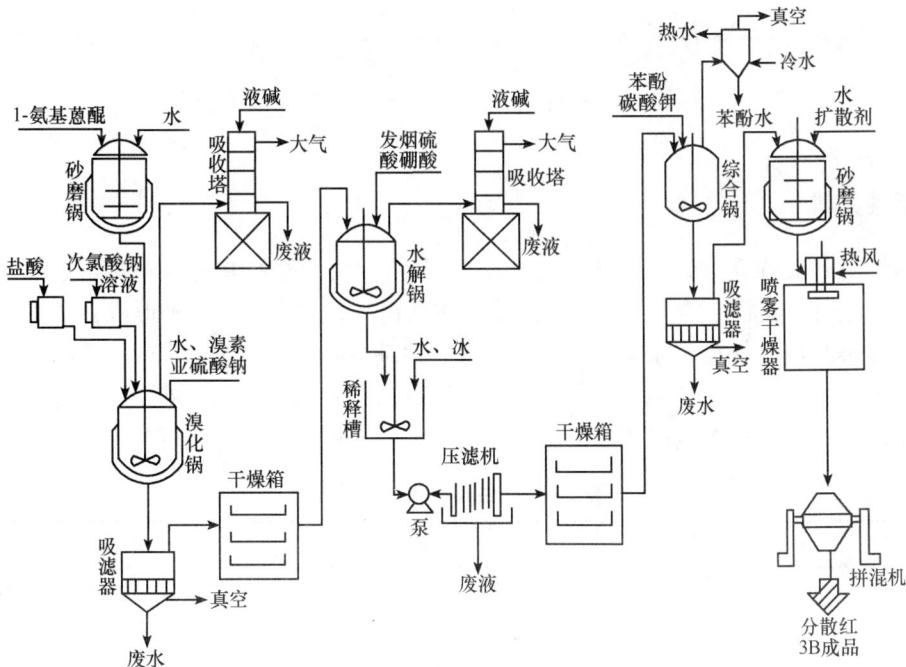

图9.1 分散红3B生产工艺流程图

2. 分散翠蓝 HBF

分散翠蓝 HBF 又名分散翠蓝 BF，翠蓝色粉末，用于涤纶及其混纺织物的染色和印花，也可用于乙酸纤维染色。多以 1,4- 二氨基蒽醌隐色体为原料，经过氧化、磺化、氰化、闭环、水解及甲胺基化制取。基本反应式为

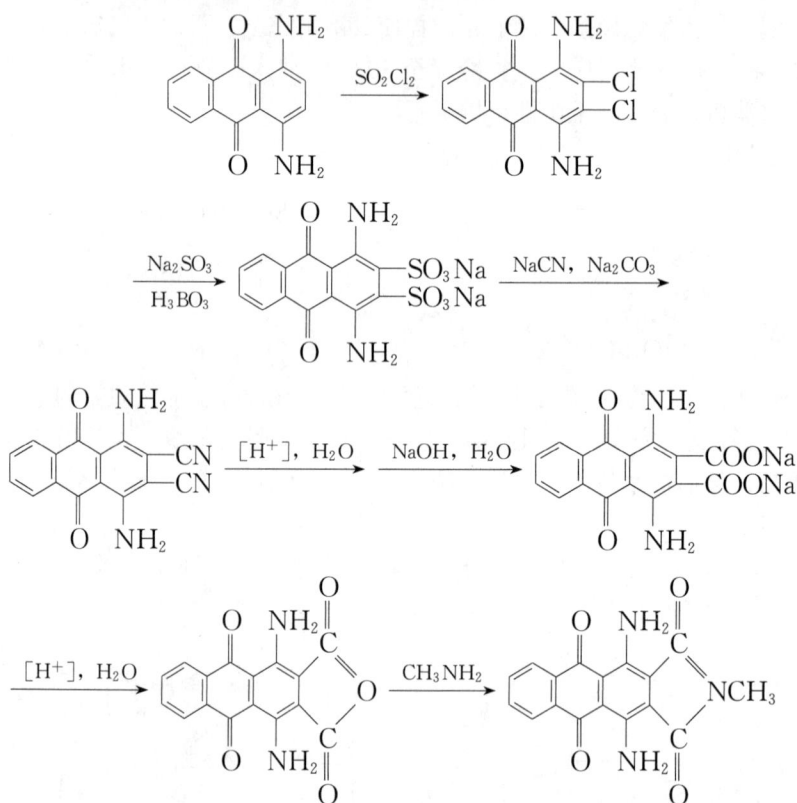

四、活性染料

活性染料又称反应染料，是一类比较新型的染料，我国 1958 年才开始生产。活性染料在染色时，染料中的活性基团与纤维形成共价键，使染料与纤维形成一个整体。

活性染料由母体染料（常用 D 表示）、活性基以及连接这两部分的连接基团组成。活性基团有二氯均三嗪、一氯均三嗪、三氯嘧啶、乙烯砜、氯乙酰等。染料可分为 K 型、KD 型、KN 型、M 型、X 型、F 型、P 型等。各种染料的性能可参见表 9.4。

表 9.4　活性染料类型及性能

类　　型	活　性　基	母　　体	性　　能
X 型	二氯均三嗪	具有小分子质量，水溶性好	活性高、染色稳定性差，匀染性较好，不耐酸
K 型	一氯均三嗪	同上	中等活性、稳定性好，可染深色

续表

类 型	活性基	母 体	性 能
KN 型	乙烯砜基 β- 羟基乙砜基硫酸酯	—	活性介于 K 和 X 型之间，耐酸性水解，牢度尚好
KD 型	一氯均三嗪	直接染料	牢度高，碱性介质中染色及固色
M 型	两个不同的活性基	—	高固色率
F 型	二氟一氯嘧啶	—	较高反应活性
P 型	苯磷酸基	—	稳定性好

1. 活性红 KN-5B

本品为深红色粉末，溶于水，用于棉、麻、蚕丝、锦纶等纤维和织物的染色和印花。活性红 KN-5B 为暗蓝光红色，牢度较好，常与活性金黄 M-G、活性 KN-R 组成三原色，浸染、轧染各种浅色。当间 -（β- 羟乙基砜硫酸酯）苯胺重氮化后，与 R 盐进行偶合再经氧化、盐析可制得活性红 KN-5B 。

1）重氮化

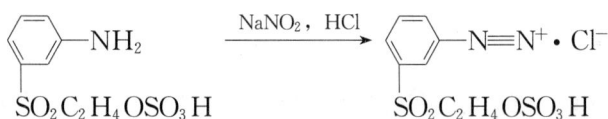

2）偶合

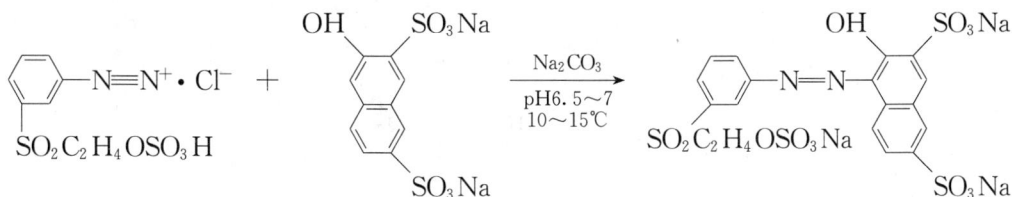

3）氧化络合

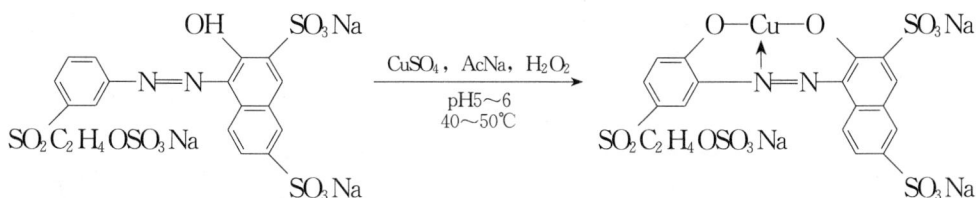

2. 活性黑 K-BR

本品为黑色粉末，溶于水呈青光黑色，适用于日晒、耐氯漂要求较高的印染物，各项牢度较高，常以活性艳橙 K-G、活性深蓝拼咖啡色，与活性艳橙 K-R 拼灰色。该染料由 4- 硝基 -2- 氨基苯酚重氮化后，与 H 酸偶合，再用硫酸铬、乙酸钠和硫酸钴、氢氧化钠进行铬、钴络合，而后与活性基缩合制得。

1）重氮化

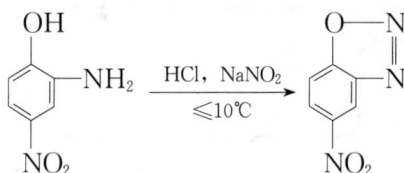

2）偶合

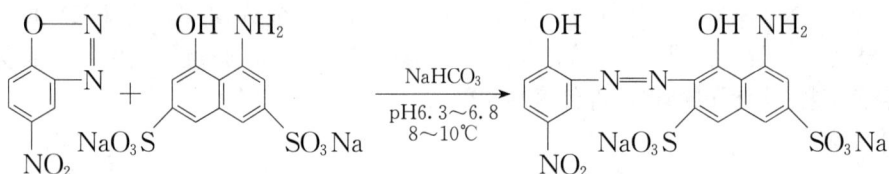

3）金属络合

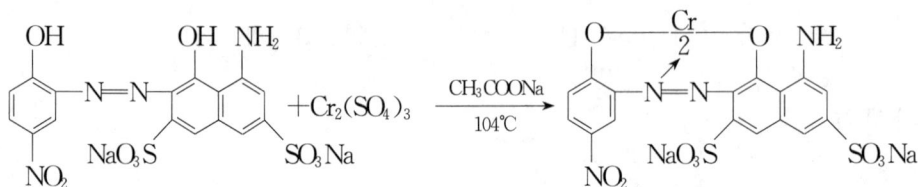

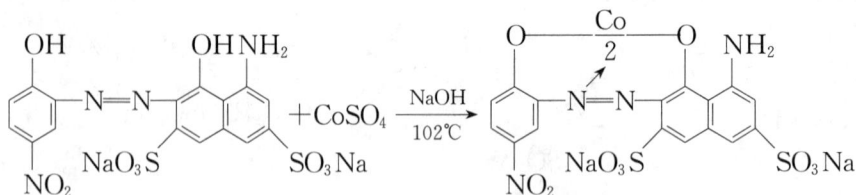

4）缩合

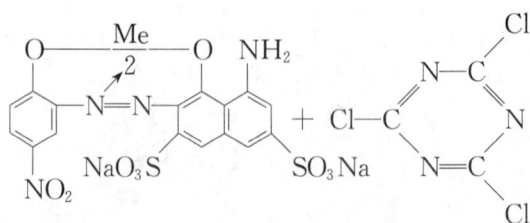

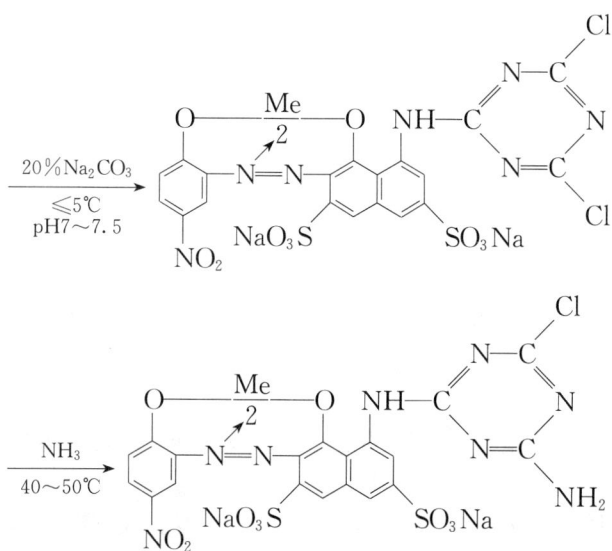

3. 活性艳红 X-3B

本品为枣红色粉末，溶于水显蓝光红色，用于棉麻、黏胶纤维及其纺织物的染色，也可用于蚕丝、羊毛绵纶等的染色。可与活性金黄 X-G、活性蓝 X-R 组成三原色，拼染各种中、深色，如橄榄绿、草绿、黑绿、棕、灰色等。

活性艳红 X-3B 由三聚氯氰与氨基 H 酸为原料缩合后，再与偶氮苯偶合而得。其原料配比（质量）为 H 酸∶三聚氯氰∶苯胺∶亚硝酸钠∶碳酸钠∶盐酸 ＝ 1∶0.54∶0.27∶0.20∶0.18∶0.77。

其生产原理及工艺如下：

1）缩合

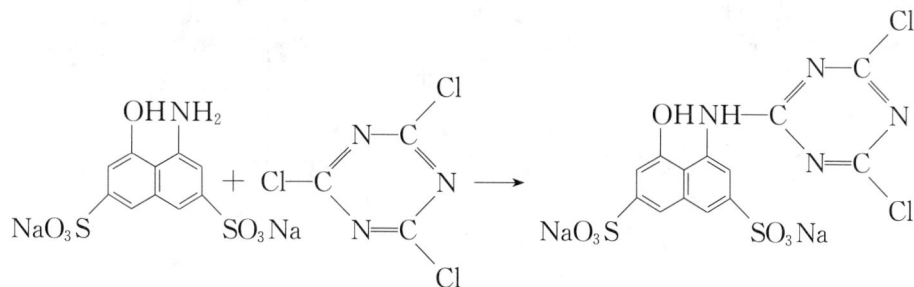

在溶解锅中加入水、H 酸及纯碱，搅拌使之溶解。缩合锅中加入水和三聚氯氰，搅拌调浆，加冰降温至 5℃，从溶解锅中加入已溶解好的 H 酸溶液，同时加入冰和纯碱，保持温度为 0～5℃和弱碱性，继续搅拌使反应完全。

2）偶合

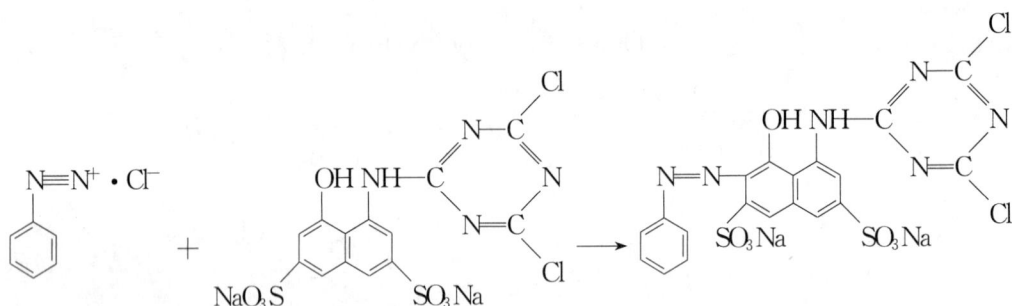

在重氮化锅中加水和盐酸，在搅拌下加入苯胺，加冰降温到 0℃，加入亚硝酸钠溶液进行重氮化反应，维持此温度，搅拌至反应完全。

当缩合锅中物料反应达到终点后，通过布袋过滤器放入到偶合锅中。启动搅拌，于 0～2℃加入苯胺重氮盐溶液，同时加入纯碱以加速偶合反应，至偶合完全时，pH 为 6.8～7.0。加入食盐和尿素进行盐析，经压滤机过滤，滤饼放入捏合机中与无水磷酸氢二钠和无水磷酸氢二钾混合均匀。混合物在真空干燥器中于 85℃下干燥，再经过粉碎机粉碎，在拼混机中与元明粉拼混为成品。工艺流程如图 9.2 所示。

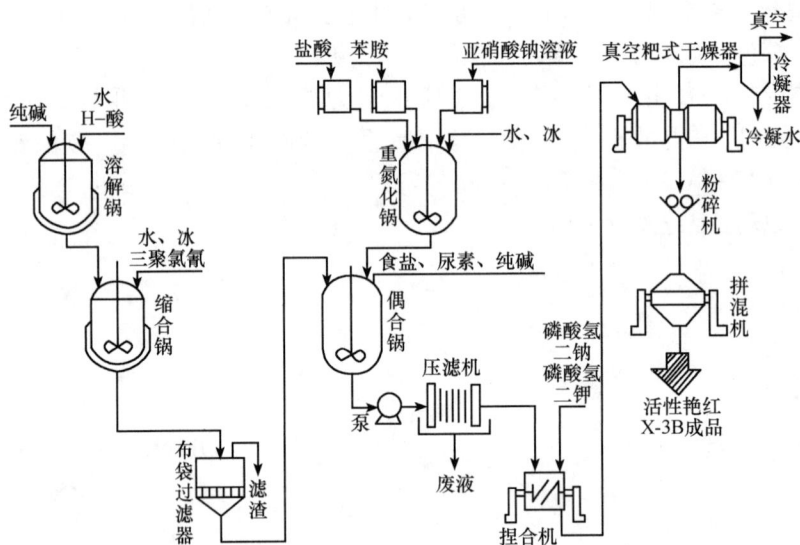

图 9.2　活性艳红 X-3B 生产工艺流程图

五、冰染染料

冰染染料旧称钠夫妥染料，是在纤维上形成的不溶性偶氮染料，包括色酚和色基两类组成部分。染色时，先将纤维物料浸渍在色酚类的钠盐溶液中，再与色基类的重氮盐溶液偶合而形成不溶性偶氮染料。由于重氮和偶合时用冰冷却，故称冰染染料。用于棉制品的染色和印花等。

（一）色酚

色酚是一种酚类的芳烃化合物，它能与重氮盐在棉纤维上偶合生成不溶性偶氮染料。最早使用的色酚为 β- 萘酚，但是由于萘酚染色后各种性能较差，现在多用 β-萘酚的衍生物 2,3- 酸（2- 羟基 -3- 萘甲酸）酰胺化合物所取代，构成色酚 AS 系列（表 9.5）。此外，还有色酚 AS-G 系列（β- 酮基酰胺类）、蒽及咔唑羟基羧酰胺类。

表 9.5 色酚 AS 类的结构及性质

名 称	R 基	颜 色	熔点 /℃
色酚 AS	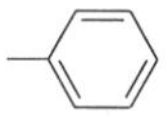 （苯基）	米黄或微红色	247~250
色酚 AS-BS	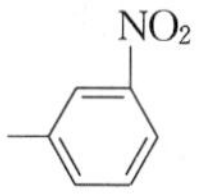 （间硝基苯基，NO₂）	浅黄色粉状	246~247
色酚 AS-RL	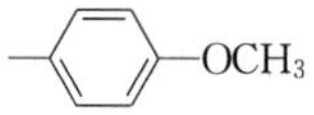 （对甲氧基苯基，OCH₃）	浅棕色粉状	229~230
色酚 AS-OL	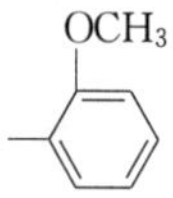 （邻甲氧基苯基，OCH₃）	米棕色粉状	167~168
色酚 AS-pH	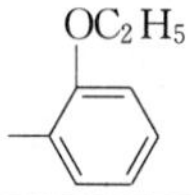 （邻乙氧基苯基，OC₂H₅）	米棕色	157~158
色酚 AS-D	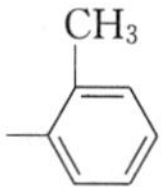 （邻甲基苯基，CH₃）	米黄色粉末	195~196
色酚 AS-SW	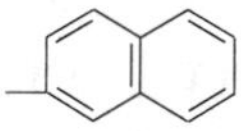 （萘基）	米黄色粉末	243~244
色酚 AS-BO	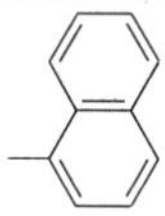 （萘基）	米色粉末	222~223
色酚 AS-E	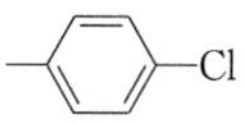 （对氯苯基，Cl）	淡米色粉末	258~259
色酚 AS-BT	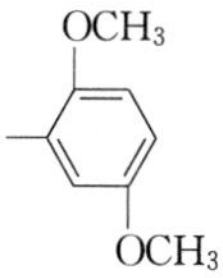 （2,5- 二甲氧基苯基，OCH₃/OCH₃）	灰白色粉末	217
色酚 AS-VL	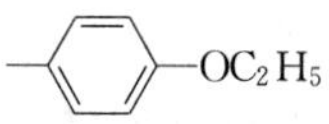 （对乙氧基苯基，OC₂H₅）	棕米色粉末	217~219

1. 色酚 AS

色酚 AS 为黄色或微红色粉末，熔点为 243～245℃，不溶于水，溶于烧碱溶液中呈黄色，其本身不是染料，必须在布上与色基盐偶合才能产生颜色，是冰染染料中偶合组分的主要品种，俗称纳夫妥 AS 或萘酚 AS，主要用于棉纤维的染色和印花作打底剂，还可以作快色素和有机颜料的中间体。

色酚 AS 由 2,3- 酸与芳香胺（如苯胺、苯胺同系物的衍生物、苯胺等）在有机溶剂中与三氯化磷一起加热缩合而成。

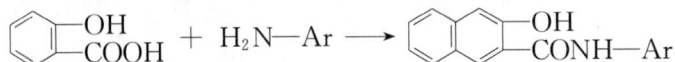

色酚 AS 是此类色酚中应用最广的产品，其颜色有红、紫、蓝及黑色。

2. 色酚 AS-BO

本品为米色粉末，不溶于水，溶于二甲苯。主要用于棉纤维染色、印花的打底剂，并可以用作有机颜料中间体，以及制造快色素。可用 2,3- 酸为原料，用氯苯与烧碱成盐、脱水，再与甲萘胺和三氯化磷缩合，后经中和、蒸馏、过滤、洗涤及干燥而得。

1）成盐

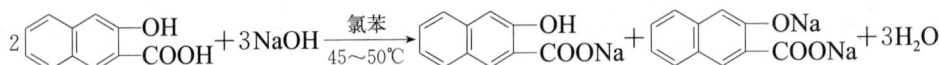

2）缩合

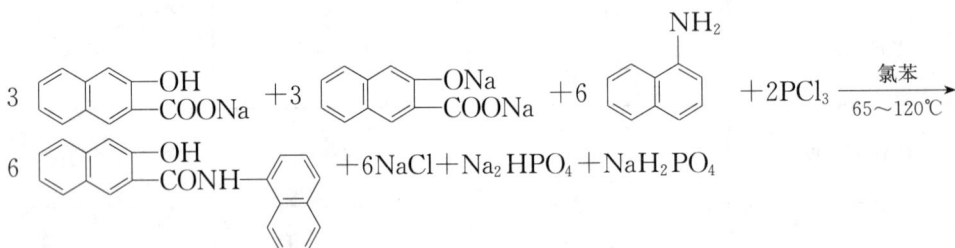

3. 色酚 AS-G

本品为浅灰色或淡黄色粉状，溶于乙醇和苯，不溶于水，其用途与色酚 AS-BO 相似。常用联甲苯胺和双烯酮作原料缩合而成。

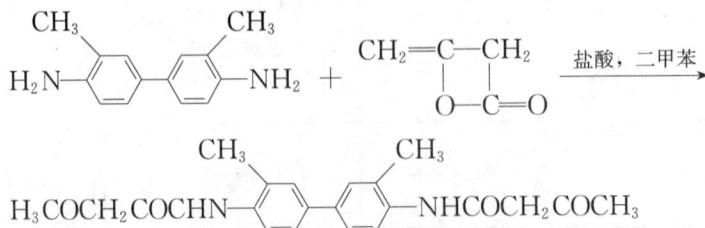

4. 色酚 AS-LB

本品主要用于棉织物染色和印花的打底剂。与一般色基偶合可得红棕、黄红等色光；与金属络合的冰染色基偶合，可得蓝色，牢度优异，色光接近安安蓝。由咔唑和对氯苯胺为原料经磺化，碱熔、碳酸化、缩合而得。

1）磺化

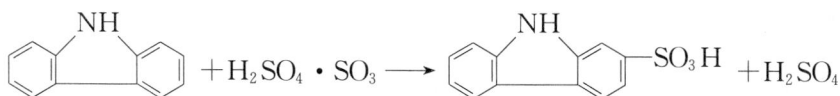

2）碱熔

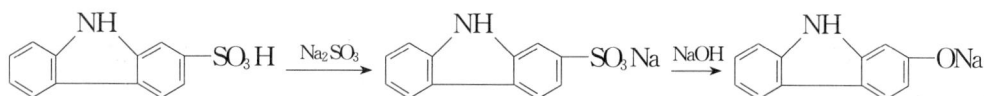

3）碳酸化

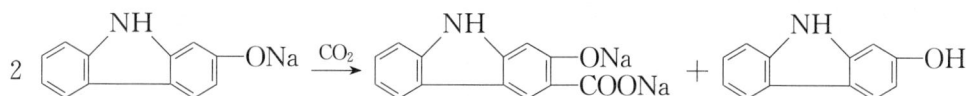

4）缩合

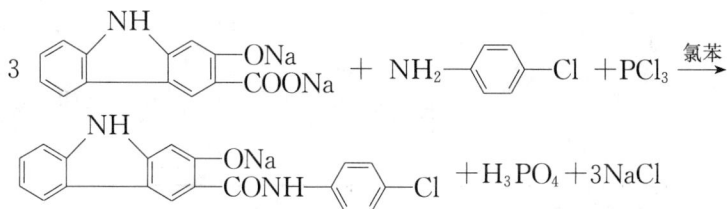

（二）色基

色基在冰染染料中作为重氮剂或显色剂，其重氮盐与色酚在纤维上偶合，形成不溶性偶氮染料。一般某种色基可与不同的色酚生成不同的色光。例如，红色基 B 与色酚 AS 生成带蓝色的红色，与色酚 AS-BO 生成紫酱色。

色基主要是苯胺和苯胺同系物的衍生物。常见红色基见如表 9.6 所示。

表 9.6 常见红色基

名 称	结 构	名 称	结 构
黄色基 GC	NH_2 Cl	紫酱色基 GP	H_2N NO OCH_3

名　称	结　构	名　称	结　构
橙色基 GC	3-氯苯胺（NH_2，Cl）	蓝色基 VB	CH_3O—⬡—NH—⬡—NH_2
红色基 RD	3-（三氟甲基）苯亚胺（NH，F_3C）	蓝色基 BB	⬡—$CONH$—⬡（OC_2H_5，NH_2，OC_2H_5）
红色基 B	(NH_2，OCH_3，NO_2)	棕色基 V	O_2N—⬡—$N=N$—⬡（CH_3，OCH_3，NH_2）
深红色基 RC	(NH_2，OCH_3，Cl)	黑色基 K	O_2N—⬡—$N=N$—⬡（OCH_3，NH_2，OCH_3）
红色基 RL	(NH_2，CH_3，NO_2)	橄榄绿色基	CH_3O—苯并三唑—⬡（OC_2H_5，OC_2H_5，NH_2，N，O）
红色基 GL	(NH_2，NO_2，CH_3)	蓝色基 RT	⬡—NH—⬡—NH_2

1. 红色基 RC

本品为针状晶体，微溶于水。由 2,5- 二硝基苯用甲醇、氢氧化钠进行甲氧基化、还原、成盐而得。

1）甲氧基化

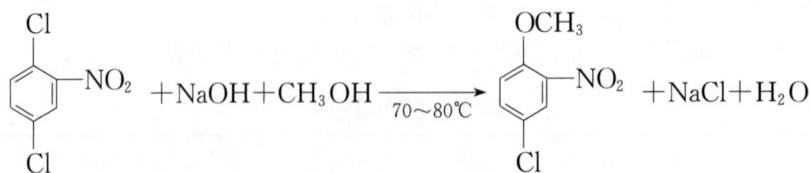

$$\text{（2,4-二氯硝基苯）} + NaOH + CH_3OH \xrightarrow{70\sim80℃} \text{（甲氧基硝基氯苯）} + NaCl + H_2O$$

2）还原

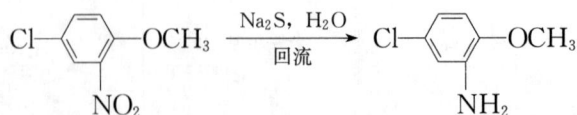

$$\text{（Cl—⬡—OCH}_3\text{，NO}_2\text{）} \xrightarrow[\text{回流}]{Na_2S,\ H_2O} \text{（Cl—⬡—OCH}_3\text{，NH}_2\text{）}$$

3）成盐

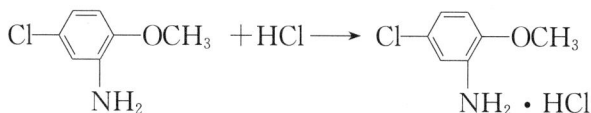

2. 红色基 ITR

本品为冰染染料中唯一的浅桃红色耐晒染料，可代替可溶性还原桃红 IR 和大红色基。由邻氨基苯甲醚为原料经酰化、氯磺化、缩合、水解而得。

1）酰化

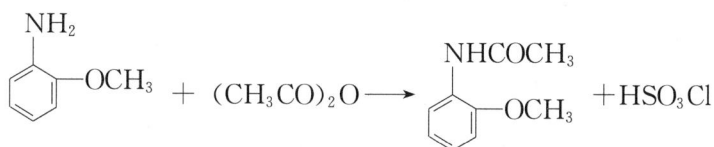

2）氯磺化

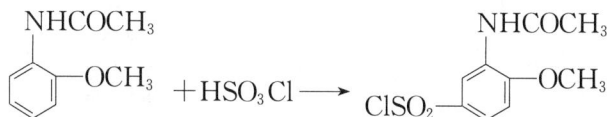

3）缩合

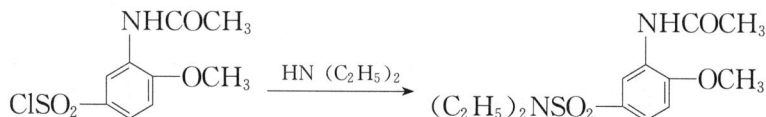

4）水解

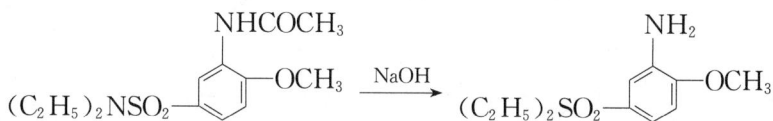

小结

　　染料是分子结构中具有发色团和助色团的有机化合物。我国染料名称常由"冠称"、"色称"、"字尾"三部分组成。染料按其组成结构分类常见的有偶氮染料、蒽醌染料、靛属染料、酞菁染料、碳鎓染料，按染色方法分类常见的有分散染料、活性染料、直接染料、冰染染料、硫化染料、还原染料、媒染染料、氧化染料、酸性染料、碱性染料等。染料的合成一般借助重氮化、偶合等单元反应来完成，在合成工艺上一般具有合成、压滤、干燥、拼混等几个工序。

思考题

1. 染料按化学结构和按染色方法分类各有什么好处？

2. 染料为什么能够牢固染色?

3. 举例说明染料分子结构与染料显色之间的内在关系。

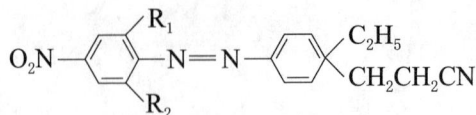

4. 染料，当 $R_1=R_2=H$ 时，$\lambda_{max}=453nm$。如 $R_1=$—CH_3，$R_2=$—$CH(CH_3)_2$ 其 λ_{max} 是增大还是减小? 染料的颜色将会产生什么变化? 同时指出该染料属于哪种类型的染料?

5. 举例说明染料的命名和化学合成的基本反应工序。

6. 从最基础的苯、氨等原料出发设计下列染料的合成路线，并指出需要哪些工序和生产设备?

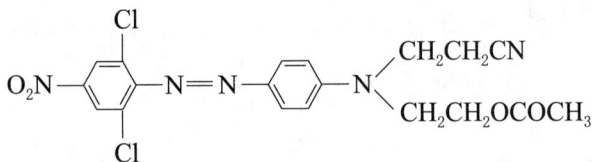

7. 活性染料的活性体现在什么方面? 试举例说明。

8. 冰染染料的色酚和色基部分在结构上各有什么特点? 有哪些品种?

9. 查阅相关资料，说明衡量染料的性能指标有哪些?

第十章 合成材料加工用助剂

知识点和技能点

1. 合成材料加工中需要添加的助剂品种及其作用。
2. 助剂在合成材料中作用的机理。
3. 各种助剂的特点。
4. 助剂的一些新品种及其作用机理。

学习目标

1. 掌握合成材料助剂的定义、类别，了解助剂在合成材料加工中的应用及发展概况。
2. 掌握增塑剂的定义、分类及增塑剂的选用原则，理解增塑机理；了解增塑剂主要品种的特点。
3. 掌握抗氧剂的类别特性及选用原则，理解抗氧剂的作用机理，了解各类型抗氧剂的特点。
4. 理解热降解及热稳定剂的作用机理，了解各类型热稳定剂的特点。
5. 理解光稳定剂的作用原理，了解各种类型光稳定剂的特点。
6. 理解燃烧过程，掌握阻燃机理，了解各种类型阻燃剂的特点。
7. 掌握抗静电剂的分类及抗静电剂的防静电原理，了解各类型抗静电剂的特点。
8. 掌握发泡剂的作用及分类，理解气泡形成过程，了解各类型发泡剂的特点。
9. 掌握润滑剂的作用及分类，了解各类型润滑剂的特点。

第一节 概　述

助剂又称添加剂，是指那些为改善某些材料的加工性能和最终产品的性能而添加在材料中，对材料结构无明显影响的少量化学物质。

助剂是精细化工行业中的一大类产品。它能赋予制品以特殊性能，延长其使用寿命，扩大其应用范围，能改善加工效率，加速反应过程，提高产品收率。因此，助剂广泛应用于化学工业，特别是有机合成，塑料、纤维、橡胶三大合成材料的制造加工，以及石油炼制、纺织、印染、农药、医药、涂料、造纸、食品、皮革等精细化工工业部门。

按使用范围，助剂一般可分为合成用助剂和加工用助剂两大类。合成用助剂是指在合成反应中所加入的助剂，主要有催化剂、引发剂、溶剂、分散剂、乳化剂、阻聚剂、调节剂、终止剂等。合成用助剂在反应系统中的用量虽然不多，但它们所起的作用却非常显著。既可以改变反应的速度和方向、提高选择性和转化率；对高分子聚合反应来讲，又可以引发、阻聚和终止聚合反应，又能调节高聚物分子质量大小和分子质量的分布，保证其质量，改善产品性能。加工助剂是指材料在加工过程中所添加的助剂，主要有：增塑剂、稳定剂、阻燃剂、发泡剂、固化剂、硫化剂、促进剂、油剂等。本章主要介绍后一类助剂。

各种助剂均可满足不同的功能，按功能分类可分为九大类，如表 10.1 所示。每一大类中包括若干种助剂。

表 10.1　助剂按功能分类

作用功能	助剂类型
稳定化助剂	抗氧剂、热稳定剂、光稳定剂、防霉剂、防腐剂、防锈剂
机械性能改善助剂	硫化剂、硫化促进剂、防焦剂、偶联剂、交联剂、补强剂、抗冲击剂
加工性能改善助剂	润滑添加剂、脱模剂、塑解剂、软化剂、消泡剂、匀染剂、黏合剂、交联剂、增稠剂、促染剂、防染剂、乳化剂、分散剂、助溶剂、
柔软化和轻质化助剂	增塑剂、发泡剂、柔软剂
表面性能和外观改进助剂	润滑剂、抗静电剂、着色剂、固色剂、增白剂、光亮剂、防黏剂、滑爽剂、净洗剂、渗透剂、分散剂、乳化剂
阻燃性助剂	阻燃剂、填充剂
硬度、强度增强助剂	填充剂、增强剂、交联剂、偶联剂
流动和流变性能改进助剂	降黏剂、黏度指数改进剂、流平剂、增稠剂、流变剂

其中最为重要的、具有代表性的、应用面广的助剂类型介绍如下。

1）增塑剂

增塑剂可增加高聚物的弹性，使之易于加工。它大部分用于聚氯乙烯，是消耗量最大的一类有机助剂。

2）抗氧剂

抗氧剂是防止材料氧化老化的稳定化助剂。在橡胶工业中，抗氧剂习惯上称做防老剂。按作用原理，抗氧剂可分为自由基抑制剂和过氧化物分解剂两大类。自由基抑制剂包括胺类和酚类两大系列。过氧化物分解剂主要包括硫代二羧酸酯和亚磷酸酯。

3）热稳定剂

热稳定剂主要用于防止聚氯乙烯及氯乙烯共聚材料加工时出现的热老化，它包括盐基性铅盐、金属皂类和盐类、有机锡化合物等主稳定剂和环氧化合物、亚磷酸酯、多元醇等有机辅助稳定剂。

4）光稳定剂

光稳定剂主要用于防止材料由于光氧引起的物质老化（亦称紫外线光稳定剂）。按照其作用机理，可分为紫外线吸收剂、紫外线屏蔽剂、猝灭剂和自由基捕获剂四大类。

5）阻燃剂

阻燃剂分添加型和反应型两大类。添加型阻燃剂包括磷酸酯、氯化石蜡、有机溴和氯化物、氢氧化铝及氧化锑等；反应型阻燃剂包含有卤代酸酐、卤代双酚 A 和含磷多元醇等类。

6）交联剂

使线性高分子转变成体型（三维网状结构）高分子的过程称之为交联，能引起交联的物质称为交联剂。引发交联的方法主要有辐射交联和化学交联。

常用的化学交联剂有：有机过氧化物、环氧树脂、胺类和有机酸酐等。橡胶的交联剂称为硫化剂。为了提高交联度和交联速度，有机过氧化物常与一些助交联剂和交联促进剂并用。

常用的辐射交联方法有电子辐射和紫外线辐射。

7）润滑添加剂

使用润滑添加剂的目的是为了减少或改善产品在应用时的加工摩擦。润滑添加剂包括塑料加工用润滑添加剂、纺丝用油剂、润滑油用油性剂、抗磨剂和极压剂等。

8）偶联剂

使用偶联剂的目的是要在无机材料（或填料）和有机合成材料之间架起化学键合的桥梁，促使无机材料（或填料）和有机合成材料之间的有效混合。偶联剂主要品种有硅烷衍生物、酞酸酯类、锆酸酯类和铬络合物等。

9）发泡剂

发泡剂是指不与高分子材料发生化学反应，并能在特定条件下产生无害气体的物质。发泡剂可分为物理发泡剂和化学发泡剂，主要用于泡沫塑料，海绵橡胶。

物理发泡是通过压缩气体的膨胀，或液体的挥发等物理过程而形成的；化学发泡剂则是通过受热时分解所放出的气体而形成的。无机发泡剂有碳酸铵、碳酸氢钠、亚硝酸钠等。有机发泡剂主要是偶氮化合物、磺酰肼类化合物和亚硝基化合物等。

10）消泡剂

消泡剂用以破坏泡沫或防止泡沫产生的物质，主要用于发酵、蒸馏、印染、造纸、污水处理等行业中，主要有低级醇类、有机极性化合物类、矿物油类和有机硅树脂类等。

11）抗静电剂

抗静电剂是为防止材料加工和使用时的静电危害而加入的一种助剂。主要用于塑料和合成纤维的加工（作为纤维油剂的主要成分）。按作用方式的不同，抗静电剂分内部用抗静电剂和外部用抗静电剂两类。此类助剂为具有表面活性的物质，分为阴离子型、阳离子型、非离子型和两性离子型表面活性剂。

12）流变性能改进剂

流变性能改进剂是能够改变不同剪切速度下黏度特性的添加剂，包括流变剂、增稠剂和流平剂。应用于涂料、乳液等体系中。

流变剂是一类能够促进溶剂型涂料体系形成凝胶网络、赋予体系在低剪切速度下的结构黏度，防止湿膜流挂和颜料沉降的物质，主要有有机膨润土、氢化蓖麻油、聚乙烯蜡、触变性树脂等。

增稠剂是一类广泛应用于水基乳状体系，如乳胶漆涂料印花浆、化妆品和食品等体系中的流变助剂，能够赋予这些体系适当的触变性，主要有脂肪酸烷醇酰胺类、甲基纤维素衍生物类、不饱和酸聚合物和有机金属化合物类等。

流平剂是一类通过改变涂料与底材之间的表面张力而提高润滑性，从而确保涂层表面平整、有光泽的添加剂，主要有溶剂类、醋丁纤维素类、聚丙烯酸酯类、有机硅树脂类和含氟表面活性剂类等。

13）柔软剂

柔软剂是用来降低纤维间的摩擦系数，以获得柔软效果的添加剂。一般很少使用单一化学结构的产物，多数是由几个组分配制而成，除矿物油、石蜡、植物油、脂肪醇等成分外，还使用大量的表面活性剂。柔软剂又分为表面活性剂型、反应型和非表面活性剂型三类。

14）乳化剂和分散剂

乳化剂是指能使互不相溶的两种液体中的任何一种液体均匀稳定地分散到另一种液体体系中的物质。而分散剂则指能使固体微粒均匀稳定地分散在液体体系中的物质，它广泛用于纺织染整行业。乳化剂和分散剂大多为表面活性剂，两者有时是相同的。

15）抗菌剂和防腐剂

抗菌剂是具有抵抗霉菌侵蚀能力的一种物质。用于高分子材料时多称之为抗菌剂，用于食品添加剂时多称之为防腐剂。

用于高分子材料的抗菌剂又称为防霉剂。主要品种有酚类化合物，如苯酚、氯代苯酚及衍生物等；有机金属化合物，如有机汞化合物、有机锡、有机铜、有机砷、有机硫、有机磷、有机卤化物及氮杂环化合物等。

16）防锈剂

防锈剂是用于防止金属腐蚀的一类物质，如防锈水、防锈油和缓蚀剂。

防锈水有无机类的亚硝酸钠、铬酸盐及重铬酸盐、磷酸盐、硅酸盐及铝酸钠等，有机类的苯甲酸钠、单（三）乙醇胺、巯基苯并噻唑、苯并三氮唑等。

防锈油是指用硅油、乳化剂、稳定剂、缓蚀剂（如碱金属的磷酸盐、石油磺酸钡、二千基萘磺酸钡、十二烯基丁二酸等）、防霉剂、助溶剂等配成的乳剂。

缓蚀剂主要有羧酸、金属皂、磺酸、胺、脂及杂环化合物。

17）流动性能改进剂

流动性能改进剂是用于原油、润滑油和燃料油中的控制流动性能变化的一类助剂。包括降凝剂、黏度指数改进剂和低温流动性能改进剂。

降凝剂主要有均聚物如聚甲基丙烯酸酯、聚 α - 烯烃等，共聚物包括以乙烯为基础的聚合物，以不饱和羧酸酯为基础的聚合物、N- 烷基琥珀酰胺及衍生物、氢化脂肪仲胺等。

黏度指数改进剂包括均聚物如聚甲基丙烯酸酯、聚异丁烯等，共聚物如乙 - 丙共聚物、聚苯乙烯 - 不饱和羧酸酰胺共聚物等。

低温流动性能改进剂则主要有聚乙烯 - 醋酸乙烯酯、α - 烯烃 - 马来酸酐共聚物等。

第二节 增 塑 剂

一、增塑剂的定义

增塑剂是一种加入到高分子聚合体系中能增加它们的可塑性、柔韧性或膨胀性的物质。添加增塑剂后，聚合物的硬度、模量（指材料受到变形应力时恢复其原形状和结构的能力）、软化温度和脆化温度下降，而伸长性、曲挠性和柔韧性提高。从微观角度看，增塑剂削弱了聚合物分子间的次价键（即范德华力），降低了聚合物分子链的结晶性，增加了聚合物分子链的移动性（塑性）。

在所有有机助剂中，增塑剂的产量和消耗量都占第一位。而用于聚氯乙烯（的增塑剂又占增塑剂总产量的 80%～85%，其余则主要用于纤维素树脂、醋酸乙烯树脂、ABS树脂以及橡胶。但并非每种塑料生产加工时都需要增塑，如聚酰胺、聚苯乙烯、聚乙烯和聚丙烯就不需增塑。

增塑剂通常是沸点高、较难挥发的液体，或低熔点的固体。较好的增塑剂，通常应具有增塑剂分子与高聚物的相容性好，耐久性、加工性好，安全性高、价格低廉等要求。

二、增塑剂的分类

1. 按与被增塑物的相容性分类

增塑剂按相容性分为主增塑剂、辅助增塑剂、增量剂三类。

1）主增塑剂

它与被增塑物相容性良好，质量相容比几乎可达 1:1。可单独使用。它不仅能够插入到极性树脂的非结晶区域，而且可以插入到有规的结晶区域，又称溶剂型增塑剂。如邻苯二甲酸酯类、磷酸酯类等。

2）辅助增塑剂

它与被增塑物相容性良好，质量相容比可达 1:3。一般不单独使用，需与适当的主增塑剂配合使用。其分子只能插入聚合物的非结晶区域，也称为非溶剂型增塑剂。如脂肪族二元酸酯类、多元醇酯类、脂肪酸单酯类、环氧酯类等。

3）增量剂

它与被增塑物相容性较差，质量相容比低于 1:20。但与主增塑剂或辅助增塑剂有一定相容性，且能与它们配合，用以降低成本和改善某些性能，如含氯化合物。

2. 按应用性能分类

不同应用性能增塑剂可分为耐寒性增塑剂、耐热性增塑剂、阻燃性增塑剂、防霉性增塑剂、无毒性增塑剂、耐候性增塑剂和通用型增塑剂七类。

（1）耐寒性增塑剂，能使被增塑物在低温下仍有良好的韧性，主要有癸二酸二辛酯、己二酸二辛酯等。

（2）耐热性增塑剂，能使被增塑物的耐热性有所提高，主要是双季戊四醇酯、偏苯三酸酯等。

（3）阻燃性增塑剂，能改善被增塑物的易燃性，主要为磷酸酯类及含卤化合物（如氯化石蜡）等。

（4）防霉（耐菌）性增塑剂，能赋予被增塑物抵抗霉菌破坏的能力，主要有磷酸酯类等。

（5）耐候性增塑剂，能使被增塑物的耐光、耐射线等作用的能力有所提高，如环氧大豆油及环氧硬脂酸丁酯（或辛酯）等。

（6）无毒性增塑剂，毒性很小或无毒的增塑剂，如磷酸二苯一辛酯及环氧大豆油等。

（7）通用型增塑剂，通常为综合性能好、应用范围广、价格较便宜的增塑剂，如邻苯二甲酸酯类。

3. 按化学结构分类

按化学结构分类是最常用的分类法，一般可分为：邻苯二甲酸酯类、脂肪族二元酸酯类、脂肪酸单酯与多元醇的脂肪酸酯类、磷酸酯类、偏苯三酸酯类、烷基磺酸酯类、苯多羧酸酯类、聚酯类、环氧酯类、柠檬酸酯类、含氯化合物类等。后面将按照此分类方法对增塑剂进行较详细的讨论。

三、增塑机理

高分子材料的增塑，是由于材料中高聚物分子链间聚集作用的削弱而造成的。增塑剂分子插入到聚合物分子链之间，削弱了聚合物分子链间的引力，结果增加了聚合物分子链的移动性，降低了聚合物分子链的结晶度，从而使聚合物塑性增加。

一些常用的热塑性高分子聚合物具有高于室温的玻璃化转变温度（T_g），在此温度下，聚合物处于玻璃样的脆性状态。在 T_g 温度以上，高分子聚合物呈现较大的回弹性、柔韧性和冲击强度。为了使高分子聚合物具有实用价值，必须使其 T_g 降到室温以下，增塑剂的加入就起到了这种作用。

在聚合物分子间存在着以下几种作用力：

1）范德华力

范德华力是一种永远存在于聚合物分子间或分子内非键合原子间的较弱作用引力，具有加和性。范德华力包括以下三种：

（1）色散力，存在于一切分子中，是由于微小的瞬间偶极的相互作用，使靠近的偶极处于异极相邻状态而产生的一种吸引力。这种力在非极性分子体系中较为严重。

（2）诱导力，是存在于极性分子与非极性分子之间的一种力。当极性分子与非极性分子相互作用时，非极性分子中被诱导产生了诱导偶极，这种诱导偶极与极性分子固有偶极间所产生的吸引力称为诱导力。

（3）取向力，是存在于极性分子间的一种力。当极性分子相互靠拢，由于固有偶极的取向而引起分子间作用的一种力叫做取向力。

2）氢键

氢原子同时和两个电负性很大而原子半径较小的原子（如 F，O，N 等）相结合，这种结合叫氢键。氢键是一种比较强的分子间作用力，它会妨碍增塑剂分子的插入，特别是氢键数目较多的聚合物分子很难增塑。

聚合物分子间的作用力大小取决于聚合物分子链中各基团的性质。具有强极性的基团，分子间作用力大；而具有非极性的基团，分子间作用力小。常见聚合物的极性大小按下列顺序排列：聚乙烯醇 > 聚醋酸乙烯酯 > 聚氯乙烯 > 聚丙烯 > 聚乙烯。

3）结晶

有些聚合物的分子链中虽无极性基团，分子不显极性，但这些聚合物链状分子能从卷绕的、杂乱无章的状态变成紧密折叠成行的有规状态。这时结晶就会产生，分子链间的自由空间变得更小，距离更短，作用力更大。此时增塑剂分子要进入聚合物分子间就更为困难。而一般条件下，工业生产的聚合物不可能是完全结晶的，往往是结晶区穿插在无定形区内的，如图 10.1 所示。

当聚合物中加入增塑剂时，在聚合物—增塑剂体系中，存在着三种作用力：

（1）聚合物分子与聚合物分子间的作用力。

（2）增塑剂本身分子间的作用力。

（3）增塑剂与聚合物分子间的作用力。

图 10.1 结晶聚合物示意图

其中，增塑剂为小分子，故（2）很小，可不考虑。关键在于（1）的大小。若是非极性聚合物，则（1）小，增塑剂易插入其间，并能增大聚合物分子间距离，削弱分子间作用力，起到很好的增塑作用；反之，若是极性聚合物，则（1）大，增塑剂不易插入。需通过选用带极性基团的增塑剂，让其极性基团与聚合物的极性基团作用，代替聚合物极性分子间作用，使（3）增大，从而削弱大分子间的作用力，达到增塑的目的。

具体地讲，增塑剂分子插入聚合物大分子之间，削弱大分子间的作用力而达到增塑的目的，有三种作用。

（1）隔离作用。非极性增塑剂加入到非极性聚合物中增塑时，非极性增塑剂的主要作用是通过聚合物—增塑剂间的"溶剂化"作用，来增大分子间的距离，削弱它们之间本来就很小的作用力。由于增塑剂是小分子，其活动较大分子容易，大分子链在其中的热运动也较容易，故聚合物的黏度降低，柔软性等增加。其作用机理可用图 10.2 表示。

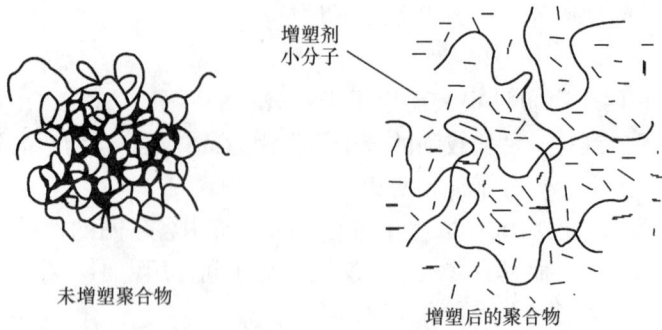

图 10.2　非极性增塑剂对非极性聚合物增塑作用示意图

（2）相互作用。极性增塑剂加入到极性聚合物中增塑时，增塑剂分子的极性基团与聚合物分子的极性基团"相互作用"，破坏了原聚合物分子间的极性连接，减少了连接点，削弱了分子间的作用力，增大了塑性。其增塑效率与增塑剂的摩尔数成正比，其增塑原理见图 10.3。

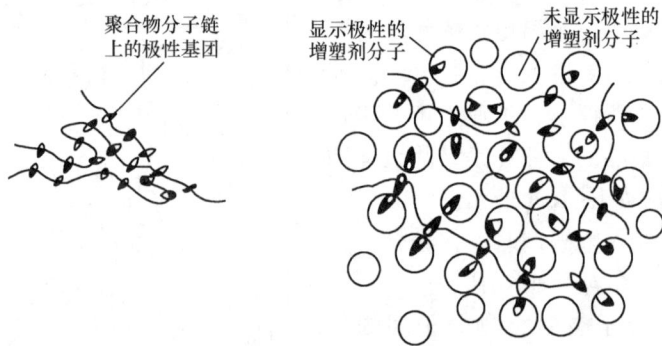

图 10.3　极性增塑剂对极性聚合物增塑作用示意图

（3）遮蔽作用。非极性增塑剂加入到极性聚合物中增塑时，非极性的增塑剂分子遮蔽了聚合物的极性基团，使相邻聚合物分子的极性基不发生或少发生"作用"，从而削弱聚合物分子间的作用力，达到增塑的目的。

上述三种增塑作用不可能截然划分，事实上在一种增塑过程中，可能几种作用方式共同存在。例如，以 DOP 增塑 PVC，在升高温度时，DOP 分子插入到 PVC 分子链间，一方面 DOP 的极性酯基与 PVC 的极性基"相互作用"，彼此能很好互溶，不相排斥，从而使 PVC 大分子间作用力减小，塑性增加；另一方面 DOP 的非极性亚甲基夹在 PVC 分子链间，把 PVC 的极性基遮蔽起来，减少了 PVC 分子链间的作用力。这样在加工变形时，链的移动就容易了（图 10.4）。

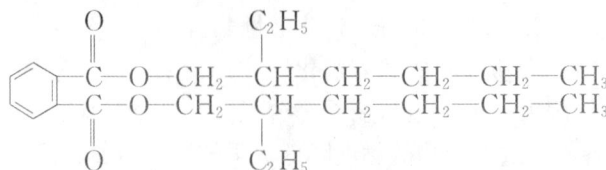

图 10.4　DOP 的结构图

在正常的情况下，当把增塑剂加入聚合物中增塑时，由于分子间的作用力降低，因此弹性模量、抗张强度等也相应降低，但伸长率和抗冲强度等却随之增加，这种情况是正增塑，然而有时也出现相反的情况，当增塑剂含量少时，很多增塑剂对一些聚合物起反增塑作用，即聚合物的抗张强度、硬度增加，伸长率和抗冲击强度下降。

产生反增塑的原因是由于少量增塑剂加入到聚合物中，产生了较多的自由体积，增加了大分子移动的机会，无定形物质中的大量流体部分生成新的结晶，因此许多树脂变得很有序列，而且排列得更紧密。反增塑作用在不同种类的树脂中都可能发生，如聚甲基丙烯酸甲酯、聚碳酸酯、尼龙 -66 等，这些树脂有的是无定形的，有的是高度结晶的。

为克服增塑剂初始加入时产生的反增塑作用，对增塑效果差的增塑剂，加入量需要大一些；但增塑效果良好的增塑剂，如对邻苯二甲酸二辛酯在 PVC 中添加少量，就可变反增塑为正增塑。有关聚合物的增塑和反增塑见图 10.5。

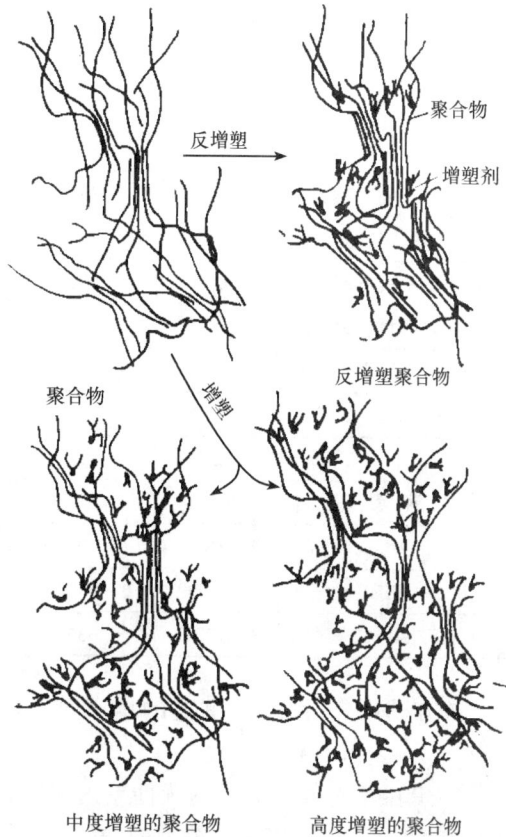

图 10.5　增塑与反增塑示意图

四、主要增塑剂

1. 邻苯二甲酸酯类

邻苯二甲酸酯类可用以下通式表示：

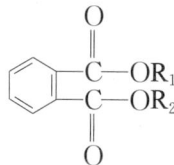

$$\text{邻苯二甲酸酯通式}$$

R_1、R_2 是 $C_1 \sim C_{13}$ 的烷基、环烷基、苯基、苄基等。

这类增塑剂是目前最广泛应用的一类主增塑剂。它具有色浅、低毒、多品种、电性能好、挥发性小、耐低温等特点，具有比较全面的性能，其生产量约占增塑剂总产量的 80% 左右。常见的邻苯二甲酸酯类增塑剂品种、特点和用途见表 10.2。

表 10.2　邻苯二甲酸酯类增塑剂的主要产品

化学名称	商品名称	相对分子质量	外　观	沸点 /℃	凝固点 /℃	闪点 /℃
邻苯二甲酸二甲酯	DMP	194	无色透明液体	282/760	0	151
邻苯二甲酸二乙酯	DEP	222	无色透明液体	298/760	-40	153
邻苯二甲酸二丁酯	DBP	278	无色透明液体	340/760	-35	170
邻苯二甲酸二庚酯	DHP	362	无色透明油状液体	235～240/10	-46	193
邻苯二甲酸二辛酯	DOP	390	无色油状液体	387/760	-55	218
邻苯二甲酸二正辛酯	DnOP	390	无色油状液体	390/760	-40	219
邻苯二甲酸二异辛酯	DIOP	391	无色黏稠液体	229/5	-45	221
邻苯二甲酸二壬酯	DNP	439	透明液体	230～239/5	-25	219
邻苯二甲酸二异癸酯	DIDP	446	无色油状液体	420/760	-35	225
邻苯二甲酸二辛酯	BOP	334	油状液体	340/740	-50	188
邻苯二甲酸二苄酯	BBP	312	无色油状液体	370/760	-35	199
邻苯二甲酸二环己酯	DCHP	330	白色结晶状粉末	220～228/760	65	207
邻苯二甲酸二仲辛酯	DCP	391	无色黏稠液体	235/5	-60	201
邻苯二甲酸二（十三酯）	DTDP	531	黏稠液体	28～290/4	-35	243
丁基邻苯二甲酰甘醇酸丁酯	BPBG	336	无色油状液体	219/5	-35	109

　　DOP 是我国目前最重要的增塑剂。除 DOP 外，DBP、DIOP、DIDP 等也是常用品种。

　　DBP 由于挥发性大，耐久性差，在增塑剂中占的比例已逐渐下降，在美国已淘汰，在日本 DBP 占邻苯二甲酸酯类的 2.6%，而在欧洲也仅占 6.6%。

　　由于美国食品及药物管理局（FDA）对 DOP 的环境与致癌问题进行重点调查，导致了 DOP 用户用量减少，而使 DIOP、DIDP 比较走俏，并且 DIOP 大有取代 DOP 之势。DIOP 和 DIDP 由于挥发性低，耐热性好，近十年来有较大幅度的增长。

　　近年来，发现用从椰子油提取的混合醇制备的酯呈现较好的综合性能，因而着力研究用 C_6～C_{10} 的混合醇来生产增塑剂。如邻苯二甲酸系列的 710（C_7～C_{10}）酯、711（C_7～C_{11}）酯和 911（C_9～C11）酯等，其含直链率在 60%～80%，以正构醇酯为主体，在性能和价格上都可以和 DOP 相竞争。

　　2. 脂肪族二元酸酯类

　　脂肪族二元酸酯类可用如下通式表示：

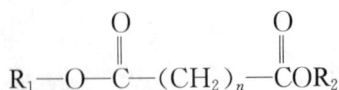

$$R_1 - O - \overset{\overset{\displaystyle O}{\|}}{C} - (CH_2)_n - CO R_2$$

　　这里 n 一般为 2～11，R_1、R_2 一般为 C_4～C_{11} 的烷基，也可以为环烷基如环己烷等，R_1、R_2 可以相同，也可以不同。在这类增塑剂中常用长链二元酸与短链二元醇或短链二元酸与长链一元醇进行酯化，使总碳原子数在 18～26，以保证增塑剂与树脂获得较好的相容性和低温挥发性，主要有己二酸酯、壬二酸酯和癸二酸酯等。

在商品化品种中，DOA（己二酸二辛酯）耐寒性最佳，可用于聚氯乙烯、聚苯乙烯、硝酸纤维素、乙基纤维素的耐寒增塑剂。增塑效率高，受热不易变色，耐低温和耐光性好，在挤压和压延加工中，有良好的润滑性，使制品手感较好，但因挥发性大、迁移性大、电性能差等缺点，使它只能作辅助增塑剂与 DOP、DBP 等并用。

癸二酸二（2-乙基）己酯（DOS），加入高分子材料中，可以使材料或制品的脆化温度达到 -70～-30℃，其缺点是相容性较差，因此一般作为辅助增塑剂使用。

3. 磷酸酯类

磷酸酯类的通式为 $R_2O\!-\!\underset{\underset{R_3O}{|}}{\overset{\overset{R_1O}{|}}{P}}\!=\!O$，$R_1$、$R_2$、$R_3$ 可以相同或不同，为烷基、卤代烷基或芳基。磷酸酯可做主增塑剂使用，除具有增塑作用外，还具有阻燃作用。磷酸酯有四种类型：即磷酸三烷基酯、磷酸三芳基酯、磷酸烷基芳基酯和含卤磷酸酯。

在磷酸酯类增塑剂中，最为重要的产品是磷酸三辛酯（TOP）、磷酸三甲苯酯（TCP）、磷酸二苯一辛酯（DPOP）。

（1）磷酸三辛酯（TOP）不溶于水，易溶于矿物油和汽油，能与聚氯乙烯、硝酸纤维素、乙基纤维素相容。具有阻燃和防霉菌作用，耐低温性能好，使制品的柔性能在较宽的温度范围内变化不明显。通常迁移性、挥发性大，可作辅助增塑剂与邻苯二甲酸酯类并用。常用于聚氯乙烯薄膜、聚氯乙烯电缆料、涂料以及合成橡胶和纤维素塑料。

（2）磷酸三甲苯酯（TCP）不溶于水，能溶于普通有机溶剂。一般用于聚氯乙烯人造革、薄膜、板材、地板料以及运输带等。它的特点是阻燃、水解稳定性好，耐油和耐霉菌性高，电性能优良等。但有毒，耐寒性较差，可与耐寒增塑剂配用。

（3）磷酸二苯一辛酯（DPOP），几乎能与所有的主要工业用树脂和橡胶相容，可作主增塑剂。具有阻燃性、低挥发性、耐寒、耐候性、耐光、耐热稳定性等特点，无毒，可改善制品的耐磨性、耐水性和电气性能，但价格较贵，常用于聚氯乙烯薄膜、薄板、挤出和模型制品以及塑溶胶、与 DOP 并用时能提高制品的耐候性。

4. 环氧化合物类

环氧增塑剂是含有三元环氧基的化合物，它不仅对 PVC 有增塑作用，还可稳定 PVC 链上的活泼氯原子，可以迅速吸收因热和光降解出来的 HCl。所以，环氧化合物是一类对 PVC 等有增塑和稳定双重作用的增塑剂，它耐候性好，但与聚合物的相容性差，通常只作辅助增塑剂。

环氧化合物作为增塑剂，其消耗量的 85%～90% 用于 PVC 制品。加入 2%～3% 的环氧增塑剂，就可明显改善制品对热、光的稳定性。在农用薄膜上，加入 5% 就可大大改善其耐候性。

常用的环氧增塑剂分三类：即环氧化油、环氧脂肪酸单酯和环氧四氢邻苯二甲酸酯。

1）环氧化油（环氧甘油三羧酸酯）

大豆油（产量最多，价格较低）为甘油的脂肪酸酯混合物，主要成分是亚油酸（9，12-十八二烯酸）51%～57%及油酸（9-十八烯酸）占32%～36%；棕榈酸占2.4%～6.8%；硬脂酸占4.4%～7.3%，平均分子量为950。环氧大豆油为浅黄色油状液体，与聚氯乙烯相容性好，挥发小，迁移性小，没有毒性，耐光、耐热性优良，耐水，耐候性亦佳，与热稳定剂配合使用，有显著的协同效应，常用于聚氯乙烯无毒制品的配方中。

2）环氧脂肪酸单酯

（1）环氧脂肪酸丁酯（EBST）。因环氧脂肪酸的成分之一，生成的环氧脂肪酸丁酯有：环氧脂肪酸丁酯、环氧糠油酸丁酯、环氧大豆油酸丁酯、环氧棉子油酸丁酯、环氧苍耳油酸酯、一环氧菜油酸丁酯、环氧妥尔硬脂酸丁酯等。以环氧硬脂酸丁酯为例，其分子式为

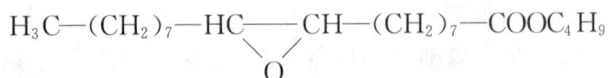

$$H_3C—(CH_2)_7—HC\underset{O}{—\!\!\!-}CH—(CH_2)_7—COOC_4H_9$$

为油状液体，可作为聚氯乙烯的耐寒和耐热增塑剂、耐寒性比 DOA 好、而且挥发性低，耐热、耐光性能良好，耐油类和烃类抽出性好。可用于低温农膜、人造革、软管、凉鞋等制品。

（2）环氧硬脂酸辛酯（EOST）。为浅黄色油状液体，多用作聚乙烯增塑剂，并有稳定作用，耐寒性、耐候性好，与环氧化合物相比，挥发性小，耐抽出性高，电性能亦好，可用于人造革和薄膜等制品。其分子式为

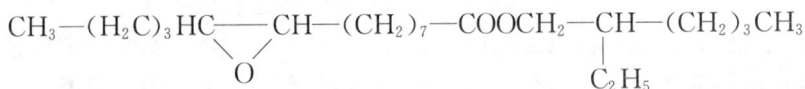

$$CH_3—(H_2C)_3HC\underset{O}{—\!\!\!-}CH—(CH_2)_7—COOCH_2—\underset{\underset{C_2H_5}{|}}{CH}—(CH_2)_3CH_3$$

3）环氧四氢邻苯二甲酸酯

由丁二烯和顺丁烯二酸酐进行双烯加成反应得到四氢邻苯二甲酸酐，再与醇进行酯化即得相应的酯。四氢邻苯二甲酸二辛酯（EPS）为无色或浅黄色油状液体，相对分子质量为410.6 相对密度（20/20℃）为1.018，折射率（n_{20}^D）为1.4661，黏度（20℃）为0.097Pa·s，闪点为217℃，为聚氯乙烯的增塑剂兼稳定剂。其机械性能和增塑效率与DOP 相似，混合性能优于 DOP，可作为主增塑剂。EPS 具有优良的光热稳定作用，耐菌性较强，挥发损失和抽出损失都比较小，可用于薄膜、人造革、薄板、电缆料和各种成型品。

5. 多元醇酯类

多元醇酯主要指由二元醇、多缩二元醇、三元醇、四元醇与饱和脂肪一元羧酸或苯甲酸生成的酯类。多元醇酯大致分为以下四类。

1）二元醇脂肪酸酯

二元醇主要有：乙元醇、丙二醇、丁二醇、缩二醇等。脂肪酸有：丁酸、己酸、辛酸、2-乙基己酸及壬酸等，C_4～C_{10} 单一脂肪和混合脂肪酸（如 C_5～C_9 酸叫 59 酸、

$C_7 \sim C_9$ 酸称 79 酸等）。二元醇和缩二元醇的脂肪酸酯的增塑性与饱和脂肪族二元酸相似，主要优点是具有优良的低温性能，但相容性差、耐油性不好，故仅作 PVC 的辅助增塑剂。

2）季戊四醇和双季戊四醇脂

季戊四醇酯和双季戊四醇酯是性能独特的多元醇酯，特别是双季戊四醇酯具有优良的耐热、耐老化及耐抽出性，其电性能良好，可作为耐热增塑剂，用于高温电绝缘材料配方中。

双季戊四醇酯包括醚型和酯型两大类。其结构式为

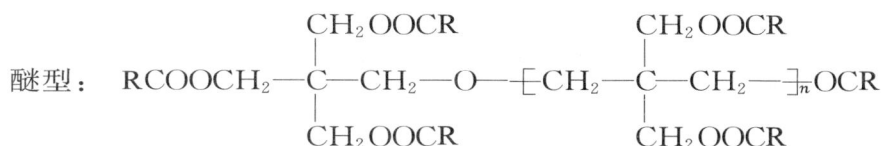

$$\text{醚型：} \quad RCOOCH_2-\overset{\overset{\displaystyle CH_2OOCR}{|}}{\underset{\underset{\displaystyle CH_2OOCR}{|}}{C}}-CH_2-O-\!\!\!\left[CH_2-\overset{\overset{\displaystyle CH_2OOCR}{|}}{\underset{\underset{\displaystyle CH_2OOCR}{|}}{C}}-CH_2-\right]_{\!n}\!\!OCR$$

$n=1 \sim 2$，$R=C_4H_9-C_9H_{19}$，平均分子质量 =842。

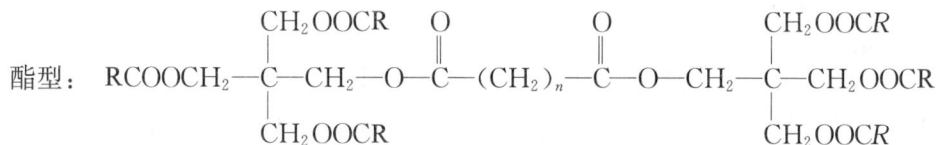

$$\text{酯型：} \quad RCOOCH_2-\overset{\overset{\displaystyle CH_2OOCR}{|}}{\underset{\underset{\displaystyle CH_2OOCR}{|}}{C}}-CH_2-O-\overset{\overset{\displaystyle O}{\|}}{C}-(CH_2)_n-\overset{\overset{\displaystyle O}{\|}}{C}-O-CH_2-\overset{\overset{\displaystyle CH_2OOCR}{|}}{\underset{\underset{\displaystyle CH_2OOCR}{|}}{C}}-CH_2OOCR$$

$n=4 \sim 10$，$R=C_4H_9-C_9H_{19}$，平均分子质量 =622。

3）多元醇苯甲酸酯

多元醇苯甲酸酯类增塑剂主要是二元醇（多缩二元醇）的苯甲酸酯。它们是性能优良的耐污染性增塑剂，特别是缩二（1,2- 丙二醇）二苯甲酸酯及 2,2,4- 三甲基 -1,3- 戊二醇异丁酸苯甲酸酯的耐污染性很好，与 PVC 树脂相容性良好。

分子中含有苯环及支链结构的增塑剂，其迁移性小，这样就可以防止由增塑剂迁移造成的污染，可作为 PVC 的主增塑剂。与 DOP 相比，多元醇苯甲酸酯的低温性能劣于 DOP、DOA、DOZ 及 DOS，但耐油抽出性优于 DOP、DOA、DOZ 及 DOS。

多元醇苯甲酸酯除用做 PVC 的增塑剂外，也是聚乙酸乙烯酯很理想的增塑剂，且可作为浇铸型聚氨酯橡胶、聚氨酯涂料的增塑剂，效果很好。

4）甘油三乙酸酯

甘油三乙酸酯也称丙三醇三乙酸酯，是一种无毒增塑剂，具有优良的溶剂化能力，可以任何比例与乙酸纤维素、硝酸纤维素及乙基纤维素等相容，主要用作纤维素的增塑剂，用来生产香烟过滤嘴（主要是乙酸纤维素材料）。

6. 含氯增塑剂

含氯化合物作为增塑剂最重要的品种是氯化石蜡，其次为氯化脂肪酸酯等。它们与 PVC 相容性较差，热稳定性也较差，因此一般用作辅助增塑剂，但此类增塑剂具有良好的电绝缘性，耐燃性好，成本低廉，因此常用在电线电缆配方中。

氯化石蜡指 $C_{10} \sim C_{30}$ 正构烷烃的氯代产物，通过在石蜡中通入氯气来制取。一般产品的含氯量为 40%～70%，随着含氯量的不同，有液体和固体两种形态，通式为

$C_nH_{(2n+2-x)}Cl_x$。

氯化脂肪酸酯由于分子中含有 1 个酯基，与 PVC 的相容性比氯化石蜡好，且同氯化石蜡一样具有良好的电绝缘性和耐油性，常用于电线电缆方面，代表性品种有五氯硬脂酸甲酯和三氯硬脂酸甲酯，合成方法是将硬脂酸氯化后再同甲酯进行酯化。

7. 聚酯增塑剂

聚酯增塑剂由二元酸与二元醇缩聚而得。其中二元酸主要有己二酸、壬二酸、癸二酸和戊二酸，二元醇多为丙二醇、丁二醇、一缩二乙二醇。相对分子质量在 800~8000 之间，分子结构为

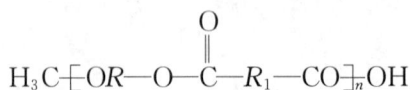

$$H_3C\negthickspace\left[OR-O-\overset{\displaystyle O}{\overset{\|}{C}}-R_1-CO\right]_n\negthickspace OH$$

式中，R 和 R_1 分别代表原料二元醇和二元醇的烃基。

这一结构是端基不封闭的聚酯，但大量商品聚酯增塑剂均用一元醇或一元酸封闭端基。

聚酯增塑剂的品种繁多，许多生产厂家为了进一步改善产品的性能，将单纯的聚酯聚合物进行共聚改造或配成混合物，并给予一个商品牌号，而不公开其具体组成。因此聚酯增塑剂不按化学结构来分类，而是按所用的二元酸分类，大致可分为：己二酸类、壬二酸类、戊二酸和癸二酸类等。在实际使用上，以己二酸类品种最多，重要的代表是己二酸丙二醇类聚酯，其次是壬二酸和癸二酸类聚酯。聚酯增塑剂使用日益广泛，是发展较快的一类增塑剂。

8. 石油酯

石油酯又称烷基磺酸苯酯，结构式为

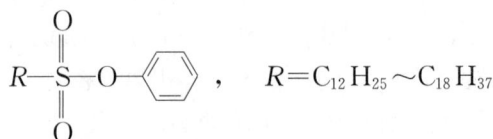

$$R-\overset{\displaystyle O}{\underset{\displaystyle O}{\overset{\|}{\underset{\|}{S}}}}-O-\!\!\bigcirc\!\!\!\!-\negthinspace,\qquad R=C_{12}H_{25}\sim C_{18}H_{37}$$

烷基磺酸苯酯为淡黄色透明油状液体，相对密度（d_4^{20}）为 1.03~1.04，为 PVC 增塑剂，电性能和机械性能好，挥发性低，耐候性好，耐寒性较差，相容性中等，可做主增塑剂用，部分代替邻苯二甲酸酯，但通常与邻苯二甲酸酯类增塑剂并用，主要用于 PVC 薄膜、人造革、电缆料、鞋底、塑料鞋等。

五、增塑剂的选用原则

1. 按制品的软硬程度选用

增塑剂的添加比例越大，制品越柔软，制品的软化点下降越多，流动性也越好。拿 PVC 来说，PVC 制品的软硬程度不同，增塑剂的需求量也不同。硬制品中增塑剂的加入量为 0~5 份；半硬制品中增塑剂的加入量为 6~25 份；软制品中增塑剂的加入量为

26～60 份；糊制品（如人造革、纸张涂层和浸渍制品）中增塑剂的加入量为 60～100 份。

配方中其他组分对增塑剂的恰当用量是不容忽视的，其中填料的影响最突出，无机填料大多具有显著的吸收增塑剂的性能，当配方中有这类填料时，增塑剂用量必须比无填料的配方适当增加。

有时为了生产不同颜色的 PVC 制品，分别加入具有着色作用的填料，例如，炭黑（黑色制品、二氧化钛（白色制品），但由于两种填料吸收增塑剂性能的差异，当变换颜色时，为了获得同样柔软程度的制品，增塑剂量也要有所改变。例如，添加锐钛矿型二氧化钛生产白色片材时，就可比添加炭黑生产黑色片材时少加 5%～10% 增塑剂。

2. 主辅增塑剂的协同选用

主增塑剂是与聚合物相容性好，增塑效率高，可大量加入不析出的增塑剂。常用的有邻苯二甲酸酯类和磷酸酯类，此外，在一些特殊的应用领域，偏苯三酸三辛酯、环氧四氢邻苯二甲酸二辛酯等也可作为主增塑剂。一个配方中可以选择几种主增塑剂并用，优势互补。例如，常通过改变增塑剂配方来制备某些特殊性能的 PVC 产品，如选用环氧型增塑剂取代部分 DOP 以改善薄膜的热 - 光稳定性；选用磷酸三甲苯酯（TCP）取代部分 DOP 以提供薄膜阻燃性等。

但在选用某种增塑剂部分或全部取代前增塑剂时，必须注意以下几点：

（1）切勿简单地用新选的增塑剂同等份数地取代原增塑剂。这是因为各种增塑剂的增塑效率不同，因而应该根据相对效率比值进行换算。

（2）新选用的增塑剂不仅在主要性能上要满足制品的要求，而且最好不使其他性能下降，否则应采取弥补措施。例如，将多种增塑剂配合使用，使制品综合性能良好的同时，实现某些性能的优化。

（3）增塑剂的选用受多方面的制约，变动后的配方还需经过各项性能的综合测试才可以最后确定。

第三节　稳　定　剂

高分子化合物在受热、光照和氧气存在下常常容易发生降解及交联反应，破坏了高分子材料的结构与性能。例如，塑料的发黄、脆化与开裂现象，橡胶的发黏、硬化、龟裂及绝缘性能下降等现象，凡此种种现象称做高分子材料的“老化”。造成高分子材料老化的因素是多种多样的，聚合物的结构及其合成材料中各种添加剂，少量杂质的结构与性能，无疑都能影响高分子材料的老化，这为内因。外因则如大气环境，太阳光的照射，氧、臭氧和水的作用，气候变化的影响，微生物的侵蚀以及加工时受热、使用时的机械磨损等。其中特别是氧、光和热的影响尤为显著。为了解决高分子材料老化的问题，通常是在高分子材料中加入适当的物质，以便抑制或延缓老化过程的发生，提高高分子材料的应用性能和寿命。如果所加入的物质主要用来防止高分子材料氧化老化的，叫做抗氧剂；主要用来防止热老化的，叫做热稳定剂，主要用来防止光老化的叫做光稳定剂。

一、抗氧剂

（一）高分子材料的氧化降解

当高压聚乙烯在空气中即使在室温下也会发生相当严重的老化现象；但如果使之隔绝空气，一直升到290℃以上才会出现分解，这是因为高分子材料与氧气发生氧化反应而促进其老化的进程。

高分子聚合物的氧化老化是一种自动氧化反应，而所谓的自动氧化反应是指在20～150℃下，物质按照链式自由基机理进行的具有自动催化特征的氧化反应。所以高分子聚合物的氧化降解遵循自由基反应规律，反应由链的引发、链的传递与增长、链的终止三个阶段所组成。

高分子材料耐氧化的性能与高分子材料的结构密切相关。在链的引发阶段，一般来说，高分子材料的结构决定了链自由基的相对稳定性，而所产生的游离基的相对稳定性决定了它们产生的难易程度，毫无疑问，在光和热的作用下越容易产生自由基的高分子材料，其耐氧化能力则越差。

甲基、乙基、异丙基与叔丁基的稳定性顺序如下：

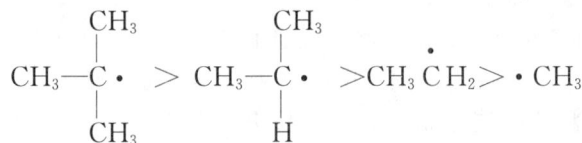

$$
\underset{\underset{CH_3}{|}}{\overset{\overset{CH_3}{|}}{CH_3-C}} \cdot \ > \ \underset{\underset{H}{|}}{\overset{\overset{CH_3}{|}}{CH_3-C}} \cdot \ > CH_3\overset{\cdot}{C}H_2 > \cdot CH_3
$$

当带有不成对电子的碳原子与不饱和体系直接相连时，则此单电子能与不饱和体系共轭而使此游离基更加稳定。据此就不难理解为什么聚丙烯比聚乙烯容易氧化，而含有不饱和键的高分子材料，如天然橡胶就更容易氧化。

（二）抗氧剂的作用机理

抗氧剂是一类能够抑制或延缓高分子聚合物氧化降解的物质。要提高高分子材料的抗氧化能力，其办法要么设法防止游离基的产生，要么阻止游离基链的传递。根据这一原理，可以将抗氧剂分为两大类：链终止型抗氧剂和预防型抗氧剂。

能终止氧化过程中自由基链的传递与增长的抗氧剂称作链终止型抗氧剂，亦称做主抗氧剂（以 AH 表示），受阻酚与胺类抗氧剂属于链终止型抗氧剂。此种抗氧剂能与自由基 R・，RO_2・等结合，形成稳定的游离基或终止化合物中断链的增长。

$$R \cdot +AH \longrightarrow RH+A \cdot$$

$$ROO \cdot +AH \longrightarrow ROOH+A \cdot$$

能够阻止或延缓高分子材料氧化降解过程中自由基产生的抗氧剂称做预防型抗氧剂，也称做辅助抗氧剂、过氧化氢分解剂或金属离子钝化剂。有机亚磷酸酯、硫代二丙酸酯、二硫代氨基甲酸金属盐类属于辅助抗氧剂。

1）链终止型抗氧剂的作用原理

链终止型抗氧剂是通过与高分子材料中所产生的自由基反应而达到抗氧化的目的，

但不同结构的链终止型抗氧剂与自由基的反应机理是不同的，归纳起来主要有如下三种类型。

（1）自由基捕获型。此类化合物是指那些与自由基反应使其不能再引发链反应的物质。常见的有醌、炭黑、某些多核芳烃以及某些稳定的自由基。醌与多核芳烃或烷基自由基 R· 加成生成比较稳定的自由基，而炭黑除了含有抗氧能力的酚类外，还有醌和多核芳烃结构，所以炭黑是一种很有效的抗氧剂。

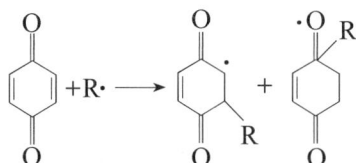

在高分子材料中还可加入一种稳定的自由基，它本身不引发自由基链反应，但却可以捕获材料中产生的活泼自由基而终止自由基链反应。例如，常见的有 2,2,6,6- 四甲基 -4- 哌啶酮氮氧化物自由基，它们都能与自由基 R· 反应生成稳定的化合物。

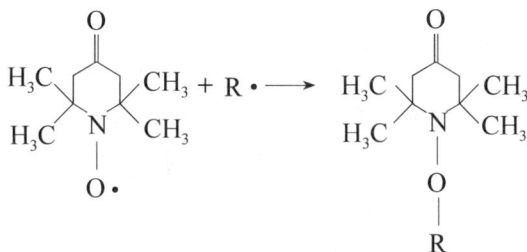

常用的链终止型抗氧剂不仅具有氢给予体的作用而且也是自由基的捕获剂。例如，二苯胺的作用机理如下：

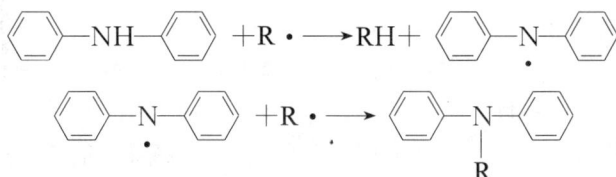

所以，能起到自由基捕获剂的作用。

（2）电子给予型。在链终止型抗氧剂中属于电子给予体型的情况是比较少的。这种抗氧剂可以给出电子而使自由基消失，例如，变价金属在某种条件下具有抑制氧化的作用，另外常见的例子就是叔胺抗氧剂。

$$RO_2 \cdot + Co^{2+} \longrightarrow RO_2^- \cdot Co^{3+}$$

另如，二烷基二硫代氨基甲酸、二烷基二硫代磷酸的链终止作用，均可按上述机理考虑。

（3）氢给予体型。此种类型的抗氧剂必须有一先决条件，就是其分子中必须具有活泼的氢原子。它们与聚合物高分子竞争所产生的自由基 R· 与 $RO_2 \cdot$，如下所示：

$$RO_2 \cdot + RH \longrightarrow RO_2H + R \cdot$$
$$RO_2 \cdot + AH \longrightarrow RO_2H + A \cdot$$

只有 AH 中的 H 比 RH 中的 H 活泼，才能使上述第一个反应不进行而阻止氧化降解的自由基链的传递与增长，达到抗热氧老化的目的。

由于高分子聚合物中可以含有较为活泼的氢（例如天然橡胶中烯丙位上的氢）以及含有不饱和官能团的聚合物上的氢（如聚苯乙烯苄基位上的氢）等，其活泼性都是较高的，所以氢给予体型抗氧剂要想具有更高活性的氢，一般就需在分子中含有反应性的氨基与羟基。这也解释了为什么受阻酚与芳胺是最常用的主抗氧剂。

一般来说，氢越活泼，当与自由基发生氢交换反应时所生成的新自由基就越稳定。

典型受阻酚抗氧剂，2,6 二叔丁基 -4- 甲酚，其抗氧化的作用可表示为

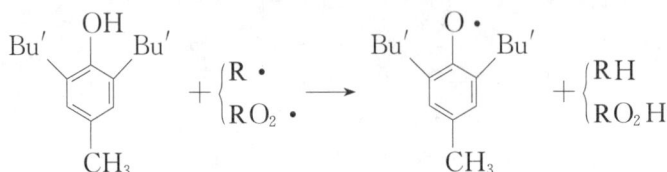

由于所生成的苯氧自由基中的单电子可与芳环大 π 体系共轭，所以，此自由基非常稳定。

2）辅助抗氧剂的作用机理

辅助抗氧剂的作用是除去自由基的来源，抑制或延缓引发反应。这类抗氧剂主要包括过氧化物分解剂与金属离子钝化剂。

（1）过氧化物分解剂。这类抗氧剂能与过氧化物反应并生成稳定的化合物，如某些酸的金属盐、硫化物、硫酯，有机亚磷酸酯等。

① 金属盐类。N,N' - 二取代基二硫代氨基甲酸金属盐、二烷基二硫代磷酸金属盐能分解氢过氧化物，从而抑制材料的热氧老化。其机理研究尚不成熟。

② 硫化物。包括硫醇、一硫化物与二硫化物。其中硫醇具有较高的抗氧化能力，其作用机理如下：

$$ROOH+2R'SH \longrightarrow ROH+R'—S—S—R'+H_2O$$

人们曾尝试了许多的烷基和芳基一硫化物，发现只有具有特殊结构的一硫化物才具有抗氧化能力。研究表明，抑制高分子聚合物自动氧化的有效成分并不是一硫化物本身，而是氢过氧化物与一硫化物反应生成的亚砜及其进一步的氧化产物。

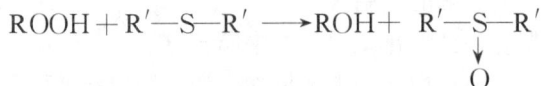

大部分二硫化物在高分子材料中都有抗氧化能力，同二硫化物本身并不起抗氧化的作用，而是其与氢过氧化物反应生成的硫代亚磺酸酯及其进一步的氧化与分解产物。

$$2ROOH+R'—S—S—R' \longrightarrow 2ROH+R'—S—S—R'+SO_2$$

③ 亚磷酸酯。在低温下，亚磷酸酯是比硫代酯更好的过氧化物分解剂，在塑料和橡胶工业中大量使用。亚磷酸酯与氢过氧化物反应使其还原成醇，本身被氧化成磷酸酯。

$$P(OR_1)_3+ROOH \longrightarrow ROH+(R_1O_3)P=O$$

（2）金属离子钝化剂。变价金属能够促进高聚物的自动氧化，使聚合物材料的寿命缩短，这个问题在电线和电缆工业中最为敏感。金属离子钝化剂能够钝化金属离子对过氧化物的分解作用，延长高聚物材料的使用寿命。

聚合物中的高价金属离子来源于聚合反应过程中所采用的催化物残留物或其他污染物以及材料上的某些颜料、润滑剂等。这些金属离子会与过氧化物生成一种不稳定的配合物，继而该配合物进行电子转移而产生自由基，导致引发加速，氧化诱导期缩短。

金属离子钝化能够在金属离子与过氧化物形成的配合物分解前和金属离子反应形成稳定的螯合物，从而阻止自由基的生成。此外，金属离子钝化剂分子和金属离子的配位必须使金属主体配位全部饱和，避免使残存的金属配位数继续受氢过氧化物的攻击而增加自动氧化的活性。工业上生产的金属离子钝化剂主要是酰胺和酰肼两类化合物。

（三）抗氧剂的分类及特性

若按用途分，有塑料用抗氧剂、橡胶用抗氧剂、食品抗氧剂、油品抗氧剂及润滑油抗氧剂等。由于抗氧剂的用途不同，对各种抗氧剂的要求也不相同。

塑料用的抗氧剂应是非污染性的，所以多使用酚类抗氧剂而非胺类抗氧剂。由于塑料的加工温度一般比较高，所以用于塑料的抗氧剂分子质量一般比较大，沸点较高。酚类抗氧剂多与硫类、磷类抗氧剂以及金属皂类稳定剂配合使用，以达到优良的应用性能。

橡胶用的抗氧剂要求：一是抗氧化效能要高；二是所加入的抗氧剂不能影响橡胶的硫化；三是喷霜与析出性要小。常用的防老剂主要是胺类抗氧剂，酚类抗氧剂使用较少，这是因为胺类抗氧剂抗氧化的能力比酚类抗氧剂高。

食品用抗氧剂必须是无毒、无臭味、无异味。常用的食品抗氧剂主要是天然化合物，如愈创木酚、去甲二氢愈创木酸、异抗坏血酸、没食子酸丙酯等。

由于燃料油含有一定量的烯烃，它在贮存过程中会因氧化聚合反应而生成胶质，附着在设备中，容易引起故障，因此对于催化裂化汽油有必要改善其氧化安定性。所用的抗氧剂主要为胺类与受阻酚类抗氧剂。

发动机油、齿轮油、透平油、轴承油、空气压缩机油、液压油等，都是在空气中循环使用的润滑油。一般来说，其使用温度较高，特殊情况下温度更高。所以，要求用于润滑油的抗氧剂耐热性好，抗氧化效能高。用于此目的抗氧剂几乎各种类型的都有，如烷基酚类、芳胺类、二硫代磷酸锌、二烷基二硫代氨基甲酸金属盐和有机硫化物等。

（四）抗氧剂的选用原则

1. 抗氧剂的性质

1）变色及污染性

胺类抗氧剂容易氧化变色，具有较强的变色性与污染性；但胺类抗氧剂抗氧效率高。它主要用于橡胶、电线、电缆、机械零件、润滑油与轮胎中。酚类抗氧剂比较稳定，不易发生污染，所以酚类抗氧剂多用于无色和浅色高分子材料。

2）挥发性

挥发是抗氧剂从聚合材料中损失的主要形式之一。抗氧剂的挥发性在很大程度上取决于其分子结构与分子质量，结构近似、分子质量大的抗氧剂，挥发性低。不同类型的分子，其挥发性也大不相同。例如，2,6-二叔丁基-4-甲酚（分子量220）的挥发性比 N,N'-二苯基对苯二胺（分子质量260）的大3000倍。

3）溶解性

理想的抗氧剂应在所用的聚合物中有很高的溶解度。相容性取决于抗氧剂的化学结构、聚合物种类等因素。相容性小，就易出现喷霜现象。此外，抗氧剂也不应在水中或溶剂中被抽出，或发生向固体表面迁移，否则就会降低抗氧效率。

4）稳定剂

为了保持长期的抗氧效率，抗氧剂应对光、氧、水、热、重金属离子等外界因素比较稳定，耐候性好。例如，对苯二胺系列衍生物对氧化就较敏感；芳基对苯二胺则比较稳定。另外，受阻酚在酸性条件下受热易发生脱烷基反应，这些因素会降低抗氧剂的效力。

5）抗氧剂的物理状态

选择抗氧剂时，其物理状态也是必须考虑的因素之一。在聚合物材料的制造过程中，一般优先选用液体的和易乳化的抗氧剂；而在橡胶加工过程中，常选用固体的、易分散而无尘的抗氧剂。

2. 抗氧剂的配合

在生产中，胺类或酚类链终止型抗氧剂经常与过氧化物分解剂（如亚磷酸酯）配合使用，以提高制品抗热、氧老化的性能。这种现象通常称做协同效应。

Scott等人提出了均协同效应与不均匀协同效应的概念。均协同效应是指具有相同作用机理但活性不同的两个化合物之间的协同效应。不均匀协同效应乃是指两个或几个不同作用机理的抗氧剂之间的协同效应。

抗氧剂的用量取决于高分子材料的性质，抗氧剂的效率、协同效应、制品的使用条件与成本价格等因素。

（五）各类抗氧剂简介

按照化学结构的不同，抗氧剂可分为胺类抗氧剂、酚类抗氧剂、硫化物和亚磷酸酯等。下面将着重介绍各类抗氧剂的应用性能。

1. 胺类抗氧剂

胺类抗氧剂是应用效果很好的抗氧剂，它们对氧、臭氧的防护作用良好，对热、光、铜害的防护也很突出，但具有较强的变色性和污染性，所以主要用于橡胶制品、电线、电缆、机械零件及润滑油等领域，在橡胶加工中占有着极其重要的地位。常用的胺类抗氧剂有：二芳基仲胺类、对苯二胺类、二苯胺类、脂肪胺类、醛胺类与酮胺类等。

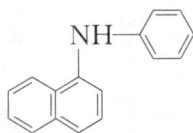

N-苯基-1-萘胺（又称做防老剂甲），$C_{16}H_{13}N$

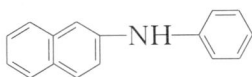

N- 苯基 -2- 萘胺（又称做防老剂甲），$C_{16}H_{13}N$

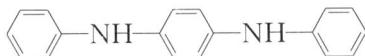

N，N′ - 二苯基对苯二胺（防老剂 H），$C_{18}H_{20}N_2$

2. 酚类抗氧剂

大多数的酚类抗氧剂具有受阻酚的化学结构。受阻酚类抗氧剂包括烷基单酚、烷基多酚、硫代双酚等类型，结构式为

$$与$$

其中，R 为—CH_3，—CH_2—，—S—，X 为—C（CH_3）$_3$。

除受阻酚类外，酚类抗氧剂还包括多元酚、氨基酚衍生物等。常用的酚类抗氧剂有：2,6- 二叔丁基 -4- 甲酚，即抗氧剂 264（BHT）是最典型的烷基单酚抗氧剂。它是各项性能优良的通用型抗氧剂，尤其是不变色、不污染。它具有防护天然或合成橡胶制品热氧老化的作用，并能防护光和铜害的老化。在浅色橡胶制品中的用量为 0.5%～2%。该品还用作聚烯烃及聚氯乙烯（PVC）的稳定剂，用量 0.01%～0.1%。它可用于抑制聚苯乙烯、ABS 树脂的变色及强度下降，使用量低于 1%。亦可防护纤维素树脂的热光老化，用量低于 1%。还可大量地用于油品及食品工业中，但由于分子质量小，挥发性大，它不适合用于加工或使用温度高的高分子聚合物。

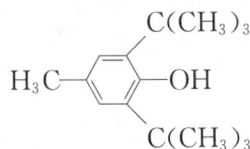

抗氧剂 264

抗氧剂 2246 类似于抗氧剂 264 的二聚物，结构式为

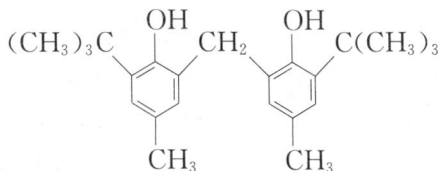

抗氧剂 2246

抗氧剂 2246 是一种功效比较好的酚类抗氧剂，用于天然与合成橡胶制品，能防止热氧老化，抑制天候老化与曲挠老化以及钝化变价金属离子，可用于浅色或彩色的制品中，用量为 0.5%～1.5%。

同样，为了提高其抗氧化的能力，降低其挥发性，受阻酚抗氧剂可以是三元酚、四元酚。抗氧剂 CA 为一三元酚抗氧剂，熔点在 185℃以上，结构式为

$$\text{抗氧剂 CA}$$

抗氧剂 CA

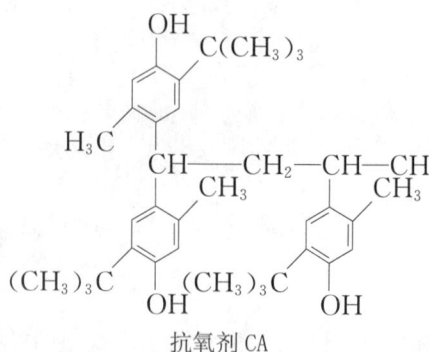

3. 硫代酯与亚磷酸酯

硫代酯与亚磷酸酯是一类过氧化物分解剂，因而属于辅助抗氧剂。它们主要能分解氢过氧化物产生稳定化合物，从而阻止氧化作用，主要品种有：

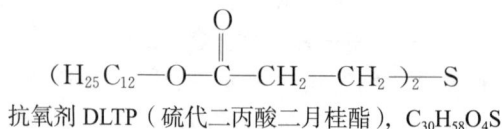

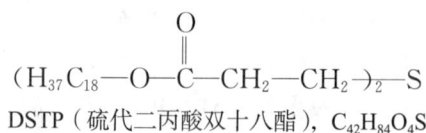

$$(\text{H}_{25}\text{C}_{12}-\text{O}-\overset{\displaystyle O}{\overset{\|}{\text{C}}}-\text{CH}_2-\text{CH}_2-)_2\text{S}$$

抗氧剂 DLTP（硫代二丙酸二月桂酯），$C_{30}H_{58}O_4S$

$$(\text{H}_{37}\text{C}_{18}-\text{O}-\overset{\displaystyle O}{\overset{\|}{\text{C}}}-\text{CH}_2-\text{CH}_2-)_2\text{S}$$

DSTP（硫代二丙酸双十八酯），$C_{42}H_{84}O_4S$

它们都是优良的辅助抗氧剂，都可与酚类抗氧剂并用，产生协同效应。抗氧剂DLTP被广泛地用于聚丙烯、聚乙烯、ABS、橡胶及油脂等材料，用量一般在0.1～1份。由于毒性小、气味小，则可用于包装薄膜。而DSTP的抗氧性较DLTP强，与抗氧剂1010、1076等主抗氧剂并用时产生协同效应，可用于聚丙烯、聚乙烯、合成橡胶与油脂等方面。

亚磷酸三壬基苯基酯是天然、合成橡胶和乳胶的稳定剂和抗氧剂。其结构式为

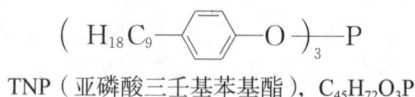

$$\left(\text{H}_{18}\text{C}_9-\!\!\left\langle\!\!\bigcirc\!\!\right\rangle\!\!-\text{O}-\right)_3\!\!-\text{P}$$

TNP（亚磷酸三壬基苯基酯），$C_{45}H_{72}O_3P$

对于聚合物在贮存及加工时的树脂化及热氧老化有显著的抑制作用。该品不污染，用量一般为1%～2%。若与酚类抗氧剂并用，其效能大为提高。在塑料工业中，TNP用来防护耐冲击聚苯乙烯、聚氯乙烯、聚氨酯等材料的热氧老化，它还具有抑制聚乙烯高温下树脂化的作用。该品无毒，且于日光下不变色，可用于包装材料中，其在塑料制品中的用量一般为0.1%～0.3%。

二、热稳定剂

PVC塑料只有在140℃以上才能加工成型，而PVC在120～130℃时就开始出现了热分解，释放出氯化氢气体。这就是说，PVC的加工温度高于其热分解温度。因此，在PVC的加工成型过程中必须加入抑制或延缓PVC热分解的热稳定剂。热稳定剂可以

防止 PVC 在加工过程中由于热和机械剪切作用所引起的降解，另外还能使制品在使用过程中长期防止热、光和氧的破坏作用。

1. 合成材料的热降解及热稳定剂的作用机理

1）合成材料的热降解

当高分子材料受热时，每个高分子链的平均动能在逐渐增加，当其超过了链与链之间的作用力时，该高分子材料就会逐渐变软，直至完全熔化为高度黏稠的液体。在此过程中没有涉及到键的断裂与生成，没有发生任何的化学变化，这是一种理想状态。另一方面，如果分子所吸收的热能足以克服高分子链中的某些键能时，某些键的断裂则是不可避免的，即发生了化学变化，从而使得聚合物的分子遭到一定程度的破坏，即发生了聚合物的热降解。例如，PVC 在高于 120℃的情况下，即伴随有脱氯化氢的非链断裂热降解反应。随着氯化氢的生成或温度的升高，此热降解反应的速度都有所增加。

随着反应的进行，所生成的聚烯结构中共轭双键的数目逐渐增加，一方面能促进热降解反应的进行；另一方面聚合材料会逐渐发黄，甚至随时间的延长，颜色越来越深。可以说，合成材料颜色的深浅主要取决于热降解反应进行的程度。另外，在受热的情况下，聚烯结构易被氧化，生成能够吸收紫外线的羰基化合物，这样就会导致进一步的氧化降解，结果就是颜色变深，物理机械性能下降。

聚合物的热降解有三种基本的表现形式：

（1）在受热过程中从高分子链上脱落下来各种小分子，如 HCl、NH_3、H_2O、$HOAc$ 等。很明显这一过程根本不涉及高分子链的断裂，但改变了高分子链的结构，从而改变了合成材料的性能。这种热降解称做非链断裂降解。

（2）键的断裂发生在高分子链上，产生了各种无规律的低级分子。毫无疑问，合成材料遭到了严重的破坏。这一过程称做随机链断裂降解。

（3）键的断裂仍然发生在高分子链上，但高分子链的断裂是有规律的，只是分解生成聚合前的单体。此种热降解反应被称做解聚反应。

在上述三种热降解反应中，最常见就是非链断裂降解。热稳定剂是指那些用来提高能发生非链断裂热降解的聚合材料热稳定性的物质。

2）非链断裂热降解反应机理

PVC 热降解脱氯化氢反应主要有自由基机理、离子机理和单分子机理等解释，总之，PVC 的热降解是一个复杂的过程，降解过程与许多因素有关，这里只介绍自由基反应机理。

以 1,2-二氯乙烷为例，首先是自由基夺取一个氢原子形成了 1,2-二氯乙基的自由基，这个自由基的 β-位上有一个非常不稳定的氯原子，只有失掉这个氯原子才能使其稳定，反应式为

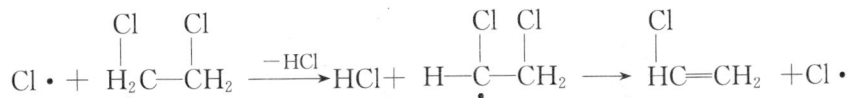

$$Cl\cdot + \underset{H_2C-CH_2}{\overset{Cl\quad Cl}{|\quad\ |}} \xrightarrow{-HCl} HCl + \underset{H-\underset{\cdot}{C}-CH_2}{\overset{Cl\ Cl}{|\ \ |}} \longrightarrow \underset{HC=CH_2}{\overset{Cl}{|}} + Cl\cdot$$

在氯化过程中，氯自由基主要是攻击亚甲基上的氢原子，当 β-位上形成的不稳定

氯原子释放后分子才得到稳定。这个游离的氯原子夺取了另一个亚甲基上的氢原子，形成了氯化氢和另一氯游离基。这样链式反应就开始传递下去，形成一定数目的共轭双键，使聚合物逐渐变色。

Winkler 将上述两部分工作结合起来，用以解释 PVC 脱氯化氢的机理。他认为自由基的产生是由于在聚合材料中含有微量的能起催化作用的杂质或由于氧化所致。另外，在自由基链式反应过程中，氯化氢脱落的同时进行氧化反应的话，就可能发生聚合物分子的交联。事实表明，PVC 在氧气流中比在氮气流中脱氯化氢的速度更快，这是对自由基机理的强有力的支持。

3）PVC 非链断裂热降解的影响因素

（1）聚合物结构的影响。考虑到伯、仲、叔卤烷的热稳定性顺序，不难理解，在聚合物的分子中，如果有支链存在，就有可能有叔卤原子存在，而叔卤原子的热稳定性差。因此，人们一直认为 PVC 的支链结构是它的热稳定性低的一个主要的原因。

双键的存在能够降低聚合材料的热稳定性，这主要是因为一方面它能促进与之相连的 β- 碳上形成自由基或阴阳离子；另一方面它能与聚合材料中所含杂质或三线态的氧双自由基相互作用而促进热降解反应的进行。在聚合物中高分子链上不饱和键所占的程度越大则其热稳定性一般也就越低。

由于脱去氯后能生成的活泼中间体，烯丙基氯结构不稳定。在 PVC 中少量的烯丙基氯结构在受热条件下，易与邻位亚甲基上的氢脱去氯化氢而形成共轭双键，这就使得与共轭双键相连的碳原子上的氯更活泼，更容易脱去氯化氢。所以 PVC 类的聚合物的热降解反应的引发源，极可能是聚合物链上无规则分布的烯丙基氯基团。PVC 热降解时的变色与聚合物链中所生成的共轭双键的链段有关，共轭双键的链段越多、越长，则聚合物颜色越深。当形成的共轭双键增长到 20～25 个时，PVC 脱氯化氢的连锁反应就会停止。

（2）氧的影响。氧的存在能加速 PVC 脱去氯化氢的速度，使得降解的聚合物退色，同时分子量降低。过氧化物结构对于 PVC 降解是非常的重要，臭氧化所得到的过氧化基团加速了 PVC 的降解。由于氧可与高分子链中现有的或新生成的双键反应，使得链段长度分布变短，从而使降解的 PVC 退色。

（3）氯化氢的影响。氯化氢对 PVC 的脱氯化氢具有催化作用。在 175℃，自动催化反应的速度常数为非催化反应的 1000 倍，可以认为聚氯乙烯的热降解反应是自动催化反应。对于氯化氢催化 PVC 等热降解的反应机理尚不十分清楚。

4）热稳定剂的作用机理

PVC 热老化的主要原因就是受热分解脱去小分子。由于其高分子链上存在不规则分布的引发源——烯丙基氯结构，而且由于此氯原子较活泼，所以在受热情况下易于脱去氯化氢，形成共轭多烯结构。聚氯乙烯热分解脱氯化氢的反应一旦开始，就会使得进一步脱氯化氢的反应变得更为容易，从而使脱氯化氢的反应进行到底。

要防止或延缓 PVC 聚合材料的热老化，一方面要消除高分子材料中热降解的引发源——烯丙基氯结构及分子中所存在的不饱和键；另一方面要消除所有对非链断裂热降解反应具有催化作用的氯化氢，这样才能阻止或延缓 PVC 聚合材料的热降解。因此，要求所选择和使用的热稳定剂应具有以下的功能：

（1）能置换 PVC 链中存在的活泼氯原子，以得到更为稳定的化学键，并减小引发脱氯化氢反应的可能性。

（2）能够迅速结合脱落下来的氯化氢，抑制其自动催化作用。

（3）通过与高分子材料中所存在的不饱和键进行加成反应而生成饱和的高分子链，以提高该合成材料的热稳定性。

（4）能抑制聚烯结构的氧化与交联。

（5）对聚合材料具有亲和力，而且是无毒或低毒的。

（6）不与聚合材料中已存在的添加剂，如增塑剂、抗氧剂和填充剂等发生化学作用。

目前使用的铅盐类、脂肪酸皂类、有机锡类等热稳定剂，其作用机理如下：

盐基性铅盐可通过捕获脱落下来的氯化氢而抑制了它的自动催化作用。

脂肪酸皂类一方面可以捕获脱落下来的氯化氢，另一方面是能置换 PVC 中存在的烯丙基氯中的氯原子，生成比较稳定的酯，从而消除聚合材料中脱氯化氢的引发源。

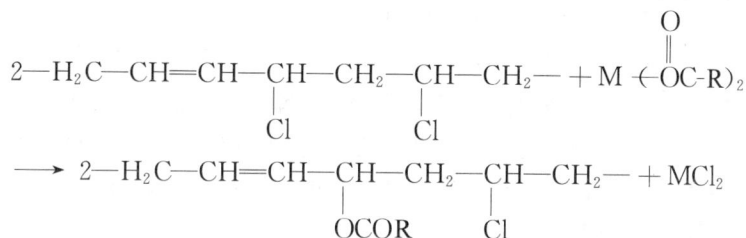

$$2-H_2C-CH=CH-CH-CH_2-CH-CH_2- + M \left(\!\!\begin{array}{c} O \\ \| \\ OC\text{-}R \end{array}\!\!\right)_2$$

$$\quad\quad\quad\quad\quad\quad | \quad\quad\quad\quad\quad | $$
$$\quad\quad\quad\quad\quad Cl \quad\quad\quad\quad Cl$$

$$\longrightarrow\ 2-H_2C-CH=CH-CH-CH_2-CH-CH_2- + MCl_2$$
$$\quad\quad\quad\quad\quad\quad\quad\quad\quad | \quad\quad\quad\quad\quad\quad | $$
$$\quad\quad\quad\quad\quad\quad\quad\quad OCOR \quad\quad\quad Cl$$

有机锡类热稳定剂是有机锡化合物首先与 PVC 分子链上的氯原子配位，然后高分子链上的活泼氯原子与 Y 基团进行交换，达到抑制 PVC 脱氯化氢的热降解反应的目的。

2. 热稳定剂的分类

PVC 一般在 140～200℃就开始分解脱去氯化氢，同时造成聚合物的颜色逐渐变深，由黄、橙到红、棕，最终可变为黑色。当其受热时，其机械性能没有显著的变化，颜色的变化是热解反应的特征表现，所以一个 PVC 热稳定剂的效果好坏，比较容易从聚合材料受热时颜色的变化程度上加以判断。

在工业上，用于 PVC 的高效热稳定剂有许多种，但均可归属于金属热稳定剂与有机热稳定剂两大类。第一类包括无机、有机酸与金属（如 Pb、Cd、Sr、Ba、Zn、Mg、Li、Ca、Na 等）的碱性盐以及它们的混合物；第二类主要包括环氧化合物、螯合试剂、抗氧剂、α-苯基吲哚与尿素衍生物等有机化合物。下面对 PVC 的主要的热稳定剂品种进行分别讨论。

1）铅稳定剂

铅稳定剂是最早发现并用于 PVC 的，至今仍是热稳定剂的主要品种之一。由于铅稳定剂具有价格低廉、热稳定性好等优点，所以我国主要以铅类稳定剂为主［在日本铅稳定剂（包括铅的皂类）约占整个稳定剂用量的 50%］。

铅类稳定剂主要是盐基性铅盐—氧化铅〔俗称为盐基）、无机酸铅和有机酸铅〕，它们都具有很强的结合氯化氢的能力，但对于 PVC 脱氯化氢的反应本身，既无促进作用也无抑制作用，所以是作为氯化氢的捕获剂而使用。

铅盐的主要优点是耐热性好，尤其是长期热稳定性好、电气绝缘性好、具有白色颜料的性能、覆盖力大、耐候性好、具有润滑性、价格低廉。但它也存在缺点，主要是所得制品透明性差、毒性大、分散性差、易受硫化氢污染。为了改善这些缺点，减少对操作人员的不良影响，通常将铅类稳定剂制成湿润性粉末、膏状物或粒状物。在近数十年里铅类稳定剂一直是热稳定剂中使用最多的一种，被大量地用于各种不透明的软硬制品和耐热电线、电缆料中。但无论如何，毒性始终是它的致命弱点。例如，用做自来水管材的 PVC 管中，加入的铅稳定剂必须耐抽提，上水管中的铅含量必须控制在 10^{-7} 以下。目前，美国与西欧已禁止铅类稳定剂用于水管配料，而只允许使用锡类及锑类稳定剂。

在铅类热稳定剂中，三盐基硫酸铅有优良的耐热性和电绝缘性，耐候性尚好，特别适用于高温加工，是使用最普遍的一种；二盐基亚磷酸铅的耐候性在铅稳定剂中是最好的，且有良好的耐初期着色性，可制得白色制品，但在高温加工时有气泡产生。

2）金属皂类稳定剂

金属皂是指高级脂肪酸的金属盐。作为 PVC 类聚合材料热稳定剂的金属皂则主要是硬脂酸、月桂酸、棕榈酸等的钡、镉、铅、钙、锌、镁、锶等金属盐。

金属皂类或金属盐类热稳定剂主要通过捕获氯化氢或羧酸基与 PVC 中的活泼氯原子发生置换反应而起到提高配合物热稳定性的目的。一般来说，其反应速度随着金属的不同而异，其顺序大体如下：

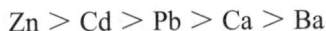

$$Zn > Cd > Pb > Ca > Ba$$

金属皂类稳定剂的性能随着金属的种类和酸根的不同而异，具体如下：

（1）耐热性。镉、锌皂初期耐热性好，钡、钙、镁、锶皂长期耐热性好，铅皂的耐热性为中等。

（2）耐候性。镉、锌、铅、钡、锡皂较好。

（3）润滑性。铅、镉皂的润滑性好，钡、钙、镁、锶皂的润滑性较差，但凝胶化性能好，酸根对润滑性也有影响，脂肪族比芳香族的要好，对于脂肪族羧酸来说，碳链愈长则润滑性越好。

（4）压析性。配合组分（如颜料、各种助剂等）从配合物中析出而黏附在压辊或塑模等金属表面，形成有害膜层的现象称为"压析"）。钡、钙、镁、锶皂容易产生压析现象，而锌、镉、铅皂的耐压析性能较好，一般来说，脂肪酸皂的压析性较芳香羧酸盐高；对于脂肪酸皂而言，碳链越长，压析现象越严重，而且喷霜现象严重。

金属皂类热稳定剂的性能与其结构也是紧密相关的。脂肪酸根中碳链越长，其热稳定性与加工性越好，耐溶剂（如水和各种溶剂）抽提性也越高，但是其与 PVC 聚合物的相容性则越差，容易产生喷霜现象，从而使得 PVC 制品的印刷性下降；对于碳数相同的酸根，其高分子链上官能团的不同也导致其性能的改变。如分子中含有羟基与环氧基的金属皂，虽然热稳定性有所提高，但耐溶剂抽提性则有下降的趋势。高分子链中的不饱和键能增加其与 PVC 的相容性，但又易于发生氧化与聚合，使得制品易于发生黏连、变色和出汗。如果在金属皂类的分子中引入芳环或脂环，则可提高其与 PVC 的相容性，减少喷霜现象，改善印刷性，还可提高 PVC 料的热流动性。如果芳环带有烷基，还能提高其热稳定性、耐候性、初期着色性与抗氧性。

3）有机锡稳定剂

有机锡稳定剂主要有下列三种类型：脂肪酸盐型、马来酸盐型、硫醇盐型。作为商品的锡稳定剂，一般很少使用纯品，大都是添加了稳定化助剂的复合物。有机锡类稳定剂的主要特点是具有高度的透明性、突出的耐热性、低毒并耐硫化污染，是一类极有发展前途的稳定剂。但有机锡稳定剂的致命弱点是价格高，因此限制了它的广泛使用。

所有的有机锡稳定剂都具有捕捉氯化氢的能力，许多的有机锡稳定剂在捕获了氯化氢后所生成的产物能进一步与共轭双键进行加成反应，一方面有利于抑制聚合材料的热降解，另一方面可抑制制品的着色。工业上使用的有机锡稳定剂主要有月桂酸类、马来酸酯类和硫醇类。

脂肪酸盐其主要代表物是二丁基锡二月桂酸盐，其润滑性和加工性都很好，但热稳定性和透明性较差，单独使用时有明显的初期着色性。因此，在硬质透明制品中常与马来酸盐和硫醇盐类有机锡化合物并用，起润滑剂的作用，而在软质或半硬透明制品中用作主稳定剂，通常与钡／镉皂并用。

4）液体复合稳定剂

液体复合稳定剂是指有机金属盐类、亚磷酸酯、多元醇、抗氧剂和溶剂等多组分的混合物。液体复合稳定剂使用方便，耐压析性好，透明性好，与树脂和增塑剂的相容性好，而且用量也较少。当用于软质透明制品时，液体复合稳定剂的耐候性好，而且没有初期着色，比用有机锡稳定剂便宜得多，因此，液体复合稳定剂的主要用作软质制品。

金属皂类稳定剂是复合稳定剂的主体成分。从金属种类的配合来看，有如下几种常见的形式，如镉／钡／（锌）皂（通用型）、钡／锌皂（耐硫化污染型）、钙／锌皂（无毒型）以及其他钙／锡和钡／锡复合物等类型。盐中酸根的种类也是多种多样的，如辛酸、油酸、环烷酸、月桂酸、合成脂肪酸、树脂酸、苯甲酸、水杨酸、苯酚、烷基酚和亚磷酸等。常用的亚磷酸酯有亚磷酸三苯酯、亚磷酸一苯二异辛酯、亚磷酸三异辛酯、三壬基苯基亚磷酸酯等。

5）其他类型的热稳定剂

除上述的热稳定剂外，还有一些品种，通常被称做有机辅助稳定剂。它们中有的在综合性能上还有差距，尚处于发展状态。在这类化合物包括环氧化合物、亚磷酸酯、多元醇以及 β- 二酮化合物等。例如，亚磷酸酯广泛地用于液体复合稳定剂，一般添加量为 10%～30%。主要用于农业薄膜、人造革等软质制品中，用量为 0.3～1.0 份。在硬质制品中主要用于瓦楞板，用量为 0.3～0.5 份。为了得到良好的协同效果，一般都与环氧化合物配合使用。有机亚磷酸酯的主要缺点是其水解性。但若提高了其水解稳定性的话，则其稳定化能力又变差，这是由于二者的反应机理相同所致，所以要解决这一矛盾是比较困难的。

三、光稳定剂

长期暴露在日光或短期置于强荧光下的高分子材料，由于吸收了紫外线能量，引起自动氧化反应，从而导致聚合物降解，使得制品变色、发脆、性能下降，以致无法再用。这一过程称为光氧老化或光老化。凡能抑制或减缓这一过程进行的物质，称为光稳定或紫外光稳定剂。

（一）光稳定剂作用机理

1）光老化机理

从太阳发射出来的辐射线，照射到地球表面的为 290～3000nm 的光波，即波长较短的紫外线（290～400nm）和大部分可见光（400～800nm）以及波长较长的红外线（800～3000nm）。辐射线的能量与波长成反比，波长越短，射线的能量越大。紫外线的波长最短，其能量最高，因此它对聚合物的破坏性也最大。

不同结构的高分子化合物对紫外线各种不同长短波段的敏感程度是不一样的，见表 10.3。

表 10.3　不同类型高分子化合物对不同波长光的敏感性

高分子化合物	敏感波长	高分子化合物	敏感波长
聚乙烯	300	聚甲醛	300～320
聚丙烯	310	聚碳酸酯	295
聚氯乙烯	310	聚甲基丙烯酸甲酯	290～315
聚酯	325	聚苯乙烯	318
氯乙烯 - 醋酸乙烯共聚物	322～364	硝酸纤维素	310
聚醋酸乙烯酯	280	纤维素	295～298

由于紫外线波长短、能量高，高分子化合物吸收紫外线后，容易形成电子激发态，这种激发态的分子可以引起一系列的光物理过程和光化学反应。光物理过程能将大部分被吸收的能量转变成为对高聚物无害的热能和波长较长的光。由于紫外线的波长短、能量高，它足以使高聚物分子成为激发态或破坏化学键引起自由基链式反应，并同时与氧化相伴发生"光氧老化"或"光氧化反应"。

高聚物的结构不同，其氧化过程也不完全一样。例如，尼龙 -6 不需要有氧存在，它吸收 290nm 波长的紫外线，即可发生断链而导致老化。聚 α- 烯烃本来对大于 290nm 的紫外光和可见光吸收很少。照理应该不易发生光老化，但实际上它们的耐光老化性很差。一般认为，这是杂质的影响，使聚 α- 烯烃先氧化成为含有羰基（C=O）的化合物，这种羰基化合物受紫外光的作用，容易发生断链而进一步降解。

一般来说，含有双键的高分子能吸收紫外光，容易被激发而引起光氧化反应，因此它们的光稳定性不好。但含单键的"纯"聚合物，则不吸收或几乎不吸收紫外线，所以它们不易被激发，因而对光稳定。但实际上仅含单键的"纯"高聚物是不存在的。大家知道，工业聚合物料由于在制造和加工过程中不可避免的含有催化剂残留物，或者微量的氢过氧化物、羰基化合物、稠环芳烃等光敏化物质，这些杂质吸收紫外线后，就引发高分子的光氧化反应。所以实际上除极少数氟烯类高分子（如聚四氟乙烯、聚偏氟乙烯、聚三氟乙烯等）、聚甲基丙烯酸酯等之外，大多数高分子化合物对光的稳定性不好。

　　2）光稳定剂的作用机理

　　提高聚合物的光稳定性，须从如下六个方面考虑或至少必须具备下述六种功能中的一种：

　　（1）紫外线的屏蔽和吸收。

　　（2）氢过氧化物的非自由基分解。

　　（3）猝灭激发态分子。

　　（4）钝化重金属离子。

　　　　（以上为阻止光引发）

　　（5）捕获自由基。

　　（6）为切断链增长反应的措施。

　　根据稳定机理的不同，光稳定剂大致分为以下四类：

　　（1）光屏蔽剂，又称遮光剂，是一类能够吸收或反射紫外光的物质。在聚合物和光源之间设立了一道屏障，使光在达到聚合物的表面时就被吸收或反射，阻止紫外线深入到聚合物内部，从而有效地抑制了制品的老化。这类稳定剂主要有炭黑、二氧化钛、氧化锌、锌钡等。

　　炭黑是吸附剂，而氧化锌和二氧化钛稳定剂为白色颜料，可使光反射掉而呈现白色。其中效力最大的是炭黑，在聚丙烯中加入2%的炭黑，寿命可达30年以上。

　　（2）紫外线吸收剂，是将吸收的光能量以热能或无害的低能辐射能释放出来或耗掉，从而防止聚合物中的发色团吸收紫外线能量随之发生激发。紫外线吸收剂应用最多的当属二苯甲酮类、水杨酸酯类和苯并三唑类等。

　　（3）猝灭剂，也称减活剂，本身对紫外光的吸收能力很低（只有二苯甲酮类的1/10～1/20），但它能转移聚合物分子因吸收紫外线后所产生的激发态能，从而防止了聚合物因吸收紫外线而产生的游离基。

　　猝灭剂主要是金属络合物，如镍、钴、铁的有机络合物。它是通过分子间的过程转移能量，迅速而有效地将激发态分子猝灭，使其回到基态，从而达到保护高分子材料，使其免受紫外线破坏的作用。

　　猝灭剂很少用于塑料厚制品，大多用于薄膜和纤维。在实际应用中常和紫外线吸收剂并用，以起协同作用。猝灭剂与紫外线吸收剂的不同之处在于紫外线吸收剂通过分子内结构的变化来消散能量，而猝灭剂则通过分子间能量的转移来消散能量。

　　（4）自由基捕获剂，为具有空间位阻效应的哌啶衍生物类光稳定剂，简称为受阻胺类光稳定剂（HALS），其结构为

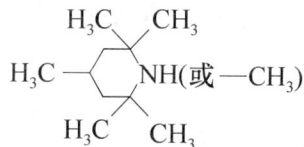

$$\text{H}_3\text{C}\underset{\text{H}_3\text{C}}{\overset{\text{H}_3\text{C}}{\longleftarrow}}\text{NH(或—CH}_3)$$

此类化合物几乎不吸收紫外线，但通过捕获自由基、分解过氧化物、传递激发态能量等多种途径，赋予聚合物以高度的稳定性。受阻胺光稳定剂是目前公认的高效光稳定剂。

（二）光稳定剂分类

1）二苯甲酮类

二苯甲酮类光稳定剂是邻羟基二苯甲酮的衍生物，有单羟基、双羟基、三羟基、四羟基等衍生物。此类化合物吸收波长为 290～400nm 的紫外光，并与大多数聚合物有较好的相容性，因此广泛用于聚乙烯、聚丙烯、聚氯乙烯、ABS、聚苯乙烯、聚酰胺等材料中。

紫外线吸收剂 2-羟基-4-甲氧基二苯甲酮（商品名 UV-9）和 2-羟基-4-辛氧基二苯甲酮（商品名 UV-531）是应用广泛的光稳定剂。

UV-9 能有效吸收 290～400nm 的紫外光，但几乎不吸收可见光，所以适用于浅色透明制品。本品对光、热稳定性良好，在 200℃时不分解，但升华损失较大，可用于油漆和各种塑料，对软、硬质聚氯乙烯、聚酯、聚苯乙烯、丙烯酸树脂和浅色透明木材家具特别有效。

UV-531 能强烈吸收 300～375nm 的紫外线，与大多数聚合物相容、特别是与聚烯烃有很好的相容性，挥发性低，几乎无色。主要用于聚烯烃，也用于乙烯基树脂，聚苯乙烯，纤维素、塑料、聚酯、聚酰胺等塑料、纤维及涂料。

2）水杨酸酯类

水杨酸苯酯其优点是与树脂的相容性较好、价格便宜，缺点是紫外线吸收波段较窄（340nm 以下）、吸收率低，本身对紫外光不稳定，光照后发生重排而明显地吸收可见光，使制品带色。水杨酸酯类可用于聚乙烯、聚氯乙烯、聚偏乙烯、聚苯乙烯、聚酯、纤维素等。

水杨酸 -p- 叔丁基苯酯（商品名 UV-TBS）为一种廉价的紫外线吸收剂，性能良好，但在光照下有变黄的倾向，可用于聚氯乙烯、聚乙烯、纤维素塑料和聚氨酯。

p,p′-次异丙基双酚双水杨酸（商品名 UV-BAD）可吸收波长 350nm 以下的紫外线，与各种树脂的相容性好，价格低廉，可用于聚乙烯、聚丙烯等聚烯烃制品，也可用于含氯树脂。

3）苯并三唑类

苯并三唑类光稳定剂是一类性能较二苯甲酮类为好的优良的紫外线吸收剂。它能较强烈地吸收 310～385nm 紫外光，几乎不吸收可见光。热稳定性优良，但价格较高，可用于聚乙烯、聚丙烯、聚苯乙烯、聚碳酸酯、聚酯、ABS 等制品。2-（2′-羟基-5′-甲基苯基）苯并三唑（商品名 UV-P）能吸收波长 270～380nm 的紫外光，几乎不吸收可见光。主要用于聚氯乙烯、聚苯乙烯、不饱和聚酯、聚碳酸酯、聚甲基丙烯酸甲酯、聚乙烯、ABS 等制品，特别适用于无色透明和浅色制品。用于薄制品一般添加量为0.1～0.5 份，用于厚制品为 0.05～0.2 份，用于合成纤维中添加量达 0.5～2 份才有明显的效果，但该产品不耐皂洗，因为能溶于碱性肥皂中，使纤维颜色黄。

4）取代丙烯腈类

取代丙烯腈类光稳定剂具有如下结构：

$$R-\langle\bigcirc\rangle-\underset{Z}{\overset{}{\underset{|}{C}}}=\underset{Y}{\overset{X}{\underset{|}{C}}}$$

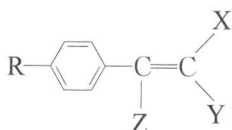

结构式中 R 可为氢、甲氧基；X 和 Y 为羧酸酯或氰基；Z 为氢、烷基、芳基。

此类化合物仅能吸收 310～320nm 范围内的紫外光，且吸收指数较低；但取代丙烯腈类光稳定剂不含酚式羟基，具有良好的化学稳定性和与聚合物的相容性。可应用于丙烯酸树脂、环氧树脂、脲醛树脂、密胺树脂、聚酰胺、聚酯、聚烯烃、聚氯乙烯、聚氨酯等。

2- 氰基 -3,3′ - 二苯基丙烯酸异辛酯（商品名 N-539）和 2- 氰基 -3,3′ - 二苯基丙烯酸乙酯（商品名 N-35）为取代丙烯腈类光稳定剂的代表性产品。

N-53 强烈吸收波长为 270～350nm 的紫外线，耐碱性好，溶于甲苯、甲乙酮、醋酸乙酯等，微溶于乙醇、甲醇，不溶于水。它适用于聚氯乙烯、缩醛树脂、聚烯烃、环氧树脂、聚酰胺、丙烯酸树脂、聚氨酯、脲醛树脂和硝酸纤维素等，尤其适用于硬质和软质聚氯乙烯制品。

N-539 是由二苯基亚甲胺与氰乙酸 -2- 乙基己酯反应制得，为浅黄色液体，可溶于常用的有机溶剂，不溶于水。它与树脂的相容性好，不着色，可赋予制品优良的光热稳定性。它可用于各种合成材料，尤其适用于硬质和软质聚氯乙烯制品。

5）镍螯合物类

有机镍络合物是一类猝灭剂。由于它们对激发的单线态和激发的三线态有强烈地猝灭作用，其本身也是高效的氢过氧化物分解剂，不少镍络合物还兼有抗氧和抗臭氧的作用，因此广泛地应用于聚烯烃纤维和极薄的薄膜中，其添加量比吸收型光稳定剂略低。镍络合物主要有硫代双酚型、二硫代氨基甲酸镍盐和膦酸单酯镍型三种类型。

硫代双酚型代表性品种有光稳定剂 AM-101，化学名称为硫代双（辛基苯酚）镍。AM-101 为绿色粉末，最大吸收波长 290nm，对聚烯烃和纤维的光稳定非常有效。在溶剂中的溶解度极少，用于纤维的耐洗性优良并兼有助涤剂之功能，与紫外线吸收剂并用有良好的协同效应。但此品种有使制品着色的缺点，又因其分子中含有硫原子，高温加工有变黄倾向，因此不适用于透明制品。

二硫代氨基甲酸镍盐代表性品种有光稳定剂 NBC。光稳定剂 NBC 为深绿色粉末，熔点 86℃以上，相对密度 1.26（25/4℃），溶于氯仿、苯、二硫化碳，微溶于丙酮、乙醇，不溶于水，贮存稳定性良好，可作聚丙烯纤维、薄膜和窄带的光稳定剂，具有十分优良的光稳定作用。在丁苯、氯丁、氯磺化聚乙烯等合成橡胶中有防止日光龟裂、臭氧龟裂的作用，且可提高氯丁胶和氯磺化聚乙烯的耐热性。

膦酸单酯镍型代表性品种有光稳定剂 2002。光稳定剂 2002 根据含水量的不同而为淡黄色或淡绿色粉末。熔点范围是 180～200℃，易溶于常用的有机溶剂，水中溶解度为 5g/100mL，对光和热的稳定性高、相容性好、耐抽出、着色性小，具有猝灭激发态和捕获活性自由基的功能，对纤维和薄膜有优良的稳定作用，主要用于聚烯烃、特别是聚丙烯纤维、薄膜和窄带（编织带）。对聚丙烯纤维有助染作用，与紫外线吸收剂、亚磷酸酯和硫代酯等辅助抗氧剂并用有协同作用，但多与酚类抗氧剂并用。

6）受阻胺类

受阻胺类光稳定剂都具有 2,2,6,6- 四甲基哌啶基的基本结构（常称为三丙酮胺TAA）。国内主要品种有 770、744、GW-540、PDS 等。

其中，光稳定剂 770 的光稳定效果优于目前常用的光稳定剂。它与抗氧剂并用，能提高耐热性能；与紫外线吸收剂并用，有协同作用，能进一步提高耐光效果；与颜料配合使用，与紫外线吸收剂不同，它不会降低耐光效果，广泛用于聚丙烯、高密度聚乙烯、聚苯乙烯、ABS 等中。

光稳定剂 GW-540 的特点是与聚烯烃有良好的相容性，同时具有突出的光防护性能。由于分子中含有亚磷酸酯结构，具有过氧化物分解剂的基团，因而具有一定的抗热氧老化作用。易溶于丙酮、苯等有机溶剂，难溶于水，广泛地应用于高压聚乙烯、聚丙烯等树脂。

7）光屏蔽剂——炭黑及颜料

（1）炭黑，是效能最高的光屏蔽剂，由于炭黑结构中含有羟基芳酮结构，能够抑制自由基反应，使用炭黑时必须考虑到炭黑的粒度、添加量，在聚合物中的分散性及其与其他稳定剂的协同效应等。炭黑的粒度以 15~25μm 为佳，粒度愈小，光稳定效果愈好。炭黑的添加量以 2% 为宜，用量大于 2%，光稳定效果并不明显增大，反而使耐寒性、电气性能下降。炭黑分散性的好坏显著影响聚乙烯的老化性能，分散性越好，则耐候性越好。炭黑与含硫稳定剂有突出的协同效应，可配合使用；但与胺类、酚类抗氧剂并用时有对抗作用，不能一同使用。

（2）颜料。不同的颜料对聚合物的老化影响有很大的差别。例如，对于聚乙烯的紫外光老化，钛白有促进作用；而镉系颜料、铁红、酞菁蓝、酞菁绿对紫外光老化有抑制作用。使用颜料时，要考虑与光稳定剂、抗氧剂、炭黑等助剂的相互影响。

（3）氧化锌，是一种价廉、耐久、无毒的光稳定剂，特别是应用在高密度、低密度聚乙烯，聚丙烯等方面。粒度为 0.11μm 的氧化锌效果最佳。实验证明，添加 3 份氧化锌的效果相当于 0.3 份有机型光稳定剂。

氧化锌与分子氧经光照后产生氧阴离子自由基，这种阴离子自由基与水反应形成过氧化氢自由基和羟基自由基。这两种自由基都能进一步引发聚合物降解，可以说氧化锌又是一种光活化剂。

采用氧化锌作光稳定剂时须与二乙基二硫代氨基甲酸锌、亚磷酸三（壬基苯酯）、硫代二丙酸二月桂酯等过氧化物分解剂并用，才能发挥优良的协同作用。

（三）光稳定剂的选用

选用光稳定剂时需注意的因素主要有聚合物对紫外线的敏感波长，紫外线稳定剂的吸收波长范围、加入量、制品的厚度、颜色、与其他助剂的作用及经济效益等。

1）聚合物对紫外线的敏感波长及紫外线吸收剂的吸收波长

聚合物对紫外线的敏感波长是聚合物本身所特有的。选用光稳定剂时，需考虑各种聚合物的敏感波长要与紫外线吸收剂的有效吸收波长范围一致，以使聚合物稳定而不易光老化。

2）与其他助剂的配合使用

由于紫外线吸收剂吸收光能后，增加了制品发热的可能性，因此必须考虑同时加入抗氧剂和热稳定剂，这就要求三者具有协同作用。例如，光屏蔽剂氧化锌可以提高聚丙烯的户外使用寿命，若与主抗氧剂1010、辅助抗氧剂DSTP和紫外线吸收剂三嗪并用，效果更好，并有很好的协同作用。

紫外线吸收剂不能与硫醇有机锡并用，否则会产生对抗作用，失去对聚合物的光稳定作用。受阻胺类光稳定剂与酚类抗氧剂并用时，耐候性能可显著提高，但在稳定化过程中，形成的氮-氧游离基与抗氧剂264结合，生成带色的醌式化合物，影响制品的色泽。

另外，受阻胺光稳定剂与硫代二丙酸酯类过氧化物分解剂并用时，光稳定性能有所降低，但与吸收型光稳定剂并用时，有良好的协同作用。

3）光稳定剂的并用

各类光稳定剂都有各自不同的作用机理，在实际应用中，有时加入一种光稳定剂不能满足要求时，可考虑加入两种或几种不同作用原理的光稳定剂，以取长补短，得到增效光稳定合剂。如将几种紫外线吸收剂复合作用时，其效果比单一时有很大提高；又如紫外线吸收剂常与猝灭剂并用，光稳定效果显著地提高。因为紫外线吸收剂不可能把有害的紫外线全部吸收掉，这时猝灭剂可以消除这部分未被吸收的紫外线对材料的破坏。

4）厚度和用量

从理论上讲，只有当制品表面光吸收数量相同时，吸收程度才相等，也就是说对厚制品或薄制品使用浓度一样，而实际上并非如此，薄制品和纤维要求加入的紫外线吸收浓度较高；而厚制品的则较低。这是由于制品越厚，紫外线透入到一定深度后，即被完全吸收，被内外层承受了，所以耐光性好，所需的浓度低；同时加入到塑料中的紫外线吸收剂，由于扩散作用，往往都会集中在聚合物外表的非结晶区内，所以表面层实际的防护能力，往往要比预料的高好多倍，因此不必添加高浓度的紫外线吸收剂。光稳定剂的添加量太高时，超过相容性时，会产生喷霜现象，需选用相容性好的光稳定剂。

第四节　阻　燃　剂

燃烧过程是一个复杂的剧烈的氧化过程，常伴有火焰、浓烟、毒气等产生。燃烧时聚合物剧烈分解，产生挥发性的可燃物质，该物质达到一定温度和浓度时，又会着火燃烧，不断释放热量，使更多的聚合物或难于分解的物质分解，产生更多的可燃物，这种恶性循环的结果是燃烧继续扩展、造成火灾，危及人们的生命和财产。

能够增加材料耐燃性的物质叫阻燃剂。阻燃剂是提高可燃性材料难燃性的一类助剂。它们大多是元素周期表中第 V、Ⅶ 和 Ⅲ 族元素的化合物，其中最常用和最重要的是磷、溴、氯、锑和铝的化合物。

一个比较理想的阻燃剂应该具备下列基本条件。

（1）阻燃剂不损害高分子材料的物理机械性能，即经阻燃加工后，不降低热变形温度、机械强度和电气特性。用于合成纤维时还必须有防止熔滴的作用，对整理织物的外观影响极小。

（2）具有耐候性及持久性，进行阻燃加工的塑料制品都是准备长期使用的物品，所以阻燃效果不能在制品使用中消失。对于合成纤维中阻燃剂产生的防燃效果应能耐洗涤及干洗。

（3）无毒或低毒。阻燃剂在使用过程中产生的气体可燃性低、毒性小，对纺织品用阻燃剂应为不刺激皮肤，当织物在火焰中裂解时不产生有毒气体。

（4）价格低廉。

一、聚合物的燃烧和阻燃剂的作用机理

（一）燃烧机理

维持燃烧的三要素：可燃物、氧、热。具备这三要素的燃烧过程大致分为五个不同阶段。

（1）加热阶段。由外部热源产生的热量给予聚合物，使聚合物的温度逐渐升高，升温的速度取决于外界供给热量的多少、接触聚合物的体积大小、火焰温度的高低等；同时也取决于聚合物的比热容和导热系数的大小。

（2）降解阶段。聚合物被加热到一定温度，变化到一定程度后，聚合物分子中最弱的键断裂，即发生热降解，这取决于该键的键能大小。

（3）分解阶段。当温度上升到一定程度时，除弱键断裂外，主键也断裂，即发生裂解，产生低分子物，包括可燃性气体 H_2、CH_4、C_2H_6、CH_2O、CH_3COCH_3、CO 等；不燃性气体 CO_2、HCl、HBr 等；聚合物部分分解产生的液态产物；燃烧后产生的固态产物，如聚合物部分焦化为焦炭，或不完全燃烧产生的烟尘粒子等。

（4）点燃阶段。当分解阶段所产生的可燃性气体达到一定浓度，且温度也达到其燃点或闪点（是液体表面上的蒸气和空气的混合物与火接触而初次发生蓝色火焰的闪光时的温度。闪点温度比着火点低些，闪点可表明发生爆炸或火灾的可能性的大小），并有足够的氧或氧化剂存在时，开始出现火焰，这就是"点燃"，燃烧从此开始。

（5）燃烧阶段。燃烧释出的能量和活性游离基引起的连锁反应，不断提供可燃物质，使燃烧自动传播和扩展，火焰越来越大。燃烧反应如下：

在实际应用中，聚合物的燃烧性可用燃烧速度和氧指数来表示。燃烧速度是指试样单位时间内燃烧的长度。氧指数是指试样像蜡烛状持续燃烧时，在氮－氧混合气流中所必需的最低氧含量，氧指数（OI）可按下式求出。

$$氧指数 = \frac{O_2}{O_2 + N_2} \text{ 或氧指数（％）} = \frac{O_2}{O_2 + N_2} \times 100$$

氧指数越高，表示燃烧越难。一般 $OI \geq 0.27$ 的物质为阻燃物质；OI 在 $0.22 \sim 0.26$ 之间为自熄性物质；$OI < 0.21$ 的物质为可燃性物质。

（二）阻燃机理

不同的阻燃剂可起到不同的阻燃作用，它们能使燃烧的五个阶段中某一个或某几个阶段的速度加以抑制。

1）保护膜机理

阻燃剂在燃烧温度下形成了一层不燃烧的保护膜，覆盖在材料上，隔离空气而阻燃。这又分为两种情况。一种是阻燃剂在燃烧温度下的分解成为不挥发、不氧化的玻璃状薄膜，覆盖在材料的表面上，可隔离空气（或氧），且能使热量反射出去或具有低的导热系数，从而达到阻燃的目的。如使用卤代磷作阻燃剂就是这种情况。

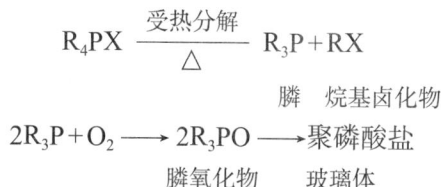

$$R_4PX \xrightarrow[\triangle]{\text{受热分解}} R_3P+RX$$

膦　　烷基卤化物

$$2R_3P+O_2 \longrightarrow 2R_3PO \longrightarrow 聚磷酸盐$$

膦氧化物　　　玻璃体

阻燃剂硼酸锌（FB）$2ZnO \cdot 3B_2O_3 \cdot 5H_2O$，这是目前使用最广泛的硼阻燃剂。它300℃以下稳定，受热至300℃以上，释出结晶水，吸收大量热能，释出水分，最终生成 B_2O_3 玻璃状薄膜，覆盖于聚合物上，起到隔热排氧的功能。

另一种是阻燃剂在燃烧温度下可使材料表面脱水炭化，形成一层多孔性隔热焦炭层，从而阻止热的传导而起阻燃作用，如经磷化物处理过的纤维素，当受热时，纤维素首先分解出磷酸，它是一种具有很好脱水作用的催化剂，与纤维素作用的结果，脱去水分留下焦炭。当受强热时，磷酸聚合成聚磷酸，后者是一种更强有力的脱水催化剂。

$$(C_6H_{10}O_5)_n \longrightarrow 6nC+5nH_2O$$

实验中发现，生成的焦炭量在一定范围内与磷的含量呈很好的线性关系，生成的焦炭呈石墨状。焦炭层起着隔绝内部聚合物与氧的接触，使燃烧窒熄的作用。同时焦炭层导热性差，使聚合物与外界热源隔绝，减缓热分解反应。

2）不燃性气体机理

阻燃剂能在中等温度下立即分解出不燃性气体，稀释可燃性气体和冲淡燃烧区氧的浓度，阻止燃烧发生。这类催化剂的代表为含卤阻燃剂，有机卤素化合物受热后释出 HX。

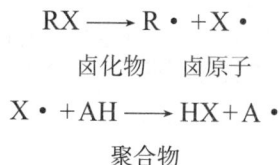

$$RX \longrightarrow R \cdot + X \cdot$$

卤化物　　卤原子

$$X \cdot + AH \longrightarrow HX + A \cdot$$

聚合物

HX 是难燃性气体，不仅稀释空气中的氧，而且其相对密度比空气大，可替代空气形成保护层，使材料的燃烧速度减缓或熄灭，HBr 与 HCl 的质量比为 1:2.2，因而含溴阻燃剂的效能约为含氯阻燃剂效能的 2.2 倍。

3）冷却机理

阻燃剂能使聚合物材料的固体表面在较低温度下熔化，吸收潜热或发生吸热反应，大量消耗掉热量，从而阻止燃烧继续进行。此类阻燃剂有氢氧化铝和氢氧化镁。

氢氧化铝当温度在 200℃以内时，水合分子与氧化铝结合非常紧密，不易释出，此时外部加入的热量，由于聚合物本身的熔化而吸收消耗掉，氢氧化铝仅作为填料存在于塑料内，当温度升高到大于 250℃，氢氧化铝发生分解，吸收大量热量，并生成水。

$$2Al(OH)_3 \xrightarrow{250℃} Al_2O_3 + 3H_2O - 300kJ/mol$$

产生的水汽化，亦需吸收大量潜热，从而降低聚合物温度，减缓和阻止燃烧。

氢氧化镁与氢氧化铝类似，在 340℃左右开始吸热分解反应，在 430℃下失重达最大值，490℃下分解反应终止。分解反应生成的水吸收大量热能，降低温度，达到阻燃。

$$Mg(OH)_2 \xrightarrow{340℃} MgO + H_2O - 44.8kJ/mol$$

4）终止连锁反应机理

阻燃剂的分解产物易与活性游离基作用，降低某些游离基的浓度，使作为燃烧支柱的连锁反应不能顺利进行。聚合物燃烧时，一般分解为烃，烃在高温下进一步氧化分解成 OH·游离基，OH·的连锁反应使得火焰燃烧持续下去，HO·游离基能量很高，反应速度很大，所以燃烧速度取决于 OH·的浓度大小。阻燃剂产生的游离基可以和 OH·作用，产生稳定的化合物，若将发生连锁反应的 HO·除去，即可有效地防止燃烧。

当有含卤阻燃剂存在时，由于它在燃烧温度下分解产生卤化氢 HX，而 HX 能捕获高能量的 OH·游离基，并生产 X·和 H_2O，同时 X·与聚合物分子反应生成 HX，又可用来捕获 HO·，如此循环下去，即可将 HO·促成的连锁反应切断，这就终止了烃的燃烧，达到阻燃的目的。

5）协同作用机理体系

把脂肪族含溴阻燃剂与过氧化二异丙苯等自由基引发剂并用，可以产生非常强的阻燃效果，这是由于在热的作用下过氧化物等自由基引发剂促进了 Br·自由基的产生，使得燃烧过程中产生的 HO·自由基迅速消逝的缘故。常用的协同作用体系有锑-卤体系、磷-卤体系、磷-氮体系。锑常用的是 Sb_2O_3，卤化物常用的是有机卤化物。

Sb_2O_3 有机卤化物一起使用，能发挥阻燃作用，其机理：它与卤化物放出的卤化氢作用，生成 SbOCl，SbOCl 热分解产生 SbCl_3。SbCl_3 是沸点不太高的挥发性气体，这种气体相对密度大，能长时间停留在燃烧区内稀释可燃性气体，隔绝空气，起到阻燃作用；其次，它能捕获燃烧性的游离基 H·，HO·，CH_3·等，起到抑制火焰的作用。另外，SbCl_3 在火焰的上空凝结成液滴式固体微粒，其壁效应散射大量热量，使燃烧速度减缓或停止。它与聚合物脱 HCl 后形成的不饱和化合物反应，形成交联聚合物，提高了材料的热稳定性。

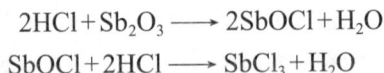

$$2HCl + Sb_2O_3 \longrightarrow 2SbOCl + H_2O$$
$$SbOCl + 2HCl \longrightarrow SbCl_3 + H_2O$$

总结果：

$$6HCl + Sb_2O \longrightarrow 2SbCl_3 + 3HCl$$

根据机理可知，氯与金属原子比以 3∶1 为宜。

二、阻燃剂的分类

按使用方法分类可把阻燃剂分为添加型阻燃剂和反应型阻燃剂。反应型阻燃剂是在聚合物制备过程中作为单体之一，通过化学反应使它们成为聚合物分子链的一部分。它对聚合物使用性能影响小，阻燃性持久。反应型阻燃剂主要包括卤代酰酐和含磷多元醇、乙烯基衍生物、含环氧基化合物等。

添加型阻燃剂是在聚合物加工过程中，加入具有阻燃作用的液体或固体的阻燃剂。常用于热塑性塑料，在合成纤维纺丝时添加到纺丝液中，其优点是使用方便，适应面广，但对塑料、橡胶及合成纤维性能影响较大。添加型阻燃剂主要包括有机卤化物、磷化物、无机化合物等。

1. 有机卤化物

含卤阻燃剂的作用机理大致可认为是：在一定温度下阻燃剂分解产生卤化氢，它是不燃性气体，它稀释了聚合物燃烧时产生的可燃性气体，冲淡了燃烧区的浓度，阻止了聚合物的继续燃烧；另外它极易与 HO· 等活性游离基结合，降低其浓度，抑制燃烧的发展。此外，含卤酸类能促进聚烯烃在燃烧时形成固体碳，有利于阻燃。因而含卤阻燃剂是一类重要的阻燃剂。卤素元素的阻燃效果为 I ＞ Br ＞ Cl ＞ F。C-F 键很稳定，难分解，故阻燃效果差；碘化物的热稳定性差，所以工业上常用溴化物和氯化物。有机卤化物的主要品种有氯化石蜡、全氯戊环癸烷、氯化聚乙烯、溴代烃、溴代醚类。

氯化石蜡是有机氯化物阻燃剂中最为重要的应用最广的一种。氯化石蜡是由石蜡氯化而成，包括含氯量 50% 和 70% 两大类。含氯量 50% 的主要用做聚氯乙烯树脂的辅助增塑剂；含氯量 70% 则主要作为阻燃剂使用。含氯 70% 的氯化石蜡（主要成分 $C_{20}H_{24}Cl_{18}$～$C_{24}H_{29}Cl_{21}$）为白色粉末，不溶于水，溶于大多数的有机溶剂，与天然树脂、塑料和橡胶相容性良好，应用时多和 Sb_2O_3 并用。氯化石蜡的化学稳定性好，价廉，用途较广，可作聚乙烯、聚苯乙烯、聚酯、合成橡胶的阻燃剂。但氯化石蜡的分解温度较低，在塑料成型时有时会发生热分解，因而有使制品着色和腐蚀金属模具的缺点。作为棉用防火阻燃剂，采用涂敷法应用于棉、绵纶和涤纶等工业用布上。

2. 有机磷化物

有机磷化物是最主要的添加型阻燃剂，其阻燃效果比溴化物要好，主要类型有磷酸酯、含卤磷酸酯和膦酸酯三大类。磷酸酯中主要包括磷酸三甲苯酯（TCP）、磷酸甲苯二苯酯（CDP）和磷酸三苯酯（TPP）等，脂肪族磷酸酯中较重要的有磷酸三辛酯（TOP）。磷酸酯主要作为阻燃增塑剂，用于聚氯乙烯树脂和纤维素。含卤磷酸酯分子中含有卤和磷，由于卤和磷的协同作用，所以阻燃效果较好，是一类优良的添加型阻燃剂。膦酸酯与磷酸酯的不同之处在于分子中含 1 个 C-P 键，一般以亚磷酸酯为原料，通过异构化反应或与烷基卤化物反应制得。

3. 无机化合物

无机化合物阻燃剂主要包括氢氧化铝、氢氧化镁、三氧化二锑，以及硼酸锌和硼酸钡等硼酸类化合物，其中氢氧化铝价格便宜，应用广泛。氢氧化铝是白色细微结晶粉末，含结晶水 344%，200℃ 以上脱水，最大吸热温度为 300～350℃，在 300℃ 左右有占质量 80% 的结晶水放出，而吸收热量起阻燃作用。氢氧化铝加入到塑料中，在燃烧时所放出的水蒸气白烟将高聚物燃烧产生的黑烟稀释，起掩蔽作用。因此，具有减少烟雾和有毒气体的作用。但在 200℃以下长时间加热，部分结晶水会游离出来，妨碍塑料的加工成型，因此使用前应在 120℃以上进行干燥处理。

由于氢氧化铝原料来源广，价格便宜，约为普通阻燃剂平均价格的 1/10，并且兼有填充剂、阻燃剂和发烟抑制剂三重功能，所以应用范围广泛，用于环氧树脂、酚醛树脂、不饱和树脂、ABS 树脂、丙烯酸树脂、聚氯乙烯、聚乙烯等多种塑料的阻燃。

第五节　其他助剂

一、抗静电剂

抗静电剂是添加在合成材料中或涂覆在塑料制品、合成纤维表面上以防止高分子材料产生静电危害的化学品。抗静电剂可以将体积电阻高的高分子材料表面层电阻率降低到 $10^{10}\Omega$ 以下，从而减轻高分子材料在加工和使用过程中的静电积累。

多数高分子材料具有电气绝缘性能，体积电阻很高，加工及使用过程中，其表面经摩擦容易产生静电，当电荷积累到一定程度时就会引起定点放电、触电等危害。国内外大量的着火和爆炸事故就是由于纺织品静电放电引起的。

解决静电危害的方法除了减轻或防止摩擦来减少静电产生外，另外就是使已经产生的静电，尽快泄露掉，从而防止静电的大量积累。泄漏静电的方法包括通过电路直接传导，提高环境的相对湿度和采用防静电剂等。

抗静电剂主要是一些表面活性剂，按照使用方法可以分为外部抗静电剂和内部抗静电剂两大类。外部抗静电剂在使用时通常配成 0.5%～2.0% 的溶液，用涂布、喷雾、浸渍等方法使它附着在塑料、纤维表面，形成一层保护膜。由于它的耐久性差，所以又叫做"暂时性抗静电剂"。为了适应纤维抗静电和耐洗涤的要求，近年来发展了一类与树脂表面牢固结合，不易逸散，耐磨和耐洗涤的高分子质量抗静电剂新品种，即"耐久性外部抗静电剂"。塑料用外部抗静电剂常使用附着力强、效果好的阳离子型和两性离子型的表面活性剂，很少使用阴离子型和非离子型的抗静电剂；而纤维用的外部抗静电剂则阴离子、阳离子和非离子型都可以采用。理想的外部抗静电剂应该为可溶或可分散在溶剂中；与树脂表面结合牢固，耐磨、耐洗涤；有良好的抗静电效果，对环境湿度、温度变化的适应性强；不会引起制品颜色的变化；手感好、无刺激；价廉。

内部抗静电剂是在树脂加工过程中（或单体聚合过程中）添加到树脂组成中的。它们与树脂充分混合，耐久性好，所以又称为"永久性抗静电剂"。内部抗静电剂添加到树脂中后，由于表面的定向作用，其亲水端伸出树脂材料，形成抗静电层。加入的抗静电剂过多会出现表面的"发汗"或"喷霜"现象，从而使塑料薄膜或制品表面的进一步加工（如加印商标等）出现困难。内部抗静电剂的优点是当表面的抗静电剂由于使用中摩擦或洗涤而损失时，内部的抗静电剂会自动扩散到表面加以补充。理想的内部抗静电剂应满足以下要求：耐热性好、能经受树脂加工过程中的高温；与树脂相容，不发生渗出现象；不损害树脂的性能；混炼容易能与其他助剂并用；用于薄膜、薄板时不发生黏着现象；不刺激皮肤、无毒；价廉。

（一）抗静电剂的主要品种与特性

大多数用于合成塑料和纤维的抗静电剂都是一些表面活性剂，因此可以按照表面活性剂分类法将其分为：阴离子型、阳离子型、两性离子型和非离子型抗静电剂。

1）阳离子型抗静电剂

该类抗静电剂主要包括各种胺盐、季铵盐、烷基氨基酸盐等，其中季铵盐最为重要。阳离子抗静电剂对高分子材料有较强的附着力，抗静电性能优良，广泛用作纤维和塑料抗静电剂，但季铵盐耐热性差，容易发生热分解，因而作为内部抗静电剂时必须考虑到能经受树脂的高温加工（120～300℃）。具有代表性的季铵盐产品有硬脂酸三甲基氯化铵和硬脂酸二甲基戊基氯化铵。

2）阴离子型抗静电剂

该类抗静电剂分子活性部分主要是阴离子，如烷基磺酸盐、硫酸盐、磷酸盐、二硫代氨基甲酸盐、羧酸盐等。这类产品主要用于合成纤维的生产和加工过程中，通常的羧酸盐、硫酸酯、碳酸盐效果不好，但在硫酸酯中，烷基聚氧乙烯醚的硫酸酯钠盐是一种性质优良的抗静电剂。在塑料工业中除某些烷基磷酸酯和烷基硫酸酯用于 PVC 和聚烯烃作为内部抗静电剂使用，大部分用做外部抗静电剂。

磷酸酯和磷酸酯盐用于合成纤维和塑料，静电的消除效果良好，主要品种为单烷基磷酸酯盐和二烷基磷酸酯盐，常见分子式为

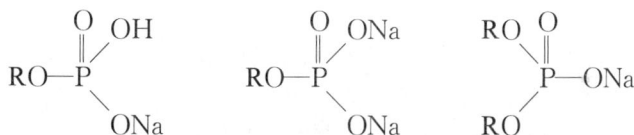

$$
\begin{array}{ccc}
\mathop{\text{RO}}\limits \!-\! \mathop{\text{P}}\limits_{\substack{|\\\text{ONa}}}^{\substack{\text{O}\ \ \text{OH}\\ \|\ /}}
& \qquad
\mathop{\text{RO}}\limits \!-\! \mathop{\text{P}}\limits_{\substack{|\\\text{ONa}}}^{\substack{\text{O}\ \ \text{ONa}\\ \|\ /}}
& \qquad
\mathop{\text{P}}\limits_{\substack{|\\\text{RO}}}^{\substack{\text{RO}\ \ \text{O}\\ \ \ \ \|}}\!-\!\text{ONa}
\end{array}
$$

3）非离子型抗静电剂

非离子型抗静电剂分子本身不带电荷，而且极性很小，通常具有一个较长的亲油基，与树脂有良好相容性，是合成材料良好的内部抗静电剂，主要有聚乙二醇酯或醚类、多元醇脂肪酸酯、脂肪酸烷醇酰胺、脂肪酸乙氧基醚等化合物。非离子型抗静电剂不能像离子型那样利用自身的离子导电泄露电荷，所以使用量较大，但它热稳定性好，耐老化。

甘油脂肪酸单和双酯、山梨糖醇脂肪酸酯等热稳定性好，并赋予制品透明性，适用于聚烯烃和软质 PVC 的内部抗静电剂；脂肪酸聚乙二醇酯与树脂相容性好，是聚烯烃良好的内部抗静电剂；以脂肪醇或烷基酚为起始剂的环氧乙烷加合物聚醚作为内部抗静电剂，适用于 PVC、ABS、聚烯烃和聚苯乙烯等；长链烷基胺与环氧乙烷加合物是适应于聚烯烃薄膜、板材和模塑制品的高效抗静电剂；烷基醚醇胺类化合物代表产品是美国氰胺公司的 Cyastat477，具有良好热稳定性，是高密度聚乙烯和聚苯乙烯的高效抗静电剂；脂肪酸烷醇酰胺及其酯作为抗静电剂适应于聚苯乙烯、硬质 PVC 及低密度聚乙烯。

4）两性离子型抗静电剂

两性型抗静电剂在一定条件下可分别起到阳离子型和阴离子型抗静电剂的作用，既可与阴离子型，也可和阳离子型抗静电剂配伍使用。这类抗静电剂对高分子材料有较强

的附着力，因而能发挥优良的抗静电性，在某些场合其抗静电性能甚至超过阳离子型抗静电剂，主要品种有季铵羧酸内盐、咪唑啉金属盐等。

十二烷基二甲基季铵内盐是几乎适合于各种合成纤维的良好的外部抗静电剂，同时也适于塑料和感光材料，当作为内外部抗静电剂时，能赋予材料良好耐热和附着性能；聚醚型季铵羧酸内盐也是一种效果不错的合成纤维用抗静电剂；咪唑类金属盐与多种树脂有良好相容性、热稳定性好，是聚烯烃优良的内部抗静电剂，也可以用于合成纤维。

还有许多化合物或材料不属于表面活性剂范畴，但是能与某种抗静电剂配合使用，起到抗静电或增效的目的，如导电性炭黑、金属粉末、金属氧化物、羧酸盐、硅酸盐、硅铝酸盐、金属有机化合物、卤化物、聚乙烯基型阳离子树脂、聚丙烯酸酯型阳离子树脂及某些经过表面处理的玻璃纤维填料均可以作为导电性填料，起到助抗静电作用。

（二）抗静电剂的发展方向

随着人们环保意识的不断增强，绿色化工已成为今后发展的主要方向。各类低毒、无毒的抗静电剂将越来越受到食品包装业、电子产业的青睐，这类抗静电剂的研究已日益受到关注。

（1）非离子型抗静电剂。由于非离子型抗静电剂热稳定性能好，价格较便宜，使用方便，对皮肤无刺激，是抗静电基材中不可缺少的抗静电剂，具有良好的应用前景。

（2）复合型抗静电剂。复合型抗静电剂是利用各组分的协调效应原理开发出来的，各组分互补性强，抗静电效果远优于单一组分。但要注意各种抗静电剂之间的对抗作用，如阳离子型和阴离子型的抗静电剂不能同时使用。

（3）多功能浓缩抗静电母粒。由于抗静电剂多为黏稠液体，而且其中一部分为极性聚合物，在塑料中分散困难，带来使用上的不便。多功能浓缩母粒分散性均匀，操作方便，具有发展前途。

（4）高分子永久性抗静电剂。由于高分子永久性抗静电剂的耐久性好，所以一般用于对抗静电效果要求严格的塑料制品，如家用电器外壳、汽车外壳、电子仪表零部件、精密机械零部件等。

（5）钠米导电填料钠米材料的特点就是粒子尺寸小，有效表面积大，这些特点使钠米材料具有特殊的表面效应、量子尺寸效应和宏观量子隧道效应。钠米材料可改变材料原有的性能。例如，电阻材料 SiO_2 制备成钠米材料后添加到 PVC 塑料中，钠米 SiO_2 不仅提高了 PVC 材料的延展性，而且使 PVC 的表面电阻降低了 7～8 个数量级，使其相对介电常数明显增加，为进一步制备用于静电屏蔽的 PVC 基钠米复合材料奠定了试验基础。

二、发泡剂

发泡剂（又称起泡剂）是一类能够促进树脂产生泡沫形成闭孔或联孔结构的物质，

可以是固体、液体或气体。根据发泡过程中气孔产生方式的不同，发泡剂可分为物理发泡剂和化学发泡剂两大类。

（1）物理发泡剂，又称挥发性发泡剂。一般是能够溶于树脂的低沸点液体或易升华固体，当树脂受热时，它们挥发或升华产生大量气体，使塑料发泡。在此过程中，发泡剂仅是在物理形态上发生变化，化学组成不变。

物理发泡剂可以是气体、液体也可以是固体。气体发泡剂有空气、二氧化碳和氮气等；挥发性液体发泡剂有氟里昂、低碳烷烃、苯和乙醇等；可溶性固体包括水溶性聚乙烯醇、淀粉等水溶性聚合物。物理发泡剂广泛应用于生产泡沫塑料。它们不污染制品，价格便宜，一般采用低沸点的有机液体。作为物理发泡剂使用的挥发性液体，常压下它们的沸点多低于110℃。

（2）化学发泡剂，是一种无机或有机的热敏性化合物，在一定温度下会热分解而产生一种或多种气体，从而使聚合物发泡。无机发泡剂主要包括碳酸氢钠、碳酸铵、碳酸氢铵等，受热分解产生二氧化碳或氨气；有机发泡剂主要有偶氮化合物，如偶氮二异丁腈、偶氮二甲酰胺、碘酰肼化合物、氮腈化合物、亚硝基化合物、叠氮化合物等，可分解产生氮气、二氧化碳或氨气。其中亚硝基化合物主要用于橡胶方面，而偶氮类化合物和磺酰肼类则主要用于塑料中。其主要优点是在聚合物中分散性好；分散温度范围较窄，且能控制；发泡率高，但其具有易燃的缺点，因此其使用受到了一定限制。常用的发泡剂偶氮二甲酰胺系黄色结晶，分解产物无毒、无臭、不污染、不变色，有自熄性，广泛用于聚乙烯、聚氯乙烯、聚丙烯等的发泡。

三、润滑剂

凡是能降低摩擦力的介质都可以称为润滑剂。塑料润滑剂是在塑料的加工过程中加入的能降低界面黏附力、增加滑性的添加剂。

高聚物在熔融之后通常具有较高的黏度，在加工过程中，熔融的高聚物在通过窄缝、浇口等流道时，聚合物熔体必定要与加工机械表面产生摩擦，这些摩擦在对聚合物的加工是很不利的，它可使熔体流动性降低，同时严重的摩擦会使薄膜表面变得粗糙，缺乏光泽或出现流纹。润滑剂在塑料挤出成型加工时，可提高聚合物体系的流动性，弱化聚合物与料筒和模具的黏附性与摩擦磨损，防止或减少滞留物。同时，还具有调节胶化速度，控制树脂熔融温度，改进脱膜性与加工性，提高尺寸稳定性，提高外观、光泽、手感等表面性能，改进添加剂的分散性等作用。因此，性能优良的塑料润滑剂要满足下列要求：润滑剂本身具有耐热稳定性，在塑料加工过程中不分解不挥发；无毒、不腐蚀设备、不污染制品；能够显著改善树脂熔体的流动性，不降低塑料的各种性能和不影响制品的后续加工性能。

润滑剂可分为外润滑剂和内润滑剂两种，外润滑剂的作用主要是改善聚合物熔体与加工设备的热金属表面的摩擦。它与聚合物相容性较差，容易从熔体内往外迁移，所以能在塑料熔体与金属的交界面形成润滑的薄层。内润滑剂与聚合物有良好的相容性，它在聚合物内部起到降低聚合物分子间内聚力的作用，从而改善塑料熔体的内摩擦生热和熔体的流动性。常用的外润滑剂是硬脂酸及其盐类，内润滑剂是低分子量的聚合物。实际上每一种润滑剂都有可以实现某一要求的作用，总是内外润滑共同作用，只是在某一方面更突出一些。同一种润滑剂在不同的聚合物中或不同的加工条件下会表现出不同的润滑作用，如高温、高压下，内润滑剂会被挤压出来而成为外润滑剂。

按照化学组分，常用的润滑剂可分为如下几类：脂肪酸及其酯类、脂肪酸酰胺、金属皂、烃类、有机硅化合物等。常用的润滑剂有硬脂酸、硬脂酸丁酯、油酰胺、乙撑双硬脂酰胺等。

很多石蜡类物质可作为润滑剂，如天然石蜡、液体石蜡（白油）、微晶石蜡等，但作用却各有差别。天然石蜡多用做外部润滑，可作为多种塑料的润滑剂、脱模剂，一般用量为 0.2～1.0phr（phr 为每百克份数，以下同），但其相容性、热稳定性和分散性不是很好，用量不能过大，最好与内润滑剂并用；白油多用作 PVC、PS 的内润滑剂，润滑性能好、热稳定性也很好，一般用量为 0.5phr。以上两种润滑剂均为无毒品，能用于食品包装。在塑料加工微晶石蜡也常被用作润滑剂，用量为 1.0～2.0phr，热稳定性和润滑性比普通石蜡好。

低分子量的聚合物也广泛地用作润滑剂，如聚乙烯蜡、低分子质量聚丙烯，其内、外润滑性都较好，且无毒。聚乙烯蜡适用于 PVC 等材料挤塑、压延加工，用量一般是 0.1～1.0phr，可提高加工效率，防止薄膜黏连，改善填料或颜料的分散性，相容性和透明性不是很好；不规整结构低分子量聚丙烯可作为硬质 PVC、PE 的润滑剂，性能优良，能改善其他助剂的分散性，用量在 0.05～0.5phr。

从加工机械角度来看，在混炼、压延、搪塑等成型加工中，外润滑剂有重要作用，在挤出、注射成型中，内润滑剂则更有效果。润滑剂的用量一般在 0.5%～1.0%，选用时应注意：考虑聚合物流动性能的内外平衡；外润滑剂的熔点应与成型温度相差 10～30℃左右，才能形成完整的薄膜；在生产中选择润滑剂时，应使之达到以下要求：

（1）润滑效能高而持久。

（2）与树脂的相容性大小适中，内部、外部润滑作用平衡，不喷霜、不易结垢。

（3）表面引力小，黏度小，在界面处的扩展性好，易形成界面层。

（4）尽量不降低聚合物的各种优良性能，不影响塑料的二次加工性能。

（5）本身的耐热性和化学稳定性优良，在加工中不分解、不挥发。

（6）不腐蚀设备，不污染薄膜，没有毒性。

但是，单纯使用一种润滑剂，往往难以达到目的，通常需几种润滑剂联合使用，近年来复合润滑发展很快，在选择时，可以多角度地来看待润滑剂的作用。

第六节　邻苯二甲酸二辛酯（DOP）的生产

一、邻苯二甲酸二辛酯（DOP）的生产

1）酸性催化剂间歇生产邻苯二甲酸二辛酯（DOP）

对间歇法生产 DOP 的工艺过程充分体现出产量不大，但产值却高的精细化工的工艺特点。其生产工艺流程如图 10.6 所示。

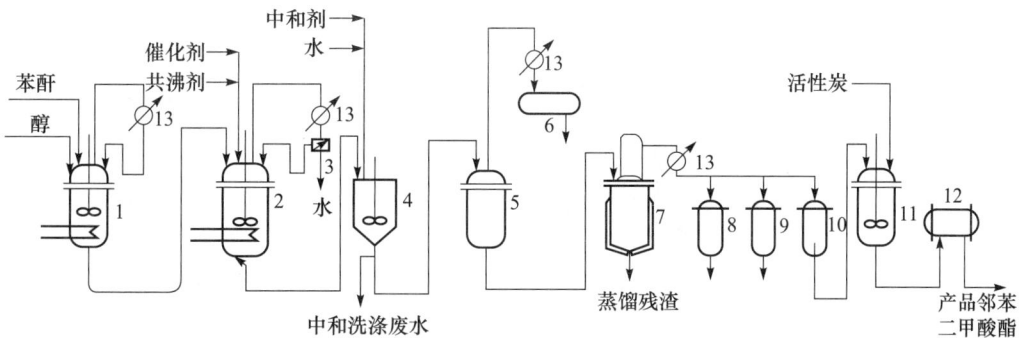

图 10.6　间歇法生产邻苯二甲酸酯的生产工艺流程

1. 单酯化反应器（溶解器）；2. 酯化反应器；3. 分层器；4. 中和洗涤器；5. 蒸馏器；
6. 共沸剂回收贮槽；7. 真空蒸馏器；8. 回收醇贮槽；9. 初馏分和后馏分贮槽；10. 正馏分贮槽；
11. 活性炭脱色器；12. 过滤器；13. 冷凝器

　　间歇法生产 DOP 的工艺操作过程是将邻苯二甲酸酐与 2- 乙基己醇以 1:2 的质量比在总物料质量分数为 0.25%～0.3% 的硫酸催化作用下，于 150℃左右进行减压酯化反应。操作系统的压力维持在 80kPa，酯化时间一般为 2～3h，酯化时加入总物料量0.1%～0.3% 的活性炭吸附剂，反应混合物用 5% 碱液中和，再经 80～85℃热水洗涤，分离粗酯在 130～140℃与 80kPa 的减压下进行脱醇，直到闪点为 190℃以上为止，脱酯后再以直接蒸汽脱去低沸物，必要时在脱醇前可以补加一定量的活性炭吸附剂。最后经压滤而得成品。如果欲获得较好质量的产品，脱醇后可先进行高真空精馏而后再压滤。

　　2）非酸性催化剂连续生产邻苯二甲酸二辛酯（DOP）

　　连续法生产能力大，适合于大吨位的邻苯二甲酸二辛酯的生产。酯化反应设备分为阶梯串联反应器和塔式反应器两类。采用非酸性催化剂时，因反应混合物停留时间较长，所以选用阶梯式串联反应器较合适。

　　邻苯二甲酸二辛酯连续生产工艺流程示意图如图 10.7 所示。

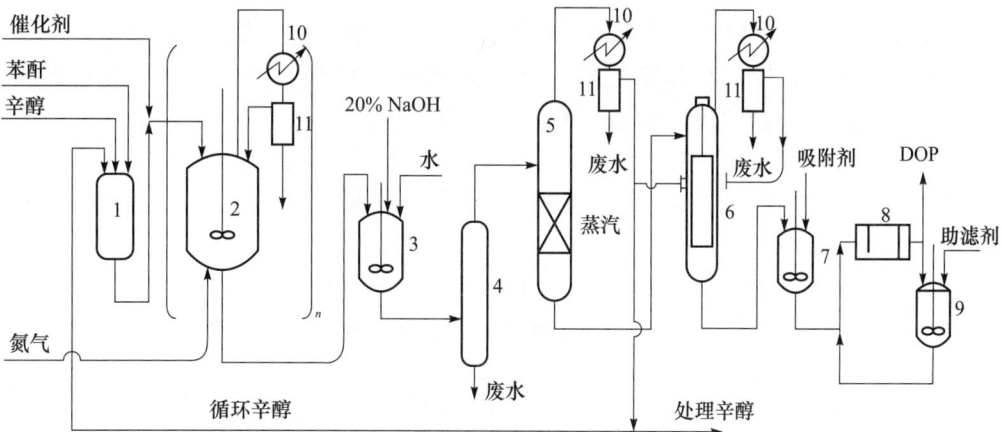

图 10.7　DOP 连续化生产工艺流程图

1. 单酯反应器；2. 阶梯式串联酯化器（n=4）；3. 中和器；4、11. 分离器；5. 脱醇器；
6. 干燥器（薄膜蒸发器）；7. 吸附剂槽；8. 叶片式过滤器；9. 助滤剂槽；10. 冷凝器

新型的非酸性催化剂提高了邻苯二甲酸单酯转化为双酯的转化率，减少了副反应，简化了中和、水洗工序，而且生产的废水量较少。其操作工艺过程是将加热熔融的苯酐和 2- 乙基己醇（辛醇）以一定的摩尔比 (1:2.2)～(1:2.5) 投入到单酯反应器，在 130～150℃反应形成单酯，再经预热后进入 4 个串联的阶梯式酯化反应器的第一级。非酸性催化剂也加入到第一级酯化成单酯反应器。第一级酯化反应器温度控制在不低于 180℃，最后一级酯化反应温度为 220～230℃。酯化部分用 3.9MPa 的蒸汽加热。邻苯二甲酸酯单酯到双酯的转化率为 99.8%～99.9%。为了使酯反应器混合物在高温下长期停留不着色，并强化酯化过程，在各级酯化反应器的底部都通入高纯度的氮气。

中和、水洗操作是在一个带搅拌的容器中同时进行的。碱的用量为反应混合物酸值的 3～5 倍，使用 20% 的 NaOH 水溶液，当加入去离子水后碱液浓度仅为 0.3% 左右。因此无需再进行一次单独的水洗。非酸性催化剂也在中和、水洗工序被洗去。

物料脱醇在 1.32～2.67kPa 和 50～80℃条件下进行，再在 1.32kPa 和 50～80℃条件下经薄膜蒸发器进行干燥后送至过滤工序。该工序的主要目的是通过吸附和助滤剂的吸附脱色作用，保证产品的色泽和体积电阻率两项指标，同时除去产品中残存的微量催化剂和其他机械杂质，最后得到高质量的邻苯二甲酸二辛酯。其收率以苯酐或以辛醇计约为 99.3%。

回收的辛醇一部分直接循环至单酯化反应器，另一部分需进行分馏和催化加氢处理。生产废水用活性污泥进行生化处理后再排放。酯化、脱醇、干燥系统排出的废气经填料式洗涤器用水洗涤以除去臭味后再排入大气。

二、邻苯二甲酸酯的生产技术

在用邻苯二甲酸酐制备增塑剂的整个生产过程中，酯化是关键的工序。酯化后的所有生产工序，目的只是为了将产品从反应混合物中分离、脱色、提纯，这里有必要强调注意几个工序特点。

1）中和过程的操作控制

酯化反应结束时，反应混合物中因有残留的苯酐和未反应的单酯而呈酸性，如果用的是酸性催化剂，则反应液的酸值更高，必须用碱加以中和，常用的碱液是质量分数为 3%～4% 的碳酸钠，碱的质量分数太低，则中和不完全，且醇的损失和废水量都会增加，碱的质量分数太高，则又会引起酯的碱性水解——皂化反应。中和过程也会发生一些反应，如碱和酸性催化剂反应，纯碱与酯反应等，为了避免副反应，一般控制温度不超过 85℃。

另外在中和过程中，碱与单酯生成的单酯钠盐是表面活性剂，具有很强的乳化作用，特别是当温度低，搅拌剧烈后反应混合物的相对密度与碱液相近时容易发生乳化现象。此时，操作上可采用加热、静置或加盐来破乳。中和中和反应属于放热反应，一般采用连续操作。

2）水洗操作

用碱中和之后，一般都需要进行水洗以除去粗酯中夹带的碱液、钠盐等杂质。国外常采用去离子水来进行水洗，可以减少产品中金属离子型杂质，以提高体积电阻率。

一般情况下，水洗进行两次后反应液即呈中性。如果不采用催化剂或采用非酸性催化剂时，可以免去中和与水洗两道操作工序。

3）醇的分离回收操作

通常，采用水蒸气蒸馏法来使醇与酯分开，有时醇与水形成共沸溶剂，一起被蒸汽蒸出来，然后用蒸馏法分开。脱醇是采用过热蒸汽，因此可以除去中和水洗后反应物中含有的质量分数为 0.5%～3% 的水。

回收醇的操作中，要求控制含酯量越少越好。否则，在循环使用中会使产品的色泽加深。醇和酯虽然沸点相差很大，但要完全彻底将其分开是不容易的。在工业生产中，采取减压下水蒸气蒸馏的操作办法，并且严格控制过程的参数，如温度、压力、流量等。国内生产厂家的脱醇装置通常选用 1～2 台预热器和 1 台脱醇塔。预热器通常是列管式，脱醇塔可以采用填料塔。近年来，国外也有采用液膜式蒸发进行脱醇，此外蒸发器中液体呈薄膜状沿传热面流动，单位加热面积大，停留时间短，仅数秒钟，因而比较适用于蒸发热敏性大和易起泡沫的液体，进入的料液一次通过就可以被浓缩。

4）精制操作

比较成熟的操作是采用真空蒸馏进行精制。其优点是操作温度低，可以保持反应物的热稳定性；因此产品质量高，几乎 100% 达到绝缘级质量要求。这种塔式设备对邻苯二甲酸酯这类沸点高、黏度高、热敏性高的化合物在设计时都要全面考虑到，因而投资较大。实际上，对于某些沸点较小的混合物，可以通过改变相对挥发度，以改变其共沸组成来提高分离效果；对有些使用上要求不高的产物，通常只要加入适量的脱色剂（如活性白土、活性炭）吸附微量杂质，再经压滤将吸附剂分离出去也能满足要求，这样就可以在很大程度上降低生产成本。

小结

本章介绍了保证合成材料顺利加工，同时保证加工产品质量所使用的助剂。对助剂的定义及各种助剂的功用做了简要说明，其中对增塑剂、抗氧剂、光稳定剂、热稳定剂、抗静电剂、阻燃剂等使用较多、用量较大的助剂进行了详细介绍。介绍的内容包括各类助剂的作用机理、分类、主要产品及其应用、部分助剂的生产工艺以及选用原则。通过这些内容的介绍使读者认识到助剂的无处不在以及在合成材料加工中的重要作用，同时对整个高分子材料加工用助剂行业有一个全面的认识和了解。

思考题

1. 你所见的塑料制品有哪些？这些制品中使用了哪些添加剂？

2. 增塑剂在树脂加工中起什么作用，是如何发挥作用的？

3. 塑料、橡胶等使用时间长了会出现什么现象？原因是什么？

4. 暴露在阳光下的橡胶、塑料制品与不暴露在阳光下的有什么区别？原因是什么？

5. 婴儿用的橡胶、塑料产品同普通产品有什么不同之处，为什么会有这些不同？

6. 燃烧是如何进行的，聚合物的燃烧和普通可燃物的燃烧有什么不同？

7. 阻止燃烧可以从哪些方面着手？

8. 哪些物质容易产生静电？ 若产生静电应如何消除？

9. 使熔融体进行发泡的方法有哪些？若发泡过程需要添加试剂，这些试剂应该具备什么条件？

10. 为什么塑料膜上会出现"鱼眼"？若要消除这一现象需要在加工过程中添加什么样的试剂？

11. 在合成材料的生产中，何种助剂使用量最大？ 它有什么功能？

12. 按照相容性，增塑剂可以分为哪几类，各自的特点是什么？

13. 增塑剂加入到聚合物中的时候主要存在哪些力？ 哪种力的影响较大？ 是如何影响的？

14. 含氯增塑剂的主要品种是什么？ 性能如何？

15. 金属离子钝化剂是如何实现抗氧化作用的？

16. 从作用机理上来讲以下抗氧剂分别属于哪种类型？

炭黑、二烷基二硫代磷酸、2,6- 二叔丁基 -4- 甲酚、叔胺类

17. 热稳定剂应该具有哪些功能？

18. 简述光稳定剂的作用方式。

19. 如何选用光稳定剂？

20. 理想的阻燃剂应具备哪些基本条件？

21. 简述燃烧过程的几个阶段。

22. 以下各类阻燃剂各属什么阻燃机理？

23. 抗静电剂分为哪两类？各自的特点是什么？

卤代磷、硼酸锌、有机卤素化合物、氢氧化铝、含卤阻燃剂、Sb_2O_3- 有机卤化物

24. 为什么卤素阻燃剂以溴、氯为主？

25. 发泡剂的作用是什么？可以分几类？

26. 在塑料加工中润滑剂有什么作用？ 哪些物质可以作为润滑剂？

27. 简述邻苯二甲酸二辛酯的生产技术。

主要参考文献

程侣柏. 2007. 精化工产品的合成及应用. 大连：大连理工大学出版社.

《合成材料助剂手册》编写组. 1985. 合成材料助剂手册. 北京：化学工业出版社.

李和平. 1997. 精细化工工艺学. 北京：科学出版社.

刘德峥. 2000. 精细化工生产工艺学. 北京：化学工业出版社.

刘德峥，田铁牛. 2004. 精细化工生产技术. 北京：化学工业出版社.

山西省化工研究所. 1987. 塑料橡胶加工助剂. 北京：化学工业出版社.

宋启煌. 2003. 精细化工工艺学. 北京：化学工业出版社.

吴雨龙，洪亮. 2009. 精细化工概论. 北京：科学出版社.

武利民. 1999. 涂料技术基础. 北京：化学工业出版社.

武利民，李丹. 2000. 现代涂料配方设计. 北京：化学工业出版社.

易小虹，熊秀芳. 1994. 精细化工. 武汉：武汉大学出版社.

曾繁涤. 1997. 精细化工产品及工艺学. 北京：化学工业出版社.